1 かっこをはずす

次の計算をすると？

$3x(2x-4y)$

2 乗法公式1

次の式を展開すると？

$(x+3)(x-5)$

3 乗法公式2 3

次の式を展開すると？

$(x+6)^2$

4 乗法公式4

次の式を展開すると？

$(x+4)(x-4)$

5 共通な因数をくくり出す

次の式を因数分解すると？

$4ax-6ay$

6 因数分解1'

次の式を因数分解すると？

$x^2-10x+21$

7 因数分解2' 3'

次の式を因数分解すると？

$x^2-12x+36$

8 因数分解4'

次の式を因数分解すると？

x^2-100

9 式の計算の利用

$a=78$，$b=58$のとき，次の式の値は？

$a^2-2ab+b^2$

分配法則を使って展開する！

$3x(2x-4y)$

$=3x\times2x-3x\times4y$ ← 分配法則！

$=6x^2-12xy$ …答

- ミシン目で切り取り，穴をあけてリングなどを通して使いましょう。
- カードの表面が問題，裏面が解答と解説です。

$(x\pm a)^2=x^2\pm2ax+a^2$

$(x+6)^2$

$=x^2+\underbrace{2\times6}_{6の2倍}\times x+\underbrace{6^2}_{6の2乗}$

$=x^2+12x+36$ …答

$(x+a)(x+b)=x^2+(a+b)x+ab$

$(x+3)(x-5)$

$=x^2+\underbrace{\{3+(-5)\}}_{和}x+\underbrace{3\times(-5)}_{積}$

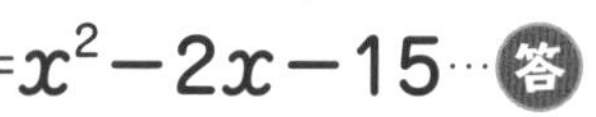

$=x^2-2x-15$ …答

できるかぎり因数分解する！

$4ax-6ay$

$=2\times2\times a\times x-2\times3\times a\times y$

$=2a(2x-3y)$ …答

2aをかっこの外に

$(x+a)(x-a)=x^2-a^2$

$(x+4)(x-4)$

$=\underbrace{x^2-4^2}_{(2乗)-(2乗)}$

$=x^2-16$ …答

$x^2\pm2ax+a^2=(x\pm a)^2$

$x^2-12x+36$

$=x^2-\underbrace{2\times6}_{6の2倍}\times x+\underbrace{6^2}_{6の2乗}$

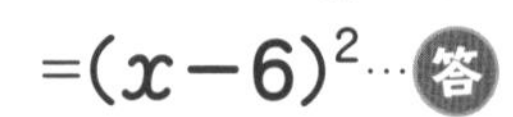

$=(x-6)^2$ …答

$x^2+(a+b)x+ab=(x+a)(x+b)$

$x^2-10x+21$

$=x^2+\underbrace{\{(-3)+(-7)\}}_{和が-10}x+\underbrace{(-3)\times(-7)}_{積が21}$

$=(x-3)(x-7)$ …答

因数分解してから値を代入！

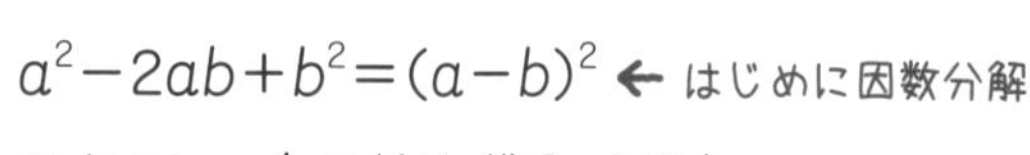

$a^2-2ab+b^2=(a-b)^2$ ← はじめに因数分解

これにa，bの値を代入すると，

$(78-58)^2=20^2=400$ …答

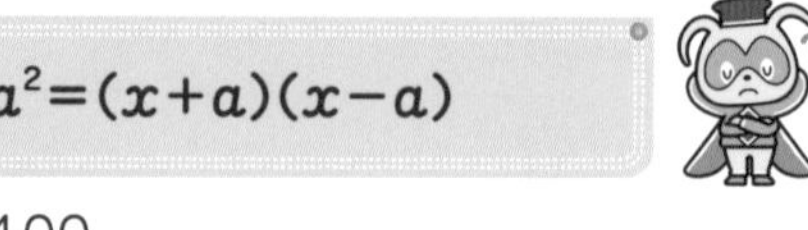

$x^2-a^2=(x+a)(x-a)$

x^2-100

$=\underbrace{x^2-10^2}_{(2乗)-(2乗)}$

$=(x+10)(x-10)$ …答

10 平方根を求める

次の数の平方根は？

(1)　64　　(2)　$\frac{9}{16}$

11 根号を使わずに表す

次の数を根号を使わずに表すと？

(1)　$\sqrt{0.25}$　　(2)　$\sqrt{(-5)^2}$

12 $a\sqrt{b}$の形に

次の数を$a\sqrt{b}$の形に表すと？

(1)　$\sqrt{18}$　　(2)　$\sqrt{75}$

13 分母の有理化

次の数の分母を有理化すると？

(1)　$\frac{1}{\sqrt{5}}$　　(2)　$\frac{\sqrt{2}}{\sqrt{3}}$

14 平方根の近似値

$\sqrt{5}=2.236$として，次の値を求めると？

$\sqrt{50000}$

15 根号をふくむ式の計算

次の計算をすると？

$(\sqrt{5}+\sqrt{3})(\sqrt{5}-\sqrt{3})$

16 平方根の考えを使う

次の２次方程式を解くと？

$(x+4)^2=1$

17 ２次方程式の解の公式

２次方程式$ax^2+bx+c=0$の解は？

18 因数分解で解く(1)

次の２次方程式を解くと？

$x^2-3x+2=0$

19 因数分解で解く(2)

次の２次方程式を解くと？

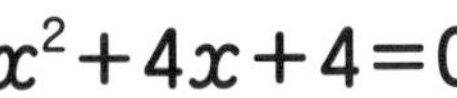

$x^2+4x+4=0$

$\sqrt{a^2}=\sqrt{(-a)^2}=a(a\geqq0)$

(1) $\sqrt{0.25}=\sqrt{0.5^2}=\mathbf{0.5}$
　　0.5×0.5=0.25

(2) $\sqrt{(-5)^2}=\sqrt{25}=\mathbf{5}$
　　(−5)×(−5)=25

…答

$x^2=a\rightarrow x$はaの平方根（へいほうこん）

答 (1)　8と−8　(2)　$\dfrac{3}{4}$と$-\dfrac{3}{4}$

(1) $8^2=64$，$(-8)^2=64$

(2) $\left(\dfrac{3}{4}\right)^2=\dfrac{9}{16}$，$\left(-\dfrac{3}{4}\right)^2=\dfrac{9}{16}$

分母に根号がない形に表す

(1) $\dfrac{1}{\sqrt{5}}=\dfrac{\sqrt{5}}{\sqrt{5}\times\sqrt{5}}=\dfrac{\sqrt{5}}{5}$

(2) $\dfrac{\sqrt{2}}{\sqrt{3}}=\dfrac{\sqrt{2}\times\sqrt{3}}{\sqrt{3}\times\sqrt{3}}=\dfrac{\sqrt{6}}{3}$

…答

根号の中を小さい自然数にする

答 (1)　$3\sqrt{2}$　(2)　$5\sqrt{3}$

(1) $\sqrt{18}=\sqrt{3^2\times2}=3\sqrt{2}$
　　$\sqrt{3^2}\times\sqrt{2}=3\times\sqrt{2}$

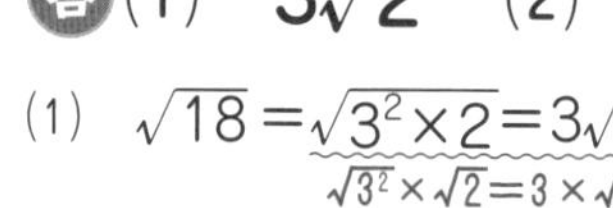

(2) $\sqrt{75}=\sqrt{5^2\times3}=5\sqrt{3}$
　　$\sqrt{5^2}\times\sqrt{3}=5\times\sqrt{3}$

乗法公式を使って式を展開

$(\sqrt{5}+\sqrt{3})(\sqrt{5}-\sqrt{3})$ 　$(x+a)(x-a)=x^2-a^2$
$=(\sqrt{5})^2-(\sqrt{3})^2$
$=5-3$
$=\mathbf{2}$…答

$a\sqrt{b}$の形にしてから値を代入

$\sqrt{50000}=\sqrt{5\times10000}$
$=\sqrt{5}\times\sqrt{100^2}$
$=\sqrt{5}\times100$
$=2.236\times100=\mathbf{223.6}$…答

2次方程式の解の公式を覚える

2次方程式 $ax^2+bx+c=0$の解は

$$x=\frac{-b\pm\sqrt{b^2-4ac}}{2a}$$ …答

$(x+m)^2=n\rightarrow x+m=\pm\sqrt{n}$

$(x+4)^2=1$
$x+4=\pm1$ 　$x+4$が1の平方根

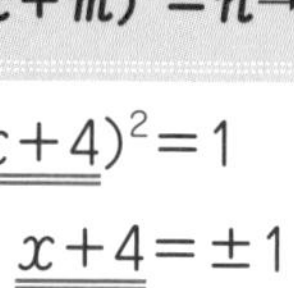

$x=-4+1$，$x=-4-1$
$x=-3$，$x=-5$…答

$x^2+2ax+a^2=(x+a)^2$で因数分解

$x^2+4x+4=0$
$(x+2)^2=0$ 　左辺を因数分解

$x+2=0$
$x=-2$…答 ←解が1つ

$x^2+(a+b)x+ab=(x+a)(x+b)$で因数分解

$x^2-3x+2=0$
$(x-1)(x-2)=0$ 　左辺を因数分解
$x-1=0$または$x-2=0$ 　$AB=0$ならば $A=0$または $B=0$
$x=1$，$x=2$…答

20 関数の式を求める

yはxの２乗に比例し，

$x=1$のとき，$y=3$です。

yをxの式で表すと？

21 関数$y=ax^2$のグラフ

㋐～㋒の関数のグラフは

①～③のどれ？

㋐$y=-x^2$　㋑$y=2x^2$

㋒$y=-3x^2$

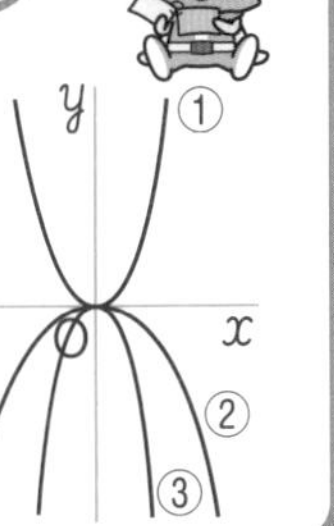

22 変域とグラフ

関数$y=-x^2$のxの変域が

$-2 \leqq x \leqq 1$のとき，

yの変域は？

23 変化の割合

関数$y=x^2$について，xの値が

1から2まで増加するときの

変化の割合は？

24 相似な図形の性質

△ABC∽△DEFのとき，

xの値は？

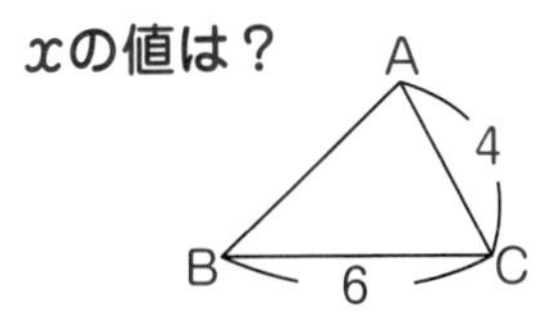

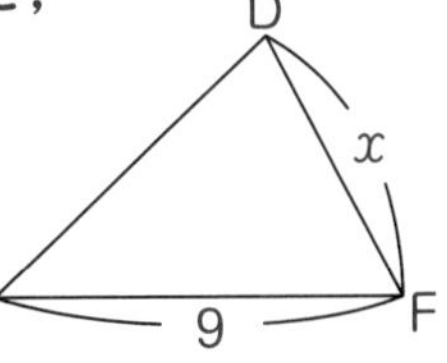

25 相似な三角形(1)

相似な三角形を∽

を使って表すと？

また，使った相似

条件は？

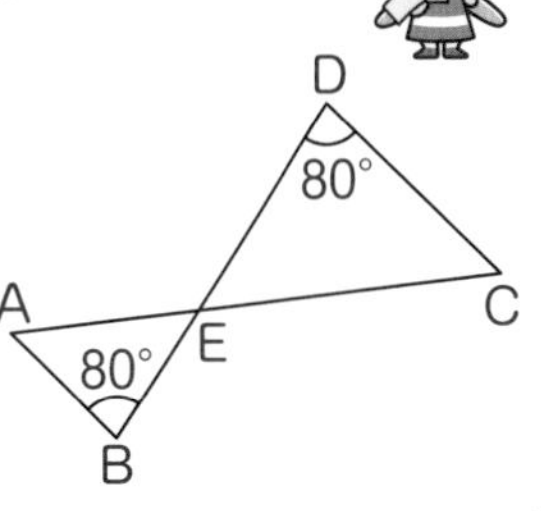

26 相似な三角形(2)

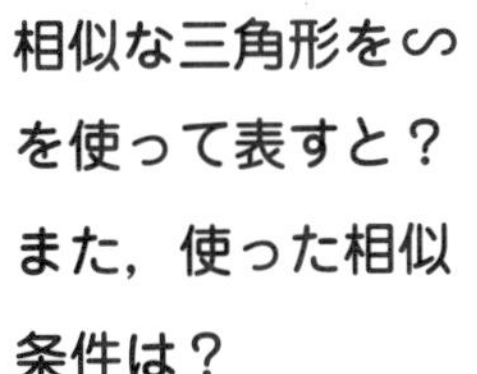

相似な三角形を∽

を使って表すと？

また，使った相似

条件は？

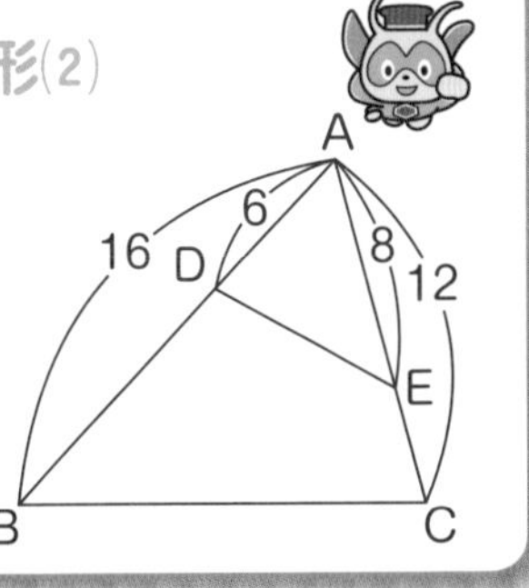

27 三角形と比

DE//BCのとき，

x，yの値は？

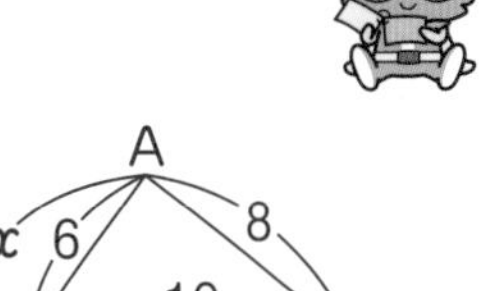

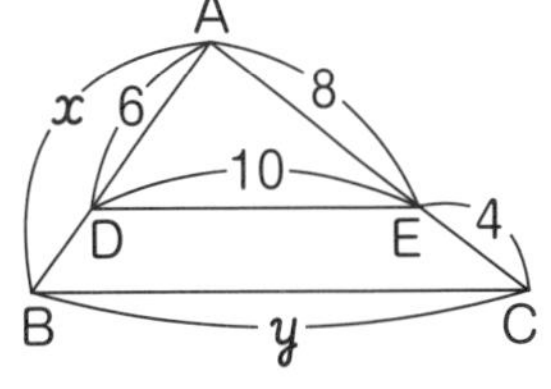

28 中点連結定理

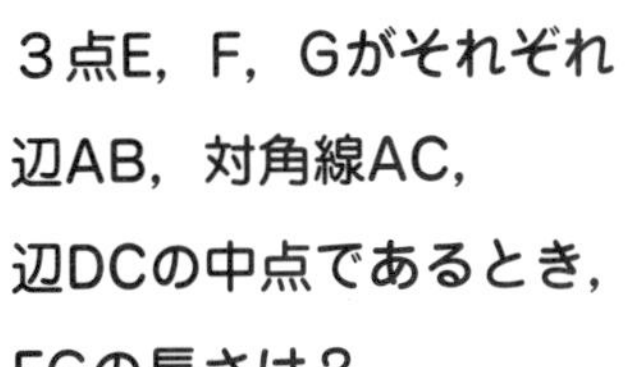

３点E，F，Gがそれぞれ

辺AB，対角線AC，

辺DCの中点であるとき，

EGの長さは？

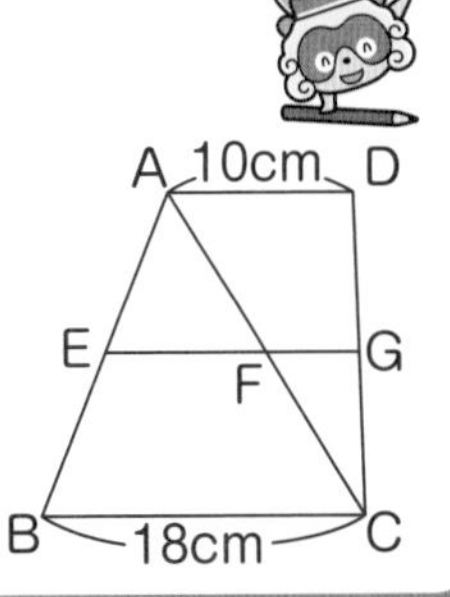

29 面積比と体積比

２つの円柱の相似比が２：３のとき，

次の比は？

(1)　表面積の比

(2)　体積比

グラフの開き方を見る

答 ア②，イ①，ウ③

グラフは，$a>0$のとき上，
$a<0$のとき下に開く。
aの絶対値が大きいほど，
グラフの開き方は小さい。

変化の割合は一定ではない！

答 3

・$(変化の割合)=\dfrac{(y\,の増加量)}{(x\,の増加量)}$

$\dfrac{2^2-1^2}{2-1}=\dfrac{3}{1}=3$

2組の等しい角を見つける

答 △ABE∽△CDE
2組の角がそれぞれ
等しい。

↑
∠B＝∠D，∠AEB＝∠CED

DE//BC→AD：AB=AE：AC=DE：BC

・$6：x=8：(8+4)$
$8x=72$　$x=9$…**答**
・$10：y=8：(8+4)$
$8y=120$　$y=15$…**答**

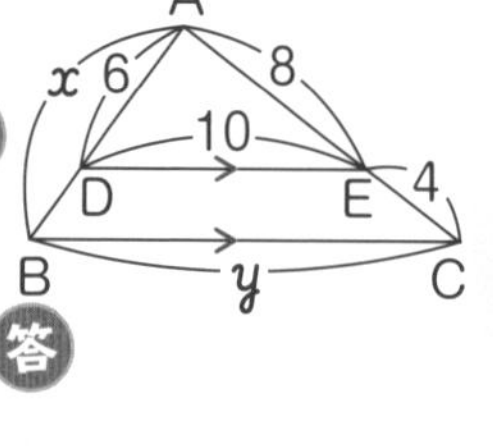

表面積の比は2乗，体積比は3乗

答 (1)　4：9　　(2)　8：27

・表面積の比は相似比の2乗
→$2^2：3^2=4：9$
・体積比は相似比の3乗
→$2^3：3^3=8：27$

$y=ax^2$とおいて，x，yの値を代入！

答 $y=3x^2$

・$y=ax^2$とおいて，
$x=1$，$y=3$を代入すると，
$3=a\times1^2$　$a=3$

yがxの
2乗に比例
↓
$y=ax^2$

yの変域は，グラフから求める

答 $-4\leqq y\leqq0$

・$x=0$のとき，$y=0$で最大
・$x=-2$のとき，
$y=-(-2)^2=-4$で最小

対応する辺の長さの比で求める

・BC：EF＝AC：DFより，

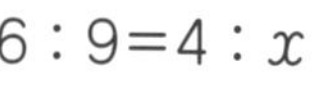

$6：9=4：x$
$6x=36$
$x=6$…**答**

相似な図形の対応する
部分の長さの比は
すべて等しい！

長さの比が等しい2組の辺を見つける

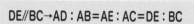

答 △ABC∽△AED

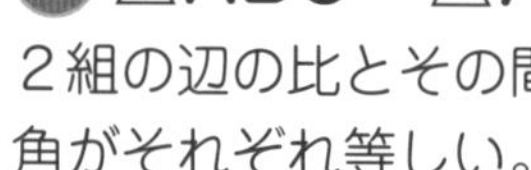

2組の辺の比とその間の
角がそれぞれ等しい。
↑
AB：AE＝AC：AD＝2：1
∠BAC＝∠EAD

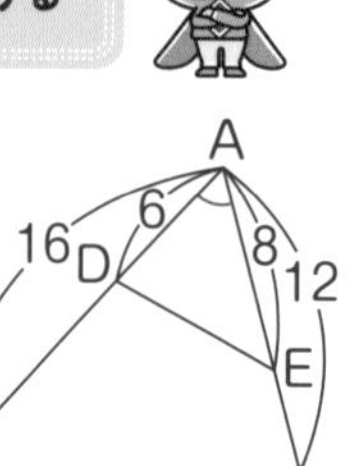

中点を結ぶ→中点連結定理

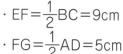

答 14cm

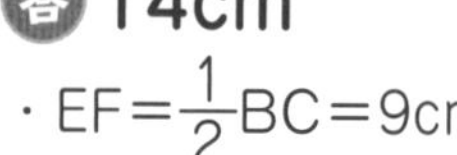

・$EF=\dfrac{1}{2}BC=9cm$
・$FG=\dfrac{1}{2}AD=5cm$
・$EG=\underline{\underline{EF}}+\underline{\underline{FG}}=14cm$

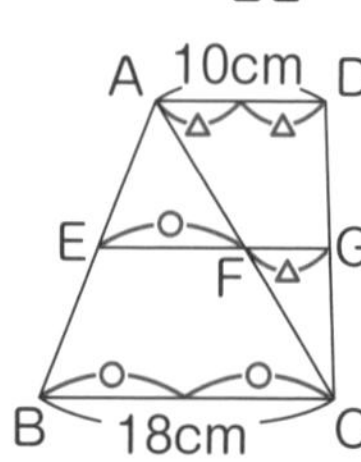

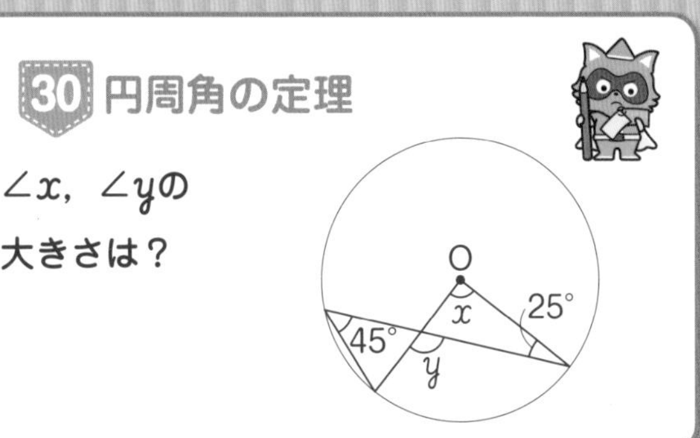

30 円周角の定理

∠x，∠yの大きさは？

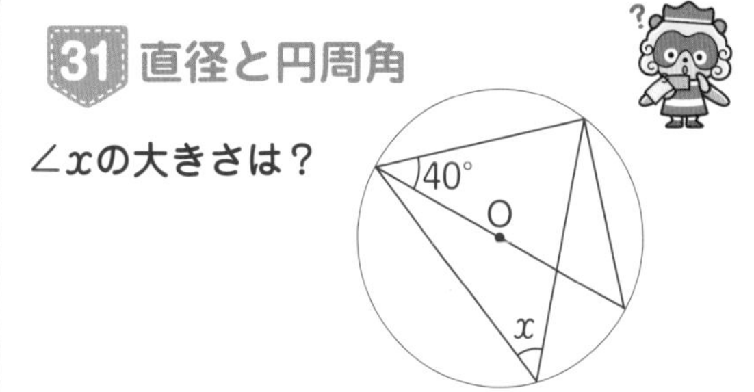

31 直径と円周角

∠xの大きさは？

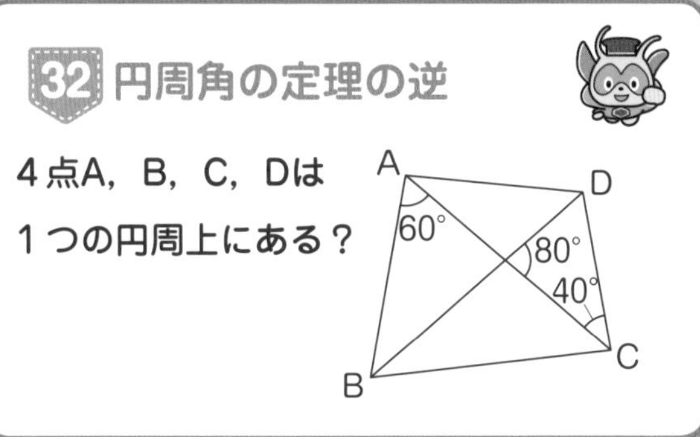

32 円周角の定理の逆

4点A，B，C，Dは1つの円周上にある？

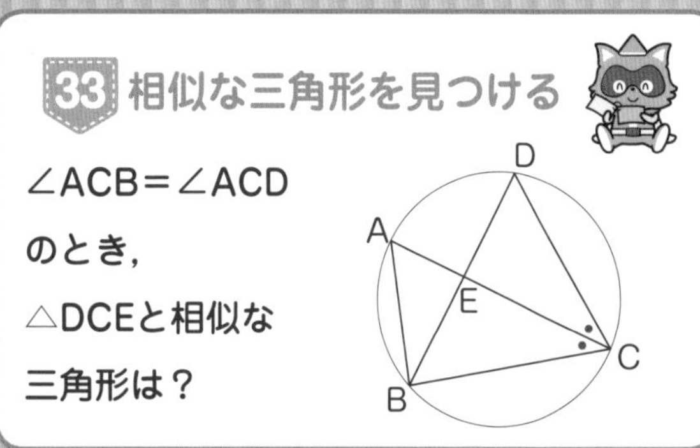

33 相似な三角形を見つける

∠ACB＝∠ACDのとき，△DCEと相似な三角形は？

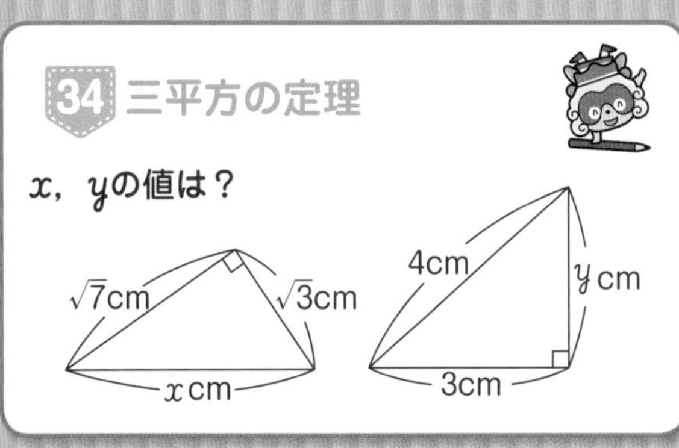

34 三平方の定理

x，yの値は？

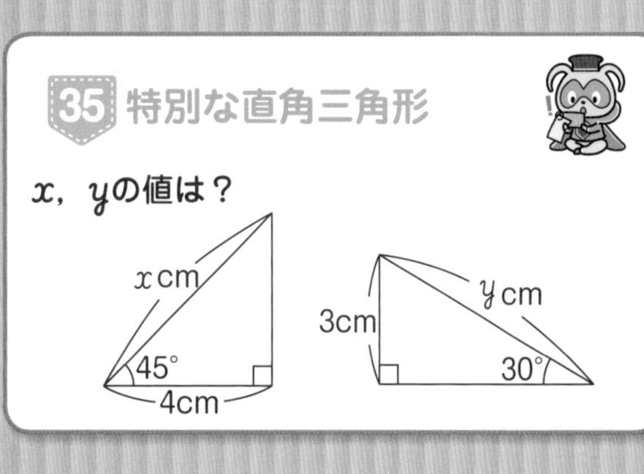

35 特別な直角三角形

x，yの値は？

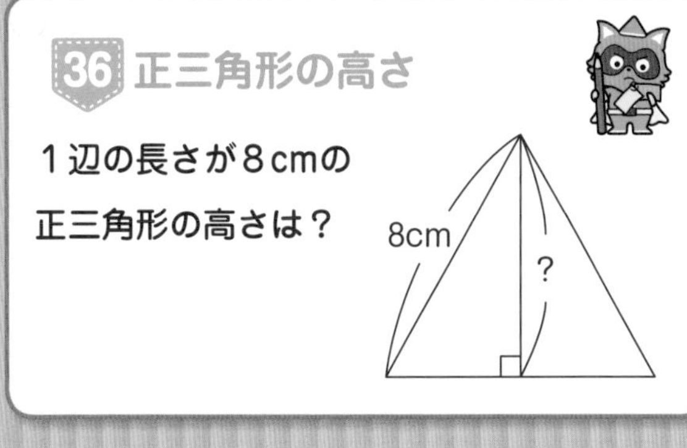

36 正三角形の高さ

1辺の長さが8cmの正三角形の高さは？

37 直方体の対角線の長さ

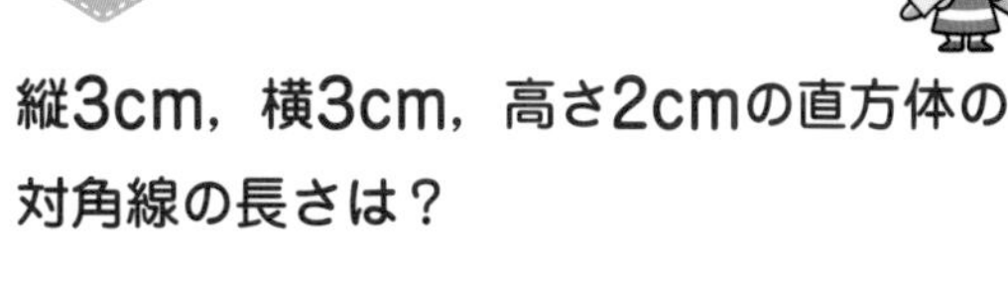

縦3cm，横3cm，高さ2cmの直方体の対角線の長さは？

38 全数調査と標本調査

次の調査は，全数調査？ 標本調査？

(1) 河川の水質調査

(2) 学校での進路調査

(3) けい光灯の寿命調査

39 母集団と標本

ある製品100個を無作為に抽出して調べたら，4個が不良品でした。

この製品1万個の中には，およそ何個の不良品があると考えられる？

半円の弧に対する円周角は 90°

答 $\angle x=50°$

・△ACDの内角の和より，

$\angle x=180°-(40°+90°)$

$=50°$

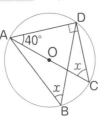

円周角は中心角の半分！

答 $\angle x=90°$，$\angle y=115°$

・$\angle x=2\angle A=90°$

・$\angle y=\angle x+\angle C=115°$

∠yは△OCDの外角

等しい角に印をつけてみよう！

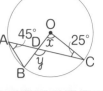

答 △ABEと△ACB

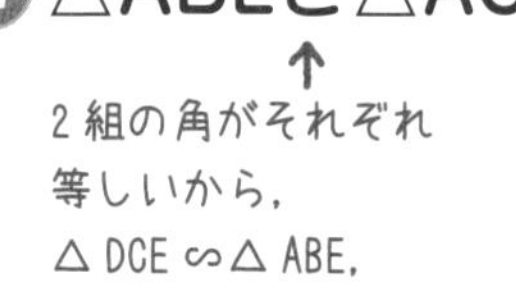

2組の角がそれぞれ等しいから，

△DCE ∽ △ABE，

△DCE ∽ △ACB

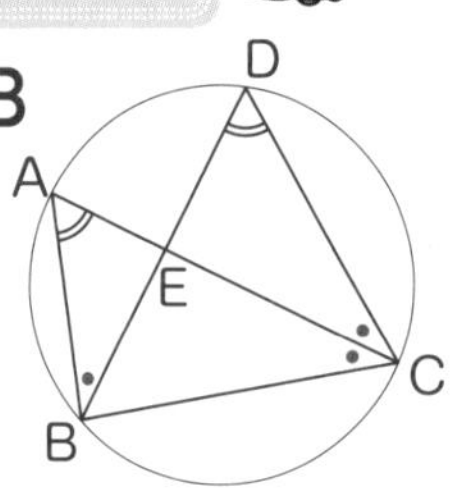

円周角の定理の逆←等しい角を見つける

答 ある

2点A，Dが直線BCの同じ側にあって，

∠BAC＝∠BDCだから。

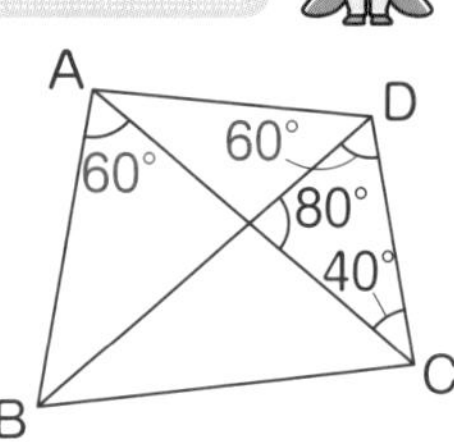

特別な直角三角形の3辺の比

答 $x=4\sqrt{2}$，$y=6$

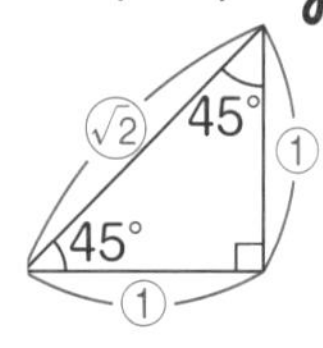

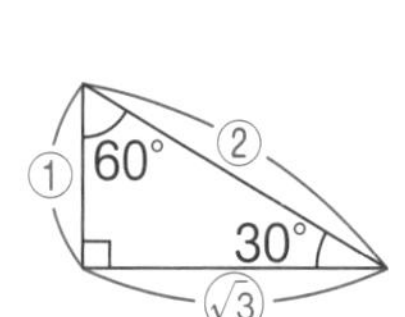

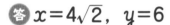

$a^2+b^2=c^2$（三平方の定理）

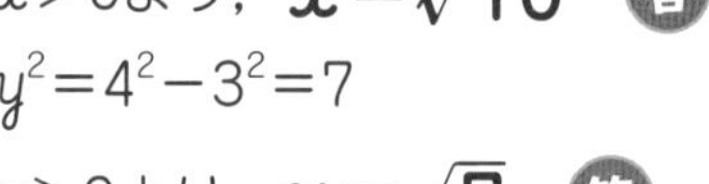

・$x^2=(\sqrt{7})^2+(\sqrt{3})^2=10$

$x>0$より，$x=\sqrt{10}$…**答**

・$y^2=4^2-3^2=7$

$y>0$より，$y=\sqrt{7}$…**答**

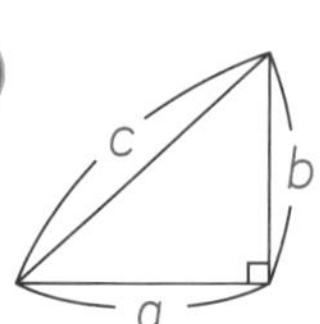

右の図で，$BH=\sqrt{a^2+b^2+c^2}$

答 $\sqrt{22}$cm

・対角線の長さ

$=\sqrt{3^2+3^2+2^2}$

縦　横　高さ

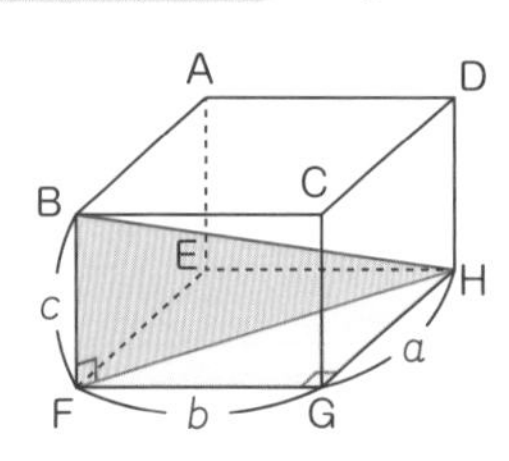

右の図の△ABHで考える

答 $4\sqrt{3}$cm

・AB：AH＝2：$\sqrt{3}$だから

8：AH＝2：$\sqrt{3}$

AH＝$4\sqrt{3}$

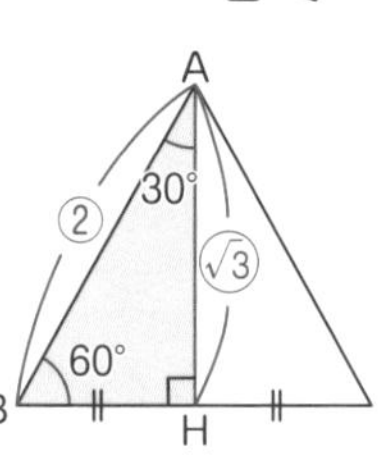

母集団の数量を推測する

答 およそ400個

・不良品の割合は$\frac{4}{100}$と推定できるから，この製品1万個の中の不良品は，およそ$10000\times\frac{4}{100}=400$（個）と考えられる。

全数調査と標本調査の違いに注意！

答（1）　標本調査　（2）　全数調査

（3）　標本調査

・全数調査…集団全部について調査

・標本調査…集団の一部分を調査して全体を推測

東京書籍版

数学3年 もくじ

確認のワーク ステージ1 1節 多項式の計算 1 多項式と単項式の乗除 2 多項式の乗法

例1 単項式と多項式の乗法

教 p.13 → 基本問題 1

$-2x(4x-2y)$ を計算しなさい。

考え方 分配法則を使って，かっこをはずす。

解き方 $-2x(4x-2y)$

$=-2x\times4x-(-2x)\times2y$ かっこをはずす。

$=$ ①[　　] ←答えは右ページに。

分配法則

$a(x+y)=ax+ay$

$(x+y)\times a=ax+ay$

例2 多項式を単項式でわる除法

教 p.13 → 基本問題 2

$(2a^2+4ab)\div\frac{2}{3}a$ を計算しなさい。

考え方 除法は，わる式の逆数を求めて乗法に直してから，分配法則を使う。

解き方 $(2a^2+4ab)\div\frac{2}{3}a$

わる式の逆数を求めて乗法にする。

$=(2a^2+4ab)\times$ ②[　　]

かっこをはずす。

$=\frac{2a^2\times3}{2a}+\frac{4ab\times3}{2a}$

$=$ ③[　　]

逆数は分母と分子を入れかえればいいね。

$\frac{2}{3}a=\frac{2a}{3}$ ⇄ $\frac{3}{2a}$ 逆数

例3 多項式と多項式の乗法

教 p.14〜15 → 基本問題 3 4

次の式を展開(てんかい)しなさい。

(1) $(2x-4)(x+3)$　　(2) $(x+2)(3x-y+4)$

考え方 (1) 各項の組み合わせの和をつくり，同類項があれば，それをまとめる。

(2) $3x-y+4$ をひとかたまりとみて，分配法則を使う。

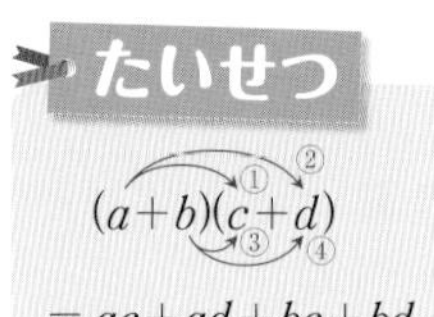

たいせつ

$(a+b)(c+d)$

$=ac+ad+bc+bd$

解き方

(1) $(2x-4)(x+3)$

$=2x^2+6x-4x-$ ④[　　]

同類項をまとめる。

$=$ ⑤[　　]

(2) $(x+2)(3x-y+4)$ ← $3x-y+4$ をひとかたまりに。

$=x(3x-y+4)+$ ⑥[　　] $(3x-y+4)$

$=3x^2-xy+4x+6x-2y+8$

同類項をまとめる。

$=$ ⑦[　　]

基本問題

解答 p.1

1 単項式と多項式の乗法 次の計算をしなさい。

教 p.13 問1, 問2

ここがポイント

(5), (6)は，それぞれのかっこを分配法則ではずしてから，同類項をまとめる。

(1) $4x(5x-2y)$ (2) $(a+5b)\times(-6a)$

(3) $2x(3x-y+4)$ (4) $(4a+2b-6)\times\left(-\dfrac{3}{2}a\right)$

(5) $3x(x-4)+x(x+3)$ (6) $2a(5a-1)-3(a-4)$

2 多項式を単項式でわる除法 次の計算をしなさい。

教 p.13 問3

知ってると得

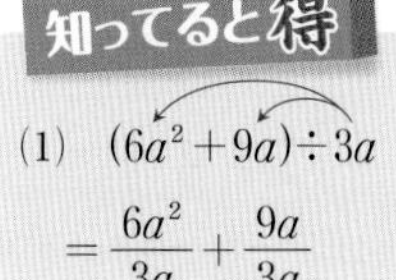

(1) $(6a^2+9a)\div 3a$ (2) $(8x^2y-12x)\div(-4x)$

(3) $(4x^2y-6xy^2)\div\dfrac{2}{3}xy$ (4) $(12ab^2-16ab+4b)\div b$

3 多項式と多項式の乗法 次の式を展開しなさい。

教 p.15 問1, 問2

覚えておこう

単項式や多項式の積の形の式を，かっこをはずして単項式の和の形に表すことを，はじめの式を**展開する**という。

(1) $(x+6)(y-4)$ (2) $(a-b)(c+d)$

(3) $(2a-5)(b-2)$ (4) $(x+3)(x+5)$

(5) $(3x-2)(2x-4)$ (6) $(a-b)(3a+b)$

4 多項式と多項式の乗法 次の式を展開しなさい。

教 p.15 問3

(1) $(a+3)(a+b-2)$ (2) $(x-2y+4)(3x-y)$

左ページの例の答え ① $-8x^2+4xy$ ② $\dfrac{3}{2a}$ ③ $3a+6b$ ④ 12 ⑤ $2x^2+2x-12$ ⑥ 2 ⑦ $3x^2-xy+10x-2y+8$

確認のワーク ステージ1　1節 多項式の計算
3 乗法公式(1)

例1 $x+a$ と $x+b$ の積

教 p.16～17 → 基本問題 1

次の式を展開しなさい。

(1)　$(x+6)(x+5)$　　　(2)　$(x-2)(x+3)$

考え方　$(x+a)(x+b)=x^2+(a+b)x+ab$ で，(1)は a が 6，b が 5，(2)は a が -2，b が 3

解き方

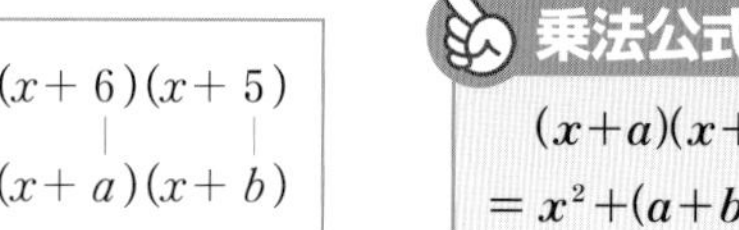

$(x+6)(x+5)$
$(x+a)(x+b)$

乗法公式 1
$(x+a)(x+b)$
$=x^2+(a+b)x+ab$

(1)　$(x+6)(x+5)$

$=x^2+(6+5)x+6\times5$　←6と5の和(xの係数)
6と5の積(定数の項)

$=$ ①

(2)　$(x-2)(x+3)$

$=\{x+(-2)\}(x+3)$　　$x-2$ を $x+(-2)$ と考える。

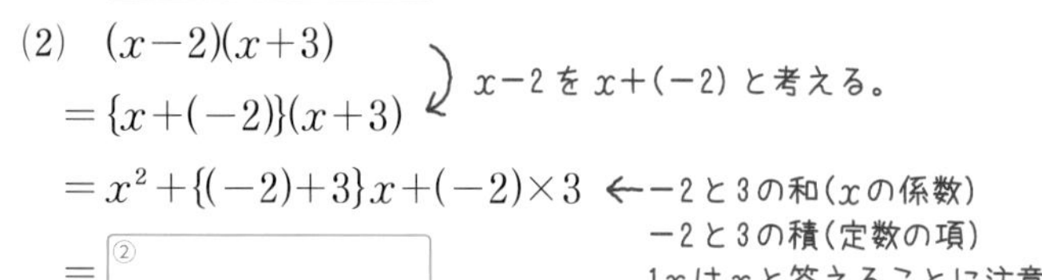

$=x^2+\{(-2)+3\}x+(-2)\times3$　←-2と3の和(xの係数)
-2と3の積(定数の項)
1xはxと答えることに注意

$=$ ②

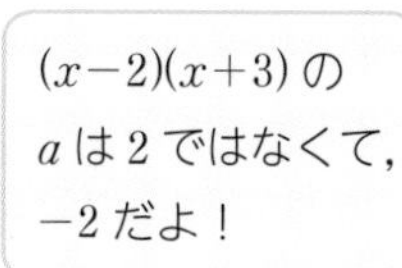

$(x-2)(x+3)$ の
a は 2 ではなくて，
-2 だよ！

例2 和の平方，差の平方

教 p.17～18 → 基本問題 2

次の式を展開しなさい。

(1)　$(x+4)^2$　　　(2)　$(x-7)^2$

考え方　(1)　$(x+a)^2=x^2+2ax+a^2$ で a が 4

(2)　$(x-a)^2=x^2-2ax+a^2$ で a が 7

aを-7としないように！

解き方

乗法公式 2, 3

2　$(x+a)^2$
$=x^2+2ax+a^2$

3　$(x-a)^2$
$=x^2-2ax+a^2$

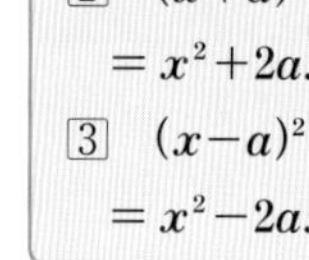

(1)　$(x+4)^2=x^2+2\times4\times x+4^2$　←4を2倍(xの係数)
4を2乗(定数の項)

$=$ ③

(2)　$(x-7)^2=x^2-2\times7\times x+7^2$

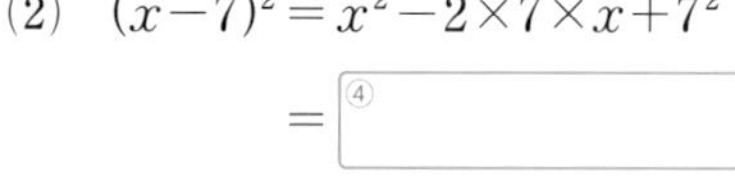

$=$ ④

$(x+a)^2=x^2+2ax+a^2$
$(x-a)^2=x^2-2ax+a^2$
符号の対応にも注意！

例3 和と差の積

教 p.18～19 → 基本問題 3

$(x+11)(x-11)$ を展開しなさい。

考え方　$(x+a)(x-a)=x^2-a^2$ で a が 11

乗法公式 4

$(x+a)(x-a)=x^2-a^2$

解き方　$(x+11)(x-11)=x^2-11^2$　←2乗の差になっている。

$=$ ⑤

「和と差の積は2乗の差」と覚えよう。

基本問題

1 $x+a$ と $x+b$ の積　次の式を展開しなさい。

教 p.17 問1, 問2

(1) $(x+2)(x+3)$　　(2) $(x+8)(x+6)$　　(3) $(x+7)(x-3)$

(4) $(y+4)(y-5)$　　(5) $(x-5)(x+6)$　　(6) $(a-9)(a+2)$

(7) $(x-4)(x-7)$　　(8) $(y-8)(y-1)$

(9) $(x-0.3)(x+0.7)$　　(10) $\left(x-\frac{1}{3}\right)\left(x+\frac{2}{3}\right)$

a，b が小数や分数になっても，和と積から式を展開するのは同じだね。

2 和の平方，差の平方　次の式を展開しなさい。

(1) $(x+1)^2$　　(2) $(x+9)^2$　　(3) $(y+7)^2$

(4) $(x-6)^2$　　(5) $(x-2)^2$　　(6) $(a-8)^2$

(7) $\left(x+\frac{1}{2}\right)^2$　　(8) $(5-y)^2$　　(9) $(x-y)^2$

3 和と差の積　次の式を展開しなさい。

(1) $(x+2)(x-2)$　　(2) $(x+10)(x-10)$　　(3) $(y-8)(y+8)$

(4) $\left(a+\frac{1}{5}\right)\left(a-\frac{1}{5}\right)$　　(5) $(4+x)(4-x)$　　(6) $(x-y)(x+y)$

左ページの 例 の答え　① $x^2+11x+30$　② x^2+x-6　③ $x^2+8x+16$　④ $x^2-14x+49$　⑤ x^2-121

確認のワーク ステージ1　1節 多項式の計算　3 乗法公式(2)

例1 単項式を1つの文字とみる展開

教 p.20 → 基本問題 1 2

次の式を展開しなさい。

(1) $(2x+4)(2x-1)$　　(2) $(5a-4b)^2$

考え方 (1) $2x$ を1つの文字とみて，乗法公式[1]を使って展開する。

(2) $5a$，$4b$ をそれぞれ1つの文字とみて，乗法公式[3]を使って展開する。

解き方

(1) $(2x+4)(2x-1)$

$=(\text{①}\quad)^2+3\times 2x-4$

$=\text{②}$

$(2x+4)(2x-1)$
$(A+4)(A-1)$
$=A^2+3\times A-4$

ミス注意
$(2x)^2+3\times x-4$
と計算するミスが多いので注意しよう。

(2) $(5a-4b)^2$

$=(5a)^2-2\times\text{③}\times 5a+(4b)^2$

$=\text{④}$

$(5a-4b)^2$
$(X-A)^2=X^2-2\times A\times X+A^2$

例2 おきかえを利用した展開

教 p.21 → 基本問題 3

$(a+b-3)(a+b+5)$ を展開しなさい。

考え方 $a+b$ を1つの文字におきかえて，乗法公式[1]を使って展開する。

解き方 $(a+b-3)(a+b+5)$

$=(X-3)(X+5)$　　$a+b=X$ とおく。

$=X^2+2X-15$　　X を $a+b$ にもどす。

$=(\text{⑤}\quad)^2+2(a+b)-15$

$=\text{⑥}$

ここがポイント
2つのかっこの中の式で，同じ部分があることに注目し，その部分を1つの文字におきかえる。

例3 式の展開と加法，減法を組み合わせた式の計算

教 p.21 → 基本問題 4

$2(x+3)^2-(x-2)(x-9)$ を計算しなさい。

考え方 まず，$(x+3)^2$ と $(x-2)(x-9)$ を，それぞれ乗法公式を使って展開する。

解き方 $2(x+3)^2-(x-2)(x-9)$

$=2(x^2+6x+9)-(\text{⑦}\quad)$　　展開した式を（ ）に入れる。

$=2x^2+12x+18-x^2+11x-\text{⑧}$　　（ ）をはずす。

$=\text{⑨}$

$(x-2)(x-9)$ を展開したら（ ）に入れて，符号に注意して（ ）をはずそう。

基本問題

解答 p.2

1 単項式を1つの文字とみる展開 次の式を展開しなさい。

教 p.20 問6, 問7

(1) $(5x-1)(5x-2)$　　(2) $(-a+4)(-a-3)$

(3) $(4x+5y)^2$　　(4) $(3x-2y)^2$

(5) $(4x+3)(4x-3)$　　(6) $(2a-9b)(2a+9b)$

(2) $-a$ を X とおく。
(3) $4x$ を X，$5y$ を A とおく。

2 単項式を1つの文字とみる展開 右の $(3x+2)(3x-4)$ の展開は，まちがっています。どこがまちがっていますか。また，正しく $(3x+2)(3x-4)$ を展開しなさい。

教 p.20 問8

$(3x+2)(3x-4)$
$=(3x)^2+\{2+(-4)\}x+2\times(-4)$
$=9x^2-2x-8$

3 おきかえを利用した展開 次の式を展開しなさい。

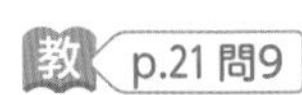

(1) $(a+b-8)(a+b+8)$　　(2) $(x-y+1)(x-y-1)$

(3) $(a-b+c)^2$　　(4) $(a-b-3)^2$

(5) $(x+y+4)^2$　　(6) $(x+y+5)(x-y+5)$

(6)は
$(x+5+y)(x+5-y)$
のように，項をならべかえて考えよう。

4 式の展開と加法，減法を組み合わせた式の計算 次の計算をしなさい。

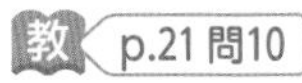

(1) $(x-5)(x+1)+(x+2)^2$　　(2) $(x-3)^2-(x+4)(x+2)$

(3) $2(x+4)^2-(x+5)(x-5)$

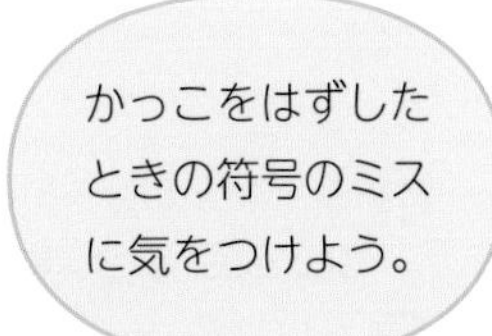

かっこをはずした
ときの符号のミス
に気をつけよう。

左ページの例の答え
① $2x$ ② $4x^2+6x-4$ ③ $4b$ ④ $25a^2-40ab+16b^2$ ⑤ $a+b$
⑥ $a^2+2ab+b^2+2a+2b-15$ ⑦ $x^2-11x+18$ ⑧ 18 ⑨ x^2+23x

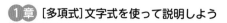

解答 p.3

1節 多項式の計算

1 次の計算をしなさい。

(1) $\left(\frac{3}{4}a+\frac{b}{2}\right)\times 4a$

(2) $x(x-2y)-\frac{1}{2}x(x-6y)$

(3) $(2a^2b+ab^2)\div\frac{1}{4}b$

(4) $(2xy-4x^2y)\div\left(-\frac{2}{3}xy\right)$

2 次の式を展開しなさい。

(1) $(5a+2)(a-3)$

(2) $(2x-3y)(3x-y)$

(3) $(a-2b)(2a+b-3)$

(4) $(3x+4y-1)(2x-y)$

よく出る **3** 次の式を展開しなさい。

(1) $(x+0.6)(x-0.5)$

(2) $(8-x)^2$

(3) $(-5+a)(5+a)$

(4) $(9-x)(x+9)$

(5) $(-a+3)^2$

(6) $(4+x)(-6+x)$

(7) $\left(x-\frac{3}{7}\right)^2$

(8) $\left(x-\frac{2}{3}\right)\left(x+\frac{2}{3}\right)$

(9) $\left(a-\frac{1}{2}\right)\left(a+\frac{1}{3}\right)$

4 次の式を展開しなさい。

(1) $(-3x+5)(-3x-2)$

(2) $(2x-7y)(2x+6y)$

(3) $(-5a-2b)^2$

(4) $\left(\frac{1}{2}x+2\right)\left(\frac{1}{2}x-6\right)$

(5) $\left(3x+\frac{1}{2}y\right)^2$

(6) $(4a+5b)(5b-4a)$

3 (3) $(a-5)(a+5)$ と変形して公式を使う。 (4) $(9-x)(9+x)$ と変形して公式を使う。
(6) $(x+4)(x-6)$ と変形して公式を使う。

4 (1) $-3x$ を1つの文字とみる。

5 次の式を展開しなさい。

(1) $(x+2y-1)(x+2y-5)$

(2) $(a-3b+2)^2$

(3) $(2x+y-1)^2$

(4) $(a-b+1)(a-b-1)$

(5) $(x+y+6)(x-y+6)$

レベルUP (6) $(a-b+5)(a+b-5)$

よく出る **6** 次の計算をしなさい。

(1) $(3a-1)(3a+2)+(2a-1)^2$

(2) $2(x-5)^2-(2x-3)(2x+3)$

(3) $9(a+b)^2-(3a+2b)(3a-2b)$

(4) $9x(x-2y)-(3x+4y)(3x-5y)$

入試問題をやってみよう！

1 次の式を展開しなさい。

(1) $(3x-1)(4x+3)$ 〔鳥取〕

(2) $(2x+5)(x-1)$ 〔沖縄〕

2 次の計算をしなさい。

(1) $(9a^2+6ab)\div(-3a)$ 〔愛媛〕

(2) $(6a^2+8ab)\div\dfrac{2a}{3}$ 〔静岡〕

(3) $x(x+2y)-(x+3y)(x-3y)$ 〔和歌山〕

(4) $(3x-1)^2+6x(1-x)$ 〔熊本〕

(5) $(x+9)^2-(x-3)(x-7)$ 〔神奈川〕

(6) $(2x-3)(x+2)-(x-2)(x+3)$ 〔愛知〕

5 (5) $(x+6+y)(x+6-y)$ と項の順番を入れかえれば，$x+6$ が共通とわかる。

(6) b と 5 の符号がそれぞれ反対だから，$\{a-(b-5)\}\{a+(b-5)\}$ と変形してからおきかえる。

6 (2) $(2x-3)(2x+3)$ を展開したら（　）に入れ，符号に注意してかっこをはずす。

ステージ1 2節 因数分解

1 因数分解 2 公式を利用する因数分解(1)

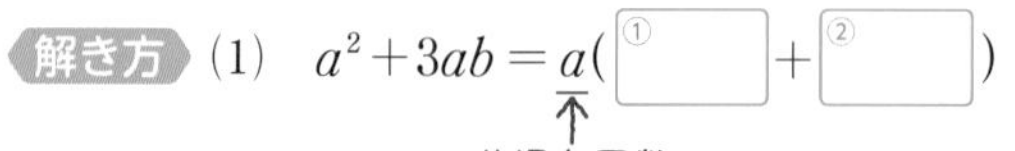

例1 共通な因数による因数分解

教 p.25 →基本問題 1 2

次の式を因数分解しなさい。

(1) a^2+3ab　　(2) $6x^2-3x$

考え方 各項の因数を調べて，共通な因数をくくり出す。

解き方 (1) $a^2+3ab=a($ ① $+$ ② $)$
↑共通な因数

$a^2=a\times a$
$3ab=3\times a\times b$

(2) $6x^2-3x=3x($ ③ $-$ ④ $)$

$x(6x-3)$ としないように注意。共通な因数は $3x$ である。

$3x=3x\times1$

$6x^2=2\times3\times x\times x$
$3x=3\times x\times1$

たいせつ
多項式をいくつかの因数(いんすう)（積をつくる数・文字・式）の積で表すことを，その多項式を因数分解するという。

例2 $x^2+(a+b)x+ab$ の因数分解

教 p.26〜27 →基本問題 3

次の式を因数分解しなさい。

(1) $x^2+8x+15$　　(2) x^2+7x-8

考え方 $x^2+○x+□$ の形の式の因数分解は，積が□で和が○となる2数を見つける。右の表のようにしてさがす。

(1)

積が15	和が8
1, 15	×
−1, −15	×
3, 5	○
−3, −5	×

(2)

積が−8	和が7
1, −8	×
−1, 8	○
2, −4	×
−2, 4	×

積が□となる2数の組から，和が○となる2数を見つけるといいよ。

解き方 (1) 上の表より，積が15，和が8となる2数は3と5だから，

$x^2+8x+15=(x+3)(x+$ ⑤ $)$

(2) 上の表より，積が−8，和が7となる2数は−1と8だから，

$x^2+7x-8=(x-1)($ ⑥ $)$

因数分解の公式 1′
公式1′ $x^2+(a+b)x+ab=(x+a)(x+b)$

例3 $x^2+2ax+a^2$, $x^2-2ax+a^2$ の因数分解

教 p.27 →基本問題 4

次の式を因数分解しなさい。

(1) $x^2+16x+64$　　(2) x^2-6x+9

考え方 $x^2+○x+□$ や $x^2-○x+□$ で，□が a^2 で，○が $2a$ であることを確認して，因数分解の公式2′，3′にあてはめる。

因数分解の公式 2′, 3′
公式2′ $x^2+2ax+a^2=(x+a)^2$
公式3′ $x^2-2ax+a^2=(x-a)^2$

解き方

(1) $x^2+16x+64=x^2+2\times8\times x+8^2$
$=($ ⑦ $)^2$ ←64が 8^2 で16が 2×8

(2) $x^2-6x+9=x^2-2\times3\times x+3^2$
$=$ ⑧ ←9が 3^2 で6が 2×3

基本問題

解答 p.4

1 共通な因数による因数分解　次の式を因数分解しなさい。

教 p.25 問1, 問2

(1)　$3a^2+ab$　　(2)　$ax^2+ax+3a$

(3)　$4m^2x-6mx$　　(4)　$5x^2y-15x$

(5)　ab^2-2a^2b　　(6)　$3x^2y-6xy^2+9xy$

知ってると得

$18=2\times9$（2：因数，9：因数）

$ma+mb$
$=m(a+b)$（m：因数，$(a+b)$：因数）

素数である因数を素因数（そいんすう）という。

2 共通な因数による因数分解　右の因数分解はまだ因数分解できます。なぜまだ因数分解できるかを説明し，正しく因数分解しなさい。

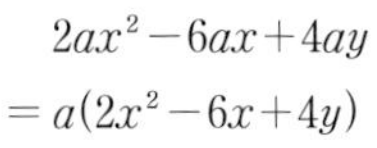
$2ax^2-6ax+4ay$
$=a(2x^2-6x+4y)$

3 $x^2+(a+b)x+ab$ の因数分解　次の式を因数分解しなさい。

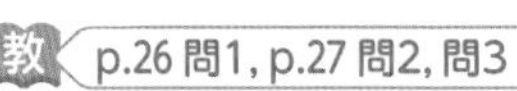

(1)　$x^2+8x+12$　　(2)　$x^2+11x+18$

(3)　x^2-8x+7　　(4)　$x^2-9x+14$

(5)　$x^2-16x+63$　　(6)　x^2+3x-4　　(7)　$a^2+5a-14$

(8)　y^2-2y-3　　(9)　$x^2-4x-12$　　(10)　a^2-a-20

$x^2+9x+20$
因数分解 ↓ ↑ 展開
$(x+4)(x+5)$

4 $x^2+2ax+a^2$，$x^2-2ax+a^2$ の因数分解　次の式を因数分解しなさい。

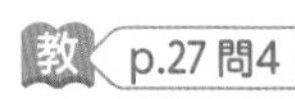

(1)　x^2+2x+1　　(2)　$x^2+14x+49$　　(3)　$a^2+12a+36$

(4)　$a^2-8a+16$　　(5)　$y^2-10y+25$　　(6)　$a^2-20a+100$

左ページの例の答え　①，②a，$3b$　③$2x$　④1　⑤5　⑥$x+8$　⑦$x+8$　⑧$(x-3)^2$

確認のワーク ステージ1　2節 因数分解
2 公式を利用する因数分解(2)

例1 x^2-a^2 の因数分解
教 p.28 → 基本問題1

x^2-4 を因数分解しなさい。

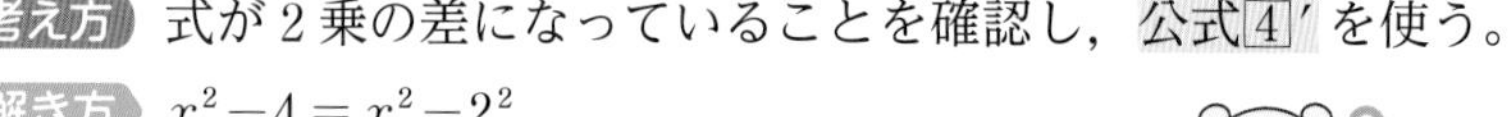
考え方　式が2乗の差になっていることを確認し，公式[4]′を使う。

因数分解の公式[4]′

公式[4]′
$x^2-a^2=(x+a)(x-a)$

解き方　$x^2-4=x^2-2^2$

$=(x+2)($ ① $)$

例2 いろいろな式の因数分解
教 p.29 → 基本問題2 3

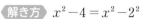

次の式を因数分解しなさい。

(1)　$3x^2+9x-30$　　(2)　$4x^2-12x+9$

考え方　(1)　共通な因数をくくり出し，公式を使って因数分解する。

(2)　共通な因数はない。$4x^2=(2x)^2$，$9=3^2$ に注目し，公式[3]′が使えないか考える。

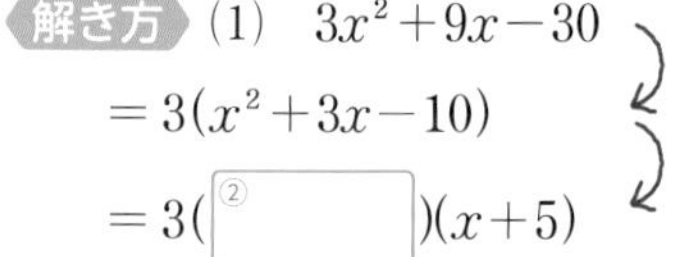
解き方　(1)　$3x^2+9x-30$

$=3(x^2+3x-10)$　　共通な因数をくくり出す。

$=3($ ② $)(x+5)$　　かっこの中を因数分解する。(公式[1]′)

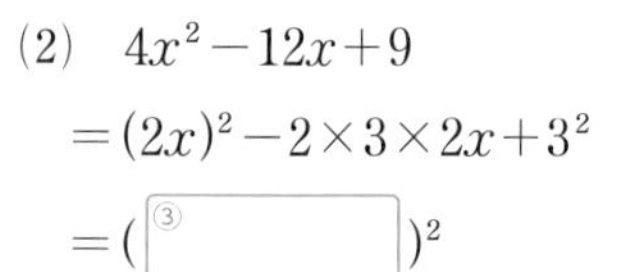
(2)　$4x^2-12x+9$

$=(2x)^2-2\times3\times2x+3^2$　　$x^2-2ax+a^2$ の形を確認する。

$=($ ③ $)^2$　　$(x-a)^2$ の形で答える(公式[3]′)。

まず共通な因数をくくり出せるかどうかを考えればいいね。

例3 おきかえを利用した因数分解
教 p.29 → 基本問題4

次の式を因数分解しなさい。

(1)　$a(x-y)+b(x-y)$　　(2)　$(x-3)^2+2(x-3)-24$

考え方　(1)　$x-y$ を1つの文字におきかえて，因数分解を考える。

(2)　おきかえた文字をもとの式にもどしたあと，さらに計算する。

解き方

(1)　$x-y=A$ とおくと，

$a(x-y)+b(x-y)$

$=aA+bA$　　Aが共通な因数

$=(a+b)A$　　Aを x−y にもどす。

$=(a+b)($ ④ $)$

(2)　$x-3=A$ とおくと，

$(x-3)^2+2(x-3)-24$

$=A^2+2A-24$　　公式[1]′

$=(A-4)(A+6)$　　Aを x−3 にもどす。

$=(x-3-4)(x-3+6)$　　(　)の中を計算する。

$=($ ⑤ $)(x+3)$

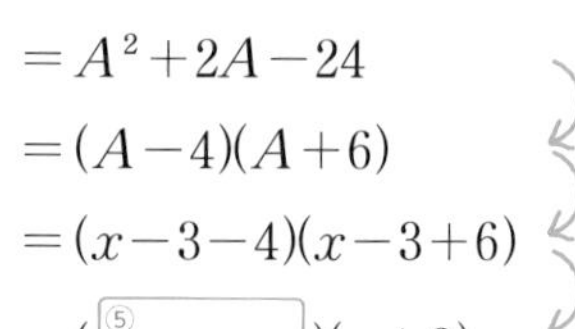

慣れてきたら，おきかえないで(　)をそのままひとかたまりとみて因数分解してもいいよ。

基本問題

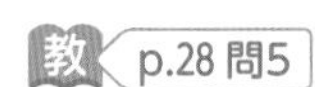

1 x^2-a^2 の因数分解　次の式を因数分解しなさい。

教 p.28 問5

(1)　y^2-64　　(2)　a^2-36　　(3)　$25-x^2$

2 いろいろな式の因数分解　次の式を因数分解しなさい。

(1)　$3x^2+6x-24$　　(2)　$-2y^2+10y+12$

(3)　$3x^2+18x+27$　　(4)　$2x^2-18$

(5)　$ax^2+2ax-3a$　　(6)　$2a^2b-4ab+2b$

3 いろいろな式の因数分解　次の式を因数分解しなさい。

(1)　$9x^2-12x+4$　　(2)　$4a^2-20a+25$

(3)　$x^2+14xy+49y^2$　　(4)　x^2-16y^2

(5)　$25a^2-64b^2$　　(6)　$16x^2-4$

(6)はまず共通
な因数をくく
り出そう。

4 おきかえを利用した因数分解　次の式を因数分解しなさい。

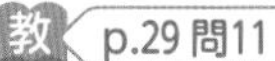

(1)　$(b+3)x-(b+3)y$　　(2)　$(x-y)^2+8(x-y)+15$

(3)　$(a+b)^2-(a+b)-30$　　(4)　$(x+2)^2-6(x+2)+9$

(5)　$(2x+1)^2-(x+3)^2$

(5)は $2x+1$ を X,
$x+3$ を A とおい
てみよう。

左ページの例の答え　① $x-2$　② $x-2$　③ $2x-3$　④ $x-y$　⑤ $x-7$

解答 p.5

2節 因数分解

1 次の式を因数分解しなさい。

(1) $4x^3y+8x^2y^2$　(2) $-2mn^2-4m^2n$　(3) $6a^2b-3ab+9ab^2$

よく出る **2** 次の式を因数分解しなさい。

(1) $100-x^2$　(2) $x^2-5x-14$　(3) $a^2-16a+64$

(4) x^2+x-30　(5) $x^2-12x+36$　(6) $y^2+12y+32$

(7) $x^2+18x+81$　(8) x^2-144　(9) $y^2-10y+16$

(10) $x^2-100x+99$　(11) $y^2-26y+169$　(12) $3x+x^2-10$

(13) $6+a^2-5a$　(14) $x^2+x+\frac{1}{4}$　(15) $\frac{1}{4}-x^2$

3 「$x^2+9x+18=x(x+9)+18$」という式では，$x^2+9x+18$ を因数分解したとはいえません。そのわけをいいなさい。

よく出る **4** 次の式を因数分解しなさい。

(1) $5x^2-45x-180$　(2) $-4x^2+24x-32$

(3) $2a^2b-12ab+18b$　(4) $3x^2y+6xy-45y$

(5) $36a^2-81$　(6) $3x^2-75y^2$

2 式の形をみて，因数分解の公式1′〜4′のどれを利用するか考える。
(12)，(13) 項を入れかえて，(12) $x^2+3x-10$，(13) a^2-5a+6 として考える。

4 まず共通な因数をくくり出す。 (2) 共通な因数は -4 になる。

5 右の因数分解はまだ因数分解できます。なぜまだ因数分解できるかを説明し，正しく因数分解しなさい。

$$4x^2-24x+36$$
$$=(2x)^2-2\times6\times2x+6^2$$
$$=(2x-6)^2$$

6 次の式を因数分解しなさい。

(1) $49x^2+42xy+9y^2$

(2) $25a^2-81b^2$

(3) $4a^2-ab+\dfrac{b^2}{16}$

(4) $x^2-\dfrac{y^2}{36}$

7 次の式を因数分解しなさい。

(1) $(x+2)^2-10(x+2)+24$

(2) $2a(a-4)-(a-4)^2$

(3) $(x+7)^2-64$

(4) $(2x-3)^2-(x-4)^2$

レベルUP **8** 次の式を因数分解しなさい。

(1) $ab-a-b+1$

(2) $x^2+4x+4-y^2$

入試問題をやってみよう！

1 次の式を因数分解しなさい。

(1) $a^2+2a-15$ 〔鳥取〕

(2) x^2-x-56 〔佐賀〕

(3) $6x^2-24$ 〔三重〕

(4) $ax^2-12ax+27a$ 〔京都〕

(5) $(x+1)(x+4)-2(2x+3)$ 〔愛知〕

(6) $(x+3)(x-5)+2(x+3)$ 〔千葉〕

7 (4) $2x-3$ を A，$x-4$ を B とおいて，公式④′の利用を考える。

8 (1) 最初の 2 項と残りの 2 項に分けて考える。

1 (6) $x+3=A$ とおいて，共通な因数をくくり出す。

確認のワーク ステージ1

3節 式の計算の利用
1 式の計算の利用

例1 計算のくふう

教 p.33 → 基本問題 1

次の式を，くふうして計算しなさい。

(1) 99^2　　　(2) 79^2-21^2

考え方 式の形をみて，乗法公式や因数分解の利用を考える。

解き方

(1) $99^2=(100-1)^2$　←$(x-a)^2=x^2-2ax+a^2$ の公式で，$x=100$，$a=1$ とみる。

$=100^2-2\times1\times100+1^2$

$=$ ①[　　]

(2) $79^2-21^2=(79+$ ②[　　] $)\times(79-21)$　←$x^2-a^2=(x+a)(x-a)$ の公式で，$x=79$，$a=21$ とみる。

（79^2-21^2：2乗の差）

$=100\times58$

$=$ ③[　　]

ここがポイント
$99=100-1$ というような見方をしたり，2乗の差に注目したりして，乗法公式や因数分解の公式を利用しよう。

例2 数の性質の証明

教 p.33～34 → 基本問題 3 4

2つの続いた奇数で，大きい数の平方から小さい数の平方をひいたときの差は，どんな数になるか予想しなさい。また，それが成り立つことを証明しなさい。

考え方 具体的な数で，いくつかの場合を調べて性質を予想する。証明は，2つの続いた奇数を整数 n を使って表し，式の計算をして，予想したことを示す。

解き方 $3^2-1^2=8$，$5^2-3^2=16$，$7^2-5^2=24$，…より，

④[　　] の倍数と予想される。　　**答** ⑤[　　] の倍数

証明 2つの続いた奇数は，整数 n を使って，

$2n-1$，　$2n+1$　と表される。

（$2n-1$：偶数 $2n$ より1小さい。　$2n+1$：偶数 $2n$ より1大きい。）

大きい数の平方から小さい数の平方をひいた差は，

$(2n+1)^2-(2n-1)^2$　←文章を式で表す。

$=4n^2+4n+1-($ ⑥[　　　　] $)$

$=4n^2+4n+1-4n^2+4n-1$

$=$ ⑦[　　]

n は整数だから，$8n$ は8の倍数である。

したがって，2つの続いた奇数で，大きい数の平方から小さい数の平方をひいた差は，8の倍数になる。

覚えておこう
n を整数とするとき，
- 偶数⇨ $2n$
- 奇数⇨ $2n-1$，$2n+1$
- 2つの続いた整数 ⇨ n，$n+1$
- 3つの続いた整数 ⇨ $n-1$，n，$n+1$ / n，$n+1$，$n+2$
- n の倍数 ⇨ $n\times$(整数)

8の倍数になる証明は，8×(整数) の形になることを示せばいいんだね。

基本問題

解答 p.6

1 計算のくふう 次の式を，くふうして計算しなさい。

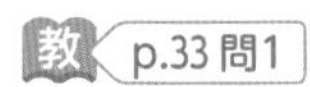

教 p.33 問1

(1) 102^2　(2) 49^2　(3) 45^2-35^2

(4) 76^2-24^2　(5) 58×62

(5) $58=60-2$
$62=60+2$
60と2の和と差の積に注目しよう！

2 式の値への利用 次の式の値（あたい）を求めなさい。

教 p.33 問2

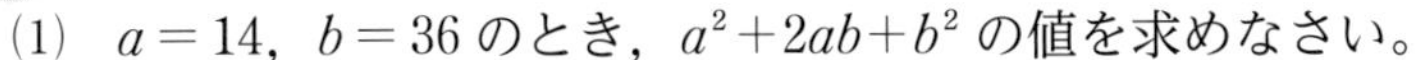

(1) $a=14$，$b=36$ のとき，$a^2+2ab+b^2$ の値を求めなさい。

(2) $x=28$，$y=22$ のとき，x^2-y^2 の値を求めなさい。

ここがポイント
代入する前に，式を因数分解すると，計算が楽になる。

3 数の性質の証明 2つの続いた整数の積に大きいほうの数を加えます。

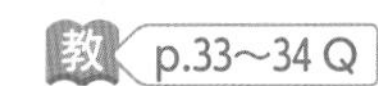

教 p.33～34 Q

(1) できた和は，どんな数になるか予想しなさい。

(2) (1)が成り立つことを，2つの続いた整数を n，$n+1$ として，証明しなさい。

4 数の性質の証明 2つの続いた偶数では，大きいほうの偶数の平方から小さいほうの偶数の平方をひいた数は，奇数の4倍になることを証明しなさい。

教 p.33～34 Q

5 図形への利用 右の図のような半径 a m の円形の土地の周囲に，幅（はば） x m の道があります。この道の真ん中を通る線の長さを ℓ m，道の面積を S m² とするとき，次の問に答えなさい。

教 p.35 例2

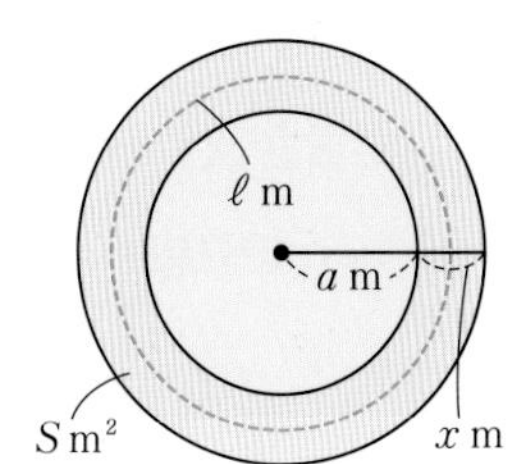

(1) ℓ を，a と x を使った式で表しなさい。

(2) $S=\ell x$ となることを証明しなさい。

左ページの例の答え　① 9801　② 21　③ 5800　④ 8　⑤ 8　⑥ $4n^2-4n+1$　⑦ $8n$

解答 p.7

3節 式の計算の利用

よく出る **1** 次の式を，くふうして計算しなさい。

(1) $5.7^2-4.3^2$　(2) 9.8^2　(3) 3.1×2.9

(4) 4.98×5.02　(5) $29^2\times3.14-21^2\times3.14$

2 $x=38$，$y=31$ のとき，次の式の値(あたい)を求めなさい。

(1) $x^2-2xy+y^2$　(2) $x^2+4xy+4y^2$

3 右の図のような 2 つの正方形にはさまれた道があり，道の幅(はば)は a m です。内側の正方形の 1 辺の長さを p m，道の面積を S m^2，道の真ん中を通る線の長さを ℓ m とするとき，次の問に答えなさい。

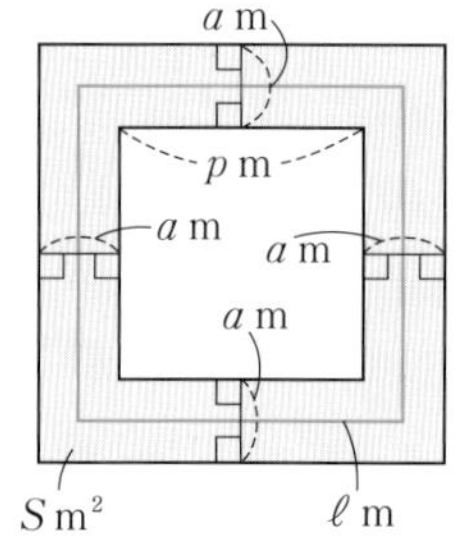

(1) S を p と a を使った式で表しなさい。

(2) ℓ を p と a を使った式で表しなさい。

(3) $S=a\ell$ となることを証明しなさい。

4 3 つの続いた自然数があります。もっとも大きい数の平方からもっとも小さい数の平方をひいた差について，次の問に答えなさい。

(1) この差を「　」のように予想しました。㋐ には適当なことばを，㋑ には適当な数を書き入れなさい。　「この差は，㋐　　数の㋑　　倍になる。」

(2) (1)で予想したことが成り立つことを証明しなさい。

1 (5) まず共通な因数をくくり出し，次に 2 乗の差の因数分解をする。
2 与えられた式を因数分解してから，代入する。
4 (2) 3 つの続いた自然数を n，$n+1$，$n+2$ または $n-1$，n，$n+1$ として証明する。

5 2つの続いた奇数の積について，次の問に答えなさい。

(1) この積を4でわったときの余りを求めなさい。

(2) (1)で答えたことがらを証明しなさい。

6 一の位が5である2けたの自然数の2乗は，下2けた（十の位と一の位）の数が25になることを，次のように証明しました。□にあてはまる式や計算を書き入れて，証明を完成しなさい。

証明 nを1から9までの整数とすると，一の位が5である2けたの自然数は ①□

という式で表される。この自然数の2乗を計算すると，

②□

n^2+nは整数なので，③□ は100の倍数だから，計算した結果の下2けたの数は25になる。

したがって，一の位が5である2けたの自然数の2乗は，下2けたの数が25になる。

1 次の問に答えなさい。

(1) $a=\dfrac{1}{7}$，$b=19$のとき，ab^2-81aの式の値を求めなさい。〔静岡〕

(2) $x=-16$のとき，x^2+x-20の式の値を求めなさい。〔山形〕

(3) $x=250$のとき，$(x-8)(x+2)+(4-x)(4+x)$の値を求めなさい。〔愛知〕

2 小さい順に並べた連続する3つの奇数3，5，7において，$5\times7-5\times3$を計算すると20となり，中央の奇数5の4倍になっています。このように，「小さい順に並べた連続する3つの奇数において，中央の奇数ともっとも大きい奇数の積から，中央の奇数ともっとも小さい奇数の積をひいた差は，中央の奇数の4倍に等しくなる」ことを文字nを使って説明しなさい。ただし，説明は「nを整数とし，中央の奇数を$2n+1$とする。」に続けて完成させなさい。〔長崎〕

5 (2) 2つの続いた奇数を$2n+1$，$2n+3$または$2n-1$，$2n+1$として証明する。

1 (1)，(2)はまず因数分解し，(3)は式の計算をしてから，代入する。

解答 p.8

[多項式] 文字式を使って説明しよう

/100

1 次の計算をしなさい。 2点×4(8点)

(1) $-2x(x-2y+4)$ ( )

(2) $5a(a-1)-a(4a+5)$ ( )

(3) $(8x^2y+4xy^2)\div 2xy$ ( )

(4) $(6x^2-3x)\div\left(-\frac{3}{2}x\right)$ ( )

よく出る **2** 次の式を展開しなさい。 3点×6(18点)

(1) $(x+5)(2x-3)$ ( )

(2) $(a-2)(a-2b+5)$ ( )

(3) $(x+2)(x-6)$ ( )

(4) $(x+10)^2$ ( )

(5) $\left(a-\frac{1}{2}\right)^2$ ( )

(6) $(8-a)(8+a)$ ( )

3 次の式を展開しなさい。 3点×6(18点)

(1) $(3x-5)(3x+4)$ ( )

(2) $(-5x-2y)^2$ ( )

(3) $(7-3x)(3x+7)$ ( )

(4) $(x+y-3)(x+y-8)$ ( )

(5) $(a-b+2)^2$ ( )

(6) $(x+2y+3)(x-2y-3)$ ( )

4 次の計算をしなさい。 3点×2(6点)

(1) $(x+8)^2-2(x+9)(x-9)$ ( )

(2) $4(x-3)(x-1)-(2x-5)^2$ ( )

目標 乗法公式や因数分解の公式はきちんと覚えよう。計算や因数分解は速く正確にできるようになろう。

自分の得点まで色をぬろう!
がんばろう! もう一歩 合格!
0 60 80 100点

よく出る **5** 次の式を因数分解しなさい。 3点×6（18点）

(1) $6m^2n-2mn$ (2) $x^2-11x+18$

（　　　　）（　　　　）

(3) a^2+6a-7 (4) $x^2+12x+36$

（　　　　）（　　　　）

(5) $a^2-2ab+b^2$ (6) $25-y^2$

（　　　　）（　　　　）

6 次の式を因数分解しなさい。 3点×6（18点）

(1) $-3x^2+12x+96$ (2) $2a^2b-8b$

（　　　　）（　　　　）

(3) $9x^2-24xy+16y^2$ (4) $4x^2-\frac{y^2}{9}$

（　　　　）（　　　　）

(5) $(x+1)^2+4(x+1)-5$ (6) $a(x-3)-2(x-3)$

（　　　　）（　　　　）

よく出る **7** 次の式を，くふうして計算しなさい。 3点×2（6点）

(1) 28^2-22^2 (2) 43×37

（　　　　）（　　　　）

8 $x=27$，$y=7$ のとき，$x^2-2xy+y^2$ の値(あたい)を求めなさい。 （3点）

（　　　　）

9 3つの続いた整数では，もっとも小さい整数ともっとも大きい整数の積に1を加えると，中央の整数の2乗に等しくなります。このことを証明しなさい。 （5点）

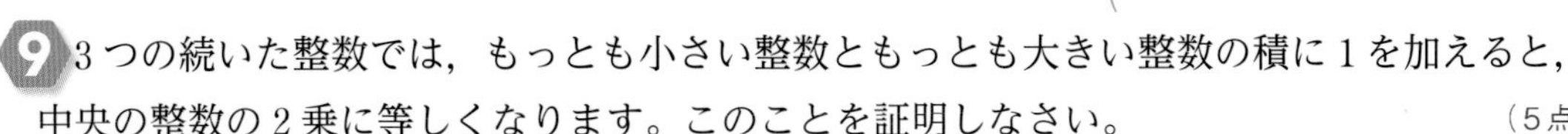

アプリ【どこでもワーク計算編】をやって，さらに力をつけよう！

1節 平方根

1 平方根(1)

例1 平方根

教 p.44〜46 → 基本問題 2 3

次の数の平方根(へいほうこん)をいいなさい。

(1) 64　　(2) $\dfrac{4}{9}$　　(3) 11

解き方 (1) $8^2=64$，$($①$\square)^2=64$ だから，

64 の平方根は 8 と ②$\square$

(2) $\left(\dfrac{2}{3}\right)^2=\dfrac{4}{9}$，$\left(\text{③}\square\right)^2=\dfrac{4}{9}$ だから，　←$4=2^2$，$9=3^2$

$\dfrac{4}{9}$ の平方根は，$\dfrac{2}{3}$ と ④$\square$

(3) 2 乗して 11 になる整数はないので，　←$○^2=11$ の○にあてはまる整数はない。

11 の平方根は $\sqrt{11}$ と ⑤$\square$

たいせつ

ある数 x を 2 乗すると a になるとき，すなわち，$x^2=a$ であるとき，x を a の平方根という。
a の 2 つの平方根のうち，正のほうを $\sqrt{a}$，負のほうを $-\sqrt{a}$ と書く。
記号 $\sqrt{\ }$ を根号(こんごう)という。

注 2 つの平方根をまとめて，±8，$\pm\dfrac{2}{3}$，$\pm\sqrt{11}$ と答えてもよい。
↑「プラス マイナス ルート 11」と読む。

例2 根号を使わずに表す

教 p.46 → 基本問題 4

次の数を根号を使わずに表しなさい。

(1) $-\sqrt{16}$　　(2) $\sqrt{(-6)^2}$

考え方 $\sqrt{a}$ は a の平方根のうち，正の数のほう，$-\sqrt{a}$ は a の平方根のうち，負の数のほうである。

解き方 (1) 16 の平方根の負のほうだから，$-\sqrt{16}=$ ⑥$\square$

(2) $\sqrt{(-6)^2}=\sqrt{36}$，$\sqrt{36}$ は 36 の平方根の正のほうだから，　（$\sqrt{(-6)\times(-6)}$）

$\sqrt{(-6)^2}=\sqrt{36}=$ ⑦$\square$

覚えておこう

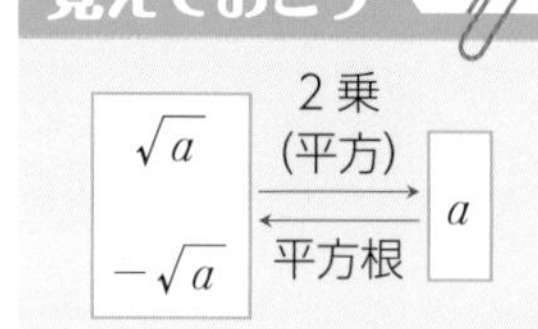

例3 根号のついた数の2乗

教 p.46 → 基本問題 6

次の数を求めなさい。

(1) $(\sqrt{10})^2$　　(2) $(-\sqrt{7})^2$

考え方 $a>0$ のとき，$\sqrt{a}$ は 2 乗すると a になるので，$(\sqrt{a})^2=a$ である。

解き方 (1) $(\sqrt{10})^2=$ ⑧$\square$

(2) $(-\sqrt{7})^2=$ ⑨$\square$
↑$(-\sqrt{7})\times(-\sqrt{7})$

$a>0$ のとき，$(\sqrt{a})^2=a$，$(-\sqrt{a})^2=a$ になるね。

基本問題

解答 p.10

1 平方根の近似値 電卓の $\sqrt{}$ キーを使って，$\sqrt{7}$ の値(あたい)を小数第 7 位まで求めなさい。

教 p.44

電卓で計算した値は，$\sqrt{7}$ の真の値ではないけれど，近い値だよ。このような値を近似値(きんじち)というよ。

2 平方根 次の数の平方根をいいなさい。

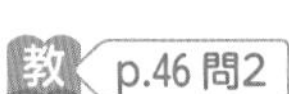
教 p.45 問1

(1) 4　　(2) 121　　(3) 0　　(4) $\dfrac{25}{49}$

3 平方根 根号を使って，次の数の平方根を表しなさい。

教 p.46 問2

(1) 14　　(2) 0.9　　(3) $\dfrac{2}{5}$

4 根号を使わずに表す 次の数を根号を使わずに表しなさい。

教 p.46 問3

(1) $\sqrt{100}$　　(2) $-\sqrt{49}$　　(3) $-\sqrt{1}$

(4) $\sqrt{0.25}$　　(5) $-\sqrt{0.04}$　　(6) $\sqrt{\dfrac{9}{16}}$

(7) $-\sqrt{7^2}$　　(8) $\sqrt{(-4)^2}$　　(9) $-\sqrt{(-3)^2}$

5 平方根の意味 $\sqrt{25}$ と「25 の平方根」の意味のちがいを説明しなさい。

教 p.44〜46

6 根号のついた数の 2 乗 次の数を求めなさい。

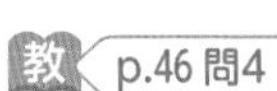
教 p.46 問4

(1) $(\sqrt{3})^2$　　(2) $(-\sqrt{15})^2$　　(3) $(-\sqrt{36})^2$

左ページの例の答え　① -8　② -8　③ $-\dfrac{2}{3}$　④ $-\dfrac{2}{3}$　⑤ $-\sqrt{11}$　⑥ -4　⑦ 6　⑧ 10　⑨ 7

確認のワーク ステージ1

1節　平方根

1 平方根(2)

例1 平方根の大小

教 p.47 → 基本問題1

次の各組の数の大小を，不等号を使って表しなさい。

(1)　$\sqrt{14}$，$\sqrt{17}$　　(2)　$\sqrt{29}$，5　　(3)　$-\sqrt{8}$，$-\sqrt{10}$

考え方 根号の中の数の大小を比べる。$\sqrt{\ }$ のつかない数がある場合は，2乗して大小を比べる。

解き方 (1)　14＜17 だから，$\sqrt{14}$ ① $\sqrt{17}$

(2)　$(\sqrt{29})^2=29$，$5^2=25$ で，29＞25 だから，

$\sqrt{29}>\sqrt{25}$　　よって，$\sqrt{29}$ ② 5

(3)　8＜10 だから，$\sqrt{8}$ ③ $\sqrt{10}$

負の数は，絶対値が大きいほど小さいので，

$-\sqrt{8}$ ④ $-\sqrt{10}$

a，b が正の数で，
$a<b$ ならば $\sqrt{a}<\sqrt{b}$
2乗すれば根号がとれるから，2乗して比べればいいね。

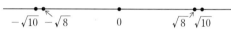

$-\sqrt{10}$　$-\sqrt{8}$　0　$\sqrt{8}$　$\sqrt{10}$

例2 有理数と無理数

教 p.48 → 基本問題2

右の数のなかから，無理数(むりすう)を選びなさい。　-7，$\sqrt{15}$，$\sqrt{36}$，0.9，π

考え方 $\sqrt{\ }$ のとれない数や円周率 π が無理数になる。

解き方 $-7=\dfrac{-7}{1}$，$\sqrt{36}=6=\dfrac{6}{1}$，$0.9=\dfrac{9}{10}$ となるので，これらは有理数(ゆうりすう)である。また，根号を使わずには表せない $\sqrt{15}$ や円周率 π は ⑤ である。　**答** $\sqrt{15}$，⑥

覚えておこう

$\dfrac{整数}{0でない整数}$ という分数で表される数を有理数，上の形の分数で表すことのできない数を無理数という。

例3 素因数分解の利用

教 p.66 → 基本問題5

$\sqrt{45n}$ が自然数になるような自然数 n のうちで，もっとも小さい値(あたい)を求めなさい。また，そのときの $\sqrt{45n}$ の値を求めなさい。

考え方 $\sqrt{45n}$ が自然数になるには，$45n$ がある自然数の2乗になればよい。ある自然数の2乗は，素因数分解すると素数が偶数個ずつの積になるから，45を素因数分解して，何が足りないか考える。

解き方 45を素因数分解すると，$45=3^2\times5$

これをある自然数の2乗にするには，$3^2\times5$ に5をかければよい。

$n=5$ のとき，$\sqrt{45\times5}=\sqrt{3^2\times5\times5}=\sqrt{(3\times5)^2}=\sqrt{15^2}=$ ⑦

答 $n=$ ⑧，$\sqrt{45n}=$ ⑨

知ってると得

「もっとも小さい値」という条件がなければ，n は，5×2^2，5×3^2，5×4^2，…でもよい。

基本問題

解答 p.10

1 平方根の大小 次の各組の数の大小を，不等号を使って表しなさい。

(1) $\sqrt{19}$，$\sqrt{23}$　(2) 6，$\sqrt{37}$　(3) 11，$\sqrt{119}$

(4) $\sqrt{0.5}$，0.5　(5) $-\sqrt{5}$，$-\sqrt{7}$　(6) -4，$-\sqrt{15}$

(7) 2，3，$\sqrt{6}$　(8) $-\sqrt{7}$，$-\sqrt{11}$，-3

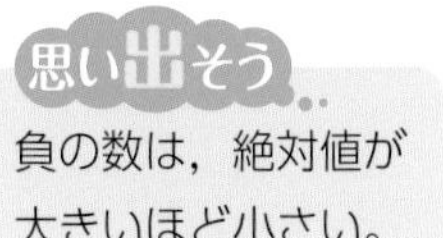

2 有理数と無理数 下の数のなかから，無理数を選びなさい。

$-\frac{4}{7}$，$\sqrt{\frac{3}{5}}$，2.9，$\sqrt{49}$，$-\sqrt{7}$，$\frac{\sqrt{3}}{2}$，0，$\sqrt{0.16}$

3 有理数と無理数 右の数直線上の点 A，B，C，D は，$\sqrt{3}$，$-\sqrt{4}$，-0.5，$\sqrt{6}$ のどれかと対応しています。これらの点に対応する数を答えなさい。

教 p.49 問7

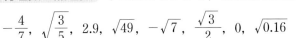

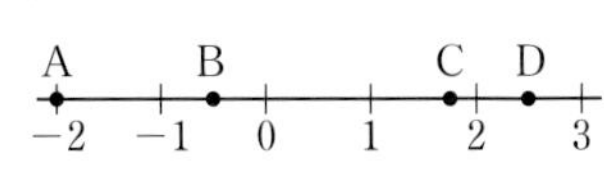

4 有限小数と循環小数 $\frac{3}{8}$，$\frac{5}{9}$ を小数で表すと，有限小数，循環小数のどちらになりますか。

教 p.49 問8

覚えておこう
有限小数
循環小数
有理数
無限小数
循環しない
無限小数
無理数

5 素因数分解の利用 次の問に答えなさい。

(1) $\sqrt{72n}$ が自然数になるような自然数 n のうちで，もっとも小さい値を求めなさい。また，そのときの $\sqrt{72n}$ の値を求めなさい。

(2) $\sqrt{150a}$ が自然数になるような自然数 a のうちで，もっとも小さい値を求めなさい。

左ページの例の答え　①<　②>　③<　④>　⑤無理数　⑥π　⑦15　⑧5　⑨15

解答 p.11

1節 平方根

1 次の数の平方根をいいなさい。

(1) 900　(2) 0.01　(3) 0.4

(4) $\dfrac{7}{15}$　(5) $\dfrac{49}{81}$　(6) $\dfrac{121}{400}$

よく出る **2** 次の数を根号を使わずに表しなさい。

(1) $-\sqrt{\dfrac{25}{36}}$　(2) $\sqrt{0.64}$　(3) $\sqrt{(-15)^2}$

(4) $-\sqrt{(-9)^2}$　(5) $\left(\sqrt{\dfrac{3}{4}}\right)^2$　(6) $(-\sqrt{0.2})^2$

3 次のことは正しいですか。正しければ○で答え，誤りがあれば＿＿の部分を正しくなおしなさい。

(1) 36 の平方根は $\underline{6}$ である。　(2) $\sqrt{64}$ は $\underline{\pm 8}$ である。

(3) $-\sqrt{(-5)^2}$ は $\underline{-5}$ に等しい。　(4) $-\sqrt{0.09}$ は $\underline{-0.03}$ に等しい。

よく出る **4** 次の各組の数の大小を，不等号を使って表しなさい。

(1) $-\sqrt{72}$，$-\sqrt{59}$　(2) 0.3，$\sqrt{0.1}$　(3) 12，$\sqrt{140}$

(4) -5，$-\sqrt{23}$，$-\sqrt{28}$　(5) $-\dfrac{1}{3}$，$-\sqrt{\dfrac{1}{3}}$，$-\sqrt{\dfrac{1}{2}}$

5 次の問に答えなさい。

(1) $4.5 < \sqrt{a} < 5$ をみたす自然数 a の値（あたい）をすべて求めなさい。

(2) $\sqrt{6} \leqq n \leqq 6$ をみたす自然数 n は何個ありますか。

4 (5) 分数が入っていても，それぞれの数を 2 乗して比べればよい。

5 (1) $4.5^2 = 20.25$，$5^2 = 25$ だから，$20.25 < a < 25$

(2) $\sqrt{6}$，n，6 をそれぞれ 2 乗して，$6 \leqq n^2 \leqq 36$

6 次の問に答えなさい。

(1) 右の数直線上の点 A，B，C，D は，-3.5，$\frac{9}{4}$，$\sqrt{12}$，$-\sqrt{16}$ のどれかと対応しています。これらの点に対応する数を答えなさい。

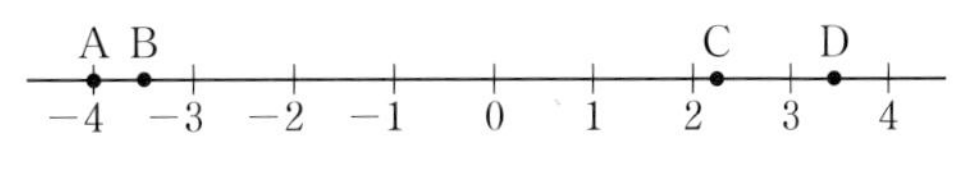

(2) n は 1 から 9 までの整数とします。$\sqrt{n}$ が無理数になるときの n の値をすべて答えなさい。

7 面積が $70\,\mathrm{cm}^2$ の正方形の 1 辺の長さを a cm とします。$n<a<n+1$ とするとき，n にあてはまる整数を求めなさい。

8 次の問に答えなさい。

(1) $\sqrt{\frac{72}{n}}$ の値が整数となるような自然数 n の値をすべて求めなさい。

(2) $\sqrt{10-a}$ の値が整数となるような自然数 a の値をすべて求めなさい。

入試問題をやってみよう！

1 n は自然数で，$8.2<\sqrt{n+1}<8.4$ です。このような n をすべて求めなさい。〔愛知〕

2 次の問に答えなさい。

(1) $\sqrt{24n}$ の値が整数となる自然数 n のうち，最も小さい値を求めなさい。〔沖縄〕

(2) $\sqrt{53-2n}$ が整数となるような，正の整数 n の個数を求めなさい。〔神奈川〕

レベルUP (3) a を自然数とするとき，$\sqrt{2010-15a}$ の値が自然数となるような a の値をすべて求めなさい。〔大阪〕

8 (1) 72 を素因数分解して，根号の中が (整数)^2 の形になるような n の値を見つける。
(2) $\sqrt{10-a}<\sqrt{10}$ だから，$\sqrt{10-a}$ が $\sqrt{0}$，$\sqrt{1}$，$\sqrt{4}$，$\sqrt{9}$ のときを考える。

2 (3) $\sqrt{2010-15a}=\sqrt{15(134-a)}$ だから，$134-a=15$，15×2^2，…

確認のワーク ステージ1

2節 根号をふくむ式の計算

1 根号をふくむ式の乗除(1)

例1 平方根の積と商

教 p.52～53 → 基本問題 1

次の計算をしなさい。

(1) $\sqrt{5}\times\sqrt{7}$　　(2) $\sqrt{54}\div\sqrt{6}$

考え方 $\sqrt{\ }$ の中の数の乗除をしてから，$\sqrt{\ }$ をつける。

解き方 (1) $\sqrt{5}\times\sqrt{7}=\sqrt{5\times7}=\sqrt{\text{①}}$

↑ $\sqrt{\ }$ の中の数のかけ算

(2) $\sqrt{54}\div\sqrt{6}=\dfrac{\sqrt{54}}{\sqrt{6}}=\sqrt{\dfrac{54}{6}}=\sqrt{\text{②}}=\text{③}$

わり算を分数にする。　$\sqrt{\ }$ の中の数のわり算　根号を使わずに表す。

たいせつ

a，b を正の数とするとき，

1 $\sqrt{a}\times\sqrt{b}=\sqrt{ab}$

2 $\dfrac{\sqrt{a}}{\sqrt{b}}=\sqrt{\dfrac{a}{b}}$

例2 $\sqrt{a}$ の形にする

教 p.53 → 基本問題 2

$4\sqrt{6}$ を $\sqrt{a}$ の形に表しなさい。

考え方 $4\sqrt{6}=4\times\sqrt{6}$ で，$4=\sqrt{4^2}=\sqrt{16}$ として計算する。

解き方 $4\sqrt{6}=\sqrt{16}\times\sqrt{6}=\sqrt{16\times6}=\sqrt{\text{④}}$

（4 → 4^2）　↑ $\sqrt{\ }$ の中の数のかけ算

覚えておこう

a，b を正の数とするとき，

$a\sqrt{b}=\sqrt{a^2b}$

例3 根号の中の数をできるだけ小さい自然数にする

教 p.53～54 → 基本問題 3 4

次の数を $a\sqrt{b}$ または $\dfrac{\sqrt{b}}{a}$ の形に表しなさい。

(1) $\sqrt{63}$　　(2) $\sqrt{180}$　　(3) $\sqrt{\dfrac{3}{16}}$　　(4) $\sqrt{0.15}$

考え方 $\sqrt{a^2b}$ または $\sqrt{\dfrac{b}{a^2}}$ の形にして，a^2 を $\sqrt{\ }$ の外へ出す。(2)のように $\sqrt{\ }$ の中の数が大きいときは，素因数分解すると a^2 をみつけやすい。

解き方

(1) $\sqrt{63}=\sqrt{9\times7}$
$=\sqrt{9}\times\sqrt{7}$
$=\text{⑤}\sqrt{7}$

（$\sqrt{a^2b}=\sqrt{a^2}\times\sqrt{b}$）（$\sqrt{9}$ を整数にする。）

(2) $\sqrt{180}=\sqrt{2^2\times3^2\times5}$
$=\sqrt{2^2}\times\sqrt{3^2}\times\sqrt{5}$
$=2\times3\times\sqrt{5}$
$=\text{⑥}\sqrt{5}$

2) 180
2) 90
3) 45
3) 15
　 5

(3) $\sqrt{\dfrac{3}{16}}=\dfrac{\sqrt{3}}{\sqrt{16}}=\dfrac{\sqrt{3}}{\text{⑦}}$

（$\sqrt{\dfrac{b}{a^2}}=\dfrac{\sqrt{b}}{\sqrt{a^2}}$）（$\sqrt{16}$ を整数にする。）

(4) $\sqrt{0.15}=\sqrt{\dfrac{15}{100}}=\dfrac{\sqrt{15}}{\sqrt{100}}=\dfrac{\sqrt{15}}{\text{⑧}}$

（分母が100の分数にする。）（$\sqrt{100}$ を整数にする。）

$\sqrt{a^2b}=a\sqrt{b}$

$\sqrt{\dfrac{b}{a^2}}=\dfrac{\sqrt{b}}{a}$

だね。

基本問題

解答 p.12

1 平方根の積と商 次の計算をしなさい。

教 p.53 問1

(1) $\sqrt{7}\times\sqrt{3}$　(2) $\sqrt{5}\times\sqrt{20}$　(3) $\sqrt{12}\times(-\sqrt{3})$

(4) $\dfrac{\sqrt{30}}{\sqrt{6}}$　(5) $\dfrac{\sqrt{35}}{\sqrt{5}}$　(6) $(-\sqrt{45})\div\sqrt{5}$

2 $\sqrt{a}$ の形にする 次の数を $\sqrt{a}$ の形に表しなさい。

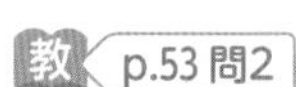
教 p.53 問2

(1) $3\sqrt{3}$　(2) $2\sqrt{6}$　(3) $5\sqrt{2}$

(4) $4\sqrt{7}$　(5) $7\sqrt{5}$

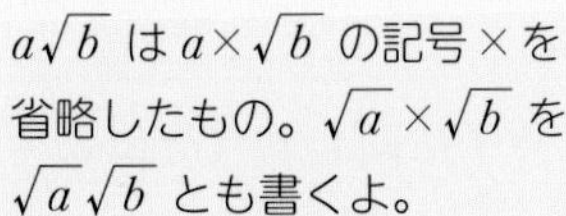
$a\sqrt{b}$ は $a\times\sqrt{b}$ の記号×を
省略したもの。$\sqrt{a}\times\sqrt{b}$ を
$\sqrt{a}\sqrt{b}$ とも書くよ。

3 根号の中の数をできるだけ小さい自然数にする 次の数を $a\sqrt{b}$ の形に表しなさい。 教 p.53 問3

(1) $\sqrt{8}$　(2) $\sqrt{20}$　(3) $\sqrt{32}$

(4) $\sqrt{84}$　(5) $\sqrt{90}$　(6) $\sqrt{98}$

(7) $\sqrt{126}$　(8) $\sqrt{175}$　(9) $\sqrt{242}$

4 根号の中の数をできるだけ小さい自然数にする 次の数を $\dfrac{\sqrt{b}}{a}$ の形に表しなさい。 教 p.54 問4

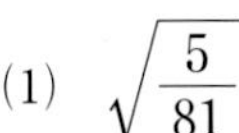

(1) $\sqrt{\dfrac{5}{81}}$　(2) $\sqrt{\dfrac{11}{49}}$　(3) $\sqrt{0.06}$

(4) $\sqrt{0.57}$　(5) $\sqrt{0.0007}$

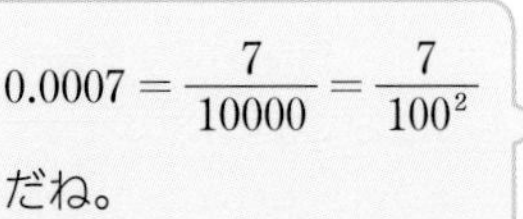
$0.0007=\dfrac{7}{10000}=\dfrac{7}{100^2}$
だね。

左ページの 例 の答え　① 35　② 9　③ 3　④ 96　⑤ 3　⑥ 6　⑦ 4　⑧ 10

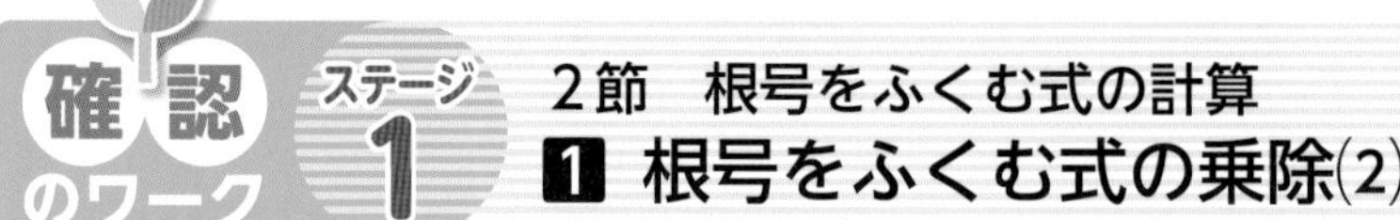

確認のワーク ステージ1

2節　根号をふくむ式の計算
1 根号をふくむ式の乗除(2)

例1 平方根の近似値
教 p.54 → 基本問題 1

$\sqrt{7}=2.646$ として，$\sqrt{700}$ の値(あたい)を求めなさい。

考え方 $\sqrt{700}$ を $\sqrt{7}\times$(数) の形に変形する。

解き方 $\sqrt{700}=\sqrt{7\times100}=\sqrt{7}\times10=2.646\times10$

（$a\sqrt{b}$ の形にする。　$\sqrt{7}$ の値を代入する。）

$=$ ①

知ってると得
$\sqrt{700}=10\sqrt{7}$
0が2つ　0が1つ
$\sqrt{70000}=100\sqrt{7}$
0が4つ　0が2つ

例2 分母の有理化
教 p.55 → 基本問題 2 3

次の数の分母を有理化(ゆうりか)しなさい。

(1) $\dfrac{\sqrt{3}}{\sqrt{7}}$　　(2) $\dfrac{5}{3\sqrt{10}}$

考え方 分母と分子に同じ数（分母の $\sqrt{\ }$ のついた数）をかけて，分母の $\sqrt{\ }$ をとる（有理化）。

解き方 （分母と分子に同じ数をかける。）

(1) $\dfrac{\sqrt{3}}{\sqrt{7}}=\dfrac{\sqrt{3}\times\sqrt{7}}{\sqrt{7}\times ②}$

$=\dfrac{\sqrt{21}}{③}$ ← 分母が $\sqrt{\ }$ のつかない数になる。

(2) $\dfrac{5}{3\sqrt{10}}=\dfrac{5\times\sqrt{10}}{3\sqrt{10}\times ④}$

$=\dfrac{5\sqrt{10}}{3\times ⑤}=\dfrac{\sqrt{10}}{⑥}$ ← $\sqrt{\ }$ のついていない数どうしを約分する。

思い出そう
$a>0$ のとき，$(\sqrt{a})^2=a$
つまり，$\sqrt{a}\times\sqrt{a}=a$

例3 根号をふくむ式の乗法，除法
教 p.56 → 基本問題 4 5

次の計算をしなさい。

(1) $\sqrt{27}\times\sqrt{50}$　　(2) $\sqrt{35}\times\sqrt{21}$　　(3) $\sqrt{18}\div\sqrt{5}$

考え方 (1)，(2)は $\sqrt{\ }$ の中の数をなるべく小さい自然数にして答えるので，かける前に，$a\sqrt{b}$ の形にしたり，素因数分解しておく。(3)は，分数の形にして，分母を有理化する。

解き方

(1) $\sqrt{27}\times\sqrt{50}$
$=3\sqrt{3}\times5\sqrt{2}$ （$a\sqrt{b}$ の形になおす。）
$=3\times5\times\sqrt{3}\times\sqrt{2}$
$=15\sqrt{⑦}$

(2) $\sqrt{35}\times\sqrt{21}=\sqrt{7\times5}\times\sqrt{7\times3}$
$=\sqrt{7\times5\times7\times3}$
$=\sqrt{7^2\times5\times3}$
$=⑧\sqrt{15}$

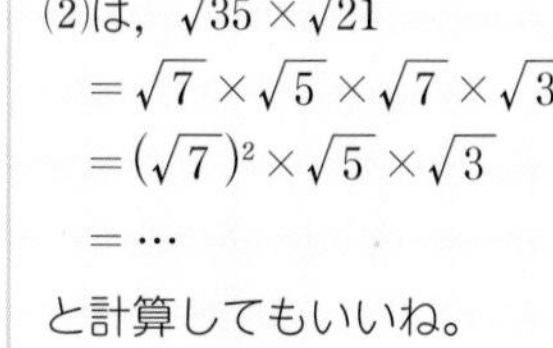

(2)は，$\sqrt{35}\times\sqrt{21}$
$=\sqrt{7}\times\sqrt{5}\times\sqrt{7}\times\sqrt{3}$
$=(\sqrt{7})^2\times\sqrt{5}\times\sqrt{3}$
$=\cdots$
と計算してもいいね。

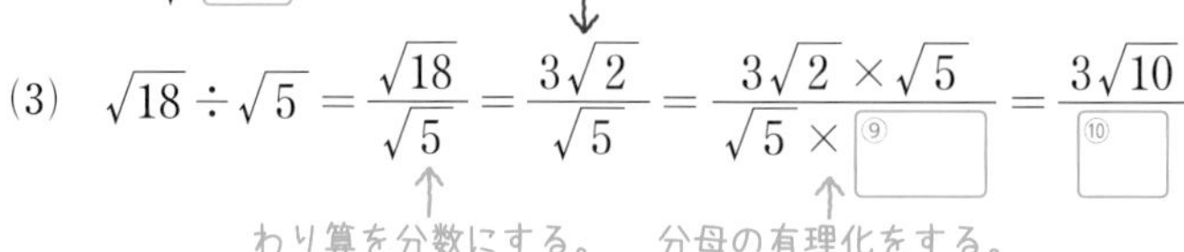

(3) $\sqrt{18}\div\sqrt{5}=\dfrac{\sqrt{18}}{\sqrt{5}}=\dfrac{3\sqrt{2}}{\sqrt{5}}=\dfrac{3\sqrt{2}\times\sqrt{5}}{\sqrt{5}\times ⑨}=\dfrac{3\sqrt{10}}{⑩}$

（わり算を分数にする。　分子を $a\sqrt{b}$ の形になおす。　分母の有理化をする。）

基本問題

解答 p.12

1 平方根の近似値 $\sqrt{2}=1.414$，$\sqrt{20}=4.472$ として，次の値を求めなさい。教 p.54 問5，問6

(1) $\sqrt{200}$　　(2) $\sqrt{0.2}$

(3) $\sqrt{18}$　　(4) $\sqrt{0.5}$

$\sqrt{2}$ や $\sqrt{20}$ の入った式に変形しよう。

(2) $\sqrt{0.2}=\sqrt{\dfrac{20}{100}}=\dfrac{\sqrt{20}}{10}$

(3) $\sqrt{18}=3\sqrt{2}$

(4) $\sqrt{0.5}=\sqrt{\dfrac{50}{100}}=\dfrac{\sqrt{50}}{10}=\dfrac{5\sqrt{2}}{10}$

2 分母の有理化 右の分母の有理化の計算で，㋐のように計算できる理由を説明しなさい。教 p.55

$$\frac{\sqrt{3}}{\sqrt{5}}=\frac{\sqrt{3}\times\sqrt{5}}{\sqrt{5}\times\sqrt{5}}=\frac{\sqrt{15}}{5}$$

㋐

3 分母の有理化 次の数の分母を有理化しなさい。
教 p.55 問7

(1) $\dfrac{5}{\sqrt{3}}$　　(2) $\dfrac{\sqrt{6}}{\sqrt{7}}$　　(3) $\dfrac{\sqrt{7}}{4\sqrt{5}}$

(4) $\dfrac{10}{3\sqrt{5}}$　　(5) $\dfrac{15}{\sqrt{18}}$　　(6) $\dfrac{3\sqrt{2}}{\sqrt{6}}$

4 根号をふくむ式の乗法 次の計算をしなさい。
教 p.56 問8

(1) $\sqrt{28}\times\sqrt{18}$　　(2) $\sqrt{27}\times\sqrt{12}$　　(3) $\sqrt{6}\times\sqrt{15}$

(4) $2\sqrt{5}\times3\sqrt{10}$　　(5) $\sqrt{48}\times\sqrt{21}$　　(6) $\sqrt{40}\times(-\sqrt{54})$

5 根号をふくむ式の除法 次の計算をしなさい。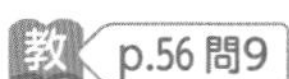
教 p.56 問9

(1) $\sqrt{2}\div\sqrt{7}$　　(2) $5\sqrt{3}\div(-\sqrt{20})$　　(3) $\sqrt{63}\div\sqrt{14}$

左ページの例の答え　① 26.46　② $\sqrt{7}$　③ 7　④ $\sqrt{10}$　⑤ 10　⑥ 6　⑦ 6　⑧ 7　⑨ $\sqrt{5}$　⑩ 5

確認のワーク ステージ1　2節 根号をふくむ式の計算

2 根号をふくむ式の加減

例1 $\sqrt{}$ の中が同じ数の加減

教 p.57～59 → 基本問題 1 2

次の計算をしなさい。

(1) $4\sqrt{3}+5\sqrt{3}$　(2) $\sqrt{6}-2\sqrt{6}$　(3) $5\sqrt{3}+4\sqrt{2}-2\sqrt{3}-3\sqrt{2}$

考え方 $\sqrt{}$ の中の数が同じ数の加減は，同類項(どうるいこう)をまとめるのと同じようにして計算する。

$\sqrt{}$ の中の数が異なるものは加減できないので，そのまま答にする。

解き方 (1) $4\sqrt{3}+5\sqrt{3}$

$=(4+5)\sqrt{3}$

$=$ ①

$4x+5x=(4+5)x$ と同じ計算（同類項）

(2) $\sqrt{6}-2\sqrt{6}$

$=(1-2)\sqrt{6}$

$=$ ②

$a-2a=(1-2)a$ と同じ計算

(3) $5\sqrt{3}+4\sqrt{2}-2\sqrt{3}-3\sqrt{2}$

$=(5-2)\sqrt{3}+(4-3)\sqrt{2}$

$=3\sqrt{3}+$ ③

$\sqrt{}$ の中が同じものどうしを計算する。
$5x+4y-2x-3y=(5-2)x+(4-3)y$ と同じ計算

覚えておこう
$3\sqrt{3}+\sqrt{2}$ は，これ以上簡単にはならず，このままの形で1つの数を表している。

例2 $a\sqrt{b}$ の形への変形と加減

教 p.59 → 基本問題 3

$\sqrt{48}+\sqrt{12}$ を計算しなさい。

考え方 根号の中ができるだけ小さい自然数になるように変形してみると，$\sqrt{}$ の中の数が同じになり，加減できるようになる。

解き方 $\sqrt{48}+\sqrt{12}$

$=4\sqrt{3}+$ ④

$=$ ⑤

$\sqrt{48}=\sqrt{4^2\times3}=4\sqrt{3}$
$\sqrt{12}=\sqrt{2^2\times3}=2\sqrt{3}$

$\sqrt{48}+\sqrt{12}=\sqrt{48+12}=\sqrt{60}$ というような計算をしてはいけない。
$\sqrt{}$ の中の数どうしの乗除はできるが，
$\sqrt{}$ の中の数どうしの加減はできない。

例3 分母の有理化と加減

教 p.59 → 基本問題 4

$7\sqrt{5}-\dfrac{10}{\sqrt{5}}$ を計算しなさい。

考え方 分母を有理化してから計算する。

解き方

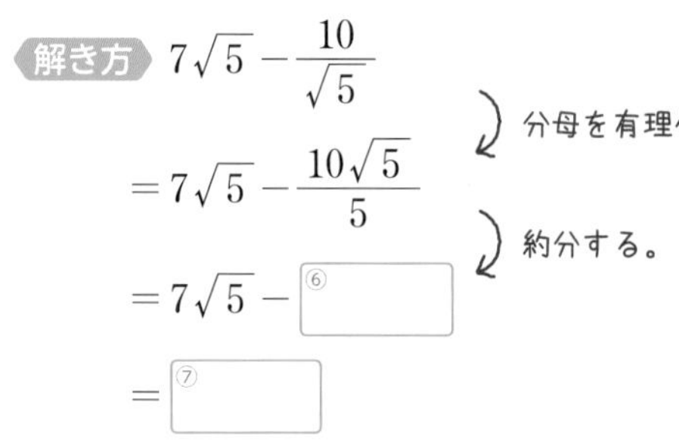

$7\sqrt{5}-\dfrac{10}{\sqrt{5}}$

$=7\sqrt{5}-\dfrac{10\sqrt{5}}{5}$　（分母を有理化する。）

$=7\sqrt{5}-$ ⑥　（約分する。）

$=$ ⑦

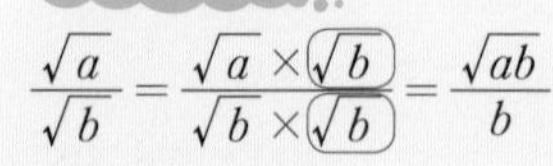

$$\frac{\sqrt{a}}{\sqrt{b}}=\frac{\sqrt{a}\times\sqrt{b}}{\sqrt{b}\times\sqrt{b}}=\frac{\sqrt{ab}}{b}$$

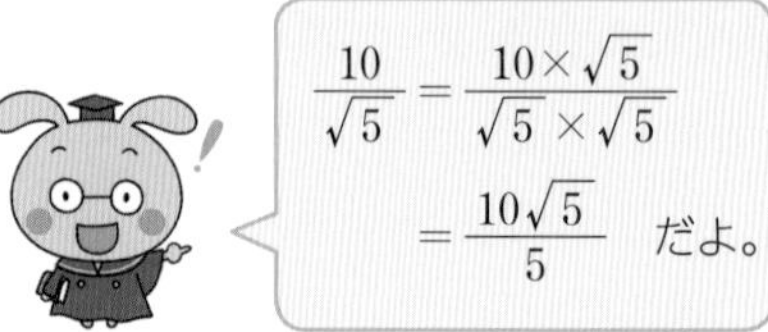

基本問題

解答 p.13

1 $\sqrt{\ }$ の中が同じ数の加減　次の計算をしなさい。

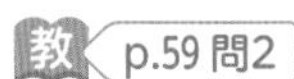

(1) $3\sqrt{5}+7\sqrt{5}$　(2) $\sqrt{3}+8\sqrt{3}$　(3) $2\sqrt{7}-\sqrt{7}$

(4) $5\sqrt{6}-12\sqrt{6}$　(5) $8\sqrt{3}-9\sqrt{3}+2\sqrt{3}$　(6) $-2\sqrt{2}+5\sqrt{2}-\sqrt{2}$

2 $\sqrt{\ }$ の中が同じ数の加減　次の計算をしなさい。

(1) $3\sqrt{2}-5\sqrt{3}-4\sqrt{2}$　(2) $5\sqrt{6}-7-4\sqrt{6}+9$

(3) $2\sqrt{7}+3\sqrt{2}+\sqrt{7}-4\sqrt{2}$　(4) $3\sqrt{3}-5\sqrt{5}+2\sqrt{3}-\sqrt{5}$

3 $a\sqrt{b}$ の形への変形と加減　次の計算をしなさい。

教 p.59 問3

(1) $\sqrt{28}+\sqrt{63}$　(2) $\sqrt{125}+\sqrt{45}$　(3) $\sqrt{80}-\sqrt{5}$

(4) $\sqrt{48}-\sqrt{75}$　(5) $\sqrt{24}+\sqrt{54}-2\sqrt{6}$　(6) $\sqrt{8}-\sqrt{32}+\sqrt{72}$

(7) $-\sqrt{18}+\sqrt{98}-\sqrt{50}$　(8) $\sqrt{45}-6\sqrt{5}+3\sqrt{20}$

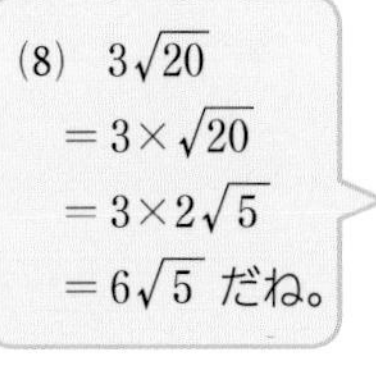

(8) $3\sqrt{20}$

$=6\sqrt{5}$ だね。

4 分母の有理化と加減　次の計算をしなさい。

(1) $\dfrac{18}{\sqrt{6}}+5\sqrt{6}$　(2) $\sqrt{28}-\dfrac{21}{\sqrt{7}}$　(3) $\dfrac{2}{\sqrt{3}}+\dfrac{\sqrt{3}}{2}$

(4) $\sqrt{40}-\sqrt{\dfrac{2}{5}}$　(5) $\sqrt{2}-\sqrt{8}+\dfrac{6}{\sqrt{2}}$

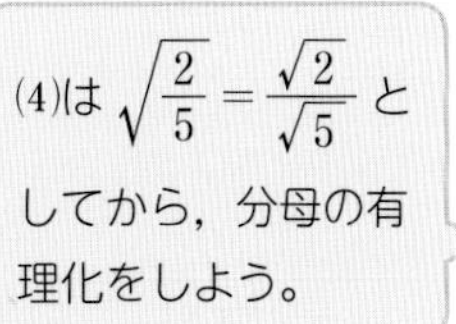

(4)は $\sqrt{\dfrac{2}{5}}=\dfrac{\sqrt{2}}{\sqrt{5}}$ と
してから，分母の有
理化をしよう。

左ページの例の答え　① $9\sqrt{3}$　② $-\sqrt{6}$　③ $\sqrt{2}$　④ $2\sqrt{3}$　⑤ $6\sqrt{3}$　⑥ $2\sqrt{5}$　⑦ $5\sqrt{5}$

確認のワーク ステージ1

2節 根号をふくむ式の計算 3節 平方根の利用
3 根号をふくむ式のいろいろな計算

例1 分配法則や乗法公式を使った計算

教 p.60〜61 → 基本問題 1 2 3

次の計算をしなさい。

(1) $\sqrt{2}(\sqrt{6}+4)$　　(2) $(\sqrt{5}+3)(2\sqrt{5}-1)$　　(3) $(\sqrt{3}+2)(\sqrt{3}-6)$

考え方 (1)は分配法則，(2)は多項式の乗法，(3)は乗法公式1を使う。

解き方

(1) $\sqrt{2}(\sqrt{6}+4)$
$=\sqrt{2}\times\sqrt{6}+\sqrt{2}\times 4$ 　分配法則
$=\sqrt{2}\times(\sqrt{2}\times\sqrt{3})+4\sqrt{2}$
$=$ ① $+4\sqrt{2}$

(2) $(\sqrt{5}+3)(2\sqrt{5}-1)$
$=\sqrt{5}\times 2\sqrt{5}-\sqrt{5}\times 1+3\times 2\sqrt{5}-3\times 1$ 　多項式の乗法
$=10-\sqrt{5}+6\sqrt{5}-3$
$=7+$ ②

(3) $(\sqrt{3}+2)(\sqrt{3}-6)$
$=(\sqrt{3})^2+(2-6)\sqrt{3}+2\times(-6)$ 　乗法公式1で，xを$\sqrt{3}$とみる。
$=3-4\sqrt{3}-12$
$=$ ③ $-4\sqrt{3}$

思い出そう

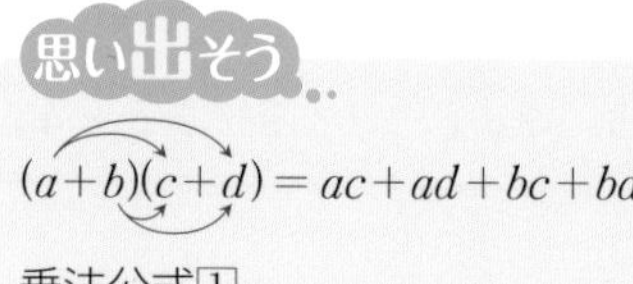

$(a+b)(c+d)=ac+ad+bc+bd$

乗法公式1
$(x+a)(x+b)=x^2+(a+b)x+ab$

例2 根号をふくむ式の値

教 p.61 → 基本問題 4

$x=3+\sqrt{2}$，$y=3-\sqrt{2}$ のとき，x^2-y^2 の値(あたい)を求めなさい。

考え方 x，y の値に注目し，x^2-y^2 を因数分解してから，x，y の値を代入する。

解き方 $x^2-y^2=(x+y)(x-y)$

ここで，$x+y=(3+\sqrt{2})+(3-\sqrt{2})=6$
$x-y=(3+\sqrt{2})-(3-\sqrt{2})=2\sqrt{2}$

よって，$x^2-y^2=(x+y)(x-y)$
$=6\times$ ④ $=$ ⑤

そのまま代入して $(3+\sqrt{2})^2-(3-\sqrt{2})^2$ を計算することもできるけれど，どっちが楽かな？

発展

例3 乗法公式を使う分母の有理化

教 p.61 → 基本問題 6

$\dfrac{1}{\sqrt{6}+\sqrt{5}}$ の分母を有理化しなさい。

考え方 分母が $\sqrt{6}$ と $\sqrt{5}$ の和なので，$\sqrt{6}$ と $\sqrt{5}$ の差を分母と分子にかける。

解き方

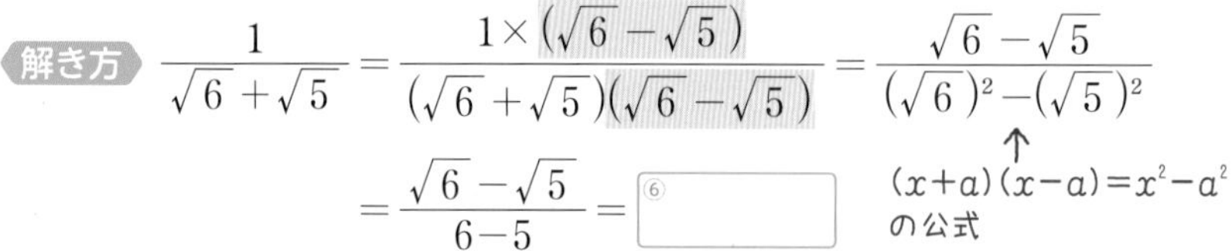

$\dfrac{1}{\sqrt{6}+\sqrt{5}}=\dfrac{1\times(\sqrt{6}-\sqrt{5})}{(\sqrt{6}+\sqrt{5})(\sqrt{6}-\sqrt{5})}=\dfrac{\sqrt{6}-\sqrt{5}}{(\sqrt{6})^2-(\sqrt{5})^2}$

$=\dfrac{\sqrt{6}-\sqrt{5}}{6-5}=$ ⑥

↑ $(x+a)(x-a)=x^2-a^2$ の公式

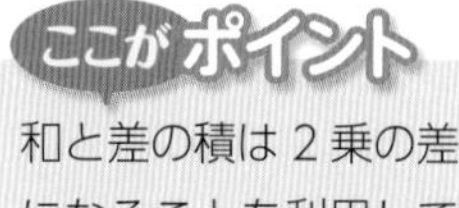

ここがポイント

和と差の積は2乗の差になることを利用して，分母から $\sqrt{\ }$ をなくす。

基本問題

1 分配法則や乗法公式を使った計算 次の計算をしなさい。 教 p.60 問1, 問2

(1) $\sqrt{5}(3+2\sqrt{5})$　(2) $3\sqrt{2}(\sqrt{8}+\sqrt{6})$　(3) $\sqrt{3}(2\sqrt{21}-\sqrt{15})$

(4) $(\sqrt{3}+5)(4\sqrt{3}+1)$　(5) $(\sqrt{3}-4)(\sqrt{3}+5)$　(6) $(\sqrt{6}+\sqrt{5})^2$

(7) $(2\sqrt{3}-1)^2$　(8) $(\sqrt{7}+4)(\sqrt{7}-4)$

2 乗法公式を使った計算 右に示した計算はまちがっています。どこがまちがっていますか。また，正しく計算しなさい。 教 p.60 問3

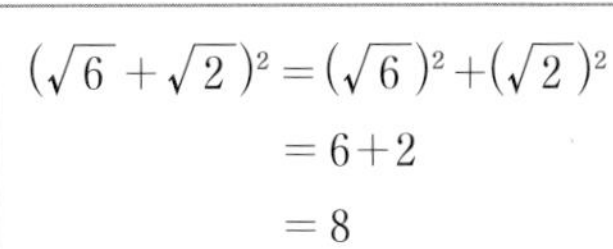

$$(\sqrt{6}+\sqrt{2})^2=(\sqrt{6})^2+(\sqrt{2})^2$$
$$=6+2$$
$$=8$$

3 分配法則や乗法公式を使った計算 次の計算をしなさい。

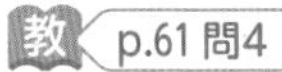

(1) $(\sqrt{6}+2)(\sqrt{6}-2)+\sqrt{6}(\sqrt{6}-2)$　(2) $(\sqrt{10}+\sqrt{2})^2-(\sqrt{10}-\sqrt{2})^2$

4 根号をふくむ式の値 $x=2+\sqrt{3}$，$y=2-\sqrt{3}$ のとき，次の式の値を求めなさい。

(1) $x^2+2xy+y^2$　(2) $x^2-2xy+y^2$　(3) x^2-y^2

(4) x^2-4x+4　(5) $y^2+5y-14$

5 平方根の利用 右の図のように，1 辺が 10 cm の正方形 PQRS の各辺の中点 A，B，C，D を結んでできる正方形 ABCD で，正方形 ABCD の面積と AB の長さをそれぞれ求めなさい。 教 p.63～65

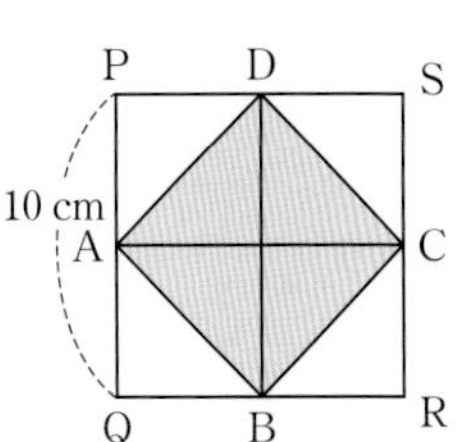

発展 **6 乗法公式を使う分母の有理化** $\dfrac{1}{\sqrt{5}-\sqrt{3}}$ の分母を有理化しなさい。

左ページの例の答え　① $2\sqrt{3}$　② $5\sqrt{5}$　③ -9　④ $2\sqrt{2}$　⑤ $12\sqrt{2}$　⑥ $\sqrt{6}-\sqrt{5}$

解答 p.15

2節 根号をふくむ式の計算 3節 平方根の利用

1 次の問に答えなさい。

(1) 右の数を $\sqrt{a}$ の形に表しなさい。 ① $4\sqrt{30}$ ② $16\sqrt{5}$

(2) 右の数を $a\sqrt{b}$ または $\dfrac{\sqrt{b}}{a}$ の形で表しなさい。 ① $\sqrt{450}$ ② $\sqrt{0.003}$

2 $\sqrt{7}=2.646$, $\sqrt{70}=8.367$ として，次の値(あたい)を求めなさい。

(1) $\sqrt{0.7}$ (2) $\sqrt{63}$ (3) $\sqrt{1.75}$

3 次の数の分母を有理化しなさい。

(1) $\dfrac{6\sqrt{2}}{\sqrt{24}}$ (2) $\dfrac{\sqrt{15}}{\sqrt{2}\times\sqrt{3}}$ (3) $\dfrac{\sqrt{14}-\sqrt{10}}{\sqrt{2}}$

よく出る **4** 次の計算をしなさい。

(1) $(-\sqrt{24})\times(-5\sqrt{3})$ (2) $\dfrac{\sqrt{20}}{3}\times\dfrac{\sqrt{15}}{2}$ (3) $\sqrt{80}\div(-\sqrt{12})$

(4) $\sqrt{45}\div3\sqrt{7}\times\sqrt{14}$ (5) $-\sqrt{27}+3\sqrt{12}-4\sqrt{3}$ (6) $\dfrac{5\sqrt{3}}{6}-\dfrac{1}{\sqrt{3}}$

(7) $2\sqrt{40}-\sqrt{\dfrac{5}{2}}$ (8) $\dfrac{18}{\sqrt{6}}-\dfrac{\sqrt{54}}{6}$ (9) $\dfrac{9}{\sqrt{3}}-2\sqrt{5}\times\sqrt{15}$

5 右の計算はまちがっています。まちがっている理由を，$(\sqrt{3}+\sqrt{5})^2$ と $(\sqrt{3+5})^2$ の値を比べて説明しなさい。

$$\sqrt{3}+\sqrt{5}=\sqrt{3+5}$$
$$=\sqrt{8}$$

1 (2) ②は，まず分母が 10000 の分数になおす。

3 (2) 分母と分子に $\sqrt{2}\times\sqrt{3}=\sqrt{6}$ をかけるか，先に $\sqrt{15}$ と $\sqrt{3}$ を約分して $\sqrt{2}$ をかける。

(3) 分母と分子に $\sqrt{2}$ をかけ，分子の $(\sqrt{14}-\sqrt{10})\times\sqrt{2}$ を計算してから約分する。

6 次の計算をしなさい。

(1) $\sqrt{6}(\sqrt{24}-2\sqrt{8})$　(2) $(\sqrt{7}+3\sqrt{2})(2\sqrt{7}-\sqrt{2})$

(3) $(\sqrt{3}+1)^2-\dfrac{6}{\sqrt{3}}$　(4) $(\sqrt{5}+2)(\sqrt{5}-2)-\sqrt{5}(\sqrt{5}-2)$

7 $x=\sqrt{6}+\sqrt{2}$，$y=\sqrt{6}-\sqrt{2}$ のとき，次の式の値を求めなさい。

(1) $x^2+2xy+y^2$　レベルUP (2) x^2+y^2

レベルUP **8** $\sqrt{10}$ の小数部分を a とするとき，次の問に答えなさい。

(1) $\sqrt{10}$ の整数部分はいくつですか。また，a の値を求めなさい。

(2) $a(a+6)$ の値を求めなさい。

入試問題をやってみよう！

1 次の計算をしなさい。

(1) $\sqrt{63}+\dfrac{42}{\sqrt{7}}$　〔神奈川〕　(2) $\dfrac{4}{\sqrt{2}}-\sqrt{3}\times\sqrt{6}$　〔千葉〕

(3) $(\sqrt{2}-\sqrt{6})^2+\dfrac{12}{\sqrt{3}}$　〔長崎〕　(4) $(\sqrt{3}+1)^2-2(\sqrt{3}+1)$　〔愛知〕

2 次の問に答えなさい。

(1) 3つの数 $5\sqrt{3}$，8，$\sqrt{79}$ の大小を不等号を使って表しなさい。　〔神奈川〕

(2) $x=5-2\sqrt{3}$ のとき，$x^2-10x+2$ の値を求めなさい。　〔大阪〕

7 (2) $x^2+y^2=x^2+2xy+y^2-2xy$ と考えると，(1)の結果を利用できる。

8 (1) $9<10<16$ より，$3<\sqrt{10}<4$ となることから，$\sqrt{10}$ の整数部分を求める。
$\sqrt{10}=(\sqrt{10}$ の整数部分$)+a$ だから，$a=\sqrt{10}-(\sqrt{10}$ の整数部分$)$

解答 p.16

[平方根] 数の世界をさらにひろげよう

40分 /100

1 次の問に答えなさい。 3点×7(21点)

(1) $\dfrac{49}{64}$ の平方根を求めなさい。

(　　　)

(2) 次の数を求めなさい。

① $-\sqrt{(-8)^2}$　② $(-\sqrt{16})^2$　③ $\sqrt{0.81}$

(　　　)(　　　)(　　　)

(3) -3, $-\sqrt{10}$, $-\sqrt{8}$ の大小を，不等号を使って表しなさい。

(　　　)

(4) $2.4 < \sqrt{n} < 3$ をみたす自然数 n の値(あたい)をすべて求めなさい。

(　　　)

(5) $2\sqrt{3}$, $\sqrt{7}$, 4 を大きい順に並べなさい。

(　　　)

2 次の問に答えなさい。 3点×3(9点)

(1) 右の数のなかから，無理数を選びなさい。$\sqrt{3}$, 0, $\sqrt{\dfrac{16}{9}}$, $\dfrac{2}{\sqrt{3}}$, $\sqrt{0.9}$, $\sqrt{0.49}$

(　　　)

(2) $\sqrt{17-a}$ の値が整数となるような自然数 a の値をすべて求めなさい。

(　　　)

(3) $\sqrt{135n}$ が自然数となるような自然数 n のうちで，もっとも小さい値を求めなさい。

(　　　)

3 次の数の分母を有理化しなさい。 3点×3(9点)

(1) $\dfrac{9}{\sqrt{5}}$　(2) $\dfrac{3\sqrt{2}}{\sqrt{54}}$　(3) $\dfrac{\sqrt{6}+\sqrt{15}}{\sqrt{3}}$

(　　　)(　　　)(　　　)

よく出る 4 $\sqrt{10}=3.162$ として，次の値を求めなさい。 3点×3(9点)

(1) $\sqrt{1000}$　(2) $\sqrt{0.1}$　(3) $\sqrt{40}$

(　　　)(　　　)(　　　)

目標 平方根の意味や性質を十分に理解するとともに，平方根の計算が速く正確にできるようになろう。

自分の得点まで色をぬろう！

がんばろう！ もう一歩 合格！

0 60 80 100点

5 次の計算をしなさい。 3点×4（12点）

(1) $\sqrt{3}\times\sqrt{24}$ （　　　）

(2) $\sqrt{14}\div\sqrt{21}$ （　　　）

(3) $(-\sqrt{108})\div\sqrt{12}$ （　　　）

(4) $3\sqrt{5}\div\sqrt{10}\times(-\sqrt{12})$ （　　　）

よく出る **6** 次の計算をしなさい。 3点×6（18点）

(1) $3\sqrt{5}+2\sqrt{3}-4\sqrt{5}+\sqrt{3}$ （　　　）

(2) $-\sqrt{8}+2\sqrt{18}-\sqrt{50}$ （　　　）

(3) $\sqrt{20}-\dfrac{15}{\sqrt{5}}$ （　　　）

(4) $\sqrt{\dfrac{1}{3}}+\dfrac{5\sqrt{3}}{3}$ （　　　）

(5) $3\sqrt{7}-\sqrt{14}\times\sqrt{2}$ （　　　）

(6) $2\sqrt{5}\times\sqrt{10}-\dfrac{6}{\sqrt{2}}$ （　　　）

7 次の計算をしなさい。 3点×6（18点）

(1) $2\sqrt{3}(\sqrt{12}-\sqrt{6})$ （　　　）

(2) $(2\sqrt{7}+1)(\sqrt{7}-4)$ （　　　）

(3) $(\sqrt{2}-4)(\sqrt{2}+5)$ （　　　）

(4) $(\sqrt{6}+\sqrt{10})^2$ （　　　）

(5) $(\sqrt{3}-\sqrt{2})^2+\dfrac{12}{\sqrt{6}}$ （　　　）

(6) $(2\sqrt{5}+1)(2\sqrt{5}-1)-(\sqrt{5}-2)^2$ （　　　）

8 $x=\sqrt{6}+\sqrt{3}$，$y=\sqrt{6}-\sqrt{3}$ のとき，x^2-y^2 の値を求めなさい。 （4点）

（　　　）

アプリ【どこでもワーク計算編】をやって，さらに力をつけよう！

確認のワーク ステージ1
1節 2次方程式とその解き方
1 2次方程式とその解　2 平方根の考えを使った解き方

例1 2次方程式とその解
教 p.73 → 基本問題 1

0，1，2，3，4のうち，2次方程式 $x^2-4x+3=0$ の解を，すべていいなさい。

考え方 代入して，方程式を成り立たせるものを答える。

解き方 方程式の x に 0，1，2，3，4を代入すると，

$x=0$ のとき，(左辺)$=0^2-4\times0+3=3$，　(右辺)$=0$

$x=1$ のとき，(左辺)$=1^2-4\times1+3=\underline{0}$，　(右辺)$=\underline{0}$

$x=2$ のとき，(左辺)$=2^2-4\times2+3=-1$，(右辺)$=0$

$x=3$ のとき，(左辺)$=3^2-4\times3+3=\underline{0}$，　(右辺)$=\underline{0}$

$x=4$ のとき，(左辺)$=4^2-4\times4+3=3$，　(右辺)$=0$

(左辺)=(右辺)となるものが解である。　**答** 1，①

たいせつ
(2次式)$=0$ の形に変形できる方程式を2次方程式といい，2次方程式を成り立たせる文字の値(あたい)をその方程式の解(かい)，解をすべて求めることを，2次方程式を解(と)くという。

例2 $ax^2+c=0$，$(x+▲)^2=●$ の形
教 p.74〜75 → 基本問題 2 3

次の方程式を解きなさい。

(1) $5x^2-40=0$　　(2) $(x-2)^2=9$

考え方 $x^2=■$ の形に変形して，平方根の考えを使う。

解き方

(1) $5x^2-40=0$
　－40を移項(いこう)する。
$5x^2=40$
　両辺を5でわる。
$x^2=8$
　8の平方根を求める。
$x=$ ②
　$\sqrt{8}$を$2\sqrt{2}$になおすことを忘れないように。

(2) $(x-2)^2=9$
$x-2=\pm3$
$x-2=3$，$x-2=-3$
$x=5$，$x=$ ③

$x-2=\pm3$ は「$x-2=3$ または $x-2=-3$」という意味だよ。

例3 $x^2+px+q=0$ の形
教 p.76〜77 → 基本問題 4 5

$x^2+10x-8=0$ を解きなさい。

考え方 x の係数10の半分5の2乗を両辺に加えて，$(x+▲)^2$ をつくる。

解き方
$x^2+10x-8=0$
　－8を移項する。
$x^2+10x=8$
　左辺を $(x+▲)^2$ の形にするため，両辺に 5^2 を加える。
x^2+10x+ ④ $=8+$ ⑤
　左辺を因数分解する。
$(x+5)^2=33$
　平方根の考えで解く。
$x+5=\pm\sqrt{33}$
$x=$ ⑥

ここがポイント
$x^2+\boxed{10}x$
10の半分5の2乗
$x^2+10x+5^2$
$(x+a)^2$ の a は10の半分の5
$(x+5)^2$

基本問題

解答 p.18

1 2次方程式とその解 次の㋐〜㋓のうち，2 次方程式はどれですか。また，2 次方程式のうち，5 が解であるものはどれですか。すべて選びなさい。

㋐ $x^2-5=0$　　㋑ $x^2-8x+15=0$

㋒ $x^2-5=x^2-x$　　㋓ $(x-3)^2=x-1$

2 $ax^2+c=0$ の形 次の方程式を解きなさい。

(1) $x^2-7=0$　　(2) $2x^2-24=0$　　(3) $16x^2=15$

3 $(x+▲)^2=●$ の形 次の方程式を解きなさい。

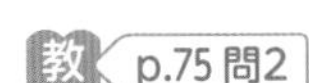

(1) $(x+3)^2=16$　　(2) $(x-2)^2=7$　　(3) $(x+5)^2-2=0$

(4) $(x-1)^2-25=0$　　(5) $(x-4)^2=45$

かっこの中を 1 つの文字とみる。
(1) $x+3=A$ とおくと，$A^2=16$ より，$A(=x+3)$ は 16 の平方根。

4 $x^2+px+q=0$ の形 次の□にあてはまる数を入れて，方程式を変形して解きなさい。

(1)
$$x^2+6x=5$$
$$x^2+6x+\boxed{①}=5+\boxed{②}$$
$$(x+\boxed{③})^2=\boxed{④}$$
$$x=\boxed{⑤}$$

(2)
$$x^2-12x=4$$
$$x^2-12x+\boxed{①}=4+\boxed{②}$$
$$(x-\boxed{③})^2=\boxed{④}$$
$$x=\boxed{⑤}$$

(3)
$$x^2+5x=2$$
$$x^2+5x+\boxed{①}=2+\boxed{②}$$
$$\left(x+\boxed{③}\right)^2=\boxed{④}$$
$$x=\boxed{⑤}$$

5 $x^2+px+q=0$ の形 次の方程式を解きなさい。

(1) $x^2+2x=8$　　(2) $x^2-4x-3=0$　　(3) $x^2-3x+1=0$

左ページの例の答え　① 3　② $\pm2\sqrt{2}$　③ -1　④ $25(5^2)$　⑤ $25(5^2)$　⑥ $-5\pm\sqrt{33}$

1節　2次方程式とその解き方
3　2次方程式の解の公式

例1　解の公式①
教 p.79 → 基本問題 1 2

$3x^2-x-5=0$ を解きなさい。

考え方　a，b，c の値を確認して，解の公式に代入する。

解き方　$3x^2+(-1)x-5=0$ だから，$a=3$，$b=-1$，$c=-5$。これを解の公式に代入すると，

$$x=\frac{-(-1)\pm\sqrt{(-1)^2-4\times3\times(-5)}}{2\times3}$$

←負の数は（　）をつけて代入する。

$$=\frac{1\pm\sqrt{1+60}}{6}=\boxed{\quad①\quad}$$

2次方程式の解の公式

$ax^2+bx+c=0$ の解は

$$x=\frac{-b\pm\sqrt{b^2-4ac}}{2a}$$

例2　解の公式②
教 p.80 → 基本問題 3

$x^2+8x-3=0$ を解きなさい。

考え方　解の公式で解を求めたあと，平方根の変形をして，約分する。

解き方　解の公式に，$a=1$，$b=8$，$c=-3$ を代入すると，

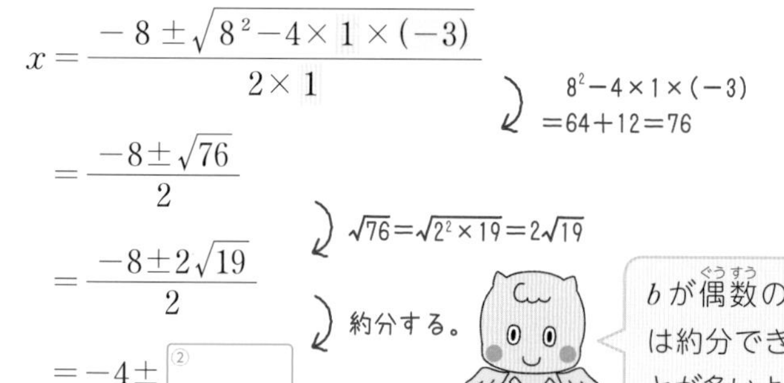

$$x=\frac{-8\pm\sqrt{8^2-4\times1\times(-3)}}{2\times1}$$

$8^2-4\times1\times(-3)=64+12=76$

$$=\frac{-8\pm\sqrt{76}}{2}$$

$\sqrt{76}=\sqrt{2^2\times19}=2\sqrt{19}$

$$=\frac{-8\pm2\sqrt{19}}{2}$$

約分する。

$$=-4\pm\boxed{\quad②\quad}$$

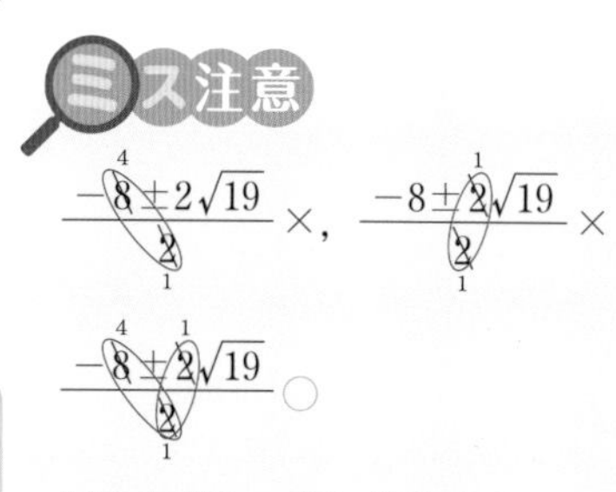

例3　解の公式③
教 p.80 → 基本問題 4 5

$4x^2-5x+1=0$ を解きなさい。

考え方　解の公式で解を求めたあと，根号をはずして，さらに計算する。

解き方　解の公式に，$a=4$，$b=-5$，$c=1$ を代入すると，

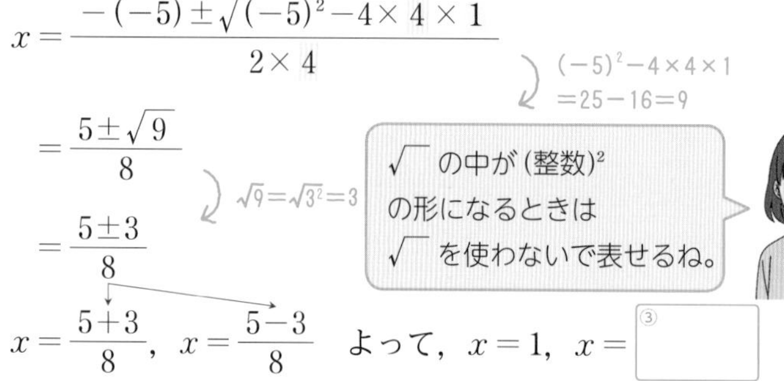

$$x=\frac{-(-5)\pm\sqrt{(-5)^2-4\times4\times1}}{2\times4}$$

$(-5)^2-4\times4\times1=25-16=9$

$$=\frac{5\pm\sqrt{9}}{8}$$

$\sqrt{9}=\sqrt{3^2}=3$

$$=\frac{5\pm3}{8}$$

$x=\frac{5+3}{8}$，$x=\frac{5-3}{8}$　よって，$x=1$，$x=\boxed{\quad③\quad}$

知ってると得

発展　解の公式の根号の中にある b^2-4ac は「判別式(はんべつしき)」と呼ばれ，解の数（正のときは解が2つ，0のときは解が1つ，負のときは解をもたない）を判別するときなどに使われる。

基本問題

解答 p.18

1 解の公式① 方程式 $3x^2-5x+1=0$ を右のように解きましたが，正しくありません。まちがっているところを指摘（してき）し，正しい解き方を書きなさい。 教 p.79

$$3x^2-5x+1=0$$
$$x=\frac{-5\pm\sqrt{5^2-4\times3\times1}}{2\times3}$$
$$x=\frac{-5\pm\sqrt{13}}{6}$$

2 解の公式① 次の方程式を解きなさい。 教 p.79 問2

(1) $3x^2+9x+4=0$　(2) $2x^2-5x+1=0$　(3) $x^2+3x-5=0$

(4) $4x^2+5x-1=0$　(5) $2x^2-x-4=0$　(6) $-x^2+7x+2=0$

3 解の公式② 次の方程式を解きなさい。

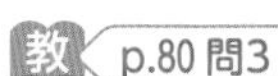

(1) $2x^2+6x+3=0$　(2) $4x^2+2x-1=0$　(3) $3x^2-2x-2=0$

(4) $x^2-6x+2=0$　(5) $x^2+4x-1=0$　(6) $x^2-10x+8=0$

4 解の公式③ 次の方程式を解きなさい。

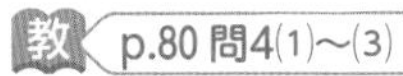

(1) $4x^2+7x+3=0$　(2) $2x^2+x-1=0$　(3) $5x^2-2x-3=0$

(4) $3x^2-2x-5=0$　(5) $6x^2-5x+1=0$　(6) $4x^2+8x-5=0$

5 解の公式③ 次の方程式を解きなさい。

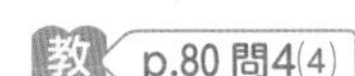

(1) $4x^2+4x+1=0$　(2) $9x^2-12x+4=0$

知ってると得

2 次方程式では，5(1)(2)のように，解が 1 つのものや，$x^2+4=0$ のように，解をもたないものがある。

左ページの例の答え　① $\frac{1\pm\sqrt{61}}{6}$　② $\sqrt{19}$　③ $\frac{1}{4}$

確認のワーク ステージ1

1節 2次方程式とその解き方

4 因数分解を使った解き方

例1 積が0の方程式の解き方

教 p.81 → 基本問題 1

$(x-4)(x+6)=0$ を解きなさい。

考え方 $x-4$ と $x+6$ の積が0であるから，どちらか一方は0になる。

解き方 $\underbrace{(x-4)}_{A}\underbrace{(x+6)}_{B}=0$

$\underbrace{x-4}_{A}=0$ または $\underbrace{x+6}_{B}=0$　　$AB=0$ ならば $A=0$ または $B=0$

したがって，解は，$x=4$，$x=$ ①

たいせつ

2つの数を A，B とするとき

$AB=0$ ならば $A=0$ または $B=0$

例2 因数分解による解き方①

教 p.82 → 基本問題 2

$x^2+6x-7=0$ を解きなさい。

考え方 左辺を因数分解し，例1 の形にしてから，例1 のように解く。

解き方 $x^2+6x-7=0$　　左辺を因数分解する。

$(x-1)(x+7)=0$　　$AB=0$ ならば $A=0$ または $B=0$

$x-1=0$ または $x+7=0$

$x=1$，$x=$ ②

思い出そう

$x^2+(a+b)x+ab=(x+a)(x+b)$

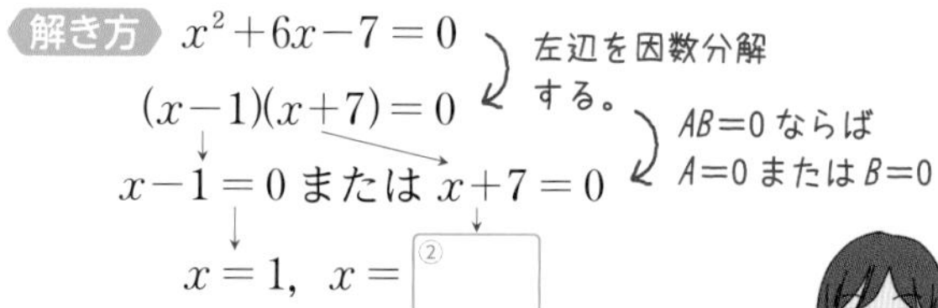

かけて -7，たして6になる2数は -1 と7。
解は1と -7。符号が反対になっているね。

例3 因数分解による解き方②

教 p.82 → 基本問題 3 4 5

次の方程式を解きなさい。

(1) $x^2+8x+16=0$　　(2) $x^2-5x=0$

考え方 (1) 左辺を因数分解して解く。「$A^2=0$ ならば $A=0$」を使う。

(2) x が共通因数になっていることに注目し，左辺を因数分解して解く。

解き方 (1) $x^2+8x+16=0$　　左辺を因数分解する。

$(x+4)^2=0$

$x+4=0$

$x=$ ③　　←この2次方程式の解は1つ。

(2) $x^2-5x=0$　　共通因数でくくる。

$x(x-5)=0$　　x と $x-5$ の積が0に注目する。

$x=0$ または ④ $=0$

$x=0$，$x=$ ⑤

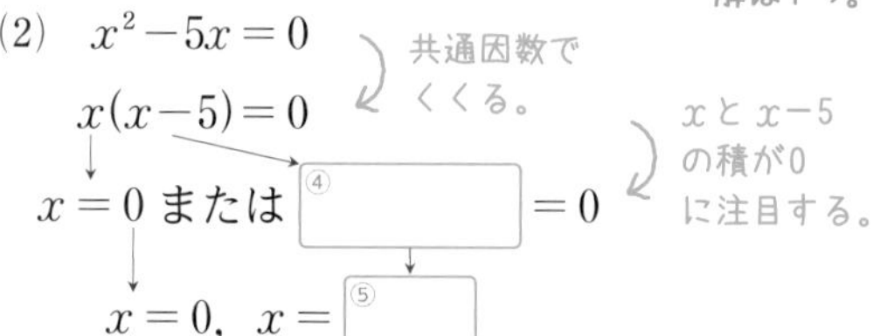

思い出そう

$x^2+2ax+a^2=(x+a)^2$

$x^2-2ax+a^2=(x-a)^2$

(2) $x^2-5x=0$ の両辺を x でわって $x-5=0$ としてはいけないよ。
$x=0$ のときがあるから，x でわれないね。

基本問題

解答 p.19

1 積が 0 の方程式の解き方 次の方程式を解きなさい。

(1) $(x+3)(x-2)=0$ (2) $(x-5)(x+9)=0$ (3) $(x+4)(x+8)=0$

(4) $x(x-6)=0$ (5) $x(x+7)=0$ (6) $(2x+1)(x-3)=0$

2 因数分解による解き方① 次の方程式を解きなさい。

教 p.82 問2, 問4

(1) $x^2-7x+6=0$ (2) $x^2+6x+8=0$ (3) $x^2-x-6=0$

(4) $x^2+5x-6=0$ (5) $x^2-3x-10=0$ (6) $x^2-9x+14=0$

(7) $x^2+6x-16=0$ (8) $x^2+12x+27=0$ (9) $x^2-4x-45=0$

(10) $x^2-16x+28=0$ (11) $x^2-36=0$ (12) $x^2-100=0$

3 因数分解による解き方② 次の方程式を解きなさい。

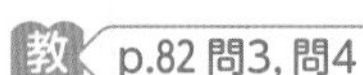

(1) $x^2+10x+25=0$ (2) $x^2-6x+9=0$ (3) $x^2-16x+64=0$

4 因数分解による解き方② 次の方程式を解きなさい。

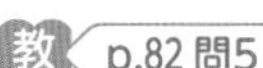

(1) $x^2=9x$ (2) $x^2-10x=0$ (3) $x^2+x=0$

5 因数分解による解き方② 方程式 $x^2=12x$ を右のように解きましたが，正しくありません。まちがっているところを指摘(してき)し，正しい解き方を書きなさい。 教 p.82

$x^2=12x$
両辺を x でわって，
$x=12$

確認のワーク ステージ1

1節 2次方程式とその解き方
5 いろいろな2次方程式

例1 いろいろな2次方程式

教 p.83 →基本問題 1 2

$(x-2)(x-4)=3$ を解きなさい。

考え方 (2次式)$=0$ の形をつくり，因数分解，平方根の考え，解の公式のいずれかで解く。

解き方
$(x-2)(x-4)=3$ 　左辺を展開する。
$x^2-6x+8=3$ 　移項して右辺を0にし，整理する。
$x^2-6x+5=0$ 　左辺を因数分解する。
$(x-1)(x-5)=0$
$x-1=0$ または $x-5=0$

答 $x=1$，$x=$ ①

ここがポイント
(2次式)$=0$ の形をした2次方程式は，解の公式を使えば必ず解けるが，計算が大変である。まず，左辺が因数分解できるかどうかを考えよう。また，「$(x+▲)^2=●$」の形に簡単に変形できるものは，変形して平方根の考えを使ってもよい。
解の公式の利用は，最後に考えよう。

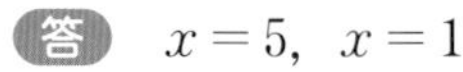

別解 $x^2-6x+5=0$ と変形し，

① 平方根の考えで解くと，
$x^2-6x=-5$
$x^2-6x+9=-5+9$
$(x-3)^2=4$
$x-3=\pm2$
$x-3=2$，$x-3=-2$

答 $x=5$，$x=1$

② 解の公式を使うと，
$$x=\frac{-(-6)\pm\sqrt{(-6)^2-4\times1\times5}}{2\times1}$$
$$=\frac{6\pm\sqrt{16}}{2}=\frac{6\pm4}{2}$$

答 $x=\frac{6+4}{2}=5$，$x=\frac{6-4}{2}=1$

例2 2次方程式の解

教 p.91 →基本問題 3 4

2次方程式 $x^2+ax+b=0$ の解が3と5のとき，a と b の値をそれぞれ求めなさい。

考え方 方程式の x に3と5をそれぞれ代入し，a，b についての連立方程式をつくる。

解き方 x に3を代入すると，$3^2+3a+b=0$
$9+3a+b=0$…①
x に5を代入すると，$5^2+5a+b=0$
$25+5a+b=0$…②
①，②を連立方程式にして解く。
②−①より，$16+2a=0$ 　$a=$ ②
$a=-8$ を①に代入して，$9-24+b=0$
$b=$ ③

答 $a=-8$，$b=$ ④

別解 解が3，5である2次方程式は，
$(x-3)(x-5)=0$
左辺を展開して，$x^2-8x+15=0$
$x^2+ax+b=0$ と係数を比べて，

答 $a=-8$，$b=15$

方程式の解は「その方程式を成り立たせる文字の値」だったね。だから，問題で方程式の解が与えられたら，まずその解を方程式に代入すればいいね。

基本問題

解答 p.20

1 いろいろな2次方程式 次の方程式を解きなさい。

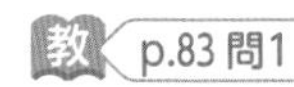

(1) $2x^2+6x-1=0$　　(2) $x^2+8x-20=0$　　(3) $x^2+10x+18=0$

(4) $x^2-36=0$　　(5) $2x^2-8x+6=0$

(5)はすべての項が2でわりきれるから，まず両辺を2でわってみよう。

2 いろいろな2次方程式 次の方程式を解きなさい。

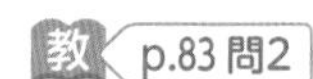

(1) $x^2-5x=14$　　(2) $(x+3)(x-1)=5$

(3) $x^2+2=3x+7$　　(4) $3x^2-4x=2x+45$

(5) $(x-3)^2=4x$　　(6) $(x+1)^2=7x-3$

(7) $(x-4)^2=-2x+7$

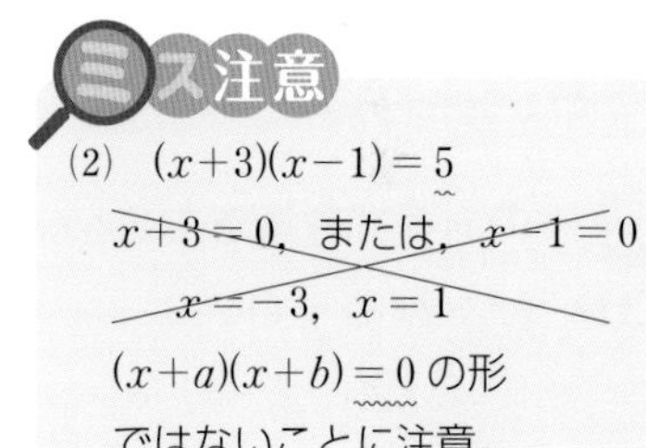
ミス注意

(2) $(x+3)(x-1)=5$

~~$x+3=0$，または，$x-1=0$~~

~~$x=-3$，$x=1$~~

$(x+a)(x+b)=0$ の形ではないことに注意。

3 2次方程式の解 2次方程式 $x^2+ax+b=0$ の解が -3 と 2 のとき，a と b の値をそれぞれ求めなさい。

教 p.91 2

4 2次方程式の解 2次方程式 $x^2+ax+b=0$ の解が -1 と -5 のとき，a と b の値をそれぞれ求めなさい。

教 p.91 2

左ページの例の答え　① 5　② -8　③ 15　④ 15

解答 p.20

1節 2次方程式とその解き方

1 次の方程式を解きなさい。

(1) $4x^2-36=0$　(2) $25x^2-6=0$　(3) $16x^2-49=0$

(4) $(x+2)^2-49=0$　(5) $(x-4)^2=8$　(6) $(2x-1)^2=28$

2 次の方程式を，□にあてはまる数を入れて，方程式を変形して解きなさい。

(1)
$x^2-8x=7$
x^2-8x+ ㋐□ $=7+$ ㋑□
$(x-$ ㋒□$)^2=$ ㋓□
$x=$ ㋔□

(2)
$x^2+5x=3$
x^2+5x+ ㋐□ $=3+$ ㋑□
$(x+$ ㋒□$)^2=$ ㋓□
$x=$ ㋔□

よく出る **3** 次の方程式を解きなさい。

(1) $-x^2+x+5=0$　(2) $3x^2-7x+2=0$　(3) $2x^2-5=-4x$

(4) $5x^2+15x-10=0$　(5) $25x^2-30x+9=0$　(6) $4x^2=x+3$

よく出る **4** 次の方程式を解きなさい。

(1) $(x+2)(3x-4)=0$　(2) $x^2+15x+36=0$　(3) $x^2+2x-120=0$

(4) $x^2-22x+121=0$　(5) $x^2=-8x$　(6) $x^2+4x=32$

(7) $2x^2-2x-60=0$　(8) $3x^2-6x+3=0$　(9) $\frac{1}{2}x^2+4=3x$

3 (1) 両辺に -1 をかけ，x^2 の係数を正にしておくと計算しやすい。
(4) すべての項が5でわりきれるので，まず両辺を5でわって，係数を小さくする。

4 (9) 両辺に2をかけて，すべての係数を整数にしてから解く。

5 次の方程式を解きなさい。

(1)　$(x-3)^2=2x+4$

(2)　$(x+1)^2+2(x+1)-3=0$

6 2次方程式 $x^2-2x+a=0$ の解の1つが6であるとき，次の問に答えなさい。

(1)　$x^2-2x+a=0$ に $x=6$ を代入して，a の値を求めなさい。

(2)　この方程式のもう1つの解を求めなさい。

7 次の問に答えなさい。

(1)　2次方程式 $x^2+ax+b=0$ の解が -8 と6のとき，a と b の値をそれぞれ求めなさい。

(2)　2次方程式 $x^2+2x-3=0$ の小さいほうの解が2次方程式 $x^2-ax-(5-a)=0$ の解の1つになっています。このとき，a の値を求めなさい。

入試問題をやってみよう！

1 次の方程式を解きなさい。

(1)　$x^2-5x+3=0$　〔沖縄〕

(2)　$2x^2-3x-1=0$　〔三重〕

(3)　$(x-6)(x+6)=20-x$　〔静岡〕

(4)　$(x+1)(x+4)=2(5x+1)$　〔長崎〕

2 a，b を定数とする。2次方程式 $x^2+ax+15=0$ の解の1つは -3 で，もう1つの解は1次方程式 $2x+a+b=0$ の解でもある。このとき，a，b の値を求めなさい。　〔愛知〕

5 かっこをはずしてから解く。(2)は $x+1=A$ とおきかえて解くこともできる。
6 (2)　$x^2-2x+a=0$ の a に(1)で求めた a の値を代入して，方程式を解く。
7 (2)　$x^2+2x-3=0$ を解き，小さいほうの解を残りの方程式に代入する。

確認のワーク ステージ1

2節 2次方程式の利用

1 2次方程式の利用

例1 数についての問題

教 p.87 → 基本問題 2

大小2つの整数があります。その差は4で，積は45です。2つの整数を求めなさい。

考え方 小さいほうの整数をxとして，大きいほうの整数を表し，積について方程式をつくる。

解き方 小さいほうの整数をxとすると，大きいほうの整数は ① [　　] と表される。

↑小さいほうの整数より4大きい。

積が45だから，$x(x+4)=45$

$x^2+4x-45=0$

45を移項して整理する。（右辺を0にする）

$(x+9)(x-5)=0$

$x+9=0$ または $x-5=0$

したがって，$x=-9$，$x=5$

$x=-9$のとき，大きいほうの整数は，$-9+$ ② [　　] $=-5$

$x=5$のとき，大きいほうの整数は，$5+4=9$

これらは問題に適している。　答　-9と ③ [　　]，5と9 ←答えは2組できる。

「2つの整数」という条件をしっかり読もう。「2つの自然数」だったら，答えは1組だね。

例2 図形についての問題

教 p.88 → 基本問題 3

横が縦より4 cm長い長方形の紙があります。この紙の4すみから1辺が5 cmの正方形を切り取り，直方体の容器を作ったら，容積が480 cm³になりました。紙の縦の長さを求めなさい。

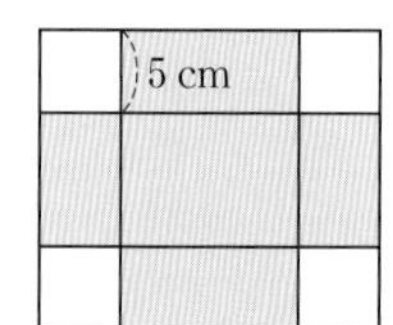

考え方 紙の縦の長さをx cmとして，容器の縦と横をxを使って表し，容積についての方程式をつくる。右の図より，容器の縦は，$x-5\times2=x-10$ (cm)，横は，$(x+4)-5\times2=x-6$ (cm)，また，容器の高さは5 cmになる。

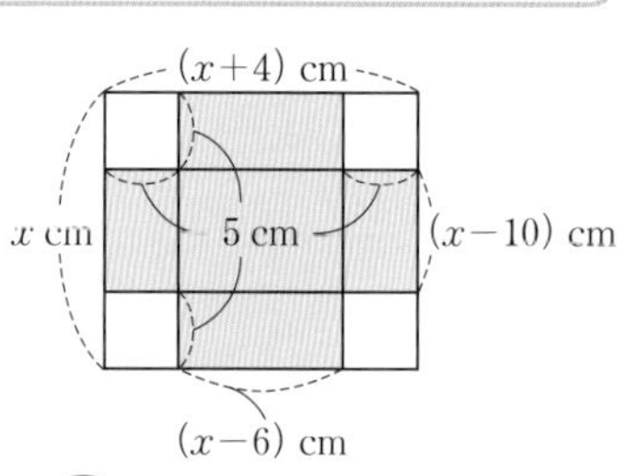

解き方 紙の縦の長さをx cmとすると，

$5(x-10)(x-6)=480$　（高さ・縦・横・容積）

両辺を5でわる。

$(x-10)(x-6)=96$

左辺を展開する。

$x^2-16x+60=96$

96を移項して整理する。（右辺を0にする。）

$x^2-16x-36=0$

$(x+2)(x-18)=0$

$x+2=0$ または $x-18=0$

したがって，$x=-2$，$x=18$

$x>10$でなければならないから，

$x=$ ④ [　　] は問題に適していない。

$x=18$は問題に適している。　答 ⑤ [　　] cm

ミス注意

長さをxにした場合など，文字xに変域がある問題では，xの変域に注意しよう。

長さは正だから，容器の縦の長さは，$x-10>0$ つまり，$x>10$だね。

基本問題

解答 p.21

1 道幅の問題　縦が 10 m，横が 14 m の長方形の土地に，図 1 のように縦と横に同じ幅(はば)の道路をつくり，残りを畑にして，その面積を 96 m² にします。

教 p.85〜86

(1)　道路の幅を x m とし，図 1 の道路を図 2 のように移動すると考えて，畑の面積について，方程式をつくりなさい。

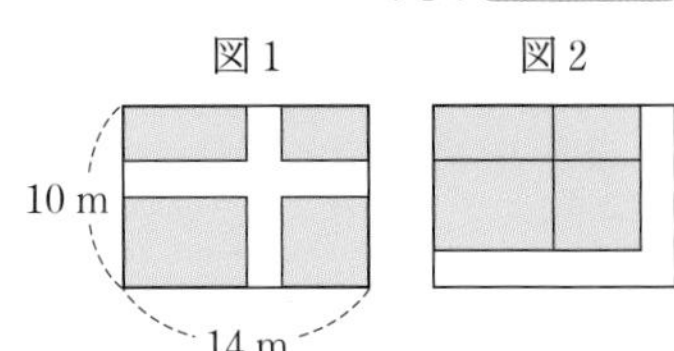

(2)　(1)の方程式を解きなさい。

(3)　(2)で求めた方程式の解は，問題の答えとして適しているかどうか答えなさい。適していない場合は，その理由も書きなさい。

2 数についての問題　3 つの続いた整数があります。それぞれの整数を 2 乗して，それらの和を計算したら 110 になりました。3 つの続いた整数を求めなさい。

教 p.87 問1

思い出そう
2 つの続いた整数
x，$x+1$
3 つの続いた整数
$x-1$，x，$x+1$
(x，$x+1$，$x+2$)

3 図形についての問題　横が縦より 3 cm 長い長方形の紙があります。この紙の 4 すみから 1 辺が 2 cm の正方形を切り取り，直方体の容器を作ったら，容積が 80 cm³ になりました。紙の縦の長さを求めなさい。

教 p.88 例2

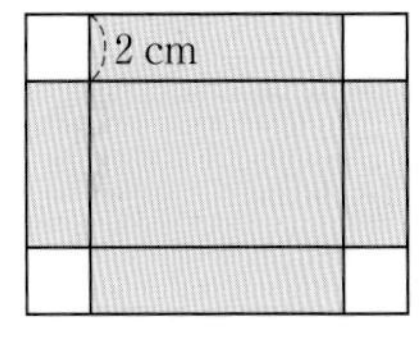

4 動点に関する問題　右の図のような正方形 ABCD で，点 P は，A を出発して辺 AB 上を B まで動きます。また，点 Q は，点 P が A を出発するのと同時に D を出発し，P と同じ速さで辺 DA 上を A まで動きます。

教 p.89 例3

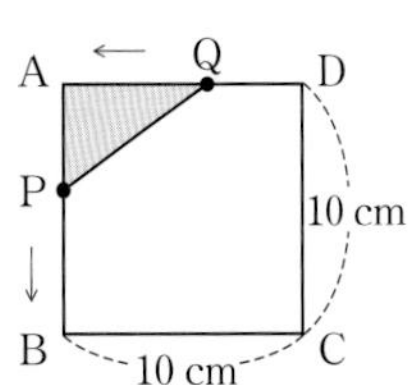

(1)　AP＝x cm のとき，AQ の長さを x の式で表しなさい。

(2)　x の変域を求めなさい。

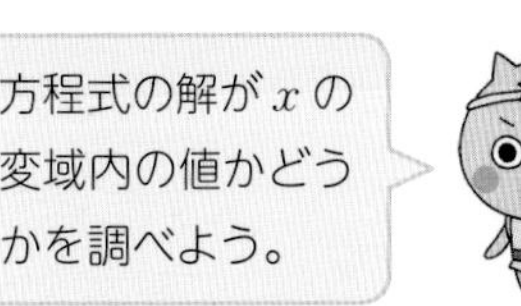

方程式の解が x の変域内の値かどうかを調べよう。

(3)　点 P が A から何 cm 動いたとき，△APQ の面積は 5 cm² になりますか。

左ページの例の答え　① $x+4$　② 4　③ −5　④ −2　⑤ 18

解答 p.22

2節　2 次方程式の利用

1 正方形の土地に，右の図のように幅（はば）1 m の道を 2 本つくり，残りを畑にしたら，畑の面積は 63 m^2 になりました。正方形の土地の 1 辺の長さを求めなさい。

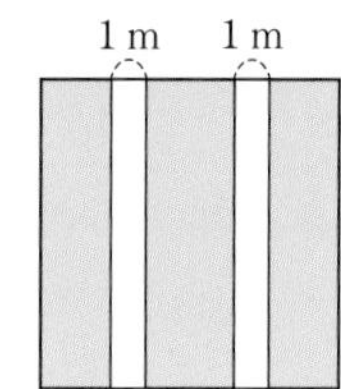

2 次の問に答えなさい。

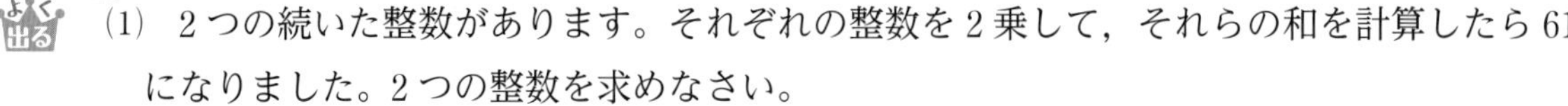

よく出る
(1) 2 つの続いた整数があります。それぞれの整数を 2 乗して，それらの和を計算したら 61 になりました。2 つの整数を求めなさい。

(2) 1 から n までの自然数の和 $1+2+\cdots+n$ は $\dfrac{n(n+1)}{2}$ になります。1 から n までの自然数の和が 78 になるときの n の値を求めなさい。

(3) 右の図は，ある月のカレンダーです。このカレンダーのある数を x とし，x の右どなりの数と，x のすぐ下の数をかけると，x に 17 をかけて 7 を加えた数と等しくなります。x の値を求めなさい。

日	月	火	水	木	金	土
	1	2	3	4	5	6
7	8	9	10	11	12	13
14	15	16	17	18	19	20
21	22	23	24	25	26	27
28	29	30	31			

3 縦が 10 cm，横が 18 cm の長方形の紙を，右の図のように切り取って，㋐の部分を底面とする，ふたのついた直方体の箱をつくりました。この箱の底面積が 24 cm^2 であるとき，箱の高さを求めなさい。

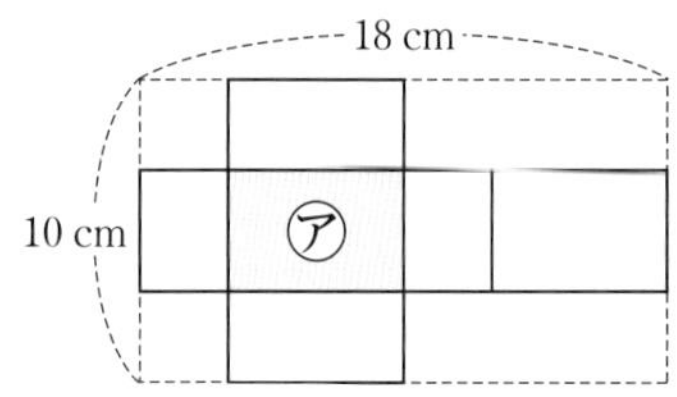

4 長さが 9 cm の線分 AB 上を，点 P が A を出発して B まで動きます。AP，PB をそれぞれ 1 辺とする正方形の面積の和が 53 cm^2 になるのは，点 P が A から何 cm 動いたときですか。

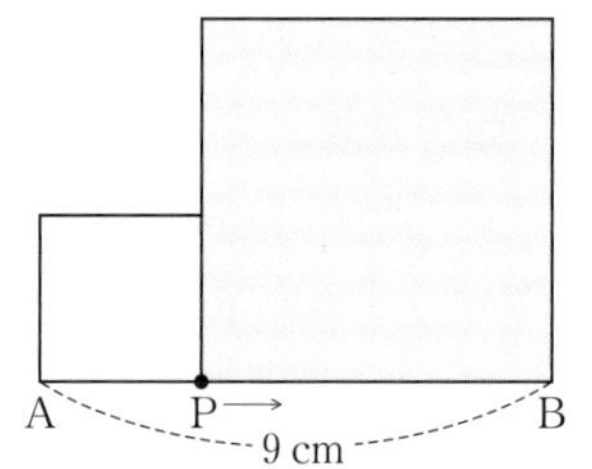

2 (3) x の右どなりの数は $x+1$，x のすぐ下の数は $x+7$ で表される。

3 底面の横の長さは，$(18-2x)\div 2=9-x$ (cm)

4 AP $=x$ cm とすると，PB $=(9-x)$ cm

5 右の図のように，正方形の縦を 2 cm 短くし，横を 3 cm 長くして長方形をつくったら，長方形の面積は $84\,\text{cm}^2$ になりました。もとの正方形の 1 辺の長さを求めなさい。

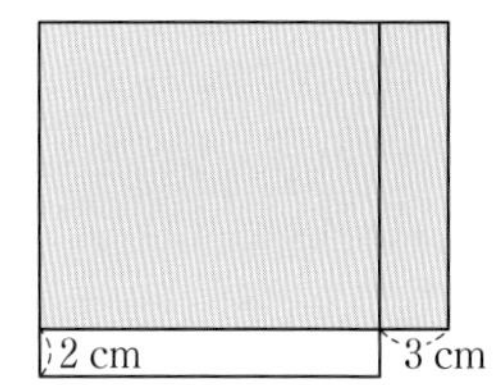

よくでる **6** 右の図のような直角二等辺三角形 ABC で，点 P は，A を出発して辺 AC 上を C まで動きます。また，点 Q は，点 P が A を出発するのと同時に B を出発し，P と同じ速さで辺 BC 上を C まで動きます。点 P が A から何 cm 動いたとき，台形 ABQP の面積が $15\,\text{cm}^2$ になりますか。

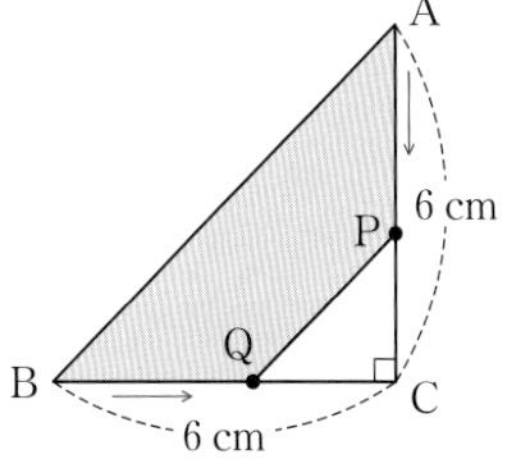

7 右の図で，点 P は $y=2x+4$ のグラフ上の点で，P から x 軸(じく)にひいた垂線と x 軸との交点を Q とします。△POQ の面積が $24\,\text{cm}^2$ のときの点 P の座標を求めなさい。ただし，点 P の x 座標は正とし，座標の 1 目もりは 1 cm とします。

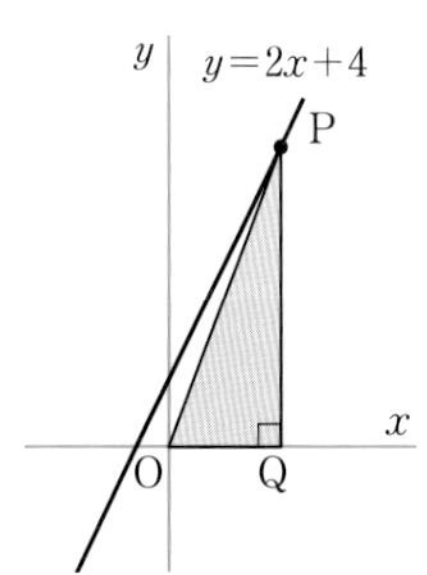

入試問題をやってみよう！

1 ある素数 x を 2 乗したものに 52 を加えた数は，x を 17 倍した数に等しい。このとき，素数 x を求めなさい。〔佐賀〕

2 1 辺の長さが x cm の正方形があります。この正方形の縦の長さを 4 cm 長くし，横の長さを 5 cm 長くして長方形をつくったところ，できた長方形の面積は $210\,\text{cm}^2$ でした。x の値を求めなさい。〔大阪〕

3 右の図のような，周の長さが 24 cm，AB＝2 cm，BC＝4 cm である 6 点 A，B，C，D，E，F を頂点とする図形があります。ただし，各頂点における 1 つの辺とそのとなりの辺でつくる角はすべて直角です。この図形の面積が $19\,\text{cm}^2$ になるとき，辺 DE の長さを求めなさい。〔佐賀〕

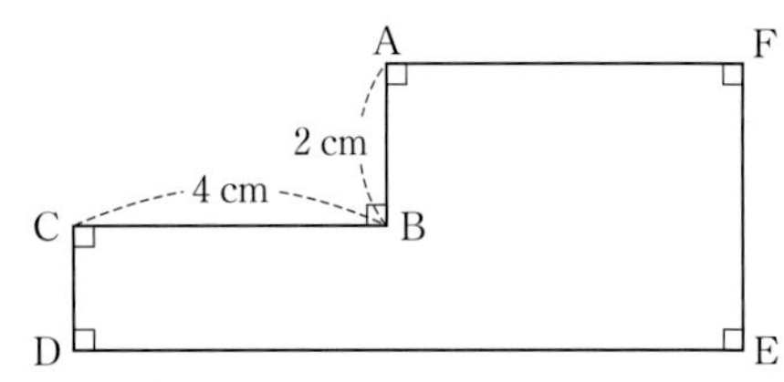

6 (台形 ABQP の面積)＝(△ABC の面積)－(△PQC の面積)
7 点 P の x 座標を a とすると，P(a, $2a+4$) で，OQ＝a，PQ＝$2a+4$
3 DE＝x cm として，図形の周の長さから，EF の長さを x を使って表す。

解答 p.23

ステージ3 [2次方程式] 方程式を利用して問題を解決しよう

/100

1 次の 2 次方程式のうち，3 が解であるものはどれですか。すべて選びなさい。（4点）

㋐ $x^2+4x-21=0$　　㋑ $x^2-3=0$

㋒ $x^2+x=2x^2-6$　　㋓ $(x-1)^2=x+1$

（　　　　）

よく出る **2** 次の方程式を解きなさい。4点×10（40点）

(1) $4x^2-7=0$　　（　　　　）

(2) $(x+3)^2=49$　　（　　　　）

(3) $2x^2+x-4=0$　　（　　　　）

(4) $x^2-6x-10=0$　　（　　　　）

(5) $6x^2-7x+2=0$　　（　　　　）

(6) $16x^2-24x+9=0$　　（　　　　）

(7) $x^2+8x+12=0$　　（　　　　）

(8) $x^2-x-42=0$　　（　　　　）

(9) $x^2+16x+64=0$　　（　　　　）

(10) $x^2=x$　　（　　　　）

3 次の方程式を解きなさい。4点×4（16点）

(1) $3x^2+4x=2x^2-4$　　（　　　　）

(2) $(x+1)(x-4)=14$　　（　　　　）

(3) $x^2=6(x+2)$　　（　　　　）

(4) $-2x^2+6x-4=0$　　（　　　　）

目標 平方根の考え，因数分解，解の公式のどの解き方にも十分慣れよう。文章題はまず方程式がつくれるようになろう。

自分の得点まで色をぬろう！

がんばろう！ | もう一歩 | 合格！
0　60　80　100点

4 次の問に答えなさい。　6点×2（12点）

(1) 2次方程式 $x^2+ax+b=0$ の解が -2 と -5 のとき，a と b の値をそれぞれ求めなさい。

（　　　　　　）

(2) 2次方程式 $x^2-8x+a=0$ の解の1つが2であるとき，もう1つの解を求めなさい。

（　　　　　　）

5 次の問に答えなさい。　7点×2（14点）

(1) 大小2つの整数があります。その差は4で，積は60です。2つの整数を求めなさい。

（　　　　　　）

(2) 2つの続いた自然数があります。小さいほうの自然数を2乗した数は，大きいほうの自然数の4倍より8大きくなります。2つの続いた自然数を求めなさい。

（　　　　　　）

6 n 角形の対角線は全部で $\frac{n(n-3)}{2}$ 本ひくことができます。対角線が35本ある多角形は何角形ですか。　（7点）

（　　　　　　）

7 縦が12 m，横が5 mの長方形の土地に，右の図のように，周にそって同じ幅（はば）の道路をつくり，残りを畑にします。
畑の面積と道路の面積が等しくなるようにするには，道路の幅を何mにすればよいですか。　（7点）

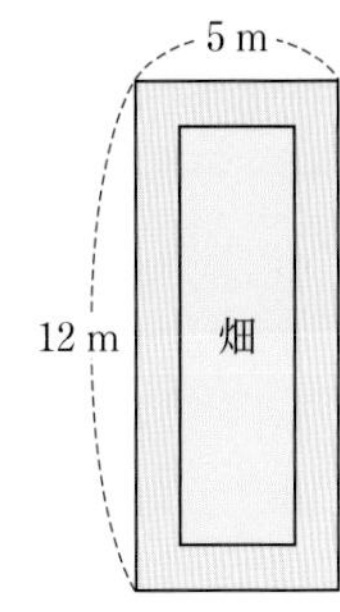

（　　　　　　）

アプリ【どこでもワーク計算編】をやって，さらに力をつけよう！

確認のワーク ステージ1

1節 関数 $y=ax^2$

1 関数 $y=ax^2$

例1 関数 $y=ax^2$

教 p.97～98 → 基本問題 1 2 3

底面が1辺 x cmの正方形で，高さが9 cmの正四角錐（すい）の体積を y cm³ とします。

(1) y を x の式で表しなさい。

(2) 下の表の㋐，㋑にあてはまる数を求めなさい。

x	1	2	3	4	5
y	3	12	㋐	㋑	75

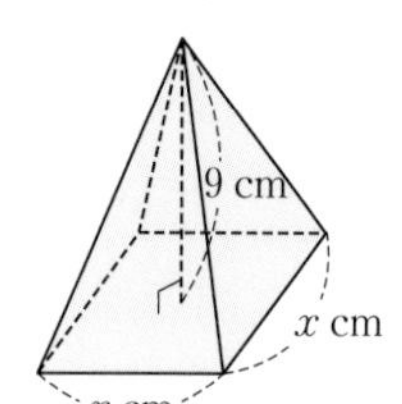

(3) 高さを変えずに体積を2倍にするには，底面の1辺の長さを何倍にすればよいですか。

考え方 (1) 角錐の体積の公式にあてはめる。

(3) (1)の答より，体積 y cm³ は底面の1辺の長さの x cmの2乗に比例することがわかる。よって，x の値（あたい）が2倍，3倍，…になると，y の値は 2^2 倍，3^2 倍，…になることから考える。

解き方 (1) (角錐の体積) $=\frac{1}{3}\times$(底面積)$\times$(高さ)　$y=\frac{1}{3}\times x^2\times 9$ より，$y=$ ①[　]

(2) (1)で求めた式に $x=3$，$x=4$ を代入すると，

㋐は，$y=3\times 3^2=$ ②[　] ←$y=3x^2$ に $x=3$ を代入

㋑は，$y=3\times 4^2=$ ③[　] ←$y=3x^2$ に $x=4$ を代入

たいせつ

y が x の関数で，$y=ax^2$ と表せるとき，y は x の2乗に比例するという。文字 a は定数であり比例定数という。

(3) x の値が k 倍のとき，y の値は k^2 倍となり，これが2倍であるとき，$k^2=2$　$k>0$ より，$k=$ ④[　]

したがって，1辺の長さを ⑤[　] 倍にすればよい。

y が x^2 に比例するとき，x の値が○倍になると，y の値は ○² 倍になるよ。

例2 関数 $y=ax^2$ の式

教 p.98 → 基本問題 4

y は x の2乗に比例し，$x=3$ のとき $y=-18$ です。

(1) y を x の式で表しなさい。　(2) $x=-5$ のときの y の値を求めなさい。

考え方 (1) 求める式を $y=ax^2$ とおいて，まず a の値を求める。

解き方 (1) y は x の2乗に比例するから，比例定数を a とすると $y=ax^2$ と書くことができる。

$x=3$ のとき $y=-18$ であるから，$-18=a\times 3^2$，$a=$ ⑥[　]

↑ $y=ax^2$ に $x=3$, $y=-18$ を代入

したがって，$y=$ ⑦[　]

(2) (1)で求めた式に，$x=-5$ を代入して，

$y=-2\times(-5)^2=$ ⑧[　] ←$y=-2x^2$ に $x=-5$ を代入

y が x の2乗に比例 ⇒ $y=ax^2$ だよ。

基本問題

解答 p.24

1 関数 $y=ax^2$　1辺が x cm の立方体の表面積を y cm^2 とします。　教 p.97

(1)　y を x の式で表しなさい。

(2)　(1)で求めた式から，下の表の空らんにあてはまる数を求めなさい。

x	0	1	2	3	4
y					

(3)　$x=1$，2，3，4 のとき，$\dfrac{y}{x^2}$ の値を調べなさい。また，$\dfrac{y}{x^2}$ について，どのようなことがいえますか。

2 関数 $y=ax^2$　次の(1)〜(4)について，y を x の式で表しなさい。また，y が x の 2 乗に比例するものをすべて選び，番号で答えなさい。　教 p.98 問1

(1)　底面が 1 辺 x cm の正方形で，高さが 10 cm の正四角柱の体積を y cm^3 とする。

(2)　底面の半径が x cm，高さが 4 cm の円柱の体積を y cm^3 とする。

(3)　半径が x cm の円の周の長さを y cm とする。

(4)　半径が x cm の球の体積を y cm^3 とする。

思い出そう
- 角柱　円柱の体積 $=$(底面積)×(高さ)
- 球の体積 $=\dfrac{4}{3}\pi\times$(半径)^3
- 球の表面積 $=4\pi\times$(半径)^2

3 関数 $y=ax^2$　横の長さが縦の長さの 2 倍である長方形があります。この長方形の縦の長さを x cm，面積を y cm^2 とします。　教 p.98 問2

(1)　y を x の式で表しなさい。

(2)　縦の長さが 4 倍になると，面積は何倍になりますか。

(3)　面積を 2 倍にするには，縦の長さを何倍にすればよいですか。

4 関数 $y=ax^2$ の式　次の問に答えなさい。　教 p.98 問3

(1)　y は x の 2 乗に比例し，次の条件をみたすとき，y を x の式で表しなさい。

①　$x=4$ のとき $y=32$　　②　$x=3$ のとき $y=-9$

(2)　y は x の 2 乗に比例し，$x=-2$ のとき $y=-12$ です。

①　y を x の式で表しなさい。　　②　$x=4$ のときの y の値を求めなさい。

4章

左ページの例の答え　① $3x^2$　② 27　③ 48　④ $\sqrt{2}$　⑤ $\sqrt{2}$　⑥ -2　⑦ $-2x^2$　⑧ -50

2節 関数 $y=ax^2$ の性質と調べ方
1 関数 $y=ax^2$ のグラフ

例1 $y=ax^2$ のグラフ

教 p.100〜105 → 基本問題 1 2

関数 $y=\frac{1}{2}x^2$ について，次の問に答えなさい。

(1) 右の表の空らんをうめて，グラフをかきなさい。

x	−3	−2	−1	0	1	2	3
y	4.5		0.5	0	0.5	2	

(2) (1)のグラフを利用して，$y=-\frac{1}{2}x^2$ のグラフをかきなさい。

考え方 (2) $y=\frac{1}{2}x^2$ と $y=-\frac{1}{2}x^2$ では，x のどの値についても，それに対応する y の値は，絶対値が等しく符号（ふごう）が反対になることを利用する。

解き方 (1) $x=-2$ のとき，$y=\frac{1}{2}\times(-2)^2=$ ①

$x=3$ のとき，$y=\frac{1}{2}\times3^2=$ ②

グラフは，まず表の x，y の値の組を座標とする点をとり，次にそれらの点を通るなめらかな ③ をかく。

原点付近でグラフがとがらないようにかこう。

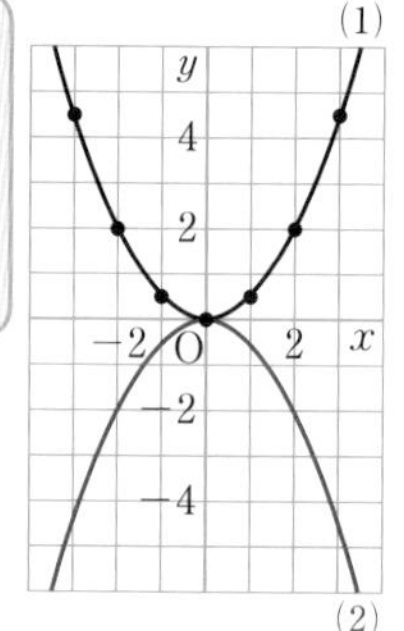

(2) $y=\frac{1}{2}x^2$ のグラフと $y=-\frac{1}{2}x^2$ のグラフは x 軸（じく）について ④ になるから，$y=\frac{1}{2}x^2$ のグラフを x 軸で折り返したグラフをかく。

例2 $y=ax^2$ のグラフの特徴

教 p.106 → 基本問題 3 4

右の図の(1)〜(3)は，下の㋐〜㋒の関数のグラフを示したものです。(1)〜(3)はそれぞれどの関数のグラフですか。

㋐ $y=-2x^2$　㋑ $y=x^2$　㋒ $y=-\frac{1}{2}x^2$

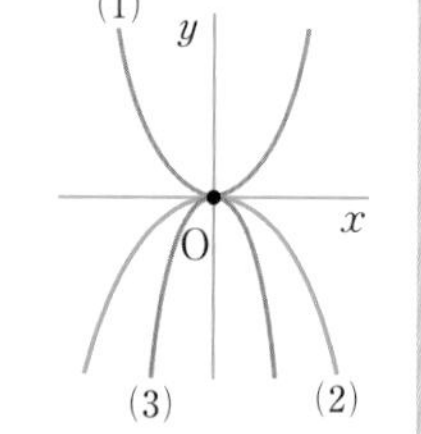

考え方 $y=ax^2$ の a の値の符号と，絶対値に注目して，グラフの特徴（とくちょう）から考える。

解き方 $a>0$ のときは，グラフは上に開いた形になることから，(1)は ⑤ とわかる。

$a<0$ のときは，グラフは下に開いた形になり，a の絶対値は㋐のほうが㋒より大きいから，(2)は ⑥，(3)は ⑦ とわかる。

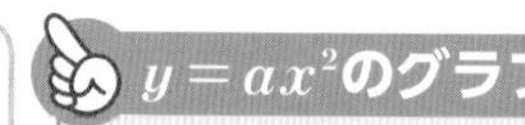

1 原点を通る。
2 y 軸について対称（たいしょう）な曲線である。
3 $a>0$ のときは，上に開いた形になる。$a<0$ のときは，下に開いた形になる。
4 a の値の絶対値が大きいほど，グラフの開き方は小さい。

基本問題

解答 p.25

1 $y=ax^2$ のグラフ　関数 $y=\frac{1}{4}x^2$ について，次の問に答えなさい。

教 p.100～101

(1)　下の表の空らんをうめなさい。

x	-6	-4	-2	0	2	4	6
y							

(2)　この関数のグラフを，右の図にかきなさい。

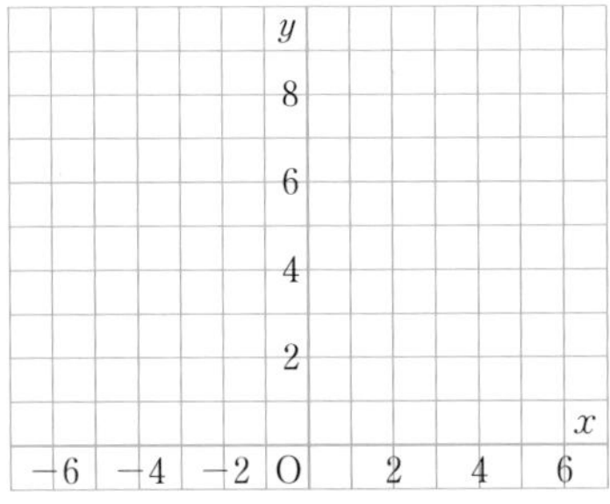

(3)　$y=\frac{1}{4}x^2$ の y の変域を求めなさい。

覚えておこう

$y=ax^2$ のグラフは放物(ほうぶつ)線(せん)とよばれる。放物線は対称の軸をもち，対称の軸と放物線の交点を放物線の頂点という。

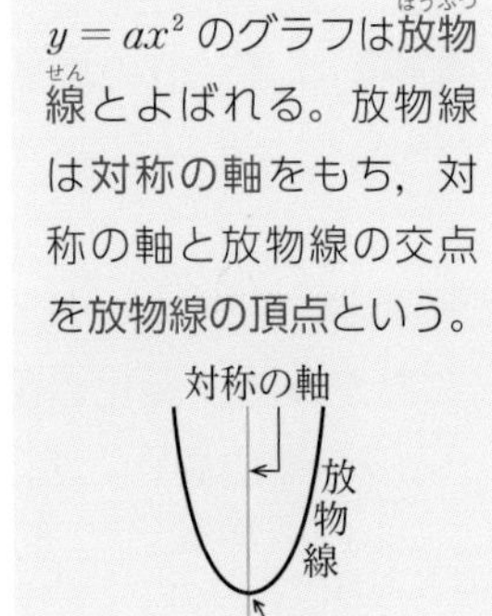

2 $y=ax^2$ のグラフ　次の関数のグラフをかきなさい。

教 p.103～105

(1)　$y=\frac{1}{3}x^2$

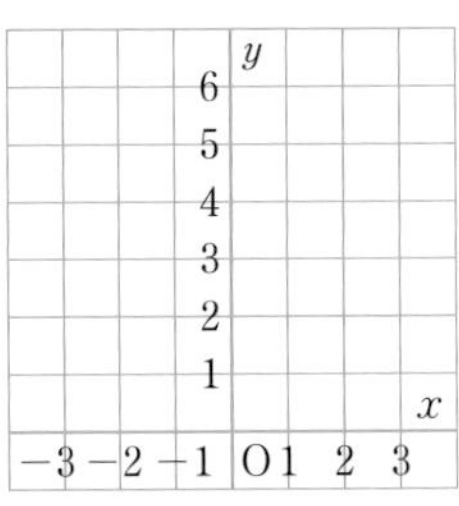

(2)　$y=-\frac{3}{2}x^2$

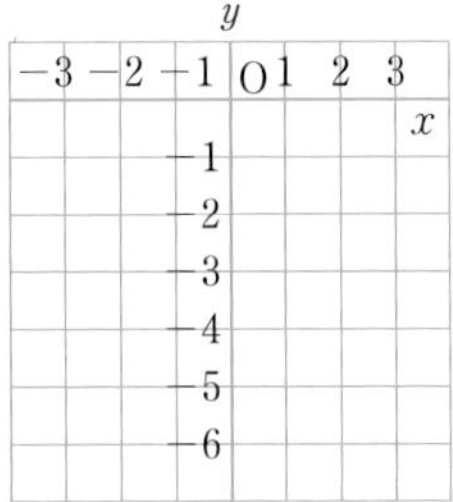

3 $y=ax^2$ のグラフの特徴　右の図の(1)～(4)は，下の㋐～㋓の関数のグラフを示したものです。(1)～(4)はそれぞれどの関数のグラフですか。

教 p.106

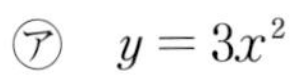

㋐　$y=3x^2$　　㋑　$y=-3x^2$

㋒　$y=\frac{1}{3}x^2$　　㋓　$y=-x^2$

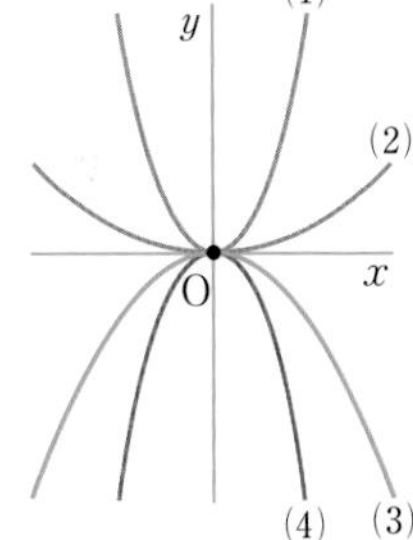

4 $y=ax^2$ のグラフの特徴　下の㋐～㋕の関数について，次の問に答えなさい。

教 p.106

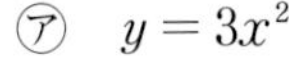

㋐　$y=3x^2$　　㋑　$y=-4x^2$　　㋒　$y=-2x^2$

㋓　$y=4x^2$　　㋔　$y=\frac{3}{2}x^2$　　㋕　$y=\frac{1}{4}x^2$

(1)　グラフが下に開いているものをすべて答えなさい。

(2)　グラフの開き方がいちばん大きいものはどれですか。

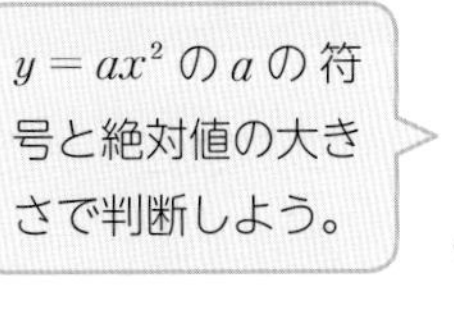

(3)　グラフが x 軸について対称になるのはどれとどれですか。

左ページの例の答え　①2　②4.5 $\left(\frac{9}{2}\right)$　③曲線（放物線）　④対称　⑤㋑　⑥㋒　⑦㋐

確認のワーク ステージ1 2節 関数 $y=ax^2$ の性質と調べ方
2 関数 $y=ax^2$ の値の変化

例1 変化の割合

教 p.109 → 基本問題 2 3

関数 $y=3x^2$ について，x の値が 2 から 5 まで増加するときの変化の割合を求めなさい。

考え方 まず，x の増加量と y の増加量を求める。

解き方 $x=2$ のとき，$y=3\times2^2=$ ①［　］ ← $y=3x^2$ に $x=2$ を代入

$x=5$ のとき，$y=3\times5^2=$ ②［　］ ← $y=3x^2$ に $x=5$ を代入

x	…	2	…	5	…
y	…	12	…	75	…

（x の増加量 3，y の増加量 63）

したがって，変化の割合は，

$$\frac{(y\text{の増加量})}{(x\text{の増加量})}=\frac{75-12}{5-2}=\frac{63}{3}=\text{③［　］}$$

$y=ax^2$ の変化の割合は一定ではないことに気をつけよう。

たいせつ
(変化の割合) $=\dfrac{(y\text{の増加量})}{(x\text{の増加量})}$

参考 $y=3x^2$ のグラフと変化の割合

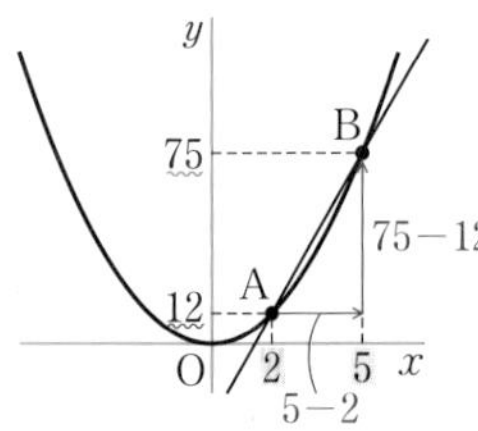

左の図で，直線 AB の傾き（かたむ）きは，

$$\frac{75-12}{5-2}=21$$

これは，x の値が 2 から 5 まで増加するときの ④［　］ と同じである。

知ってると得
増加量は，つねに，
(増加した後の値)−(増加する前の値)
で計算することができる。
(例) x の値が -6 から -2 まで増加したときの x の増加量は，
$(-2)-(-6)=4$

例2 x の変域と y の変域

教 p.110 → 基本問題 4 5

関数 $y=2x^2$ について，x の変域が $-2\leqq x\leqq1$ のときの y の変域を求めなさい。

考え方 $y=2x^2$ のグラフのおおよその形をかいて考える。$x=0$ を境に，y の値の増減がどう変わるか調べる。

解き方 $x=-2$ のとき，$y=2\times(-2)^2=8$ （$y=2x^2$ に $x=-2$ を代入）

$x=1$ のとき，$y=2\times1^2=2$

y の値の増減は，右の図のグラフから，

$-2\leqq x\leqq0$ では，8 から 0 まで減少

$0\leqq x\leqq1$ では，0 から 2 まで増加

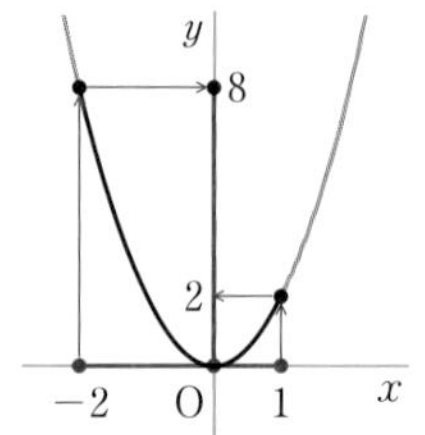

ここがポイント
x の変域に 0 をふくむかどうかに注意しよう。$y=ax^2$ では，x の変域に 0 をふくむ場合，y は最大値か最小値が必ず 0 になる。

したがって，y は $x=0$ のとき最小値 ⑤［　］，

$x=-2$ のとき最大値 ⑥［　］ をとるから，

求める y の変域は，⑦［　］ $\leqq y\leqq8$

放物線のグラフから，y の値の増減を考えよう。

基本問題

解答 p.25

1 $y=ax^2$ の値の増減　関数 $y=ax^2$ で，$a>0$ のとき，下の□にあてはまることばを答えなさい。 教 p.107

「x の値が増加するとき，$x<0$ の範囲(はんい)では，y の値は㋐□する。$x>0$ の範囲では，y の値は㋑□する。$x=0$ のとき，y は㋒□0 をとる。」

2 変化の割合　関数 $y=\frac{1}{2}x^2$ について，x の値が次のように増加するときの変化の割合を求めなさい。 教 p.109 問1，問2

(1)　4 から 6 まで　　(2)　-8 から -4 まで　　(3)　-2 から 0 まで

3 変化の割合　関数 $y=-2x^2$ について，x の値が次のように増加するときの変化の割合を求めなさい。 教 p.109 問1，問2

(1)　1 から 3 まで　　(2)　0 から 4 まで　　(3)　-5 から -3 まで

4 x の変域と y の変域　関数 $y=2x^2$ について，x の変域が次のときの y の変域を求めなさい。 教 p.110 問3

(1)　$1\leqq x\leqq 3$　　(2)　$-2\leqq x\leqq 4$　　(3)　$-4\leqq x\leqq -1$

5 x の変域と y の変域　関数 $y=-3x^2$ について，x の変域が次のときの y の変域を求めなさい。 教 p.110 問4

(1)　$-1\leqq x\leqq 3$　　(2)　$-4\leqq x\leqq 2$　　(3)　$1\leqq x\leqq 4$

6 平均の速さ　ジェットコースターがある斜面(しゃめん)を下り始めてから x 秒間に進む距離(きょり)を y m とすると，$y=4x^2$ の関係が成り立つそうです。 教 p.112 問7，問8

(1)　斜面を下り始めてから 1 秒後までの間の平均の速さを求めなさい。

(2)　斜面を下り始めて 1 秒後から 2 秒後までの間の平均の速さを求めなさい。

(3)　このジェットコースターが斜面を下るとき，だんだん速くなることを，下り始めてから 3 秒後までの 1 秒間ごとの平均の速さを求めて示しなさい。

平均の速さの求め方は，変化の割合の求め方と同じだね。

左ページの例の答え　①12　②75　③21　④変化の割合　⑤0　⑥8　⑦0

解答 p.26

定着のワーク ステージ2　1節 関数 $y=ax^2$　2節 関数 $y=ax^2$ の性質と調べ方

1 y は x の 2 乗に比例し，$x=4$ のとき $y=4$ です。

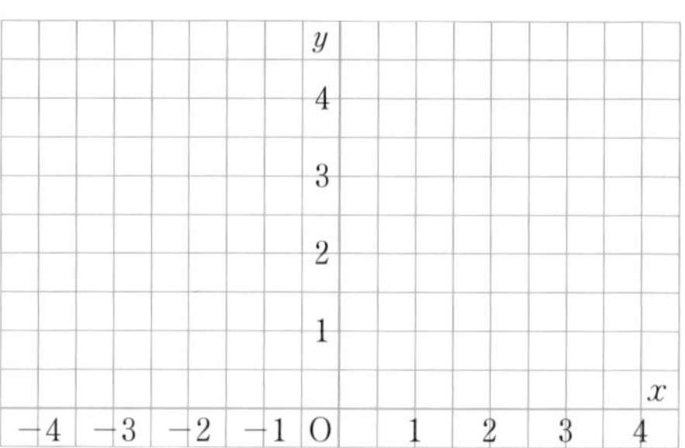

(1) y を x の式で表しなさい。

(2) $x=-6$ のときの y の値を求めなさい。

(3) この関数のグラフをかきなさい。

2 次の(1)〜(4)にあてはまる関数を，㋐〜㋕のなかからすべて選び，記号で答えなさい。

㋐ $y=3x$　　㋑ $y=3x^2$　　㋒ $y=-3x+1$

㋓ $y=-3x^2$　　㋔ $y=\dfrac{3}{x}$　　㋕ $y=\dfrac{1}{3}x^2$

(1) グラフが原点を通る関数

(2) グラフが y 軸について対称である関数

(3) $x>0$ の範囲で，x の値が増加するとき y の値が減少する関数

(4) 変化の割合が一定でない関数

3 関数 $y=3x^2$ について，x の変域が $-2\leqq x\leqq 4$ のときの y の変域を，右のように求めました。どこがまちがっているか説明しなさい。

また，正しい答えを求めなさい。

> $x=-2$ のとき $y=12$
> $x=4$ のとき $y=48$
> したがって，y の変域は
> $12\leqq y\leqq 48$

よく出る **4** 次の関数について，x の変域が $-4\leqq x\leqq 3$ のときの y の変域を求めなさい。

(1) $y=-2x+1$　　(2) $y=2x^2$

ヒントの森

2 (4) グラフが直線でない関数である。

3 グラフのおおよその形を考える。x の変域に 0 をふくんでいることに注意する。

4 (1) 1 次関数では，x の値が増加すると，y の値はつねに増加するか，つねに減少する。

5 次の問に答えなさい。

(1) 関数 $y=-\frac{1}{2}x^2$ について，x の変域が $-3\leqq x\leqq 4$ のときの y の変域を求めなさい。

(2) 関数 $y=ax^2$ について，x の変域が $-4\leqq x\leqq 2$ のとき，y の変域が $0\leqq y\leqq 12$ です。このとき，a の値を求めなさい。

よくでる **6** 次の問に答えなさい。

(1) 関数 $y=-3x^2$ で，x の値が 4 から 6 まで増加するときの変化の割合を求めなさい。

(2) 関数 $y=\frac{1}{4}x^2$ で，x の値が -6 から -2 まで増加するときの変化の割合を求めなさい。

(3) 関数 $y=ax^2$ で，x の値が 2 から 4 まで増加するときの変化の割合が，$y=-3x+6$ の変化の割合に等しいとき，a の値を求めなさい。

1 関数 $y=ax^2$ ……①について，次の問に答えなさい。 〔佐賀〕

(1) 関数①のグラフが点(3, 18)を通るとき，a の値を求めなさい。

(2) 関数①について，x の値が 1 から 3 まで増加するときの変化の割合が -2 となるとき，a の値を求めなさい。

2 次の問に答えなさい。

(1) 関数 $y=ax^2$（a は定数）について，x の変域が $-2\leqq x\leqq 4$ のときの y の変域が $-4\leqq y\leqq 0$ であるとき，a の値を求めなさい。 〔愛知〕

レベルUP (2) 関数 $y=x^2$ について，x が a から $a+2$ まで増加するときの変化の割合が 5 です。このとき，a の値を求めなさい。 〔長崎〕

5 (2) $x=-4$ と $x=2$ のどちらのときに $y=12$ になるか考える。
6 (3), **1** (2), **2** (2) 変化の割合を a の式で表して，a についての方程式をつくる。
2 (1) $x=-2$ と $x=4$ のどちらのときに $y=-4$ になるか考える。

ステージ 1

3節 いろいろな関数の利用
1 関数 $y=ax^2$ の利用(1)

例 1 2乗に比例する関数の利用

教 p.115〜116 → 基本問題 1

自動車で走行しているとき，急ブレーキを踏(ふ)むと，タイヤの痕(あと)（ブレーキ痕(こん)）が残ります。ある自動車の走行時の速さとブレーキ痕の長さを調べると，下のようになっていました。

速さ（km/h）	10	20	30	40	50	60
ブレーキ痕の長さ（m）	0.4	1.6	3.6	6.4	10	14.4

(1) 走行時の速さが 2 倍になると，ブレーキ痕の長さは何倍になりますか。

(2) 毎時 x km の速さで走るときの，ブレーキ痕の長さを y m とするとき，y を x の式で表しなさい。

(3) ブレーキ痕が 8.1 m となるときの，自動車の速さを求めなさい。

考え方 速さが ○ 倍になると，ブレーキ痕の長さが $○^2$ 倍になっていることに注目する。

解き方 (1) 速さが毎時 10 km のときのブレーキ痕の長さは 0.4 m，速さが毎時 20 km のときのブレーキ痕の長さが 1.6 mだから，

$1.6\div0.4=$ ① （倍）  答 ② 倍

速さが毎時 30 km のときと，毎時 60 km のときのブレーキ痕の長さを比べてもいいね。

(2) (1)と同じように考えると，

速さが 3 倍になったとき，ブレーキ痕の長さは ③ 倍， ← 毎時10 kmのときと毎時30 kmのときを比べる。

速さが 4 倍になったとき，ブレーキ痕の長さは ④ 倍 ← 毎時10 kmのときと毎時40 kmのときを比べる。

になり，ブレーキ痕の長さは， ⑤ の 2 乗に比例することがわかるので，$y=ax^2$ と書くことができる。この式に，$x=10$，$y=0.4$ を代入すると， ← 毎時10 kmのときのブレーキ痕の長さは0.4 m

$0.4=a\times10^2$ $a=\frac{1}{250}$ 答 $y=$ ⑥

(3) $y=\frac{1}{250}x^2$ に $y=8.1$ を代入して，$8.1=\frac{1}{250}x^2$ $x^2=8.1\times250$ ← 8.1×250 $=8.1\times25\times10$ $=81\times25$ $=9^2\times5^2$ と考えると計算しやすい。

$x>0$ より，$x=$ ⑦ 答 毎時 ⑧ km

例 2 関数 $y=ax^2$ の利用

教 p.117 → 基本問題 2 3 4

1 往復するのに x 秒かかる振(ふ)り子の長さを y m とすると，$y=\frac{1}{4}x^2$ の関係があります。1 往復するのに 2 秒かかる振り子の長さを求めなさい。

考え方 1 往復するのに 2 秒だから，$x=2$ のときの y の値を求めればよい。

解き方 $x=2$ を $y=\frac{1}{4}x^2$ に代入して，

$y=\frac{1}{4}\times2^2=$ ⑨  答  ⑩ m

何を x で，何を y としているのか，文章からしっかり読みとろう。

基本問題

1 2乗に比例する関数の利用　自動車のブレーキ痕の長さは速さの2乗に比例することが知られています。ある自動車が毎時60 kmの速さで走ると，ブレーキ痕の長さが20 mとなります。　教 p.115～116

(1)　毎時120 kmの速さで走るときのブレーキ痕の長さを求めなさい。

(2)　毎時x kmの速さで走るときのブレーキ痕の長さをy mとして，yをxの式で表しなさい。

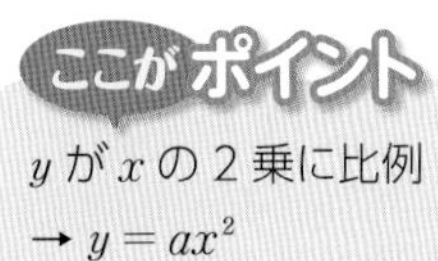

ここがポイント
yがxの2乗に比例
→ $y=ax^2$

(3)　ブレーキ痕の長さが5 mとなるときの，自動車の速さを求めなさい。

2 関数$y=ax^2$の利用　高いところから物を落とすとき，落ちる距離は，落ち始めてからの時間の2乗に比例します。ある物が落ち始めてから3秒間で44.1 m落ちました。

(1)　落ち始めてからx秒間にy m落ちるとして，yをxの式で表しなさい。　

(2)　10 mの高さから物を落とすとき，地面に着くまでに何秒かかりますか。

3 関数$y=ax^2$の利用　1往復するのにx秒かかる振り子の長さをy cmとすると，$y=25x^2$という関係があります。　教 p.117 問1

(1)　1往復するのに3秒かかる振り子の長さを求めなさい。

(2)　長さが64 cmの振り子が，1往復するのにかかる時間を求めなさい。

4 関数$y=ax^2$の利用　ある電車が駅を出発してからx秒間に進む距離をy mとすると，駅を出発してから60秒後までは，$y=\frac{1}{4}x^2$という関係があります。この電車が駅を出発してから40秒間に進む距離を求めなさい。　教 p.117

左ページの例の答え　①4　②4　③9(3^2)　④16(4^2)　⑤速さ　⑥$\frac{1}{250}x^2$　⑦45　⑧45　⑨1　⑩1

確認のワーク ステージ1

3節　いろいろな関数の利用
1 関数 $y=ax^2$ の利用(2)

例1 グラフの交点の座標

教 p.118 → 基本問題 1 2

まっすぐな線路と，その線路に平行な道路があり，駅に止まっている電車の後方からオートバイが毎秒 6 m の速さで走ってきます。電車が駅を出発したのと同時に，オートバイに追いこされました。電車は駅を出発してから 60 秒後までは，x 秒間に $\frac{1}{4}x^2$ m 進みます。電車がオートバイに追いつくのは，出発してから何秒後ですか。

考え方 「追いつく」ということは，グラフ上では交点として表される。

解き方 電車が駅を出発してから x 秒間に進む距離を y m とすると，

電車の式は，$y=\frac{1}{4}x^2$…①　オートバイの式は，$y=6x$…②

①，②のグラフをかくと，右の図のようになる。

電車がオートバイに追いつくのは，2 つのグラフの交点のうち，原点 (0, 0) でないほうだから，その点の座標をグラフからよむと (24, 144)。追いつく時間は x 座標で表される。　答 ①　秒後

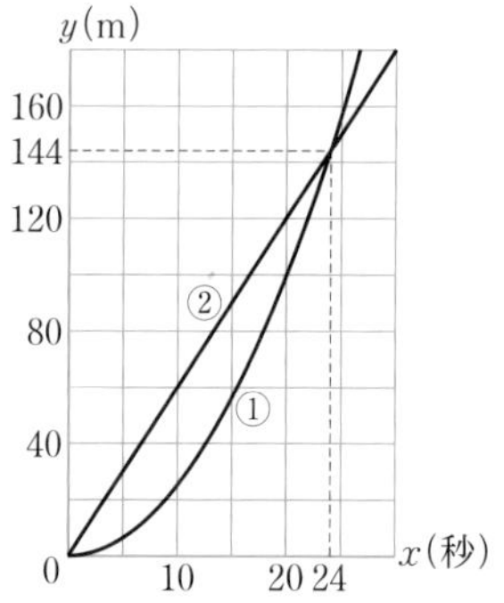

発展 別解 電車の式①とオートバイの式②を連立方程式にして解く。

①を②に代入して，$\frac{1}{4}x^2=6x$

両辺を 4 倍して，　$x^2=24x$　（$x^2-24x=0$，$x(x-24)=0$）

これを解いて，$x=0$，$x=24$

$x=0$ は追いこされるときである。答 ②　秒後

別解では
$x=0$ のとき $y=0$
$x=24$ のとき $y=144$
だから，交点の座標は
(0, 0)，(24, 144) だね。

例2 放物線と直線

教 p.119 → 基本問題 3

右の図のように，関数 $y=ax^2$ のグラフと，$y=-x+2$ のグラフが，2 点 A，B で交わっています。点 A，B の x 座標がそれぞれ -2，1 のとき，a の値と点 B の座標を求めなさい。

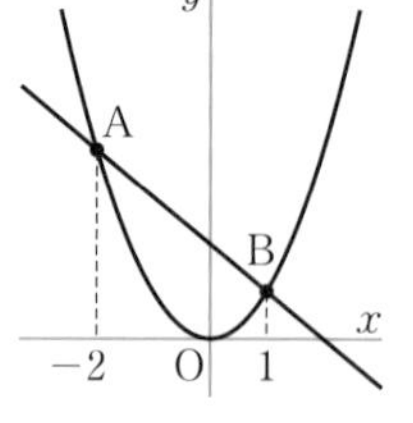

考え方 点 A が $y=-x+2$ 上の点であることから，点 A の座標を求める。

解き方 点 A の x 座標の -2 を，$y=-x+2$ に代入すると，←点Aは直線 $y=-x+2$ 上の点である。

$y=-(-2)+2=4$ だから，A$(-2, 4)$　　$x=-2$，$y=4$ を $y=ax^2$ に代入すると，

$4=a\times(-2)^2$　$a=$ ③　　答 $a=$ ④

↑点Aは放物線 $y=ax^2$ 上の点である。

放物線の式は $y=x^2$ だから，これに $x=1$ を代入すると，$y=$ ⑤　答 B(1, ⑥)　←$y=-x+2$ に $x=1$ を代入してもよい。

点 A，B は放物線と直線の交点だから，放物線上の点でもあるし，直線上の点でもあることを使っているよ。

基本問題

解答 p.27

1 グラフの交点の座標　前ページの 例1 で，電車が駅を出発したのと同時に，ジョギングをしている人にも追いこされました。ジョギングをしている人が毎秒 2 m の速さで走るとき，次の問に答えなさい。 教 p.118 問2

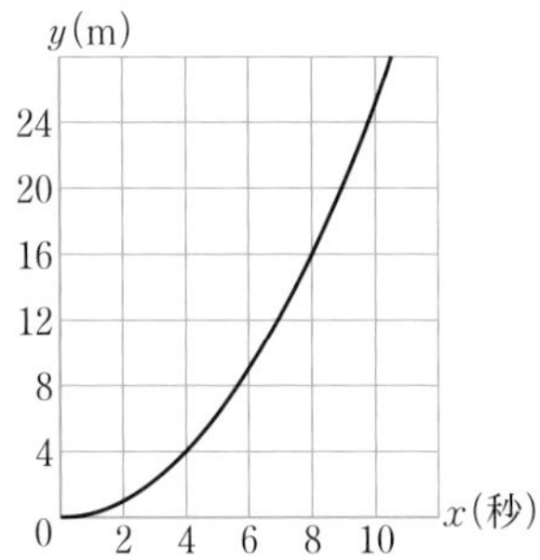

(1)　右の図は電車の進むようすを表したグラフです。この図に，ジョギングをする人の進むようすを表すグラフをかき入れなさい。

(2)　電車がジョギングをしている人に追いつくのは，出発してから何秒後かを求めなさい。

2 グラフの交点の座標　放物線 $y=x^2$ と直線 $y=-x+6$ について，次の問に答えなさい。 教 p.118

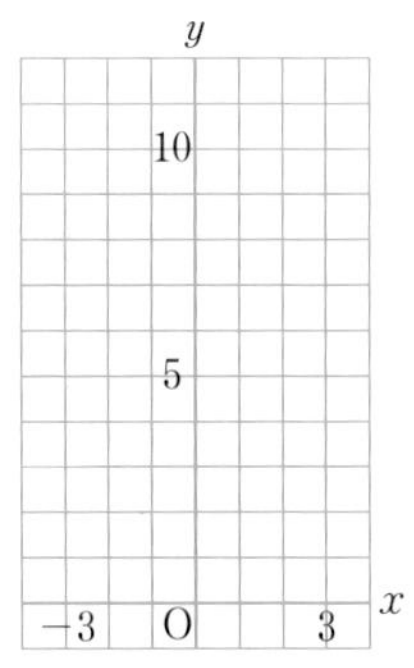

(1)　放物線 $y=x^2$ と直線 $y=-x+6$ のグラフをかきなさい。

(2)　放物線 $y=x^2$ と直線 $y=-x+6$ の交点の座標を求めなさい。

3 放物線と直線　右の図のように，関数 $y=2x^2$ のグラフ上に，x 座標がそれぞれ -1，2 となる点 A，B をとり，A，B を通る直線と y 軸との交点を C とします。 教 p.119 問3

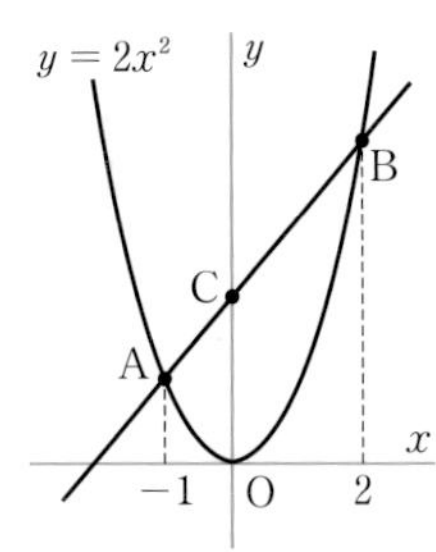

(1)　2 点 A，B の座標をそれぞれ求めなさい。

(2)　直線 AB の式を求めなさい。

(3)　△OAC の面積を求めなさい。

△OAC で，OC を底辺としたとき，高さは…

(4)　△OAB の面積を求めなさい。

ここがポイント
△OAB＝△OAC＋△OBC と分解して計算する。

左ページの 例 の答え　① 24　② 24　③ 1　④ 1　⑤ 1　⑥ 1

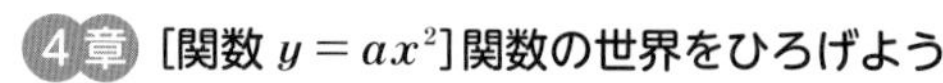

確認のワーク ステージ1

3節 いろいろな関数の利用
2 いろいろな関数

例1 いろいろな関数

教 p.121 → 基本問題 1 2

A社の宅配便の料金は，箱の縦，横，高さの合計によって決まり，長さの合計が60 cmまでは800円，80 cmまでは1000円です。その後140 cmまでは同じように，20 cmごとに200円ずつ高くなります。

(1) 長さの合計を x cm，料金を y 円として，x と y の関係をグラフに表しなさい。

(2) 長さの合計が115 cmになるときの料金はいくらですか。

考え方 (1) y がとびとびの値をとる関数になる。表で整理してから，グラフに表す。

解き方 (1) 長さと料金の関係を表にまとめると，

長さの合計	60 cm まで	80 cm まで	100 cm まで	120 cm まで	140 cm まで
料金	800円	1000円	1200円	① 円	1600円

端(はし)の点をふくむ場合は•，ふくまない場合は◦を使うことに注意して，グラフをかく。

—◦ …右端の点をふくまない
だね。

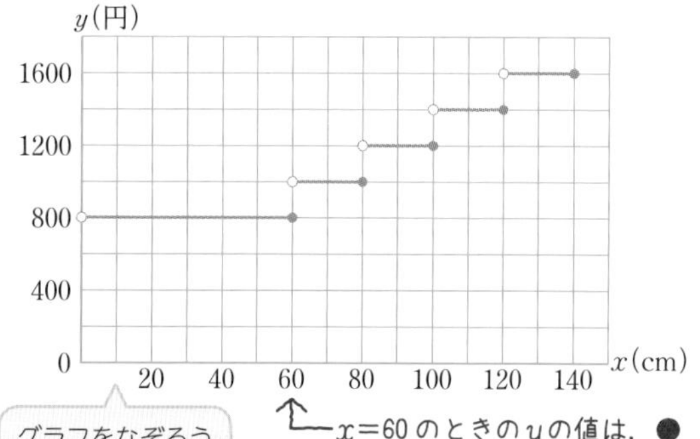

グラフをなぞろう。

$x=60$ のときの y の値は，●のほうの値をよんで，$y=800$ となる。

(2) 115 cmは，表の「120 cmまで」に入る。グラフで $x=115$ のときの y の値を読みとってもよい。 答 ② 円

例2 関数と変域

教 p.124 → 基本問題 3

右の図のような直角二等辺三角形ABCで，点PはBを出発して，辺AB上をAまで動きます。また，点Qは点Pと同時にBを出発して，点Pと同じ速さで辺BC上をCまで動きます。BPの長さが x cmのときの△PBQの面積を y cm² として，次の問に答えなさい。

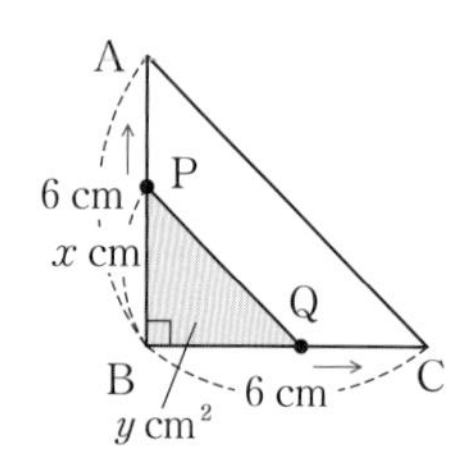

(1) y を x の式で表しなさい。

(2) x と y の変域をそれぞれ求めなさい。

考え方 (1) BQの長さを x で表し，三角形の面積の公式を使う。 (2) まず，x の変域を考える。

解き方 (1) $BQ=BP=x$(cm) だから，$y=\frac{1}{2}\times x\times x$ より，$y=$ ③

↑ $△PBQ=\frac{1}{2}\times BP\times BQ$

(2) PがAに着いたとき，BPの長さは最大だから，$0\leqq x\leqq 6$

$x=6$ のとき，$y=\frac{1}{2}\times 6^2=18$ だから，$0\leqq y\leqq$ ④

基本問題

解答 p.28

1 いろいろな関数 32のサッカーチームが集まって，トーナメントの試合をしました。1回戦，2回戦，…と進んでいくとき，x回戦が終わったときに残っているチームの数をyとします。下の表の空らんにあてはまる数を求め，右の図にその関数のグラフをかきなさい。 教 p.120

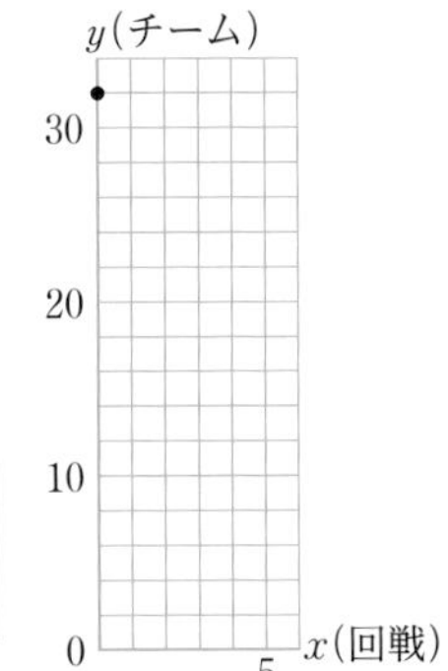

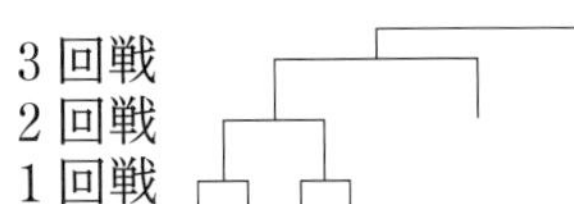

x(回戦)	0	1	2	3	4	5
y(チーム)	32	16				

2 いろいろな関数 B社の宅配便は，長さの合計が50 cmまでの料金は700円，80 cmまでは1000円です。その後140 cmまでは同じように，30 cmごとに300円ずつ高くなります。

(1) 料金を下の表にまとめました。㋐，㋑にあてはまる数を求めなさい。 教 p.121 例1，問1

長さの合計	50 cmまで	80 cmまで	110 cmまで	140 cmまで
料金	700円	1000円	㋐円	㋑円

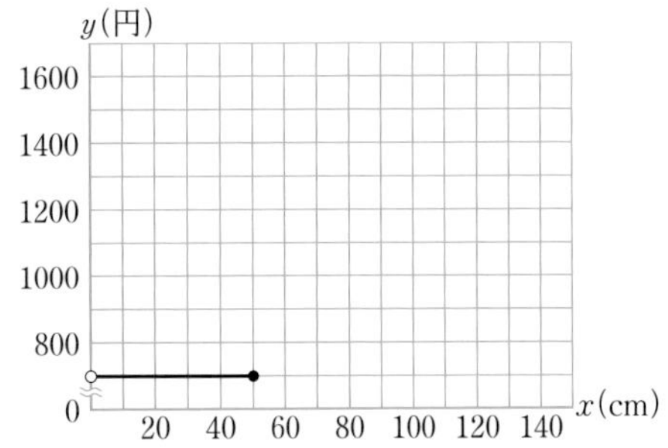

(2) 長さの合計をx cm，料金をy円として，xとyの関係をグラフに表しなさい。

(3) 長さの合計が次のような品物を送るとき，料金が安いのは，前ページ 例1 のA社とB社のどちらになりますか。

① 60 cm　② 110 cm　③ 130 cm

3 関数と変域 右の図のような長方形ABCDで，点PはAを出発して，辺AB上をBまで動きます。また，点Qは点Pと同時にAを出発して，辺AD上をDまで，点Pの2倍の速さで動きます。APの長さがx cmのときの△APQの面積をy cm^{2}として，次の問に答えなさい。 教 p.124 5

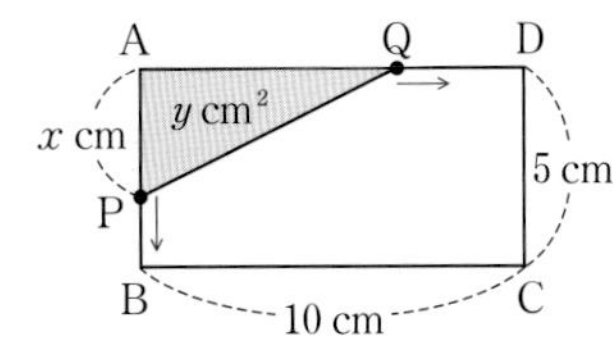

(1) yをxの式で表しなさい。

Qは Pの2倍の速さで動くから，AQの長さは…

(2) xとyの変域をそれぞれ求めなさい。

左ページの 例 の答え　① 1400　② 1400　③ $\frac{1}{2}x^2$　④ 18

4章

解答 p.28

3節　いろいろな関数の利用

1 自転車のブレーキ痕(こん)の長さは速さの2乗に比例します。ある条件では，自転車が毎時11 km の速さで走ると，ブレーキ痕の長さが 0.7 m になりました。

(1) 毎時 x km の速さで走るときのブレーキ痕の長さを y m として，y を x の式で表しなさい。

(2) ブレーキ痕の長さが 1.4 m となるときの，自転車の速さを求めなさい。

よく出る **2** 右の図のように，関数 $y=2x^2$ のグラフ上に，x 座標がそれぞれ -4，2 となる点 A，B をとり，A，B を通る直線と y 軸との交点を C とします。点 P が $y=2x^2$ のグラフ上の点であるとき，次の問に答えなさい。

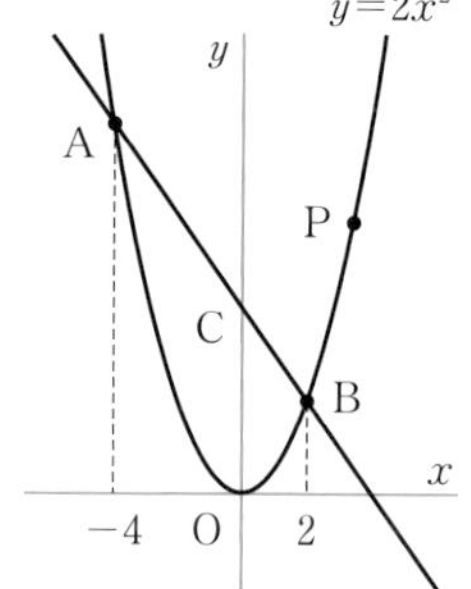

(1) 直線 AB の式を求めなさい。

(2) △OAB の面積を求めなさい。

(3) 点 P の x 座標を t とします。$t>0$ のとき，△OCP の面積を t の式で表しなさい。

(4) △OCP の面積が △AOB の面積の $\frac{1}{2}$ になるときの点 P の座標をすべて求めなさい。

3 右の図のように，関数 $y=ax^2$ のグラフと直線 ℓ が2点 A，B で交わっています。点 A の座標が $(-2,\ 2)$ で，点 B の x 座標が4であるとき，次の問に答えなさい。

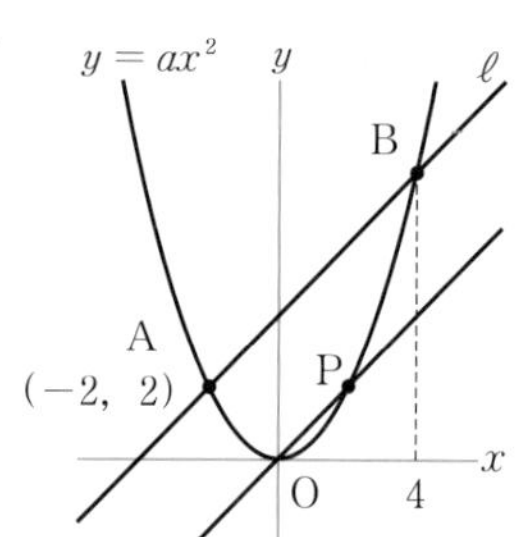

(1) a の値を求めなさい。

(2) 点 B の座標を求めなさい。

(3) 原点 O を通り，直線 ℓ に平行な直線の式を求めなさい。

発展 (4) (3)の直線と関数 $y=ax^2$ のグラフとの交点のうち，原点 O と異なる点を P とします。点 P の座標を求めなさい。

2 (4) $t>0$，$t=0$，$t<0$ に分けて考える。

3 (1) A$(-2,\ 2)$ は $y=ax^2$ のグラフ上にあるから，$x=-2$ のとき $y=2$ である。

(3) 平行な2直線の傾きは等しいから，まず ℓ の傾きを求める。　(4) 連立方程式を解く。

4 ある市のタクシー料金は，2000 m までの料金は 710 円で，その後 300 m ごとに 90 円ずつ高くなります。このタクシーに 3000 m 乗ったときの料金を求めなさい。

5 図 1 のように，直線 ℓ 上に長方形 ABCD と台形 EFGH があり，点 F と点 A が重なっています。いま，台形 EFGH を図 2 のように ℓ にそって点 F が点 B に重なるまで移動させていきます。FA の長さを x cm，2 つの図形が重なる部分の面積を y cm^2 とするとき，次の問に答えなさい。

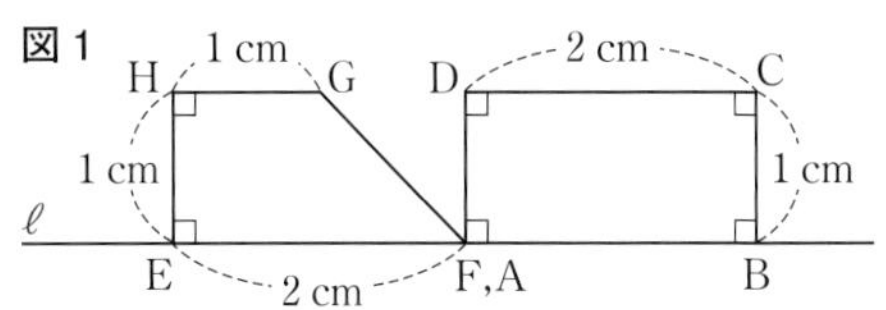

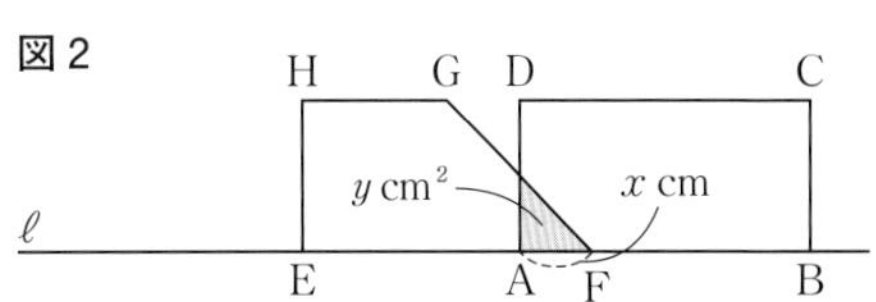

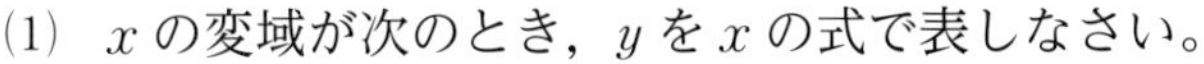
(1) x の変域が次のとき，y を x の式で表しなさい。

① $0 \leqq x \leqq 1$　　② $1 \leqq x \leqq 2$

(2) x と y の関係を表すグラフは，次の㋐～㋓のどれになりますか。

㋐
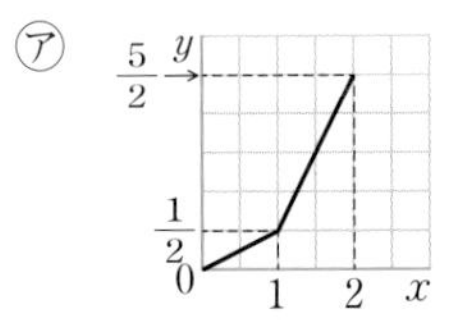

㋑
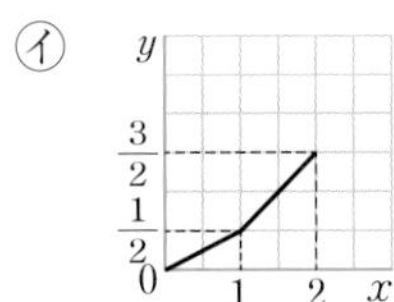

㋒
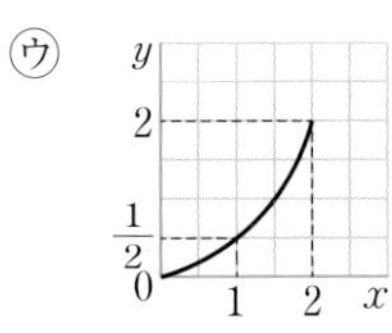

㋓
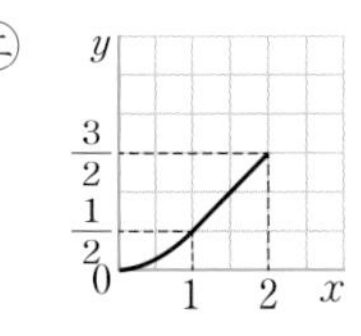

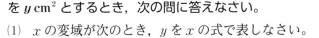

入試問題をやってみよう！

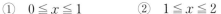

1 右の図のように，関数 $y = \frac{1}{3}x^2$ のグラフ上に 2 点 A，B があります。点 A の x 座標は -6，点 B の x 座標は 3 であり，2 点 A，B を通る直線と x 軸との交点を C とします。〔佐賀〕

(1) 2 点 A，B を通る直線の式を求めなさい。

(2) 点 C の x 座標を求めなさい。

(3) △OAB の面積を求めなさい。

(4) 関数 $y = \frac{1}{3}x^2$ のグラフ上に点 P がある。△POC の面積が △OAB の面積と等しくなるような点 P の x 座標をすべて求めなさい。

5 (1) $x = 1$ のとき，点 G と点 D が重なる。②では，重なる部分は台形 GDAF になる。
(2) 通る点や，x と y の関係を表す式に注目する。

1 (4) P の x 座標を p として，△POC の底辺を OC としたときの高さを p で表す。

解答 p.30

実力判定テスト ステージ3 [関数 $y=ax^2$] 関数の世界をひろげよう

40分 /100

1 次の問に答えなさい。 5点×2（10点）

(1) 底面が1辺 x cm の正方形で，高さが6 cm の正四角柱の体積を y cm^3 とします。x の値が5倍になると，y の値は何倍になりますか。

（　　　　　）

(2) y が x の2乗に比例し，$x=2$ のとき $y=-16$ です。$x=-3$ のときの y の値を求めなさい。

（　　　　　）

2 関数 $y=\frac{1}{2}x^2$ について，次の問に答えなさい。 5点×2（10点）

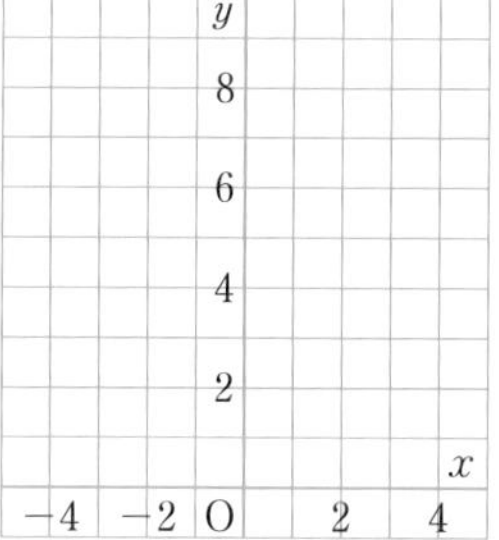

(1) この関数のグラフを右の図にかきなさい。

(2) 関数 $y=\frac{1}{2}x^2$ のグラフと x 軸について対称なグラフが表す式を答えなさい。

（　　　　　）

3 次の問に答えなさい。 6点×2（12点）

(1) 関数 $y=-3x^2$ について，x の変域が $-2 \leqq x \leqq 1$ のときの y の変域を求めなさい。

（　　　　　）

(2) 関数 $y=ax^2$ について，x の変域が $-3 \leqq x \leqq 4$ のとき，y の変域が $0 \leqq y \leqq 8$ です。このとき，a の値を求めなさい。

（　　　　　）

よく出る 4 次の問に答えなさい。 6点×3（18点）

(1) 関数 $y=2x^2$ について，x の値が -6 から -3 まで増加するときの変化の割合を求めなさい。

（　　　　　）

(2) 2つの関数 $y=ax^2$ と $y=-2x+3$ は，x の値が4から6まで増加するときの変化の割合が等しくなります。このとき，a の値を求めなさい。

（　　　　　）

(3) ボールがある斜面を転がるとき，転がり始めてから x 秒間に転がる距離を y m とすると，$y=3x^2$ の関係が成り立つとします。ボールが転がり始めて1秒後から5秒後までの間の平均の速さを求めなさい。

（　　　　　）

目標　関数 $y=ax^2$ を式やグラフで表したり，グラフの特徴を理解し，変域や変化の割合を求めたりできるようになろう。

自分の得点まで色をぬろう!

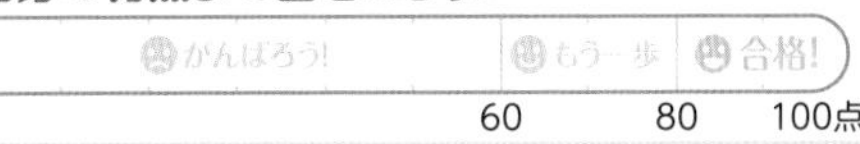

5 右の図のような1辺が8 cmの正方形ABCDで，点PはBを出発して，辺BC上をCまで動きます。また，点Qは点Pと同時にCを出発して，辺CD上をDまで，点Pと同じ速さで動きます。BPの長さが x cmのときの△BPQの面積を y cm^2 として，次の問に答えなさい。 5点×4（20点）

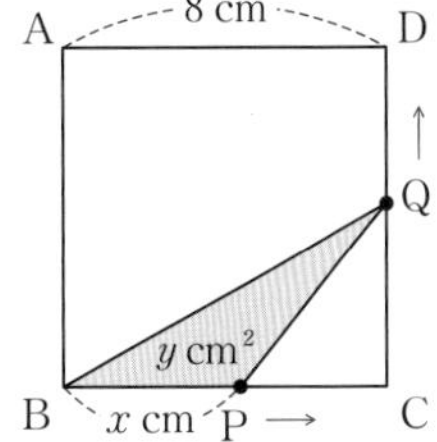

(1) y を x の式で表しなさい。

（　　　　）

(2) $x=4$ のときの y の値を求めなさい。

（　　　　）

(3) y の変域を求めなさい。

（　　　　）

(4) △BPQの面積が18 cm^2 となるときのBPの長さを求めなさい。

（　　　　）

6 右の図のように，関数 $y=x^2$ のグラフ上に，x 座標がそれぞれ -4，2となる点A，Bがあります。 6点×2（12点）

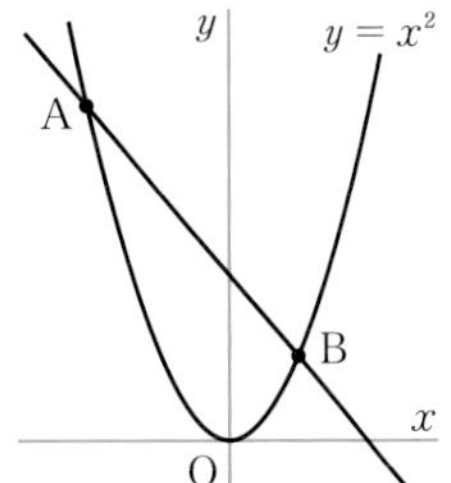

(1) 直線ABの式を求めなさい。

（　　　　）

(2) △OABの面積を求めなさい。

（　　　　）

7 右の図で，放物線は関数 $y=ax^2$ のグラフです。放物線上に2点A，Bがあり，点Aの座標は $(-4,\ 12)$ で，点Bの x 座標は正です。点Bを通り x 軸に平行な直線と放物線との交点のうち，点Bと異なる点をPとします。点P，Bを通り x 軸に垂直な直線と x 軸との交点をそれぞれQ，Rとするとき，次の問に答えなさい。 6点×2（12点）

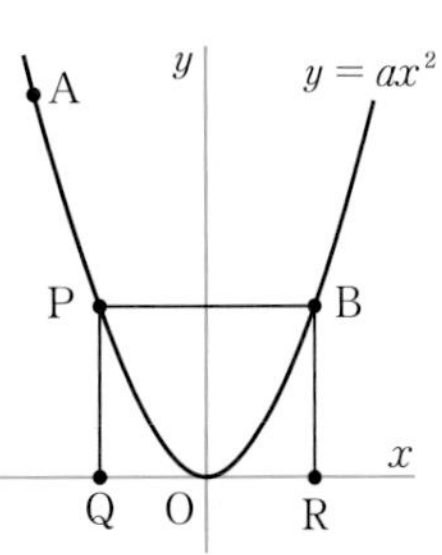

(1) a の値を求めなさい。

（　　　　）

(2) 四角形BPQRが正方形になるときの点Bの座標を求めなさい。

（　　　　）

8 右の表はある郵便物の料金表です。80 gの封筒2つと130 gの封筒1つをこの郵便で送るときの料金の合計はいくらですか。 （6点）

重さ	50 gまで	100 gまで	150 gまで	250 gまで
料金	120円	140円	210円	250円

（　　　　）

アプリ【どこでもワーク計算編・図形編】をやって，さらに力をつけよう！

確認のワーク ステージ1

1節 相似な図形

1 相似な図形

例1 相似な図形

教 p.130～133 → 基本問題 1 3

右の図は，点 O を相似(そうじ)の中心として，頂点 A に対応する頂点 D を OD＝3OA となるようにとったものです。

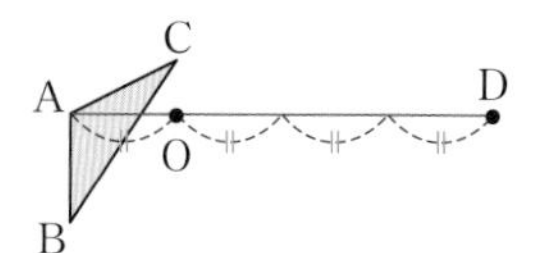

(1) 同様にして，点 B に対応する点 E，C に対応する点 F をとり，△ABC と相似の位置にある △DEF をかきなさい。

(2) (1)の 2 つの三角形が相似であることを，記号 ∽ を使って表しなさい。

考え方 (1)

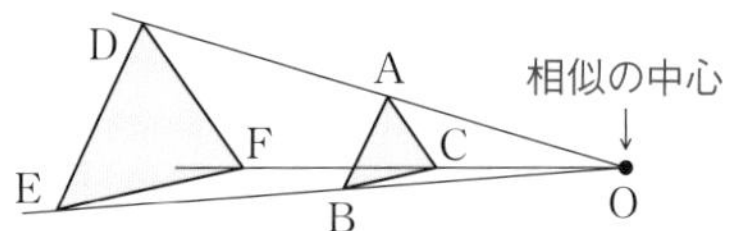

△ABC と △DEF は相似の位置にある。

(2) 対応する頂点の名まえを周にそって同じ順に書く。

覚えておこう

1 つの図形を，形を変えずに一定の割合に拡大，または縮小して得られる図形は，もとの図形と**相似**であるといい，記号∽を使って表す。

解き方 (1) 直線 OB，OC をひき，直線上にそれぞれ OE＝3OB

OF＝3 ① となる点 E，F をとり，点 D，E，F を結ぶ。

(2) 点 A，B，C に対応する点は，それぞれ点 D，E，F だから，

△ABC ∽ ②

△ABC と △DEF は，O を相似の中心として相似の位置にあるよ。

答

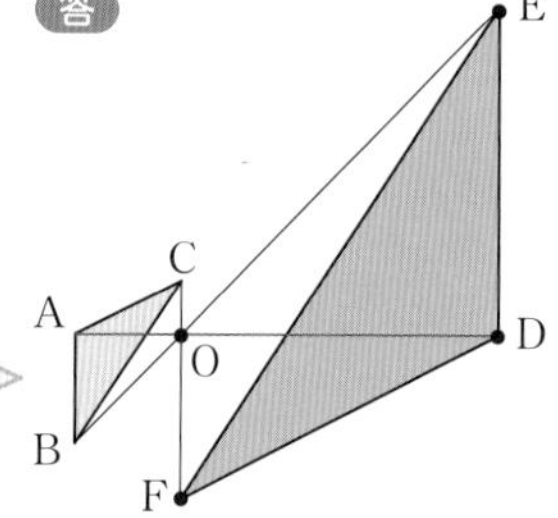

例2 相似な図形の辺の長さ

教 p.134 → 基本問題 4 5

右の図において，△ABC ∽ △DEF であるとき，辺 DF の長さを求めなさい。

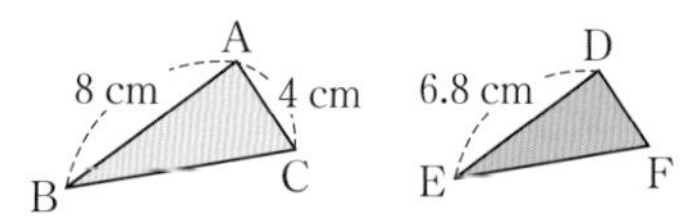

考え方 相似な図形の対応する辺の比は等しいことより，比例式をつくる。

解き方 DF＝x cm とする。AB：DE＝AC：DF より，

8：6.8＝4：x

$8x$＝ ③

x＝ ④

a:b=c:d ならば ad=bc (比の性質①)

a:b=c:d ならば a:c=b:d (比の性質②)

別解 となり合う 2 辺の比は等しいから，AB：AC＝DE：DF

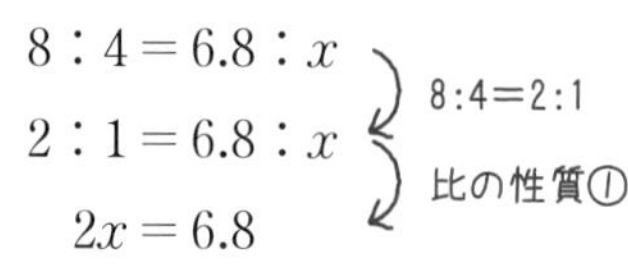

8：4＝6.8：x

2：1＝6.8：x

$2x$＝6.8

x＝3.4

8:4＝2:1

比の性質①

答 3.4 cm

たいせつ

相似な図形では，対応する部分の長さの比はすべて等しく，対応する角の大きさはそれぞれ等しい。

比の性質

$a：b＝c：d$ ならば，

① $ad＝bc$

② $a：c＝b：d$

おそれいりますが，切手をおはりください。

1620814

東京都新宿区新小川町４－１
(株)文理

「中学教科書ワーク」
アンケート 係

ご住所	〒 都道府県　市区郡　電話　－　－		
お名前	フリガナ	男・女	学年　年
お買上げ日	年　月	学習塾に	□通っている　□通っていない

＊ご住所は町名・番地までお書きください。

がきで送られる方はここを切り取ってください。

「中学教科書ワーク」をお買い上げいただき，ありがとうございました。今後のよりよい本づくりのため，裏にありますアンケートにお答えください。

アンケートにご協力くださった方の中から，抽選で（年２回），**図書カード 1000 円分**をさしあげます。（当選者は，ご住所の都道府県名とお名前を文理ホームページ上で発表させていただきます。）なお，このアンケートで得た情報は，ほかのことには使用いたしません。

《はがきで送られる方》

① 左のはがきの下のらんに，お名前など必要事項をお書きください。
② 裏にあるアンケートの回答を，右にある回答記入らんにお書きください。
③ 点線にそってはがきを切り離し，お手数ですが，左上に切手をはって，ポストに投函してください。

《インターネットで送られる方》

① 文理のホームページにアクセスしてください。アドレスは，

https://portal.bunri.jp

② 右上のメニューから「おすすめ CONTENTS」の「中学教科書ワーク」を選び，クリックすると読者アンケートのページが表示されます。回答を記入して送信してください。上の QR コードからもアクセスできます。

●次のアンケートにお答えください。回答は右のらんのあてはまる□をぬってください。

[1] 今回お買い上げになった教科は何ですか。
① 国語 ② 社会 ③ 数学 ④ 理科 ⑤ 英語
⑥ 音楽 ⑦ 美術 ⑧ 保健体育 ⑨ 技術・家庭

[2] この本をお選びになったのはどなたですか。
① 自分(中学生) ② ご両親 ③ その他

[3] この本を選ばれた決め手は何ですか。(複数可)
① 教科書に合っているので。
② 内容・レベルがちょうどよいので。
③ 説明がくわしいので。
④ カラーで見やすく，わかりやすいので。
⑤ 以前に使用してよかったので。
⑥ 付録がついているので。
⑦ 高校受験に備えて。 ⑧ その他

[4] どのような使い方をされていますか。(複数可)
① おもに授業の予習・復習に使用。
② おもに定期テスト前に使用。
③ おもに高校受験対策に使用。
④ その他

[5] 内容はいかがでしたか。
① わかりやすい。 ② ややわかりにくい。
③ わかりにくい。 ④ その他

[6] 問題の量はいかがでしたか。
① ちょうどよい。 ② 多い。 ③ 少ない。

[7] 問題のレベルはいかがでしたか。
① ちょうどよい。 ② 難しい。 ③ やさしい。

[8] ページ数はいかがでしたか。
① ちょうどよい。 ② 多い。 ③ 少ない。

[9]「スピードチェック」はいかがでしたか。
① 役に立つ。 ② あまり役に立たない。
③ まだ使用していない。

[10]「解答と解説」の「解説」はいかがでしたか。
① わかりやすい。 ② ふつう。
③ もっとくわしく。

[11] 役に立った付録は何ですか。(複数可)
① スピードチェック＋赤シート（全教科）
② カード（5 教科） ③ 下敷（5 教科）
④ 定期テスト対策問題（数学）
⑤ 音声（英語） ⑥ 発音上達アプリ（英語）

[12] 付録のスマホアプリ「どこでもワーク」はいかがでしたか。
① 役に立つ。 ② あまり役に立たない。
③ まだ使用していない。

[13] ホームページテストはいかがでしたか。
① 役に立つ。 ② あまり役に立たない。
③ まだ使用していない。

[14] 学習記録アプリ「まなサポ」は使用していますか。
① よく使用している。 ② 使用していない。
③ まだ使用していない。

[15]「中学教科書ワーク」について，ご感想やご意見・ご要望等がございましたら教えてください。

[16] この本のほかに，お使いになっている参考書や問題集がございましたら，教えてください。また，どんな点がよかったかも教えてください。

ご住所	〒 都道府県 市区郡 電話 ― ―		
お名前	フリガナ	男・女	学年 年
お買上げ日 年 月	学習塾に □通っている □通っていない		

＊ご住所は，町名，番地までお書きください。

[1] □① □② □③ □④ □⑤ □⑥ □⑦ □⑧ □⑨
[2] □① □② □③(　　)
[3] □① □② □③ □④ □⑤ □⑥ □⑦ □⑧(　　)
[4] □① □② □③ □④(　　)
[5] □① □② □③ □④(　　)
[6] □① □② □③
[7] □① □② □③
[8] □① □② □③
[9] □① □② □③
[10] □① □② □③
[11] □① □② □③ □④ □⑤ □⑥
[12] □① □② □③
[13] □① □② □③
[14] □① □② □③
[15]
[16]

ご協力ありがとうございました。中学教科書ワーク＊

基本問題

解答 p.31

1 相似な図形 右の2つの相似な四角形について，次の問に答えなさい。 教 p.131 問1, 問2

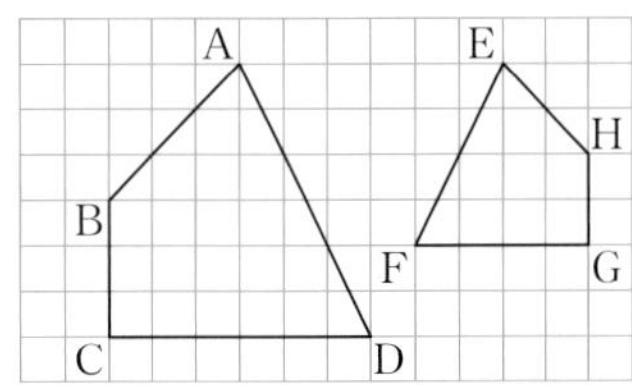

(1) 2つの四角形が相似であることを，記号∽を使って表しなさい。

(2) 次のにあてはまるものを答えなさい。

① AB : ㋐ ＝ ㋑ : FG　　② ∠B＝ ㋒

2 相似比 右の図で，四角形 ABCD∽四角形 EFGH のとき，四角形 ABCD と四角形 EFGH の相似比を求めなさい。 教 p.132 問3

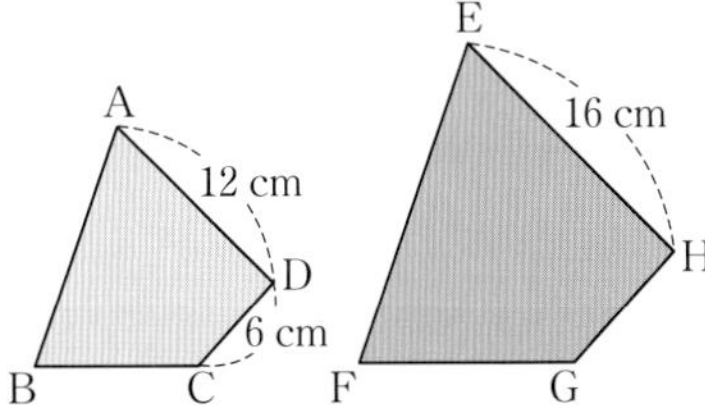

覚えておこう
相似な図形で対応する部分の長さの比を**相似比**という。

3 相似な図形 右の図で，点Oを相似の中心として，四角形 ABCD の各辺を2倍に拡大した四角形 EFGH をかきなさい。また，点O′を相似の中心として，四角形 ABCD の各辺を$\frac{1}{2}$に縮小した四角形 IJKL をかきなさい。 教 p.133 問6

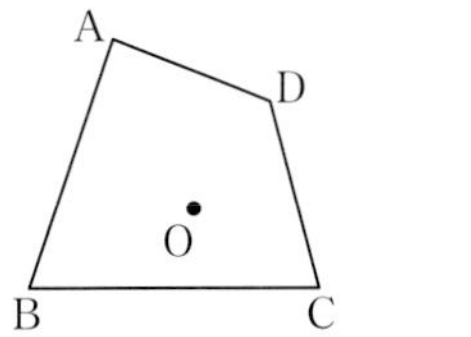

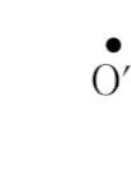

4 相似な図形の辺の長さ 次の問に答えなさい。 教 p.134 問7

(1) 上の**2**の図で，辺 GH の長さを求めなさい。

(2) 右の図で，△ABC∽△DEF であるとき，xの値（あたい）を求めなさい。

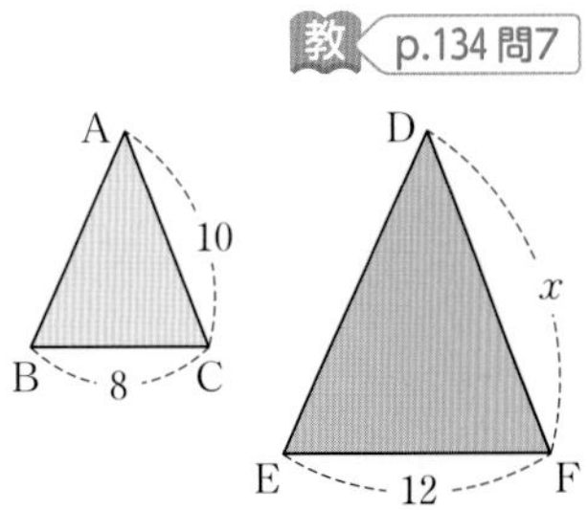

5 相似な図形の辺の長さ 右の図で，△ABC∽△DEF であるとき，xの値を求めなさい。 教 p.134 問8

相似な図形では，
① 対応する辺の比は等しい。
② となり合う2辺の比は等しい。

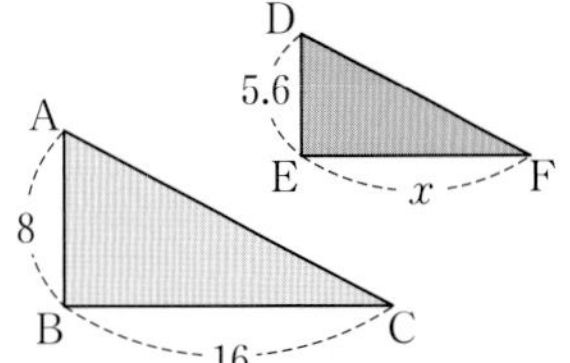

左ページの例の答え　① OC　② △DEF　③ 27.2（または，6.8×4）　④ 3.4

確認のワーク ステージ1　1節 相似な図形

2 三角形の相似条件(1)

例1 三角形の相似条件

教 p.137 → 基本問題 1

右の図のなかから，相似な三角形の組を見つけ，記号∽を使って表しなさい。

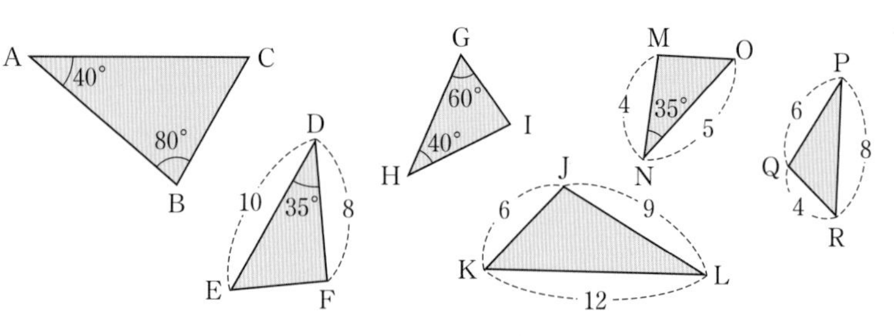

考え方 3辺，2辺とその間の角，2角がわかっているものどうしで，それぞれ比べる。

解き方 △JKL と △QRP で，6：4＝9：6＝12：8 だから，
（JK：QR　JL：QP　KL：RP）

3組の辺の比がすべて等しいので，

△JKL∽△QRP ←頂点は対応する順に書く。

△DEF と △NOM で，10：5＝8：4
（DE：NO　DF：NM）

∠D＝∠N＝35° より，2組の辺の比とその間の角がそれぞれ等しいので，△DEF∽① ←頂点は対応する順に書く。

また，△ABC で，∠C＝180°−(40°＋80°)＝60° だから，
←三角形の内角の和から，わからない角度を計算で求める。

△ABC と △HIG で，

∠A＝∠H＝40°，∠C＝∠G＝60° より，

② から，△ABC∽③ ←頂点は対応する順に書く。

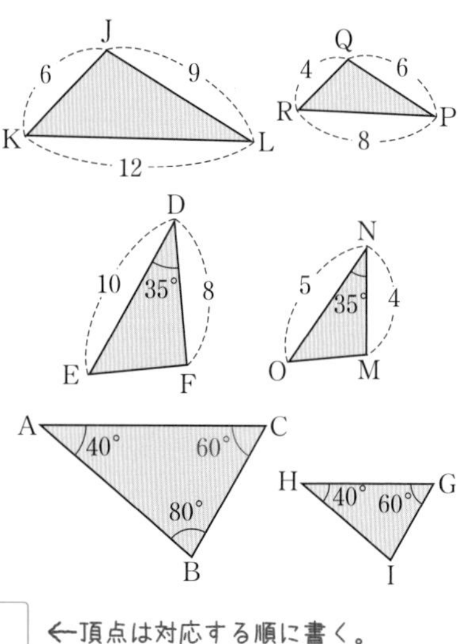

例2 図形と三角形の相似条件

教 p.137 → 基本問題 2 3 4

右の図で，相似な三角形を記号∽を使って表しなさい。また，そのときに使った相似条件をいいなさい。

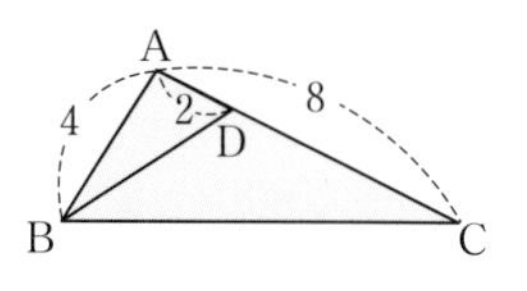

考え方 図の中から相似な三角形を抜き出して，頂点の対応に注意しながら考える。

解き方 AB：AC＝4：8＝1：2　ひっくり返して，△ABCと向きをそろえるとわかりやすい。→

AD：AB＝2：4＝1：2

よって，AB：AC＝AD：AB

また，共通な角だから，∠BAD＝∠CAB（∠BADと∠CABは重なっている。）

したがって，④ がそれぞれ等しいから，△ABD∽⑤

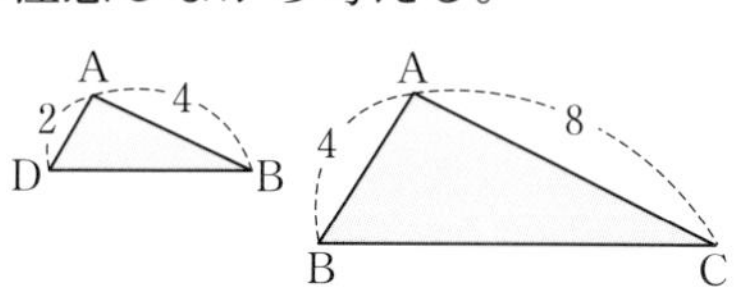

∽記号を使うときは，頂点は対応する順だよ。

基本問題

解答 p.31

1 三角形の相似条件 下の図のなかから，相似な三角形の組を見つけ，記号 ∽ を使って表しなさい。また，そのときに使った相似条件をいいなさい。 教 p.137 問1

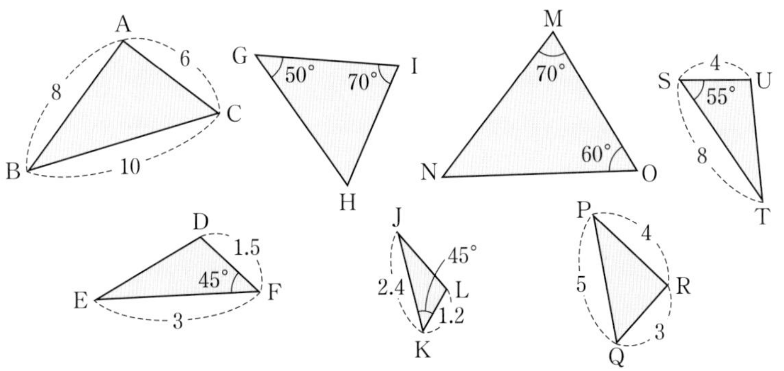

覚えておこう

三角形の相似条件

1. 3組の辺の比がすべて等しい。
2. 2組の辺の比とその間の角がそれぞれ等しい。
3. 2組の角がそれぞれ等しい。

2 図形と三角形の相似条件 下のそれぞれの図で，相似な三角形を記号 ∽ を使って表しなさい。また，そのときに使った相似条件をいいなさい。 教 p.137 問2

(1)

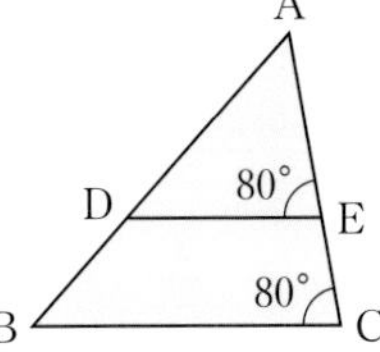

(2)

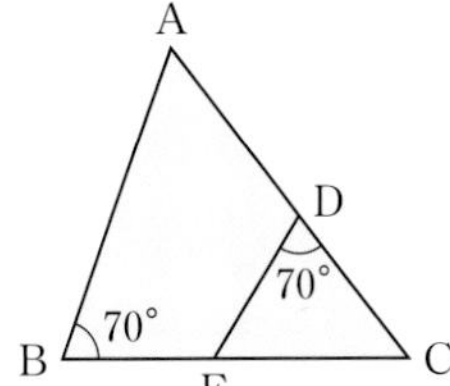

(3)

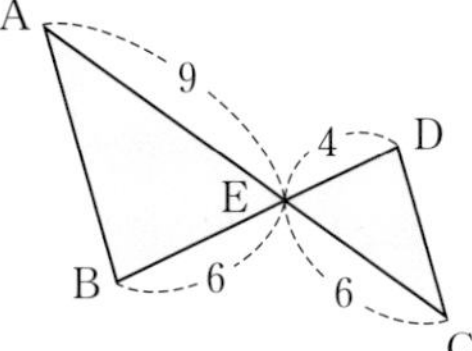

3 図形と三角形の相似条件 右の図について，次の問に答えなさい。 教 p.137 問2

(1) 相似な三角形を記号 ∽ を使って表しなさい。
また，そのときに使った相似条件をいいなさい。

(2) x の値を求めなさい。

相似条件は合同条件に似ているね。

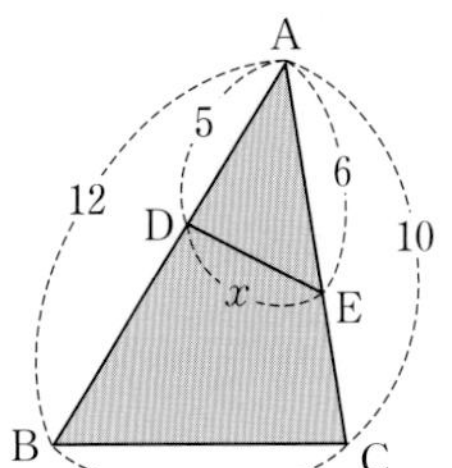

4 図形と三角形の相似条件 下の図で，x の値を求めなさい。 教 p.137 問2

(1)

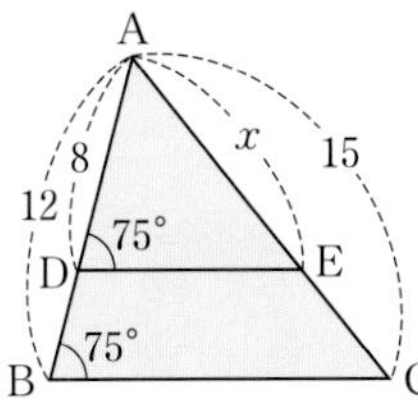

(2)

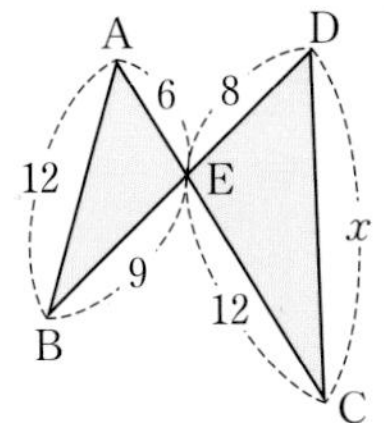

比の式をつくって，「$a:b=m:n$ ならば $an=bm$」を使って計算するんだったね。

左ページの例の答え ① △NOM ② 2組の角がそれぞれ等しい ③ △HIG ④ 2組の辺の比とその間の角 ⑤ △ACB

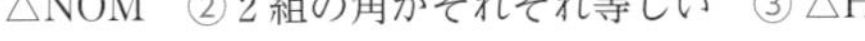

確認のワーク ステージ1　1節 相似な図形　2 三角形の相似条件(2)　3 相似の利用(1)

例1 三角形の相似条件の利用

教 p.138 → 基本問題 1 2

右の図の△ABCで，D，Eはそれぞれ辺BC，AC上の点です。∠ABC＝∠DECのとき，次の問に答えなさい。

(1) △ABC∽△DECとなることを証明しなさい。

(2) AB：DE＝AC：DCとなることを示しなさい。

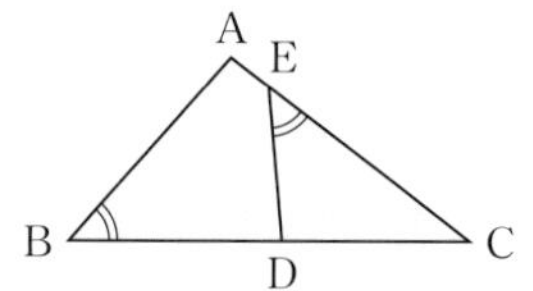

考え方 (1) 角の大きさの条件があるので，2組の角の大きさが等しくならないか，調べる。

解き方 (1) **証明** △ABCと△DECにおいて，←まず，証明する三角形を書く。

仮定から，∠ABC＝∠DEC…①

また，　①［　　］は共通　…②

（2組の等しい角を理由とともに示す。）

①，②より，②［　　］がそれぞれ等しいから，←相似条件を示す。

△ABC∽△DEC　←結論（証明すること）を書く。

相似の証明は，合同の証明と似ているね。

(2) **証明** (1)より，△ABC∽△DECで，

相似な図形の③［　　］辺の比は等しいから，

AB：DE＝AC：④［　　］

思い出そう
相似な図形では，対応する部分の長さの比はすべて等しく，対応する角の大きさはそれぞれ等しい。

例2 相似の利用(1)

教 p.139 → 基本問題 3

右の図のように，池をはさんだ2地点A，Bの間の距離を求めるために，A，Bを見渡せる地点Cを決めて，CA，CBの距離と∠ACBの大きさを実際にはかったら，CA＝20 m，CB＝12.5 m，∠ACB＝60°でした。△ABCの$\frac{1}{500}$の縮図をかいて，ABのおよその長さを求めなさい。

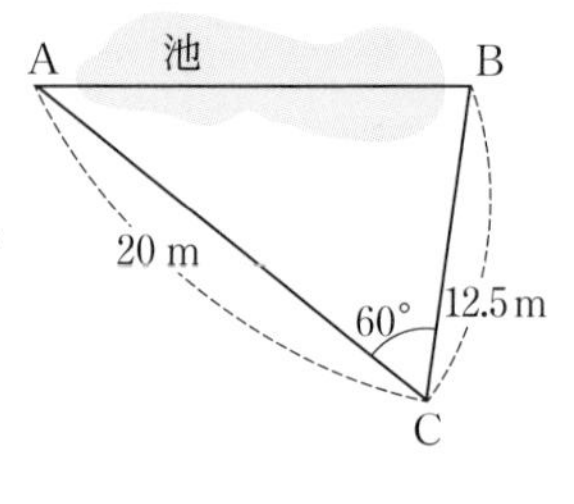

考え方 縮図上のA′B′の長さを求めたあと，相似比を利用してABの長さを求める。

解き方 $\frac{1}{500}$の縮図をかくと，C′A′＝4 cm　←20 m＝2000 cm　$2000\times\frac{1}{500}=4$ (cm)

C′B′＝⑤［　　］cmだから，縮図は右の図のようになる。

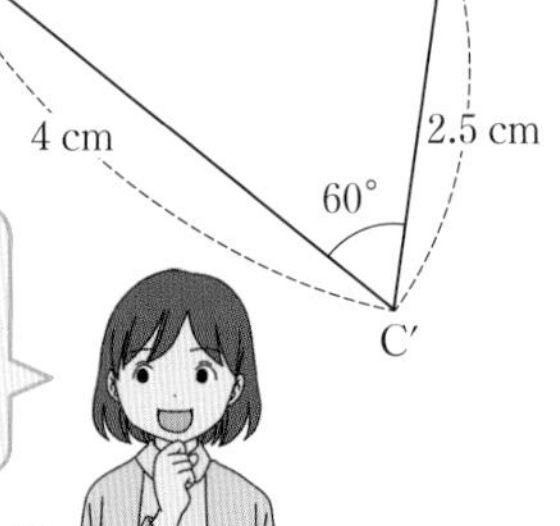

右の縮図上のA′B′の長さをはかると約3.5 cmである。

実際の長さAB＝x cmとすると，△ABC∽△A′B′C′より，

AB：A′B′＝CA：C′A′

x：3.5＝2000：4

4x＝7000　x＝1750

相似を利用すると，実際に長さをはかれなくても計算で求めることができるね。

実際の長さABは，1750 cm＝⑥［　　］mである。　**答** 約⑦［　　］m

基本問題

解答 p.32

1 三角形の相似条件の利用 右の図の △ABC で，D は辺 BC 上の点で，∠B＝∠CAD です。 教 p.138 問3, 問4

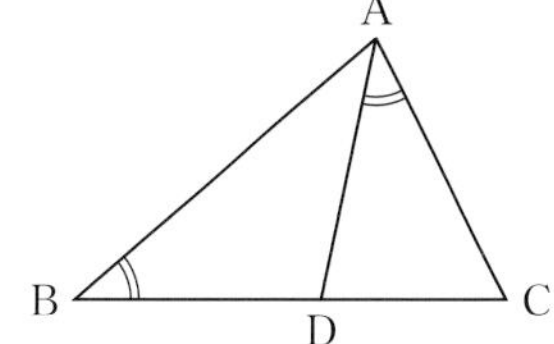

(1) △ABC ∽ △DAC となります。このことを証明しなさい。

(2) AC：DC＝BC：AC となることを示しなさい。

(3) BC＝9 cm，DC＝4 cm のとき，AC の長さを求めなさい。

2 三角形の相似条件の利用 右の図の △ABC で，点 A，C から辺 BC，AB にそれぞれ垂線 AD，CE をひきます。 教 p.138 問5

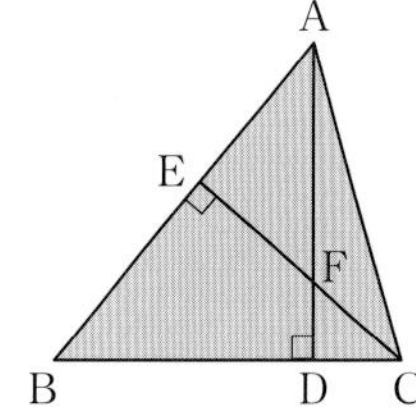

(1) △ABD ∽ △CBE となることを証明しなさい。

(2) AD と CE の交点を F とするとき，△FAE ∽ △FCD となることを証明しなさい。

3 相似の利用(1) 右の図のように，池をはさんだ 2 地点 A，B の間の距離を求めるために，A，B を見渡せる地点 C を決めて，CA，CB の距離と ∠ACB の大きさを実際にはかったら，CA＝7 m，CB＝10 m，∠ACB＝88° でした。△ABC の $\frac{1}{250}$ の縮図をかいて，AB のおよその長さを求めます。 教 p.139

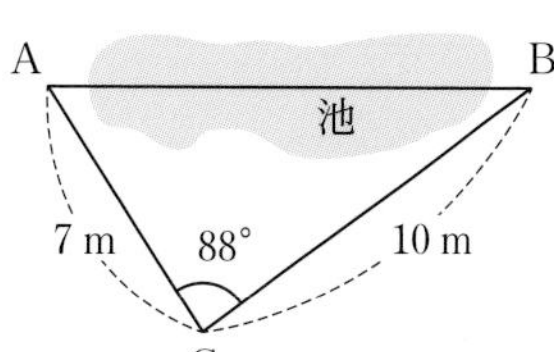

(1) △ABC の $\frac{1}{250}$ の縮図 △A′B′C′ をかきなさい。

(2) AB の実際の長さを求めなさい。

左ページの 例 の答え　① ∠C　② 2 組の角　③対応する　④ DC　⑤ 2.5　⑥ 17.5　⑦ 17.5

5章

1節　相似な図形
3 相似の利用(2)

例1 相似の利用(2)

教 p.140 → 基本問題 1 2

右の図のように，ビルから 15 m はなれた地点 P からビルの先端 A を見上げたら，55° 上に見えました。目の高さは 1.5 m です。

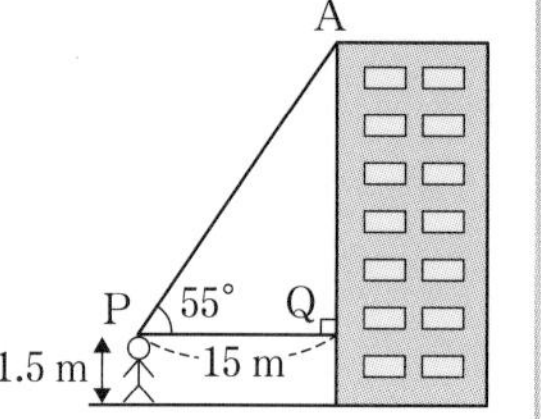

(1) △APQ の $\frac{1}{500}$ の縮図 △A′P′Q′ をかきなさい。

(2) ビルの実際の高さを求めなさい。

考え方 $\frac{1}{500}$ の縮図をかいて，縮図上の長さから相似比を使って目の高さからビルの先端までの長さを求める。

解き方 $\frac{1}{500}$ の縮図をかくと，P′Q′ = 3 cm ←15 m=1500 cm　$1500\times\frac{1}{500}=3$(cm)

∠A′P′Q′ = ①[　]°，∠A′Q′P′ = 90° とすると，縮図は右の図のようになる。

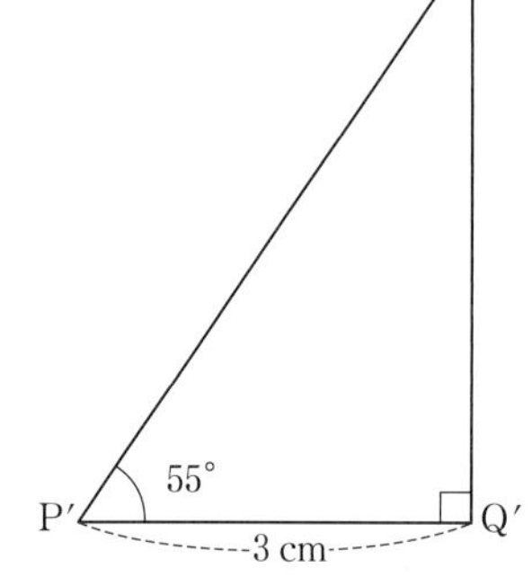

(2) 右の縮図上の A′Q′ の長さをはかると約 4.3 cm である。

実際の長さ AQ = x cm とすると，△APQ ∽ △A′P′Q′ より，

AQ：A′Q′ = PQ：P′Q′

x：4.3 = 1500：3

$3x = 6450$　$x = 2150$

目の高さをたすのを忘れないようにしよう。

実際の長さ AQ は，

2150 cm = ②[　] m である。

ビルの高さは，③[　] + 1.5 = ④[　]　（1.5：目の高さ）　**答** 約 ⑤[　] m

例2 測定値の表し方

教 p.141 → 基本問題 3 4

ある教科書の重さを，最小の目もりが 10 g であるはかりではかり，一の位を四捨五入して測定値 450 g を得ました。

(1) 真(しん)の値(あたい)を a として，a の範囲を不等号を使って表しなさい。

(2) この測定値の有効数字(ゆうこうすうじ)が 4，5 のとき，この測定値を（整数部分が 1 けたの数）×（10 の累乗(るいじょう)）の形に表しなさい。

考え方 測定値 450 g は，10 g 未満を四捨五入して得られた近似値である。

解き方 (1) 一の位を四捨五入しているから，⑥[　] ≦ a < ⑦[　]

(2) 有効数字が 4，5 より，450 = ⑧[　] × 10^2(g)

（有効数字：信頼できる数字）

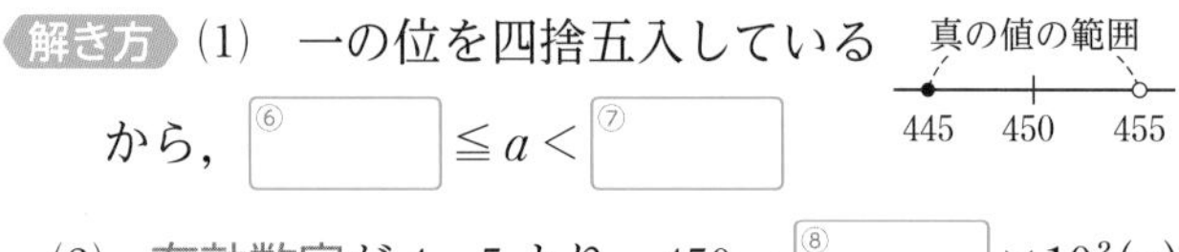

誤差

近似値は，真の値ではないが，それに近い値で，四捨五入した値を用いることが多い。（誤差(ごさ)）=（近似値）−（真の値）

基本問題

解答 p.33

1 相似の利用(2) 下の図のように，木から 25 m はなれた地点 P から木の先端 A を見上げたら，水平方向に対して 30° 上に見えました。目の高さを 1.5 m として，縮図をかいて，木の高さを求めなさい。

教 p.140

目の高さ 1.5 m を加えるのを忘れやすいので，気をつけよう。

2 相似の利用(2) 右の図のように，長さ 1 m のくい AB の影(かげ) CB の長さが 0.8 m のとき，木の影 FE の長さをはかったら，4 m ありました。この木の高さ DE を求めなさい。教 p.140 問1

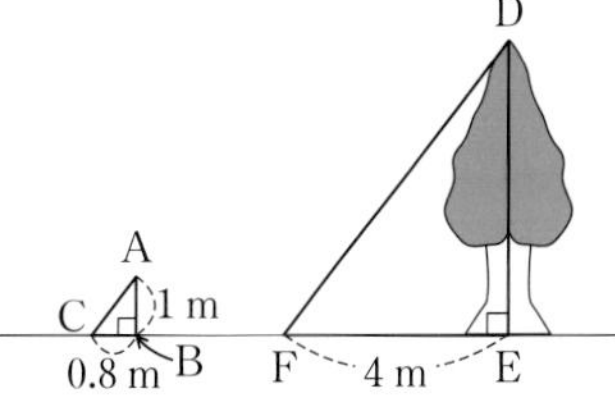

3 測定値の表し方 ある長さの測定値 2.9 m は，小数第 2 位を四捨五入して得られた近似値です。

教 p.141 問2

(1) 真の値を a として，a の範囲を不等号を使って表しなさい。

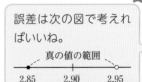

(2) 誤差の絶対値はどんなに大きくてもどれだけと考えられますか。

誤差は次の図で考えればいいね。

真の値の範囲

2.85　2.90　2.95

4 測定値の表し方 次の問に答えなさい。

教 p.141 問3

(1) 10 m 未満を四捨五入して，測定値 3780 m を得ました。この測定値の有効数字を答えなさい。

(2) ある距離の測定値 1530 m の有効数字が 1，5，3 のとき，この測定値を（整数部分が 1 けたの数）×(10 の累乗）の形に表しなさい。

覚えておこう

どこまでが有効数字であるかをはっきりさせたいときは，(整数部分が1けたの数)×(10の累乗)
有効数字を使う
の形に表すことがある。

5章

左ページの 例 の答え　① 55　② 21.5　③ 21.5　④ 23　⑤ 23　⑥ 445　⑦ 455　⑧ 4.5

解答 p.33

定着のワーク ステージ2　1節　相似な図形

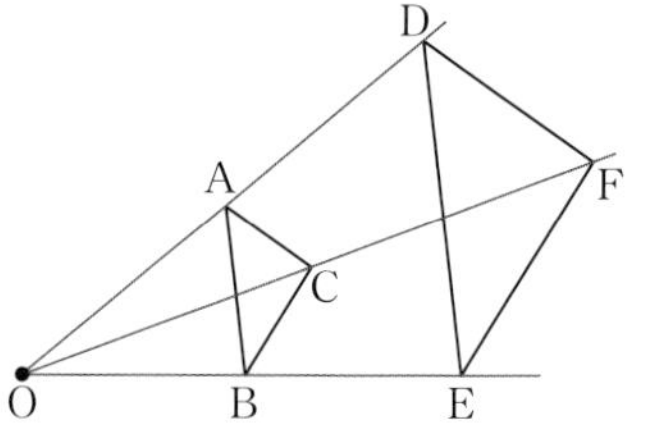

1 右の図で，OA：OD＝OB：OE＝OC：OF＝1：2，AC＝8 cm です。下の □ にあてはまるものを答えなさい。

(1) △ABC と △DEF は，点 O を ① □ として，相似の ② □ にある。

(2) △ABC と △DEF の相似比は ③ □ で，DF＝ ④ □ cm である。

よく出る **2** 下のそれぞれの図で，相似な三角形を記号 ∽ を使って表しなさい。また，そのときに使った相似条件をいいなさい。

(1)

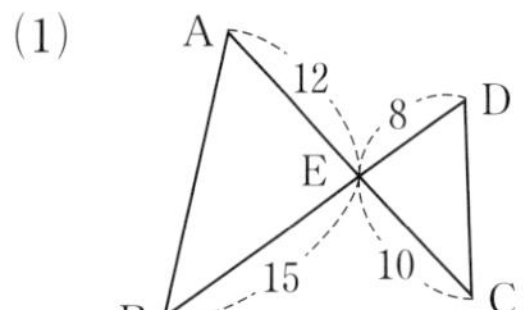

(2)

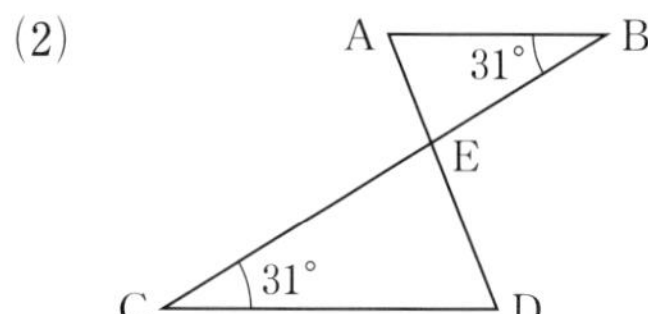

(3)

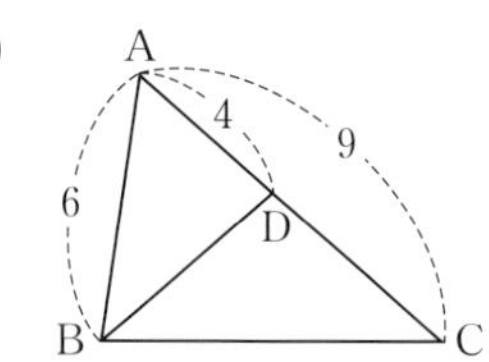

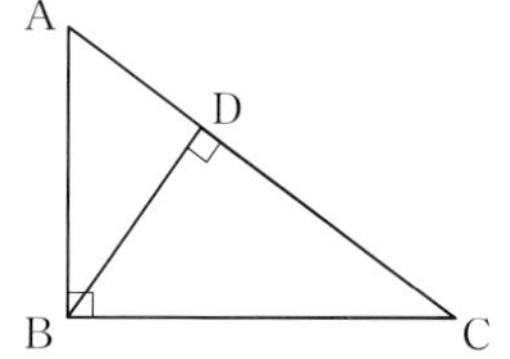

3 右の図のように，∠B＝90° である直角三角形 ABC で，点 B から辺 AC に垂線 BD をひくとき，次の問に答えなさい。

よく出る (1) △ABC∽△ADB となることを証明しなさい。

(2) AB＝3 cm，BC＝4 cm，CA＝5 cm のとき，BD の長さを求めなさい。

(3) △BDC∽ □ である。□ に入るものを 2 つ答えなさい。

(4) AD＝1 cm，DC＝4 cm のとき，BD の長さを求めなさい。

4 あるタンクの水の量の測定値 183000 L の有効数字が 1，8，3，0 のとき，この測定値を，(整数部分が 1 けたの数)×(10 の累乗）の形に表しなさい。

2 (3)　AB：AD と AC：AB に注目する。

3 (2)　(1)より，CB：BD＝AC：AB となることから比例式をつくる。

(4)　△BDC∽△ADB より，BD：AD＝DC：DB から比例式をつくる。

5 右の図について，次の問に答えなさい。

(1)　△ABC∽△AED となることを証明しなさい。

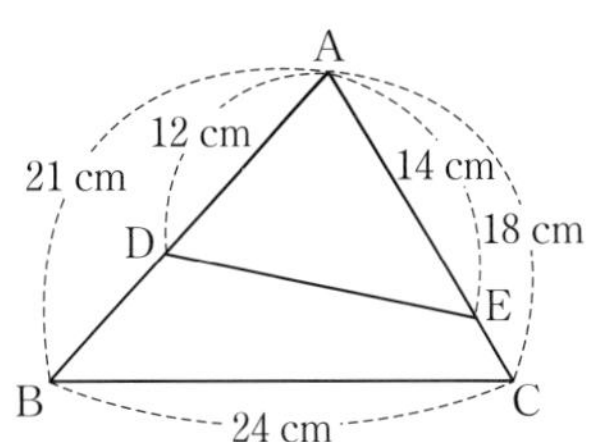

(2)　辺 DE の長さを求めなさい。

6 下の図で，x の値を求めなさい。

(1)

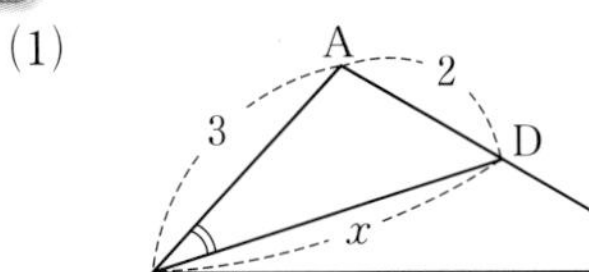

∠ABD＝∠ACB

(2)

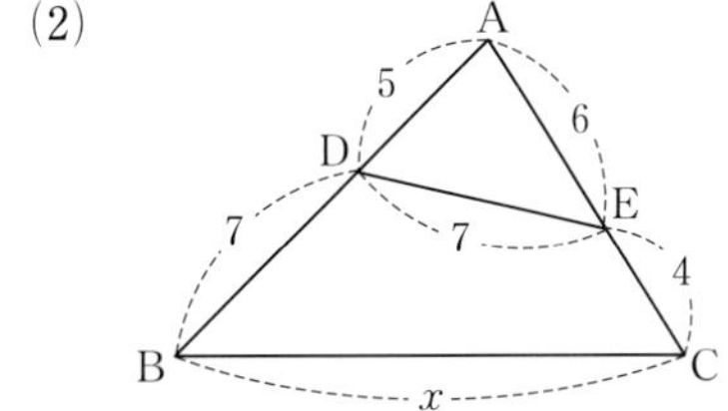

7 下の図のように，A 地点から見て，川をはさんで東の B 地点に鉄塔(てっとう)が立っています。A，B の間の距離を知るために，A 地点から北に 10 m はなれた C 地点で ∠BCA の大きさをはかったら，∠BCA＝58° になりました。縮図をかいて，A，B の間のおよその距離を求めなさい。

北　川
C
A
東
B
南

入試問題をやってみよう！

1 右の図で，点 D は線分 BC 上の点であり，△ABD∽△ACE です。　〔岐阜〕

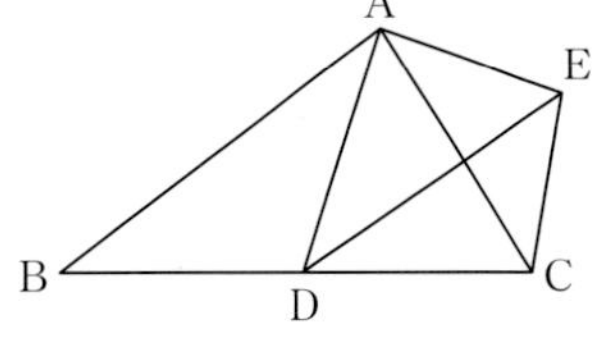

(1)　AB：AC＝AD：□ である。□に適する記号を書きなさい。

(2)　△ABC∽△ADE であることを証明しなさい。

(3)　∠BAD＝30° のとき，∠EDC の大きさを求めなさい。

7 A 地点からみて，東と北のつくる角 ∠BAC は 90° であることも利用する。

1 (2)　(1)の比と，比の性質「$a:b=c:d$ ならば $a:c=b:d$」を利用して，2 組の辺の比が等しくなることを導く。

2節 平行線と比
1 三角形と比(1)

例1 三角形と比の定理

教 p.144～146 →基本問題1

下の図で，DE∥BC とするとき，x，y の値を求めなさい。

(1)

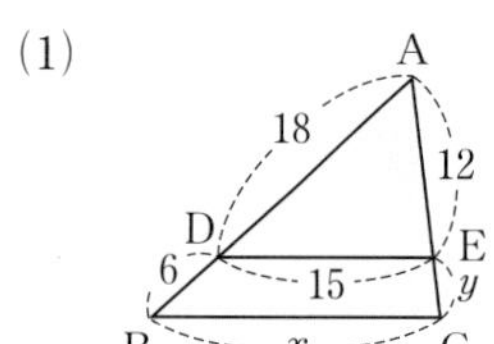

(2)

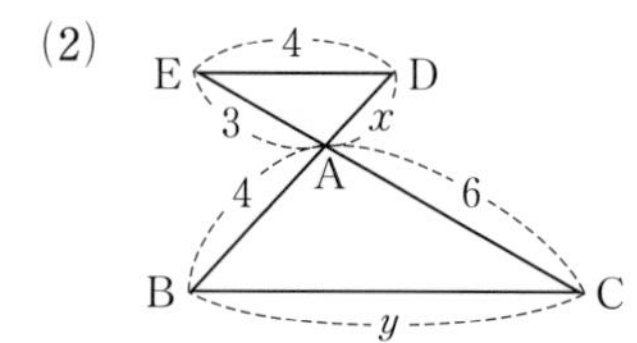

考え方 三角形と比の定理にあてはめて比例式をつくる。

解き方 (1) DE∥BC より，AD：AB＝DE：BC だから，

18：24＝15：x

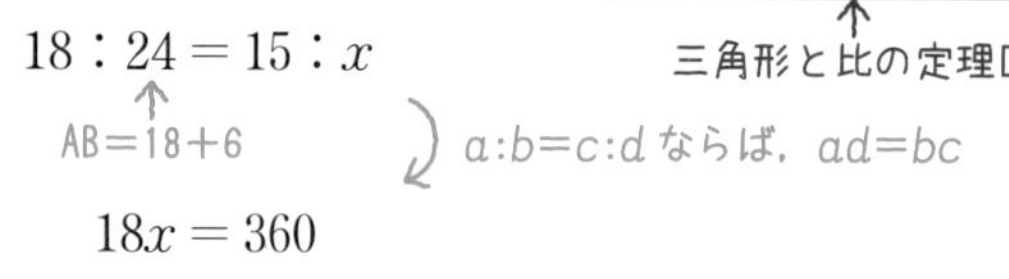

$18x=360$

$x=$ ①[ ]

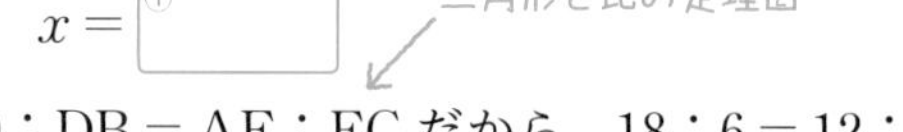

AD：DB＝AE：EC だから，18：6＝12：y

$18y=72$　$y=$ ②[ ]

(2) AD：AB＝AE：AC　　DE：BC＝AE：AC

x：4＝3：6　　4：y＝3：6

$6x=12$　　$3y=24$

$x=$ ③[ ]　　$y=$ ④[ ]

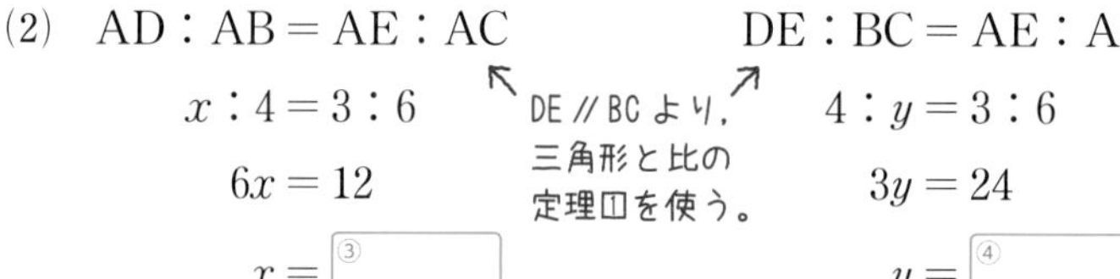

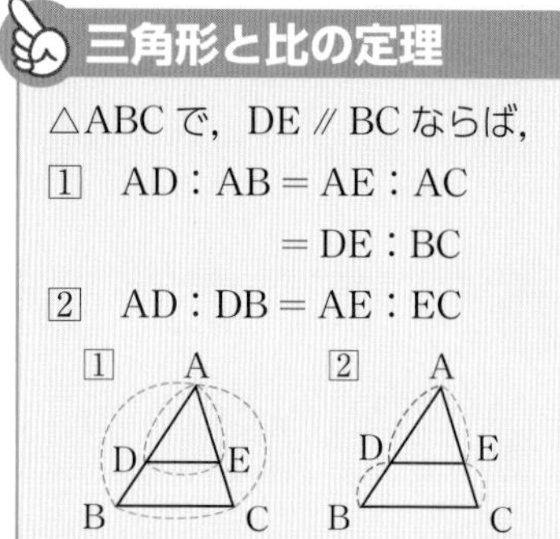

△ABC で，DE∥BC ならば，

1 AD：AB＝AE：AC
＝DE：BC

2 AD：DB＝AE：EC

(2)は，
△ABC∽△ADE
の対応する辺の比を
考えてもいいね。

例2 三角形と比の定理の逆

教 p.146～147 →基本問題2 3

右の図で，AD：AB＝AE：AC のとき，DE∥BC となることを証明しなさい。

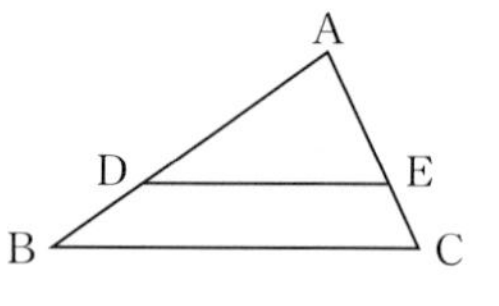

考え方 相似な三角形の対応する角が等しいことから，同位角が等しいことを導く。

解き方 証明 △ADE と △ABC において，

仮定から，AD：AB＝AE：AC…①

また，⑤[ ] は共通　…②

①，②より，⑥[ ]

がそれぞれ等しいから，△ADE∽△ABC

したがって，∠ADE＝∠ABC

同位角が等しいから，DE∥BC

△ABC の辺 AB，AC 上の点をそれぞれ D，E とするとき，

1 AD：AB＝AE：AC
ならば，DE∥BC

2 AD：DB＝AE：EC
ならば，DE∥BC

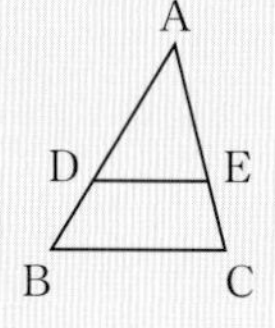

基本問題

解答 p.35

1 三角形と比の定理　下の図で, DE // BC とするとき, x, y の値を求めなさい。教 p.146 問4

(1)
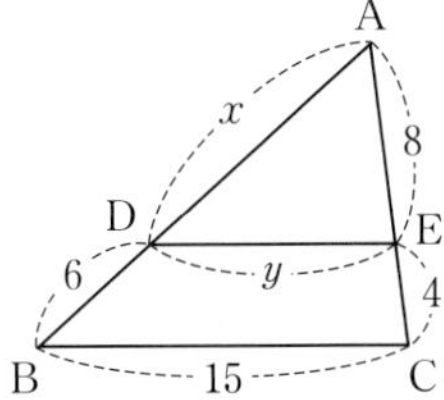

(2)
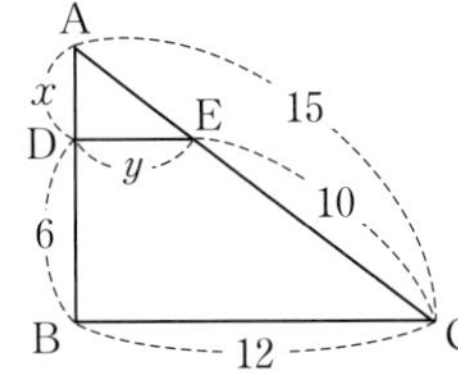

(3)
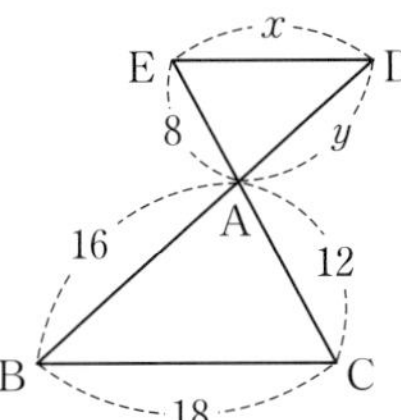

(4)
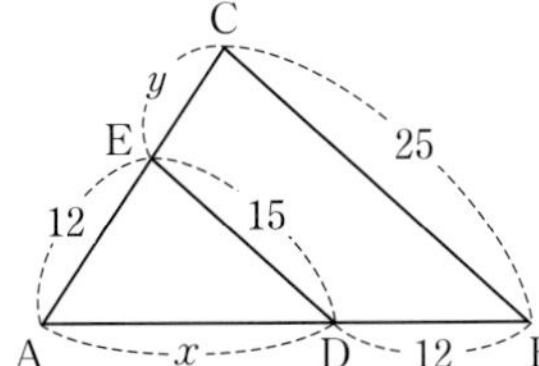

(5)
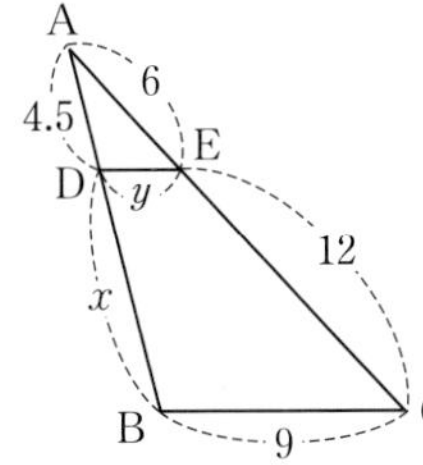

(1)で, $y:15=8:4$ としないようにしよう。
(4)では, $x:(x+12)=15:25$ という比例式ができるよ。

2 三角形と比の定理の逆　右の図で, AD : DB = AE : EC ならば DE // BC となることを, 次のように証明しました。□ にあてはまるものを答えなさい。教 p.147 問5

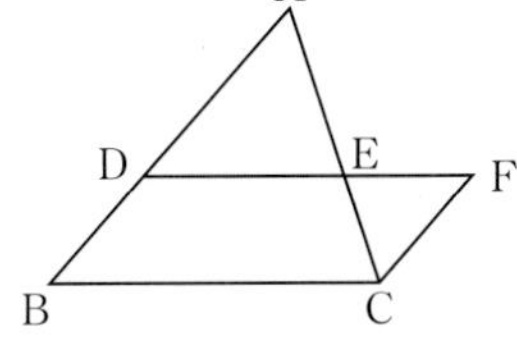

証明　点 C を通り, 辺 AB に平行な直線と直線 DE との交点を F とする。△ADE と △CFE において,

AB // CF より, ∠EAD = ㋐□ …①

対頂角だから, ∠AED = ㋑□ …②

①, ②より, ㋒□ がそれぞれ等しいから, △ADE ∽ △CFE

対応する辺の比は等しいから, ㋓□ : CF = AE : CE…③

仮定より, AD : DB = AE : EC…④

③, ④より, DB = CF…⑤　また, AB // CF だから, DB // ㋔□ …⑥

⑤, ⑥より, 1 組の対辺が平行でその長さが等しいから, 四角形 DBCF は ㋕□

したがって, DE // ㋖□

3 三角形と比の定理の逆　右の図で, 線分 DE, EF, FD のうち, △ABC の辺に平行なものはどれですか。そのわけもいいなさい。教 p.147 問6

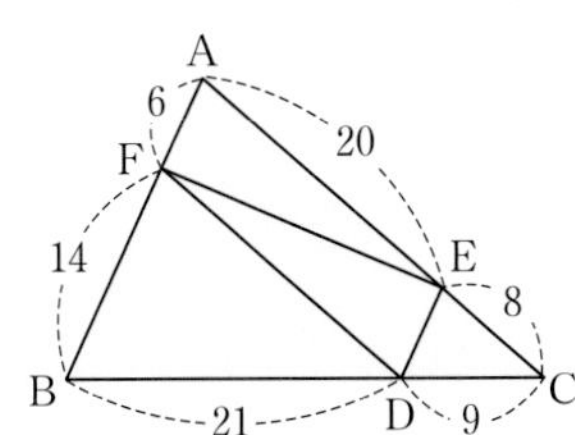

左ページの例の答え　① 20　② 4　③ 2　④ 8　⑤ ∠A　⑥ 2 組の辺の比とその間の角

確認のワーク ステージ1

2節 平行線と比
1 三角形と比(2)

例1 中点連結定理(1)
教 p.148 → 基本問題 1

△ABC の辺 BC，CA，AB の中点をそれぞれ D，E，F とするとき，次の問に答えなさい。

(1) △DEF ∽ △ABC となることを証明しなさい。

(2) △ABC の面積は △DEF の面積の何倍ですか。

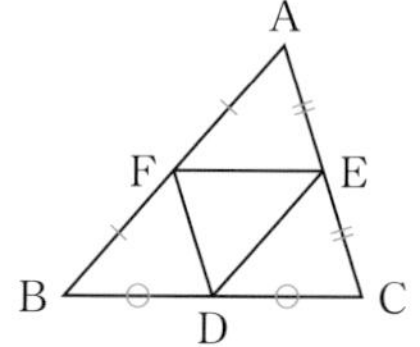

考え方 (1) 中点連結定理を使う。 (2) 4つの小さな三角形が合同であることに注目する。

解き方 (1) 証明 △DEF と △ABC において，

D は辺 BC の中点，E は辺 AC の中点だから，

$DE = \frac{1}{2}AB$ よって，DE：AB＝1：[①] …①

同様に，EF：BC＝1：2…②，FD：CA＝1：2…③

①，②，③より，[②] がすべて等しいから，

△DEF ∽ △ABC

3組の辺がそれぞれ等しい。

(2) △AFE，△FBD，△EDC，△DEF は合同だから，

△ABC の面積は △DEF の面積の [③] 倍である。

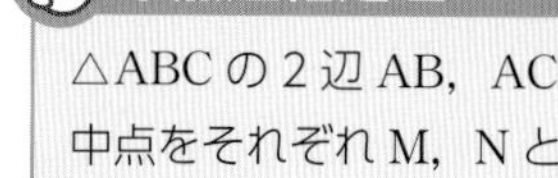

△ABC の2辺 AB，AC の中点をそれぞれ M，N とすると，

MN // BC

$MN = \frac{1}{2}BC$

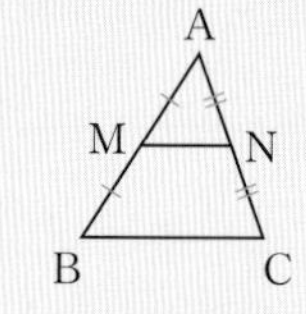

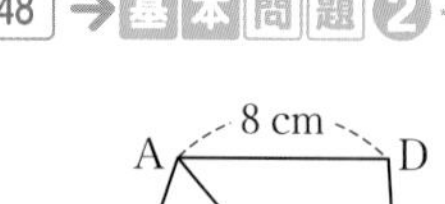

(1)は，2組の角が等しいことなどでも証明できるよ。

例2 中点連結定理(2)
教 p.148 → 基本問題 2

右の図で，四角形 ABCD は，AD // BC の台形です。辺 AB，対角線 AC の中点をそれぞれ E，F とし，直線 EF と辺 CD との交点を G とします。

(1) CG：GD を求めなさい。

(2) EG の長さを求めなさい。

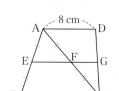

考え方 (2) △ABC，△CDA で，それぞれ中点連結定理を利用する。

解き方 (1) △ABC で，E は辺 AB の中点，F は辺 AC の中点だから，EF // [④]

これと，条件の AD // BC より，EF // AD

したがって，△CDA で，FG // AD だから，CG：GD＝CF：FA＝1：[⑤]

（F は AC の中点）

(2) △ABC で，中点連結定理より，$EF = \frac{1}{2}BC =$ [⑥] cm

△CDA で，F は辺 CA の中点，G は辺 CD の中点だから，（(1)より。）

$FG = \frac{1}{2}AD =$ [⑦] cm

したがって，EG＝EF＋FG＝[⑧] 答 [⑨] cm

中点連結定理は，84ページの「三角形と比の定理の逆」で，AD：DB＝1：1となった場合なんだね。

基本問題

解答 p.35

1 中点連結定理(1) 右の図のような△ABCで，辺BC，CA，ABの中点をそれぞれD，E，Fとします。 教 p.148 問7

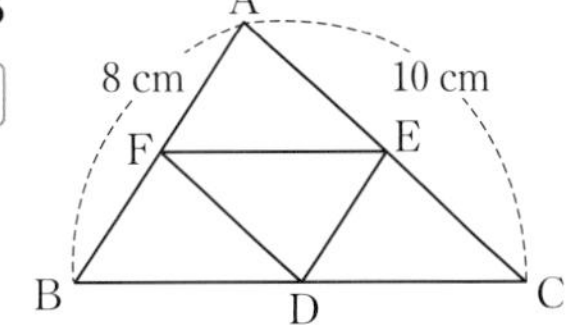

(1) △ABCと△DEFの相似比を求めなさい。

(2) DEの長さを求めなさい。

(3) △ABCの面積が36 cm^{2}のとき，△DEFの面積を求めなさい。

(4) 四角形FDCEはどんな四角形ですか。

2 中点連結定理(2) 右の図で，四角形ABCDは，AD∥BCの台形です。辺ABの中点をEとし，Eから辺BCに平行な直線をひき，AC，DCとの交点をそれぞれF，Gとします。 教 p.148 問8

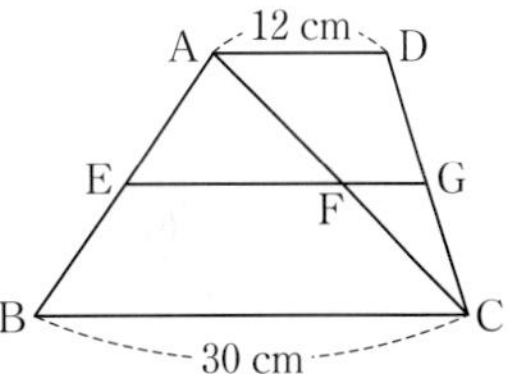

(1) F，GはそれぞれAC，DCの中点になります。その理由を説明しなさい。

(2) EF，EGの長さを求めなさい。

3 四角形の各辺の中点を結ぶ図形 右の図の四角形ABCDで，辺AB，BC，CD，DAの中点をそれぞれE，F，G，Hとします。四角形EFGHが平行四辺形となることの証明を次のように書き始めました。続きを書いて，証明を完成させなさい。 教 p.149〜150

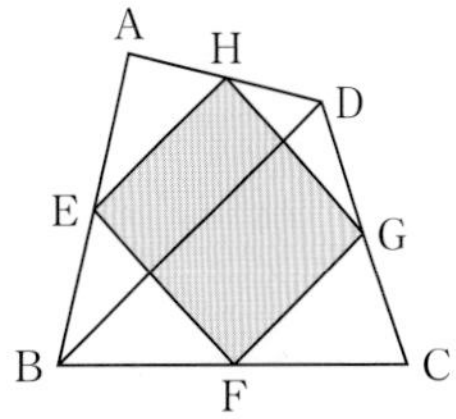

証明 四角形ABCDの対角線BDをひくと，
△ABDにおいて，

平行四辺形になるための条件
1 2組の対辺がそれぞれ平行。
2 2組の対辺がそれぞれ等しい。
3 2組の対角がそれぞれ等しい。
4 対角線がそれぞれの中点で交わる。
5 1組の対辺が平行でその長さが等しい。

対角線ACもひけば，条件1や2を使っても証明できるよ。

左ページの例の答え ①2 ②3組の辺の比 ③4 ④BC ⑤1 ⑥6 ⑦4 ⑧10 ⑨10

5章

確認のワーク ステージ1　2節 平行線と比

2 平行線と比

例1 平行線と比

教 p.151〜152 → 基本問題 1

右の図で，直線 ℓ，m，n が平行であるとき，x の値を求めなさい。

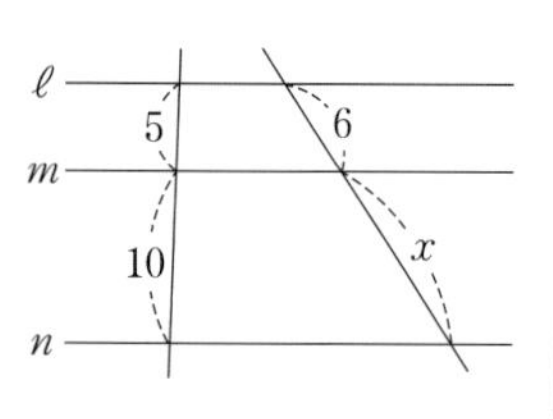

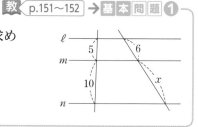

考え方　平行線と比の定理にあてはめる。

解き方　直線 ℓ，m，n が平行であるから，

$5:10=6:x$

$5x=60$

$x=$ ①［　　］

平行線と比

平行な3つの直線 a，b，c が直線 ℓ とそれぞれ A，B，C で交わり，直線 ℓ' とそれぞれ A′，B′，C′ で交われば，

AB：BC＝A′B′：B′C′

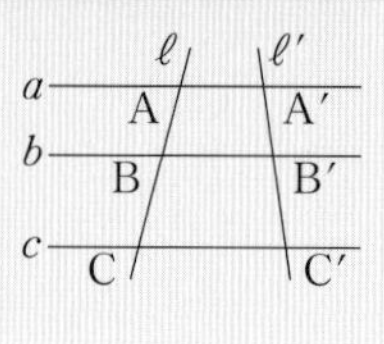

例2 平行線と比の性質の利用

教 p.152 → 基本問題 2

右の線分 AB を 3：1 に分ける点 C を求めなさい。

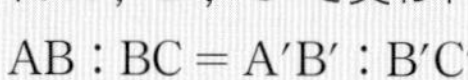

考え方　3：1 となる線分の比をつくり，その比を平行線を使って線分 AB 上に移す。

解き方　1　点 A から半直線 AX をひく。

2　AX 上に，点 A から順に等間隔（とうかんかく）に 4 点 P，Q，R，S をとり，点 S と B を結ぶ。

3　点 R から SB に ②［　　］な直線をひき，AB との交点を C とする。

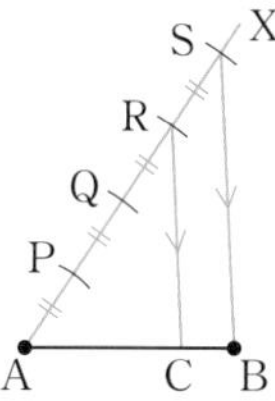

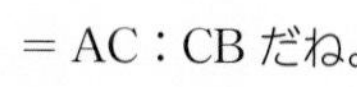

△ABS で
CR // BS だから，
AR：RS
＝AC：CB だね。

例3 角の二等分線と線分の比

教 p.153 → 基本問題 3

△ABC の ∠A の二等分線と辺 BC との交点を D とすると，AB：AC＝BD：DC となります。このことを証明しなさい。

考え方　二等辺三角形に関する定理と三角形と比の定理を利用して証明する。

解き方　証明　点 C を通り，AD に平行な直線をひき，辺 BA の延長との交点を E とする。

AD // EC より，∠AEC＝③［　　］…①（平行線の同位角）　∠ACE＝∠CAD…②（平行線の錯角）

仮定より，∠BAD＝∠CAD…③

①，②，③より，∠AEC＝∠ACE

よって，△ACE は二等辺三角形だから，AC＝AE…④

また，△BCE で，AD // EC より，BA：AE＝④［　　］：DC…⑤

④，⑤より，AB：AC＝BA：AE＝BD：DC

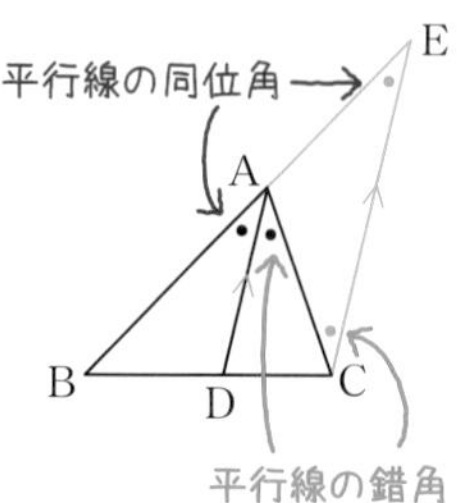

基本問題

解答 p.36

1 平行線と比 下の図で，直線 ℓ，m，n が平行であるとき，x の値を求めなさい。

教 p.152 問1

(1)

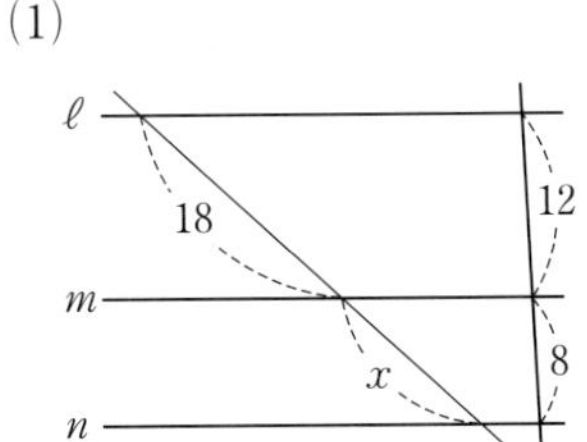

(2)

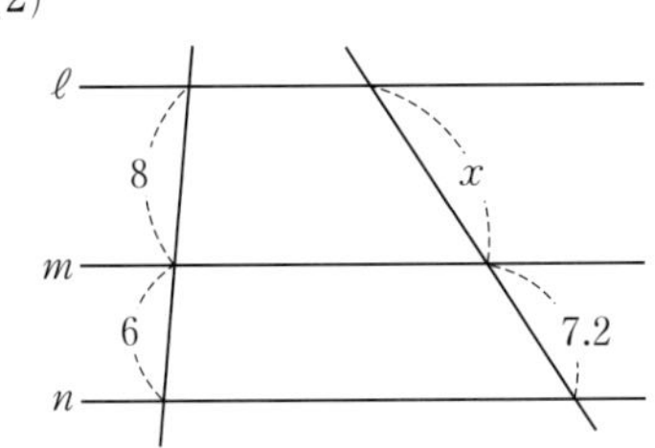

(3)

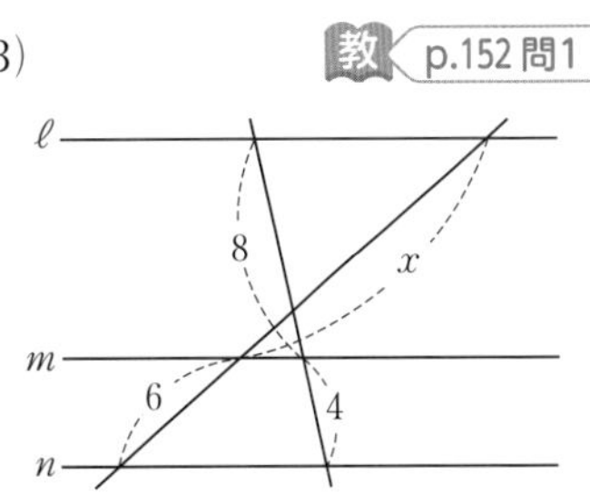

(4)

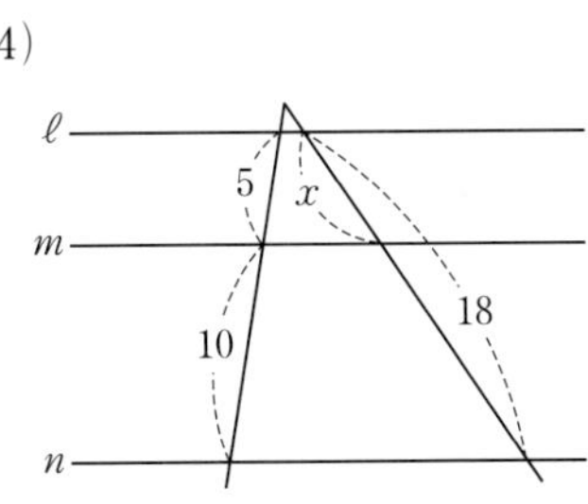

(5)

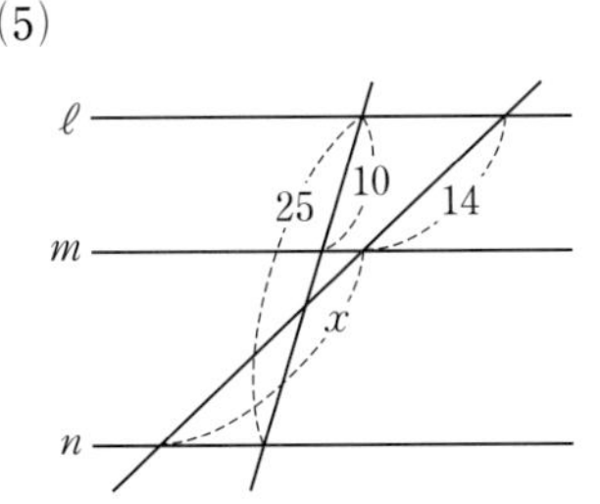

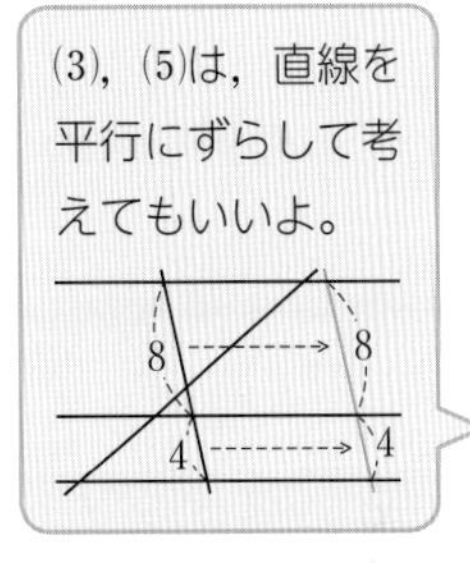

(3)，(5)は，直線を
平行にずらして考
えてもいいよ。
8
8
4
4

2 平行線と比の性質の利用 次の問に答えなさい。

教 p.152 問2

(1) 下の線分 AB を 2：3 に分ける点 P を求めなさい。

(2) 下の図は，ノートの罫線（けいせん）（青色の線）の長さを 4 等分する途中です。線分 AB のような線をもう 1 本加え，罫線の長さを 4 等分しなさい。

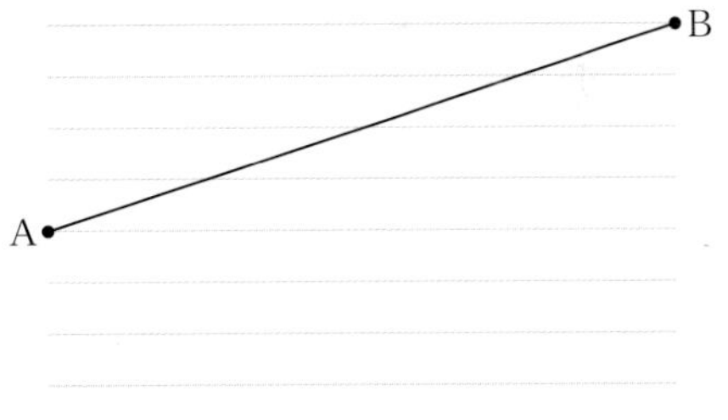

3 角の二等分線と線分の比 下の図の △ABC で，∠A の二等分線と辺 BC の交点を D とするとき，x の値を求めなさい。

教 p.153

(1)

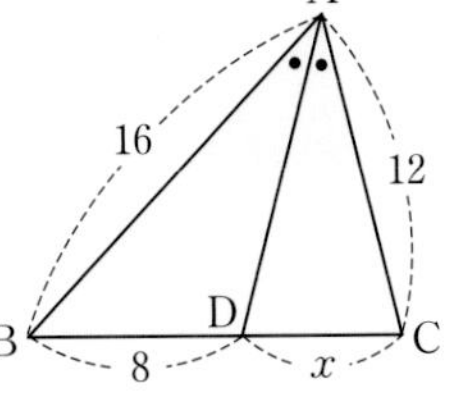

(2)

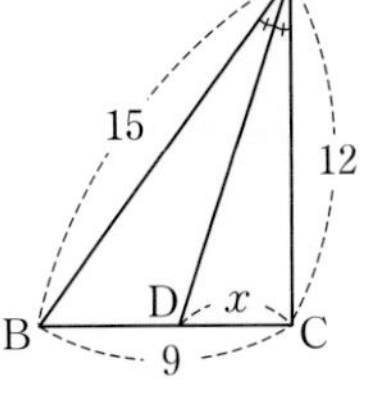

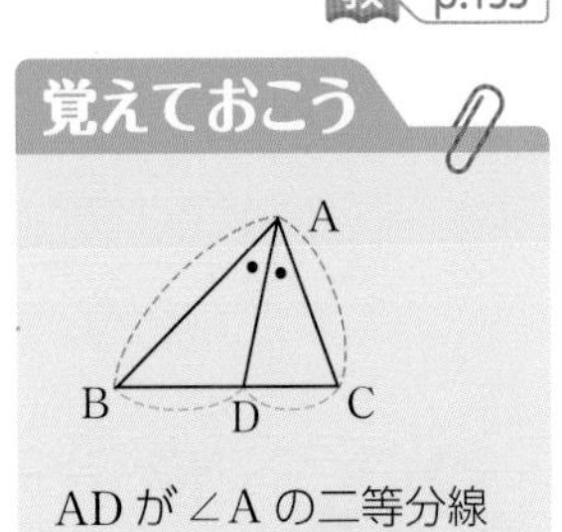

覚えておこう
A
B
D
C
ADが∠Aの二等分線
⇒ AB：AC＝BD：DC

左ページの例の答え ① 12 ②平行 ③ ∠BAD ④ BD

解答 p.36

2節 平行線と比

よく出る **1** 下の図で，DE // BC とするとき，x，y の値を求めなさい。

(1)

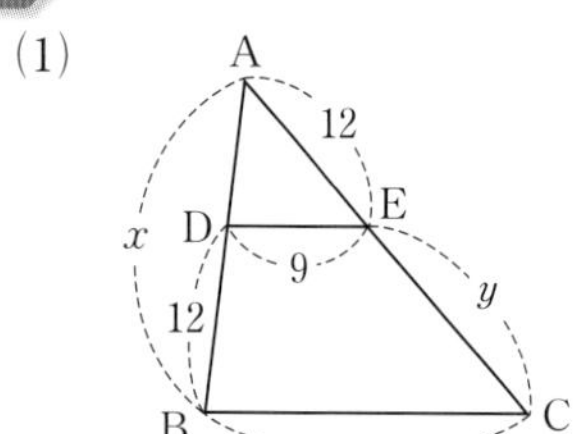

(2)

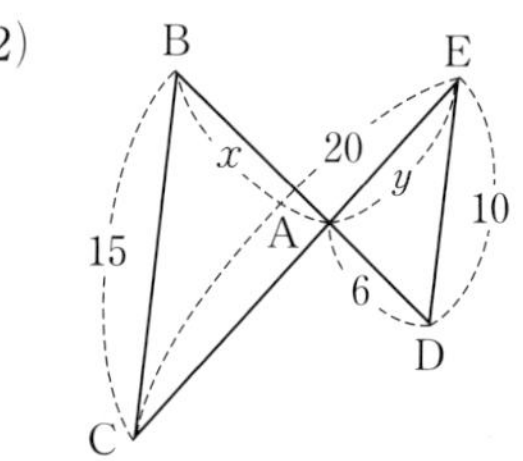

よく出る **2** 下の図で，x の値を求めなさい。

(1)

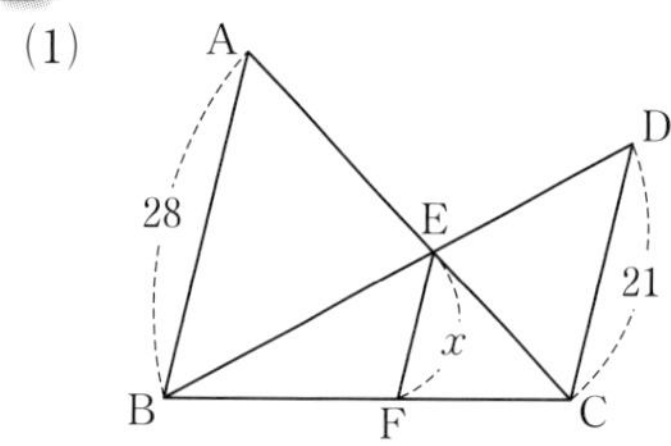

AB，DC，EF はいずれも平行

(2)

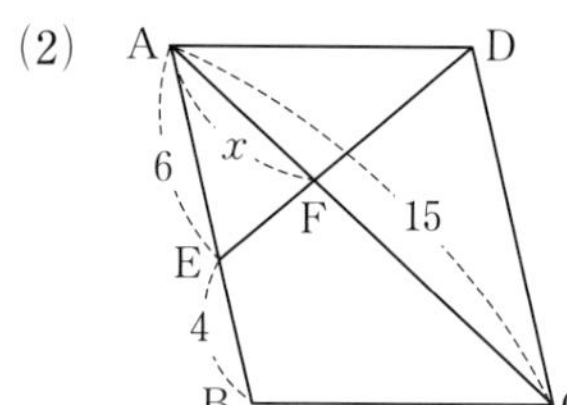

四角形 ABCD は平行四辺形

3 右の図の △ABC で，D，E は辺 AB を 3 等分した点，F は AC の中点です。直線 DF と辺 BC の延長との交点を G とし，C と E を結びます。

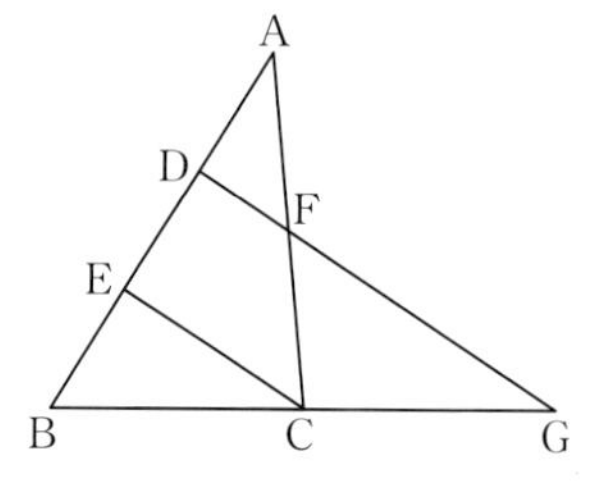

(1) DF＝5 cm のとき，EC，DG の長さを求めなさい。

(2) DF：FG を求めなさい。

4 四角形 ABCD の辺 AB，BC，CD，DA の中点をそれぞれ E，F，G，H とします。対角線 AC と BD の間に次のような関係があるとき，四角形 EFGH はどのような四角形になりますか。また，その理由も説明しなさい。

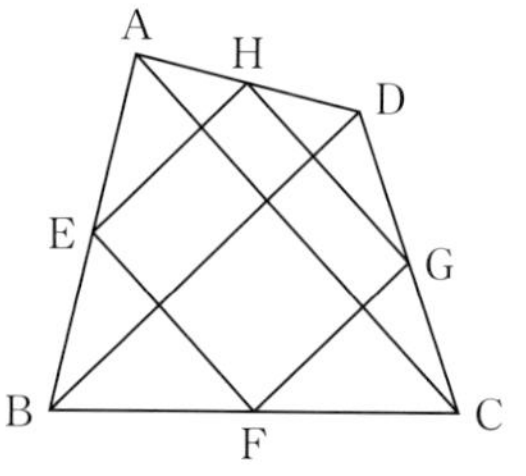

(1) AC＝BD

(2) AC ⊥ BD

2 (1) AB // DC より，まず BE：DE を求める。
(2) ▱ABCD だから，DC＝AB＝6+4＝10。AE // DC に注目する。

3 (1) まず，△AEC で中点連結定理を利用する。

5 下の図で，直線 a，b，c，d が平行であるとき，x，y の値を求めなさい。

(1)

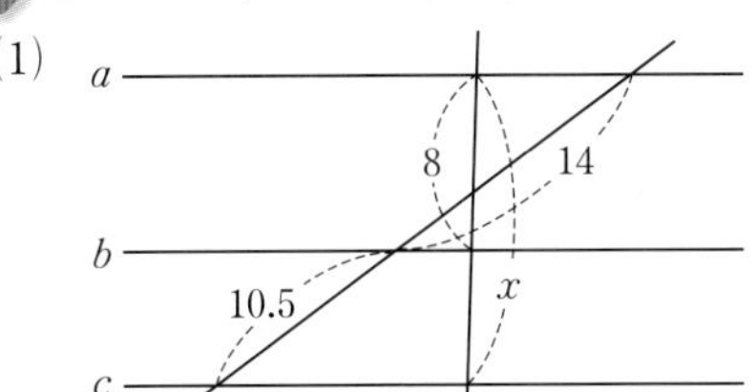

(2)

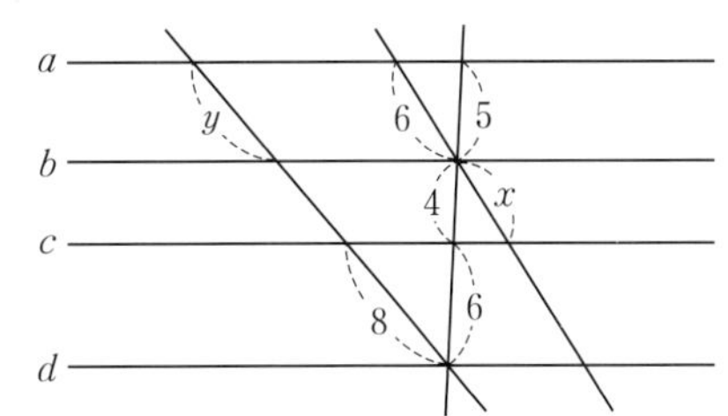

6 右の図で，四角形 ABCD は，AD // BC の台形です。点 E は辺 AB 上の点で，E から辺 BC に平行な直線をひき，BD，CD との交点をそれぞれ F，G とします。

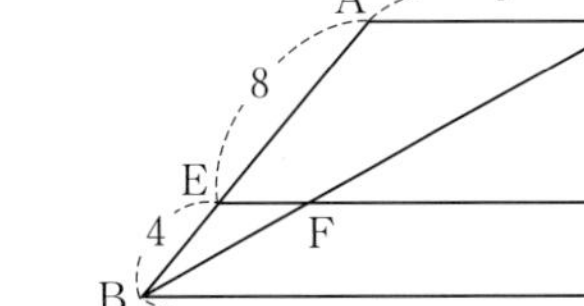

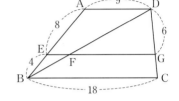

(1) GC の長さを求めなさい。

(2) EF，EG の長さを求めなさい。

7 右の図の四角形 ABCD は平行四辺形です。E は辺 BC の中点，F は辺 AB を 3 等分した点のうち，B に近いほうの点で，G は AE と CF の交点です。

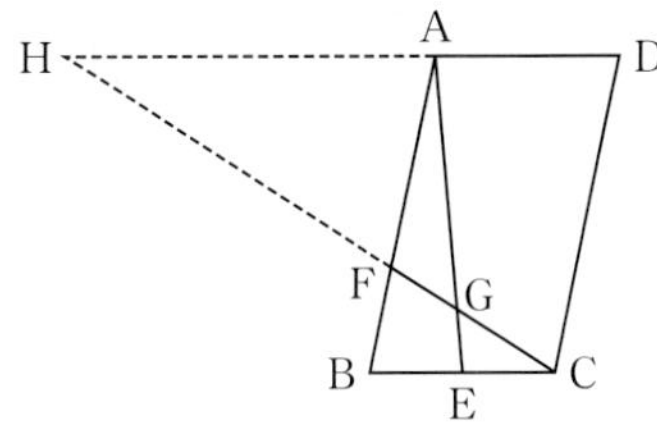

(1) 辺 DA と CF を延長した直線の交点を H とするとき，AH：BC を求めなさい。

(2) AG：GE を求めなさい。

入試問題をやってみよう！

1 右の図のような 5 つの直線があります。直線 ℓ，m，n が ℓ // m，m // n であるとき，x の値を求めなさい。〔北海道〕

ℓ　m　n　12 cm　8 cm　3 cm　x cm

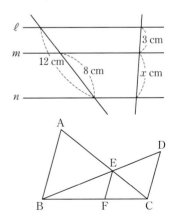

2 図で，△ABC の辺 AB と，△DBC の辺 DC は平行である。また，E は辺 AC と辺 DB との交点，F は辺 BC 上の点で，AB // EF である。AB＝6 cm，DC＝4 cm のとき，線分 EF の長さは何 cm か，求めなさい。〔愛知〕

A　D　E　B　F　C

7 (1) HA // BC を利用する。
(2) HA // EC を利用する。CE，AH の長さを BC をもとにして考える。

2 AB // DC から AE：CE を求め，AB // EF から EF の長さを求める。

ステージ1 3節 相似な図形の面積と体積
1 相似な図形の相似比と面積比 2 相似な立体の表面積の比や体積比

例1 相似な平面図形の周と面積

教 p.156〜158 → 基本問題 1

右の図で，△ABC∽△DEF のとき，周の長さの比を求めなさい。また，△ABC の面積が 12 cm² のとき，△DEF の面積を求めなさい。

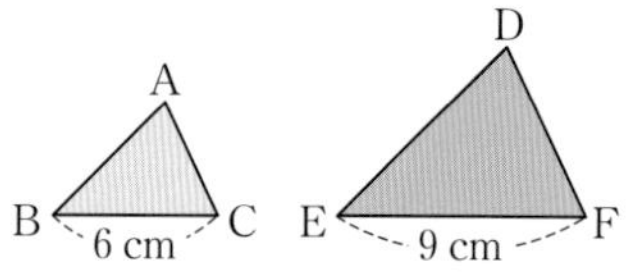

考え方 相似比から，周の長さの比，面積比を求め，比例式をつくる。

解き方 2 つの三角形の相似比は，BC : EF = 6 : 9 = 2 : 3

周の長さの比は相似比に等しいから，2 : [①]

△ABC と △DEF の面積比は，$2^2 : 3^2 = 4 : 9$ だから，△DEF の面積を x cm² とすると，12 : x = 4 : 9，x = [②] (cm²)

たいせつ

相似比 $m : n$

⇒ 周の長さの比 $m : n$ / 面積比 $m^2 : n^2$

例2 相似比と面積比の関係の利用

教 p.158 → 基本問題 2 3

右の図の △ABC で，DE // BC，AD : DB = 3 : 1 のとき，△ADE と四角形 DBCE の面積比を求めなさい。

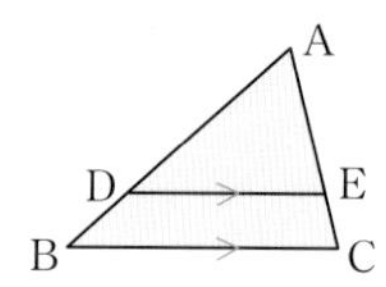

考え方 四角形 DBCE = △ABC − △ADE と考える。

解き方 △ADE∽△ABC で，相似比は，AD : AB = 3 : (3+1) = 3 : 4

（DE // BC より，∠ADE = ∠ABC，∠A は共通）

△ADE と △ABC の面積比は，$3^2 : 4^2$ = 9 : [③]

△ADE : 四角形 DBCE = 9 : ([④] −9) = 9 : 7

まず，相似な図形を見つけよう。

例3 相似な立体の表面積と体積

教 p.160 → 基本問題 4 5

相似な 2 つの円柱 P，Q があり，その相似比は 5 : 3 です。

(1) P の表面積が 75 cm² のとき，Q の表面積を求めなさい。

(2) Q の体積が 54 cm³ のとき，P の体積を求めなさい。

考え方 相似比を 2 乗，3 乗して，表面積の比や体積比を求め，比例式をつくる。

解き方 (1) P と Q の表面積の比は，$5^2 : 3^2$ = 25 : 9

Q の表面積を x cm² とすると，75 : x = 25 : 9，x = [⑤] (cm²)

(2) P と Q の体積比は，$5^3 : 3^3$ = 125 : 27

P の体積を y cm³ とすると，y : 54 = 125 : 27，y = [⑥] (cm³)

たいせつ

相似比 $m : n$

⇒ 表面積の比 $m^2 : n^2$ / 体積比 $m^3 : n^3$

基本問題

1 相似な平面図形の周と面積 △ABC∽△DEF で，その相似比は 5：7 です。教 p.158 問3

(1) 周の長さの比を求めなさい。

(2) △ABC の面積が 50 cm^2 のとき，△DEF の面積を求めなさい。

2 相似比と面積比の関係の利用 右の図で，点 D，E は△ABC の辺 AB を 3 等分する点で，D，E を通り辺 BC に平行な直線と辺 AC との交点をそれぞれ F，G とします。△ADF の面積が 6 cm^2 のとき，四角形 DEGF，EBCG の面積を求めなさい。教 p.158 問4

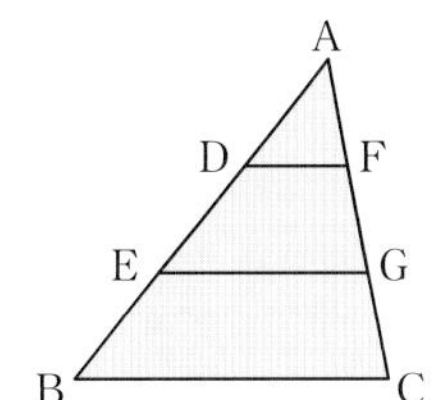

3 相似比と面積比の関係の利用 あるケーキ屋では，バースデーケーキの値段が，右のようにサイズごとに決められています。大きさと値段の関係を考えたとき，M サイズ，L サイズのどちらのほうが得だといえますか。また，そう考えた理由を，バースデーケーキを円柱とみなして説明しなさい。教 p.158 問5

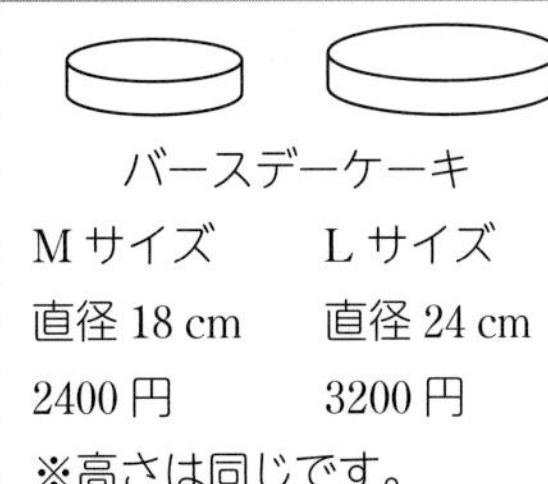

バースデーケーキ
M サイズ
L サイズ
直径 18 cm
直径 24 cm
2400 円
3200 円
※高さは同じです。

4 相似な立体の表面積と体積 相似な 2 つの三角錐（さんかくすい） P，Q があり，その相似比は 4：3 です。

(1) P の表面積が 80 cm^2 のとき，Q の表面積を求めなさい。教 p.161 問3

(2) Q の体積が 81 cm^3 のとき，P の体積を求めなさい。

知ってると得
表面積と同様に，側面積や底面積の比も相似比の 2 乗になる。

5 相似な立体の表面積と体積 右の図のような円錐の形をした容器に，9 cm の深さまで水が入っています。教 p.161 問4

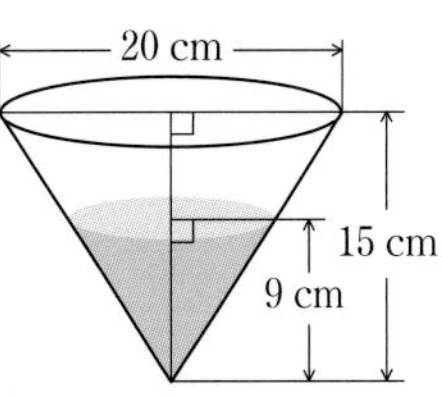

(1) 容器の容積を求めなさい。

(2) 水が入っている部分と容器は相似です。その相似比を求めなさい。

(3) 容器に入っている水の体積を求めなさい。

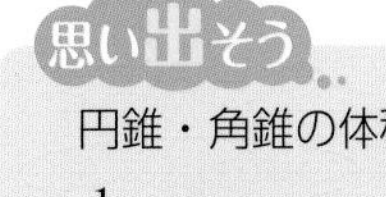

5章

左ページの例の答え　① 3　② 27　③ 16　④ 16　⑤ 27　⑥ 250

解答 p.38

定着のワーク ステージ2

3節　相似な図形の面積と体積

よく出る **1** 次の問に答えなさい。

(1)　2つの相似な図形で，相似比が8：3のとき，周の長さの比と面積比を求めなさい。

(2)　△ABC∽△A′B′C′で，その相似比は5：4です。△ABCの面積が30 cm^{2}のとき，△A′B′C′の面積を求めなさい。

(3)　2つの円P，Qがあり，円Pの周の長さは4 cm，円Qの周の長さは12 cmです。円Qの面積は円Pの面積の何倍ですか。

2 右の図で，点D，E，F，Gは辺ABを5等分する点で，それらを通る線分は，いずれも辺BCに平行です。

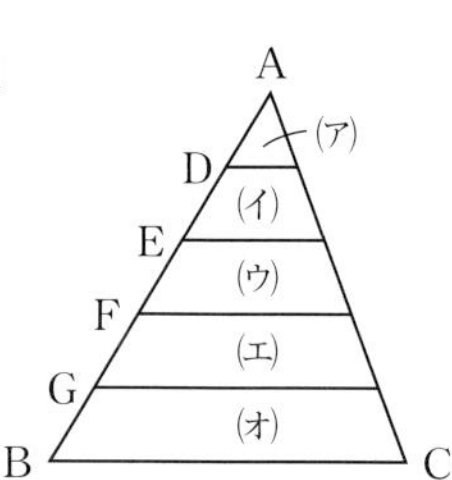

(1)　(ア)の面積がaのとき，(ウ)の面積をaを使って表しなさい。

(2)　(エ)の面積と(オ)の面積の比を求めなさい。

よく出る **3** 次の問に答えなさい。

(1)　球の半径を4倍にすると，表面積は何倍になりますか。また，体積は何倍になりますか。

(2)　2つの相似な円柱P，Qがあり，Pの高さは8 cm，Qの高さは12 cmです。Pの体積が56 cm^{3}のとき，Qの体積を求めなさい。

(3)　2つの相似な立体P，Qがあり，表面積の比は25：4です。PとQの相似比を求めなさい。また，Qの体積が16 cm^{3}のとき，Pの体積を求めなさい。

4 右の図のような円錐の形をした容器に水を200 cm^{3}入れたら，容器のちょうど半分の深さまで水が入りました。

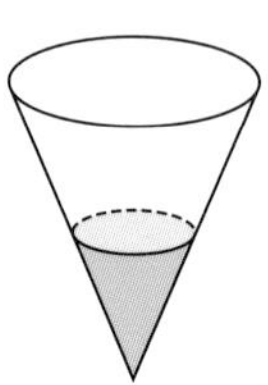

(1)　水が入っている部分と容器は相似です。その相似比を求めなさい。

(2)　この容器をいっぱいにするには，水をあと何cm^{3}入れればよいですか。

2 (1)　(ア)の面積と(ア)と(イ)の面積の比は$1^2：2^2$

3 (3)　$25：4＝5^2：2^2$に注目する。

4 (2)　(1)の相似比から体積比を計算し，まず容器の容積を求める。

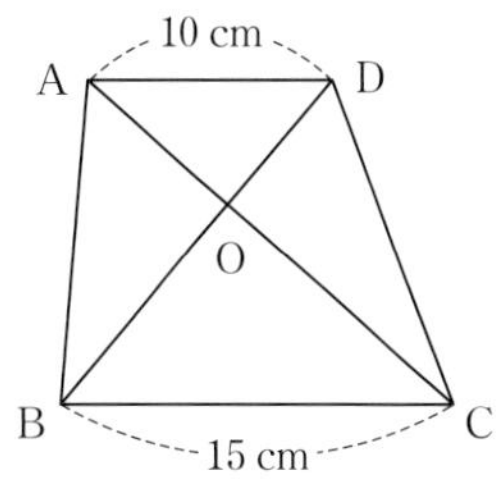

5 右の図のような AD // BC の台形 ABCD で，対角線 AC と BD の交点を O とします。

(1) △AOD と △COB の面積比を求めなさい。

(2) △AOD と △AOB の面積比を求めなさい。

(3) 台形 ABCD の面積を S とするとき，△AOD の面積を S を使って表しなさい。

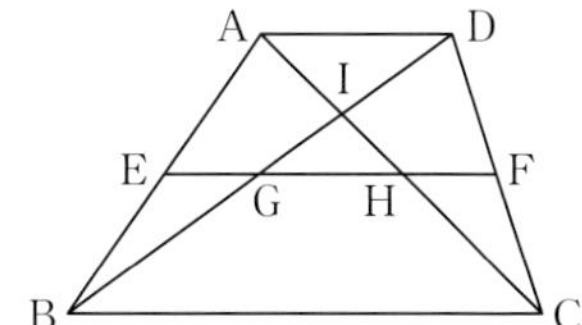

6 右の図の四角形 ABCD は，AD // BC の台形で，AD = 4 cm，BC = 10 cm です。辺 AB の中点を E とし，E から辺 BC に平行な直線をひき，BD，CA，CD との交点をそれぞれ G，H，F とします。また，AC と DB の交点を I とします。

(1) EH，GH の長さを求めなさい。

(2) △IGH と △IBC の面積比を求めなさい。

(3) △IGH と △ABC の面積比を求めなさい。

(4) △IGH と台形 ABCD の面積比を求めなさい。

5章

入試問題をやってみよう！

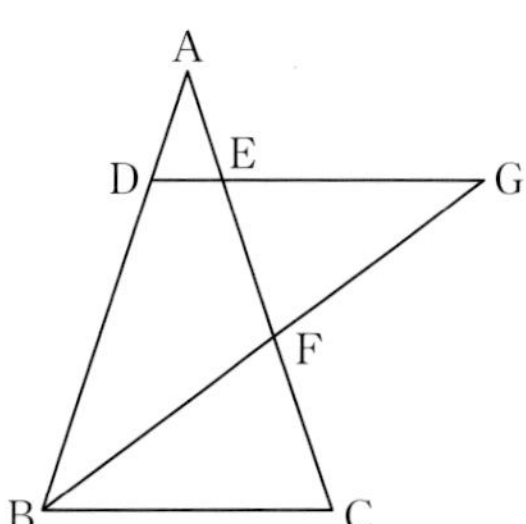

1 図で，△ABC は，AB = AC の二等辺三角形であり，D，E はそれぞれ辺 AB，AC 上の点で DE // BC である。また，F，G はそれぞれ ∠ABC の二等分線と辺 AC，直線 DE との交点である。AB = 12 cm，BC = 8 cm，DE = 2 cm のとき，次の問に答えなさい。〔愛知〕

(1) 線分 DG の長さは何 cm か，求めなさい。

(2) △FBC の面積は，△ADE の面積の何倍か，求めなさい。

5 (2) △AOD の底辺を OD，△AOB の底辺を OB とすると高さが共通だから，面積比は OD : OB に等しい。
6 (1) 中点連結定理を利用する。 (3) △IGH = $9a$ とおくと考えやすい。
1 (2) △FBC と △ABC の面積比，△ADE と △ABC の面積比をそれぞれ考える。

ステージ3

解答 p.40

[相似な図形]
形に着目して図形の性質を調べよう

40分　/100

1 右の図で，△ABC と △DEF は相似の位置にあり，OA：OD＝3：2 です。　3点×3（9点）

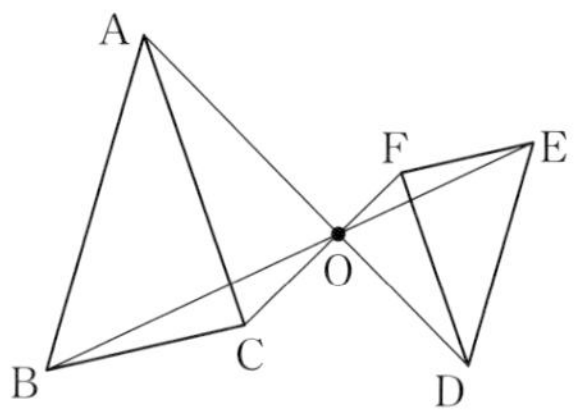

(1) 点 O を何といいますか。

（　　　）

(2) OA：OD＝□：OF です。□をうめなさい。

（　　　）

(3) AB＝12 cm のとき，DE の長さを求めなさい。

（　　　）

2 下の図で，△ABC と相似な三角形を記号 ∽ を使って表し，そのときに使った相似条件をいいなさい。また，x の値を求めなさい。　3点×6（18点）

(1)

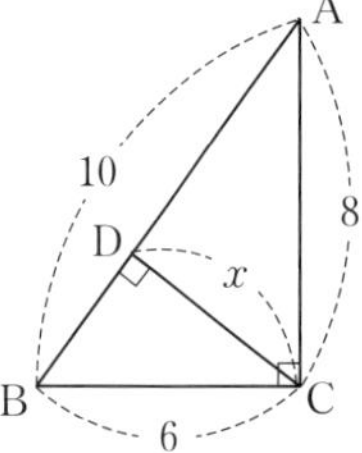

答えは2つある。1つ書けば正解とする。

相似な三角形（　　　）
相似条件（　　　）
x の値（　　　）

(2)

A
20
18
E
x
7
D
9
B
C
21

相似な三角形（　　　）
相似条件（　　　）
x の値（　　　）

3 右の図のように，△ABC の ∠A の二等分線と辺 BC との交点を D とすると，∠DAC＝∠C となりました。AB＝12 cm，BC＝16 cm のとき，次の問に答えなさい。　5点×3（15点）

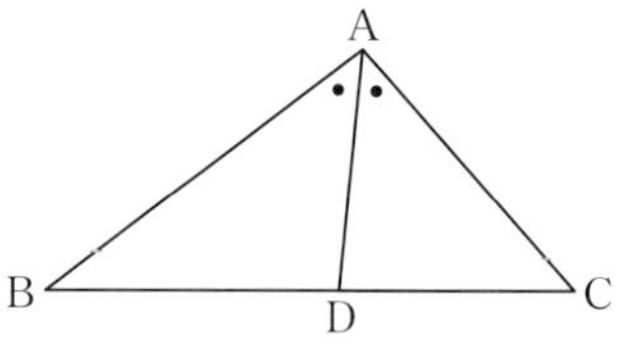

(1) △ABC と相似な三角形を答えなさい。

（　　　）

(2) DC の長さを求めなさい。

（　　　）

(3) AC の長さを求めなさい。

（　　　）

4 下の図で，DE // BC とするとき，x の値を求めなさい。　5点×2（10点）

(1)

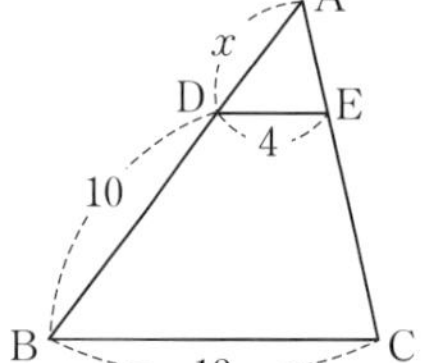

（　　　）

(2)

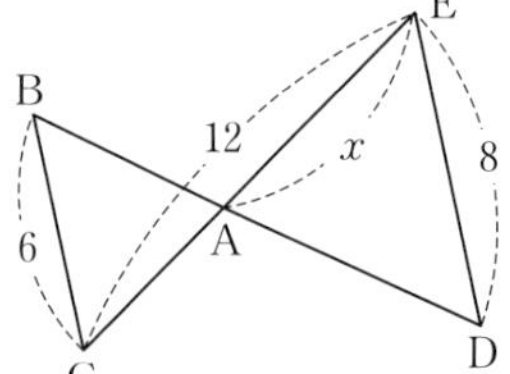

（　　　）

目標 三角形の相似条件，三角形と比の定理，中点連結定理，相似な図形の面積比と体積比などが利用できるようになろう。

自分の得点まで色をぬろう!
がんばろう! もう一歩 合格!
0 60 80 100点

5 下の図で，直線 ℓ，m，n が平行であるとき，x の値を求めなさい。 5点×2（10点）

(1)

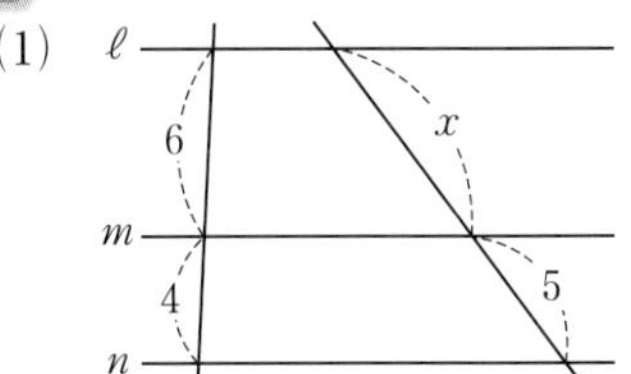

（　　　　）

(2)

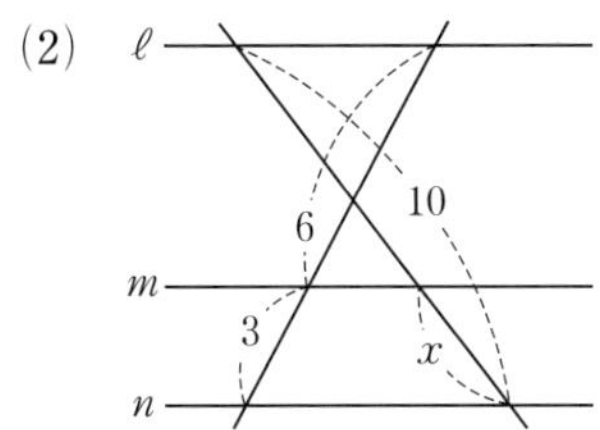

（　　　　）

6 右の図のように，AD // BC である台形 ABCD で，対角線 AC と BD の交点を O とし，O を通り BC に平行な直線と辺 AB，DC との交点をそれぞれ E，F とします。AD = 10 cm，BC = 15 cm のとき，次の問に答えなさい。 5点×3（15点）

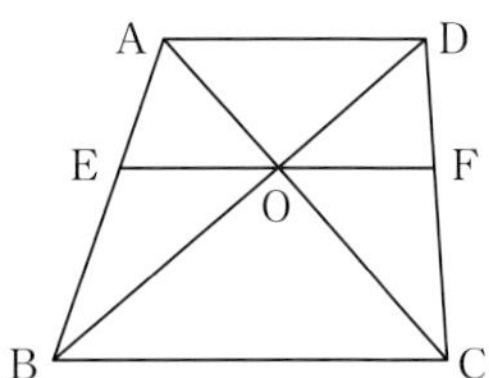

(1) △AOD ∽ △COB となることを証明しなさい。

(2) EO，EF の長さをそれぞれ求めなさい。

EO（　　　　），EF（　　　　）

7 右の図の四角形 ABCD で，辺 AD，BC，対角線 AC，BD の中点をそれぞれ E，F，G，H とします。 4点×2（8点）

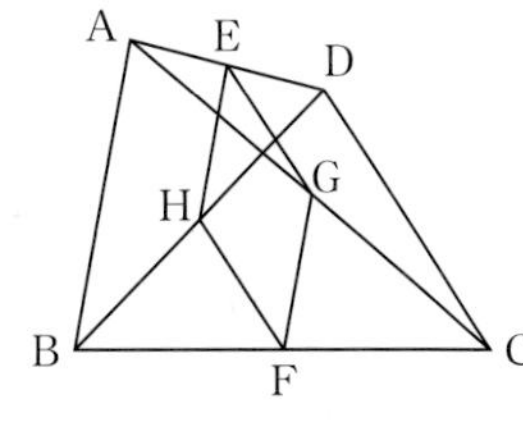

(1) 四角形 EHFG はどんな四角形になりますか。

（　　　　）

(2) AB = CD のとき，△EHF はどんな三角形になりますか。

（　　　　）

8 次の問に答えなさい。 5点×3（15点）

(1) 相似な 2 つの立体 P，Q があり，その相似比は 2 : 5 です。

① P と Q の表面積の比をいいなさい。

（　　　　）

② P の体積が 32 cm³ のとき，Q の体積を求めなさい。

（　　　　）

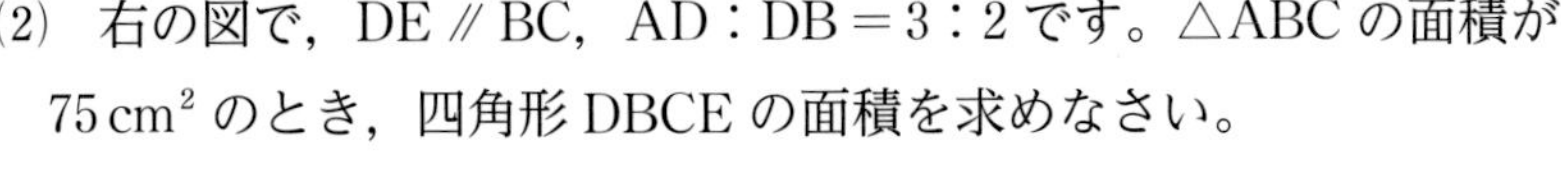

(2) 右の図で，DE // BC，AD : DB = 3 : 2 です。△ABC の面積が 75 cm² のとき，四角形 DBCE の面積を求めなさい。

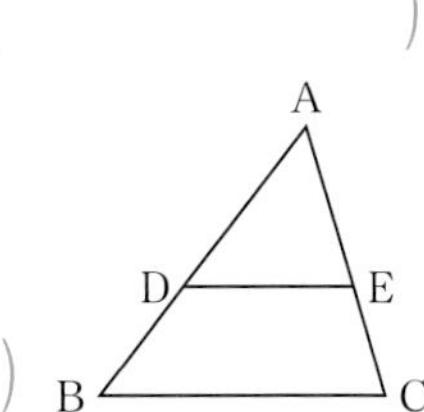

（　　　　）

アプリ【どこでもワーク計算編・図形編】をやって，さらに力をつけよう！

5章

1節 円周角の定理

1 円周角の定理(1)

例1 円周角の定理

教 p.170 → 基本問題 2 3

下の図で，$\angle x$ の大きさを求めなさい。

(1)
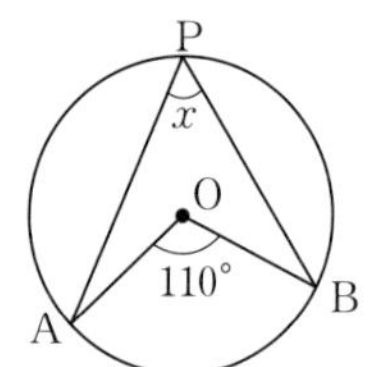

(2)
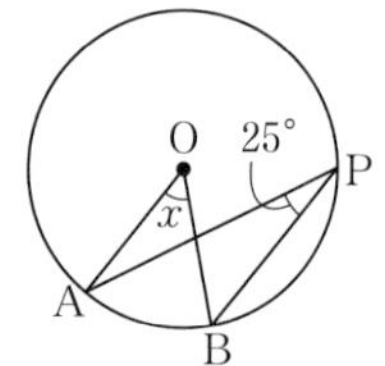

(3)
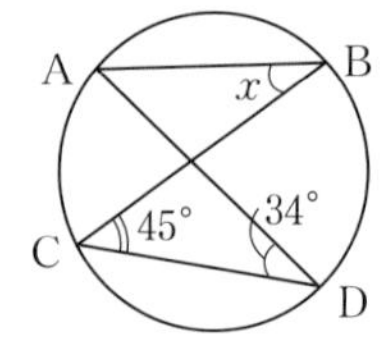

考え方 (1)(2)は，円周角（えんしゅうかく）はその弧に対する中心角の半分であることを利用する。(3)は，1つの弧に対する円周角の大きさは一定であることを利用する。

解き方 (1) 円周角 $\angle x$ は中心角 110° の半分だから，

$\angle x = \frac{1}{2} \times 110° =$ ① °

↑ $\angle$APB を $\overset{\frown}{AB}$ の円周角，$\angle$AOB を $\overset{\frown}{AB}$ の中心角という。$\angle APB = \frac{1}{2}\angle AOB$

(2) $25° = \frac{1}{2}\angle x$ より，$\angle x = 25° \times 2 =$ ② °

↑ $\angle APB = \frac{1}{2}\angle AOB$

(3) $\angle x$ は ③ に対する円周角だから，$\angle x =$ ④ °

円周角の定理

1つの弧に対する円周角の大きさは一定であり，その弧に対する中心角の半分である。

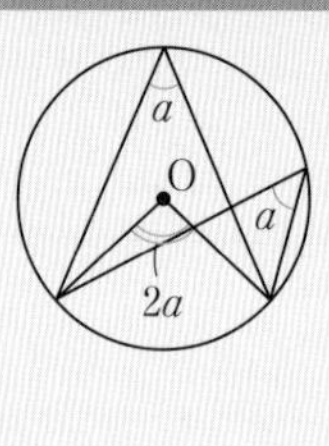

例2 円周角と弧

教 p.171 → 基本問題 4

右の図の円 O で，$\overset{\frown}{AB} = \overset{\frown}{CD}$ です。

(1) AD // BC であることを証明しなさい。

(2) $\overset{\frown}{AB}$ の長さが円周の $\frac{1}{6}$ のとき，$\angle$ACB の大きさを求めなさい。

A D O B C

考え方 (1) 円周角と弧の定理を利用する。 (2) $\angle$ACB の中心角を考える。

解き方 (1) **証明** $\overset{\frown}{AB} = \overset{\frown}{CD}$ より，$\angle ACB =$ ⑤

錯角が等しいから，AD // ⑥

(2) $\overset{\frown}{AB}$ の長さは円周の $\frac{1}{6}$ だから，$\angle AOB = 360° \times \frac{1}{6} =$ ⑦ °

$\angle ACB = \frac{1}{2}\angle AOB =$ ⑧ °

↑ 弧の長さと中心角の大きさは比例する。

1つの円において

1 等しい円周角に対する弧は等しい。

2 等しい弧に対する円周角は等しい。

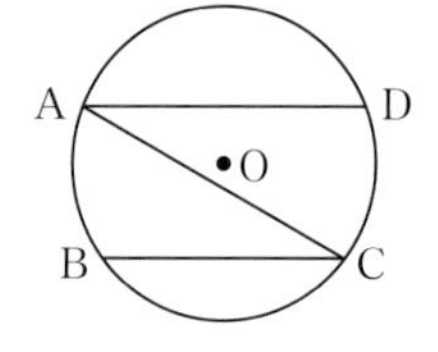

知ってると得

円周角の大きさは，弧の長さに比例する。

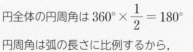

円全体の円周角は $360° \times \frac{1}{2} = 180°$

円周角は弧の長さに比例するから，

$\angle ACB = 180° \times \frac{1}{6} = 30°$ でもいいよ。

基本問題

解答 p.41

1 円周角の定理の証明　下の□をうめて，右の図で，$\angle \mathrm{APB}=\dfrac{1}{2}\angle \mathrm{AOB}$ を証明しなさい。

証明　直径 PC をひき，$\angle \mathrm{OPA}=\angle a$，$\angle \mathrm{OPB}=\angle b$ とする。

$\mathrm{OP}=\mathrm{OA}$ であるから，$\angle \mathrm{OAP}=\angle \mathrm{OPA}=\angle a$

$\angle \mathrm{AOC}$ は $\triangle \mathrm{OPA}$ の外角であるから，$\angle \mathrm{AOC}=\angle \mathrm{OPA}+$ ①□ $=2\angle a$

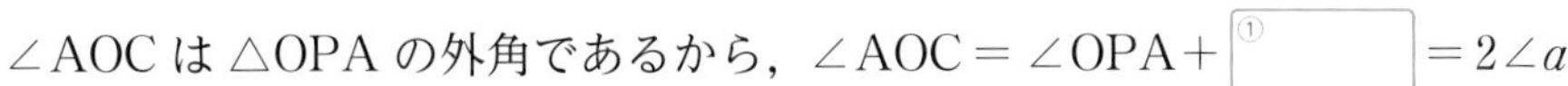

同様にして，$\angle \mathrm{BOC}=$ ②□ $\angle b$

したがって，$\angle \mathrm{AOB}=2\angle a+2\angle b=2($ ③□ $)$

$\angle \mathrm{APB}=\angle a+\angle b$ であるから，$\angle \mathrm{APB}=\dfrac{1}{2}$ ④□

2 円周角の定理　下の図で，$\angle x$ の大きさを求めなさい。

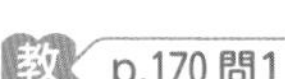

(1)

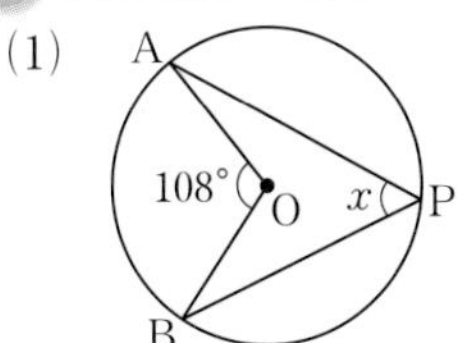

(2)

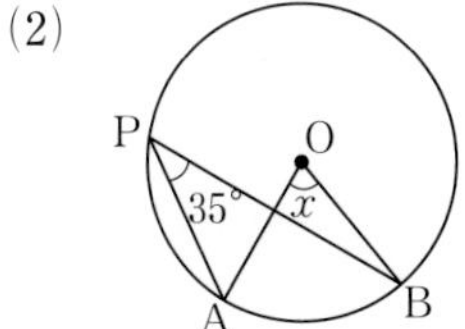

(3)

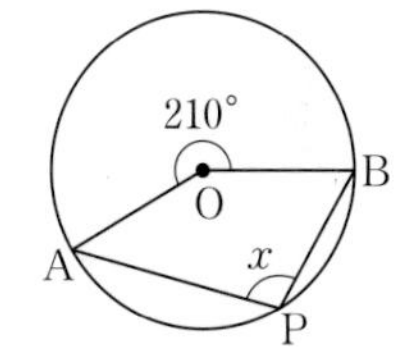

(4)

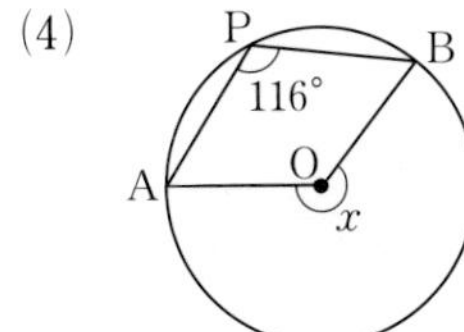

(5)

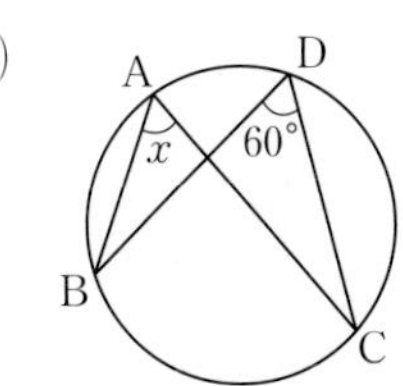

(3)，(4)では，中心角が 180° より大きくても，円周角は中心角の半分だね。

3 円周角の定理　下の図で，$\angle x$，$\angle y$ の大きさを求めなさい。

(1)

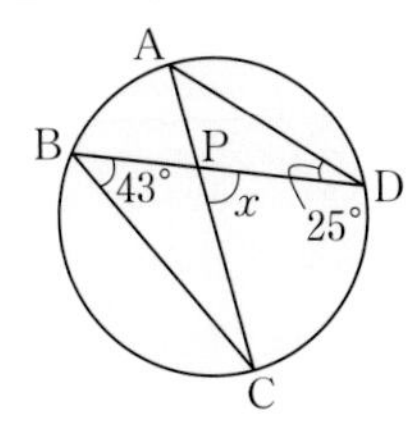

(2)

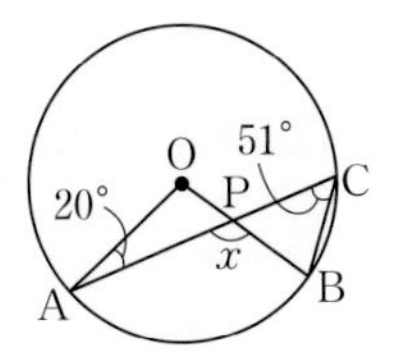

(3)

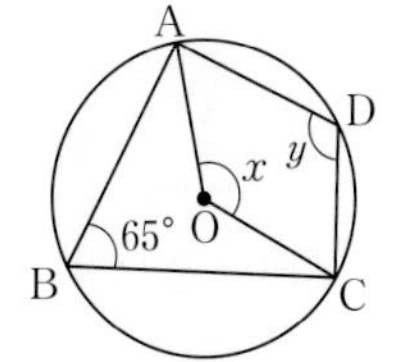

4 円周角と弧　右の図で，A～I は，円周を 9 等分する点です。$\angle x$，$\angle y$ の大きさを，それぞれ求めなさい。

教 p.171～172

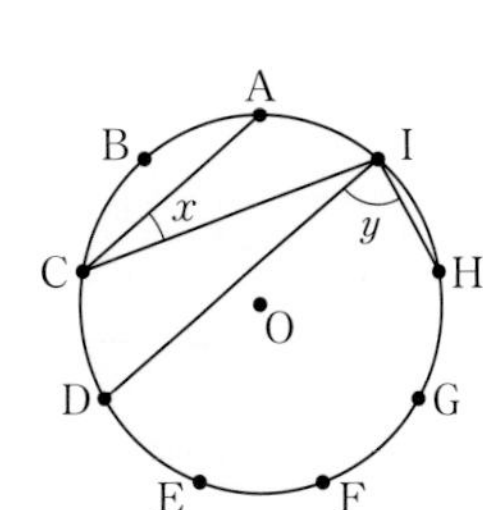

左ページの例の答え　① 55　② 50　③ $\overset{\frown}{\mathrm{AC}}$　④ 34　⑤ ∠CAD　⑥ BC　⑦ 60　⑧ 30

ステージ 1

1節　円周角の定理

1 円周角の定理(2)　2 円周角の定理の逆

例1 直径と円周角

教 p.173 → 基本問題 1 2 3

下の図で，$\angle x$ の大きさを求めなさい。

(1)

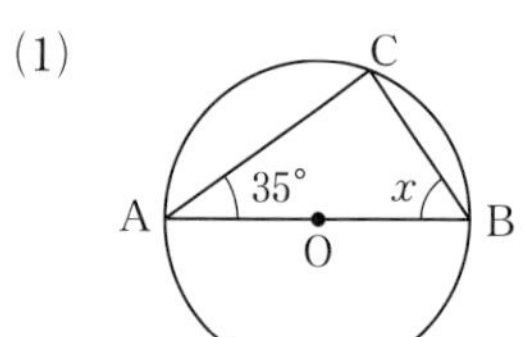

(2)

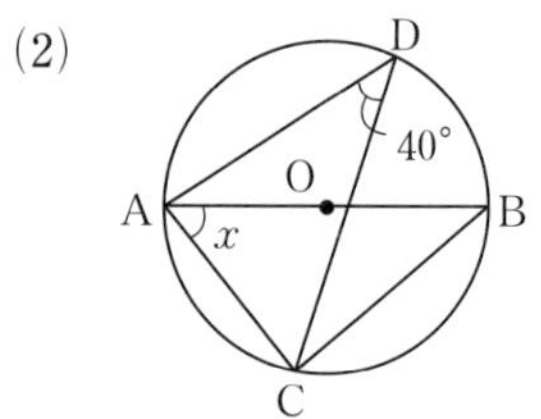

考え方 直径があるので，半円の弧に対する円周角が 90° になることより考える。

解き方 (1)　AB が直径だから，$\angle$ACB＝[①]° ←180°×$\frac{1}{2}$

△ABC の内角の和より，$\angle x$＝180°−(90°＋35°)＝[②]°

(2)　[③] に対する円周角だから，$\angle$ABC＝$\angle$ADC＝40°

AB が直径だから，$\angle$ACB＝90°

△ABC の内角の和より，$\angle x$＝180°−(90°＋40°)＝[④]°

たいせつ

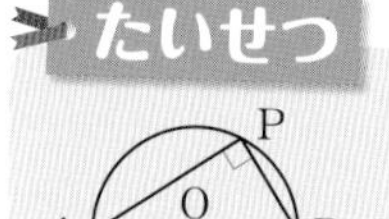

$\angle$APB＝90°

例2 円周角の定理の逆

教 p.175 → 基本問題 4 5

次の問に答えなさい。

(1)　図1で，$\angle x$ の大きさが何度のとき，4点 A，B，C，D は1つの円周上にあるといえますか。

(2)　図2で，4点 A，B，C，D は1つの円周上にあることを証明しなさい。

図1

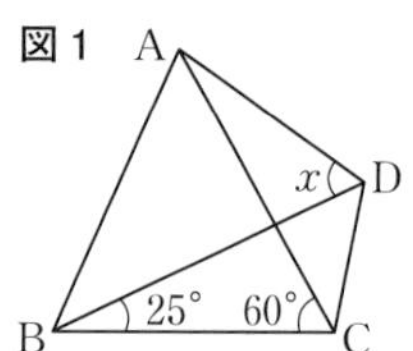

図2

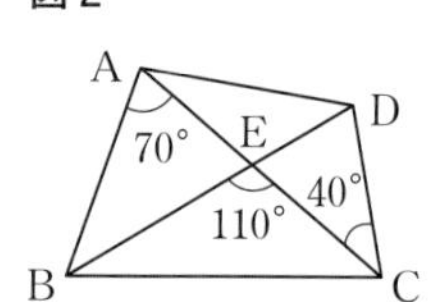

考え方 円周角の定理の逆にあてはめて考える。

解き方 (1)　円周角の定理の逆の条件が成り立つためには，$\angle x$＝$\angle$ACB（$\angle$ADB＝$\angle$ACB）でなければならない。よって，$\angle x$＝[⑤]°

の形で，印のついた位置にある角が等しければ，4つの頂点は1つの円周上にあるんだね。

円周角の定理の逆

4点 A，B，P，Q について，P，Q が直線 AB の同じ側にあって，$\angle$APB＝$\angle$AQB ならば，この4点は1つの円周上にある。

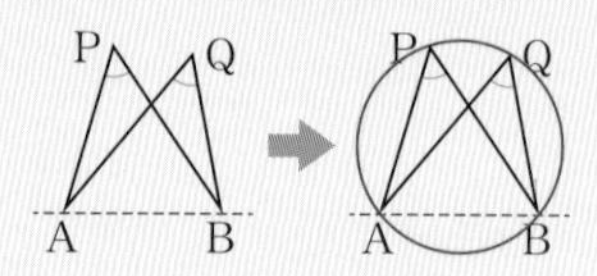

(2)　**証明** $\angle$BEC は △DEC の外角だから，$\angle$BDC＝110°−40°＝[⑥]°

よって，$\angle$BAC＝$\angle$[⑦]　また，点 A，D は直線 BC の同じ側にあるので，円周角の定理の逆から，4点 A，B，C，D は1つの円周上にある。

基本問題

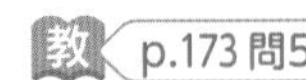

1 直径と円周角 下の図で，$\angle x$ の大きさを求めなさい。 教 p.173 問5

(1)

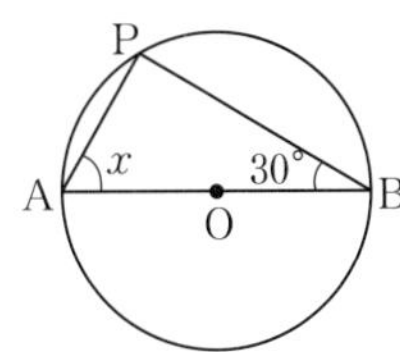

(2)

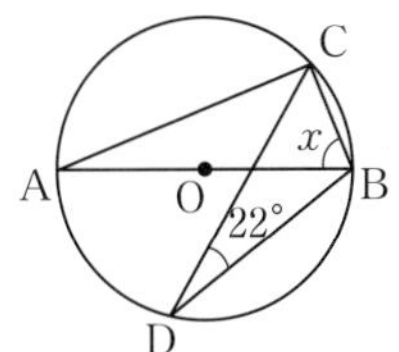

(3)

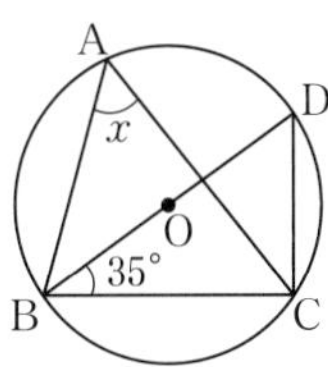

2 直径と円周角 右の図のように，△ABC の辺 BC を直径とする円 O をかき，辺 AB との交点を D とします。 教 p.173 問6

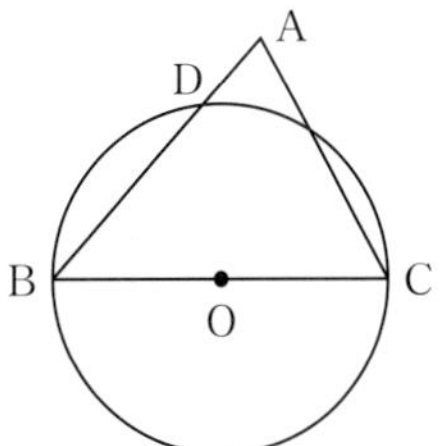

(1) AB □ CD となります。□ にあてはまる記号を入れなさい。

(2) (1)が成り立つわけを説明しなさい。

3 直径と円周角 右の図について，次の問に答えなさい。

(1) 線分 BD はこの円の何になりますか。 教 p.173 問7

(2) ∠C，∠BDC の大きさを求めなさい。

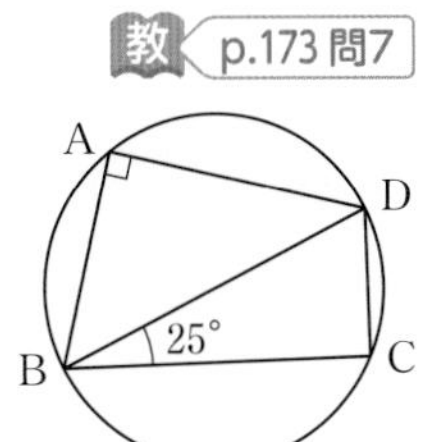

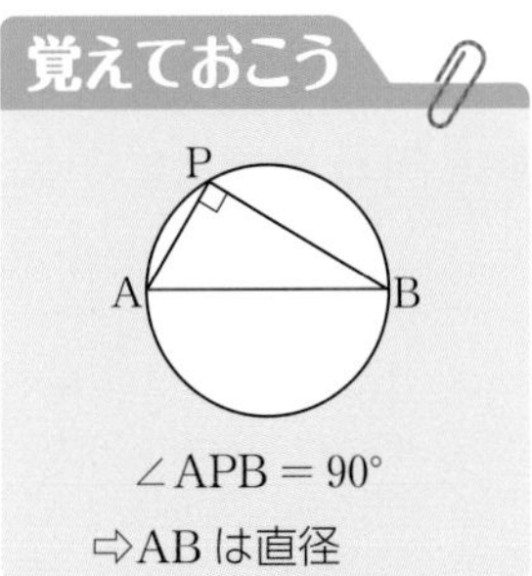

4 円周角の定理の逆 右の図のように，△ABC の頂点 B，C から辺 AC，辺 AB に垂線をひき，その交点をそれぞれ D，E とします。点 A，B，C，D，E のうち，1 つの円周上にある 4 点の組を見つけ，その 4 点が 1 つの円周上にあることを証明しなさい。 教 p.175 問2

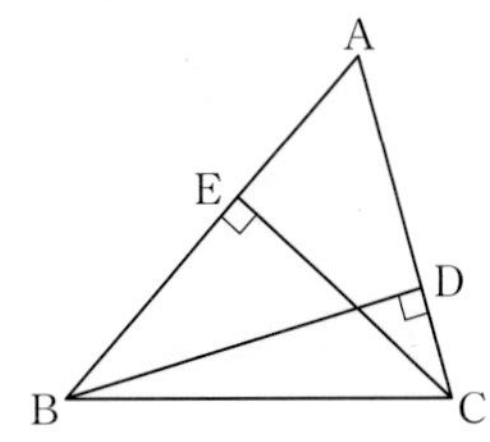

5 円周角の定理の逆 右の図のように，∠C = 90° の直角三角形 ABC と点 P があり，∠APB = 90° です。 教 p.175

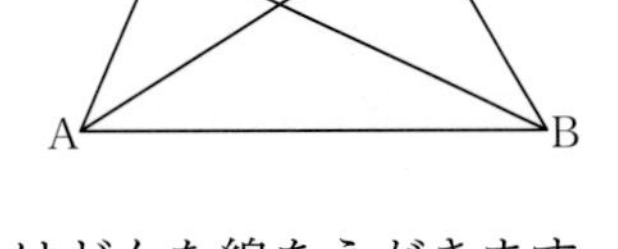

(1) 4 点 A，B，C，P は 1 つの円周上にあるといえますか。

(2) 点 P が ∠APB = 90° という条件をみたしながら動くとき，P はどんな線をえがきますか。ただし，P は直線 AB について C と同じ側を動くものとします。

左ページの 例 の答え　① 90　② 55　③ $\overset{\frown}{AC}$　④ 50　⑤ 60　⑥ 70　⑦ BDC

解答 p.42

1節　円周角の定理

よく出る **1** 下の図で，$\angle x$ の大きさを求めなさい。

(1)
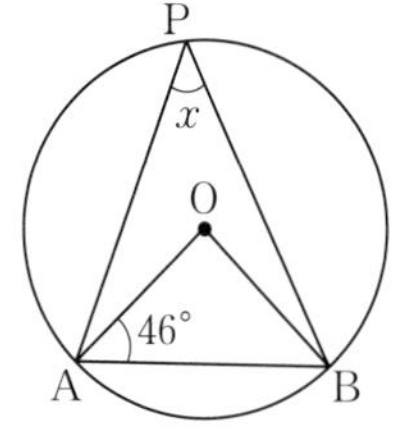

(2)
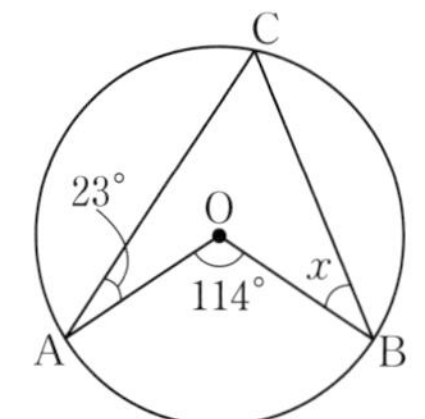

(3)
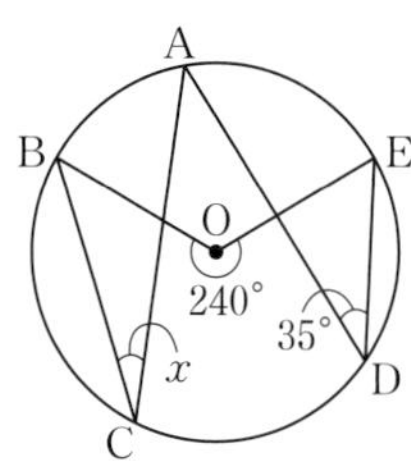

(4)
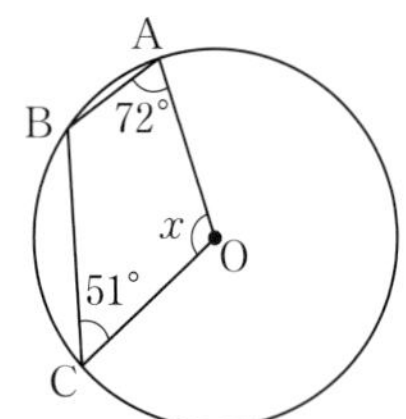

(5)
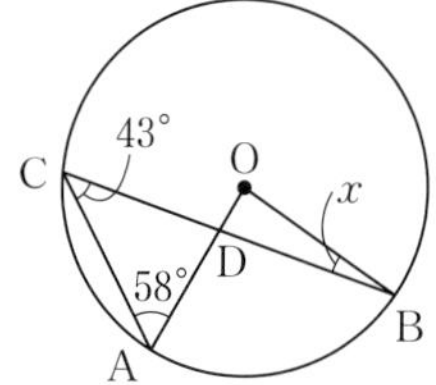

(6)
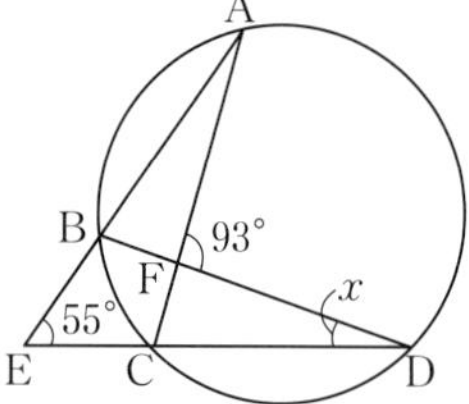

2 円 O の周上に 4 点 A，B，C，D があり，AD // BC です。

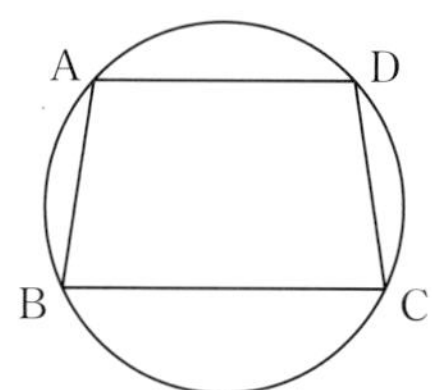

(1)　AB＝CD となることを証明しなさい。

(2)　∠ABC＝∠DCB となります。そのわけをいいなさい。

3 右の図のように，円周を 5 等分した点を結んで，正五角形 ABCDE をつくり，AC と BE の交点を P とします。

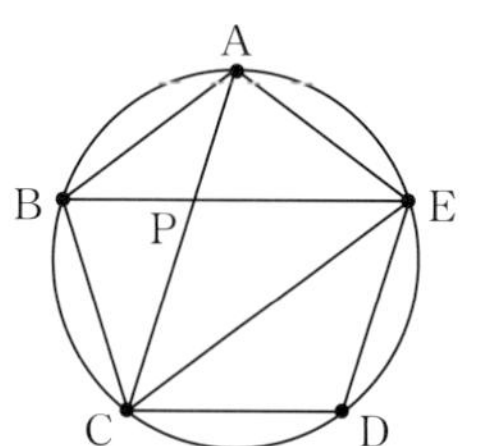

(1)　∠ACB，∠CAE，∠CPE の大きさを求めなさい。

(2)　△PCE は二等辺三角形になることを証明しなさい。

(3)　四角形 PCDE はどんな四角形になりますか。

1 (3)　A と O を結んで円周角の定理を使う。C と E を結んでもよい。
(6)　三角形の外角の性質を使って角を $\angle x$ の式で表し，方程式をつくる。

2 (1)　A と C を結んで，まず $\overset{\frown}{AB}=\overset{\frown}{CD}$ を証明する。

よくでる **4** 下の図で，∠x の大きさを求めなさい。

(1)　(2)　(3)

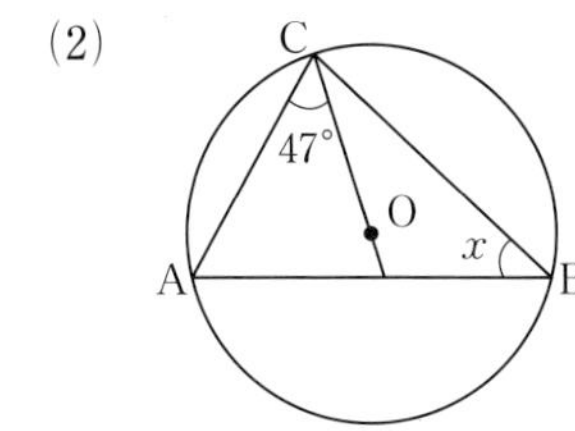

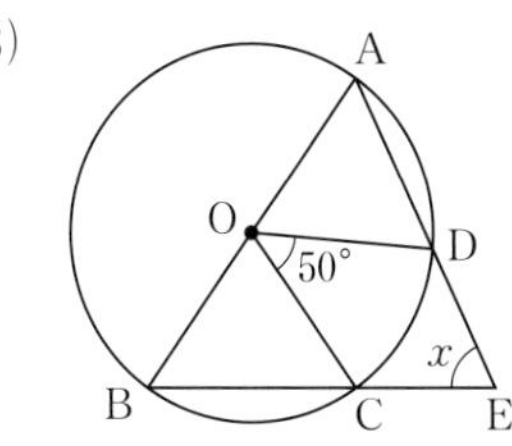

5 右の図で，点 E は四角形 ABCD の対角線の交点です。

(1)　4 点 A，B，C，D が 1 つの円周上にあることを証明しなさい。

(2)　∠CAD の大きさを求めなさい。

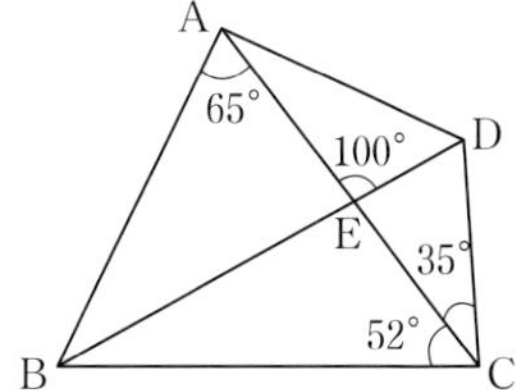

6 右の図のように，∠A = 90° の直角二等辺三角形 ABC と点 P があり，点 P は直線 BC に対して点 A と同じ側にあります。P が ∠BPC = 45° という条件をみたしながら動くとき，点 P はどんな線をえがきますか。

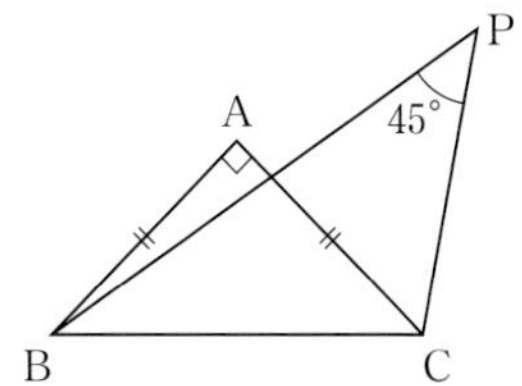

入試問題をやってみよう！

1 右の図で，A，B，C，D は円周上の点，E は AC と DB との交点で，AB = AD，EB = EC である。∠BEC = 106° のとき，∠BAE の大きさは何度か，求めなさい。　〔愛知〕

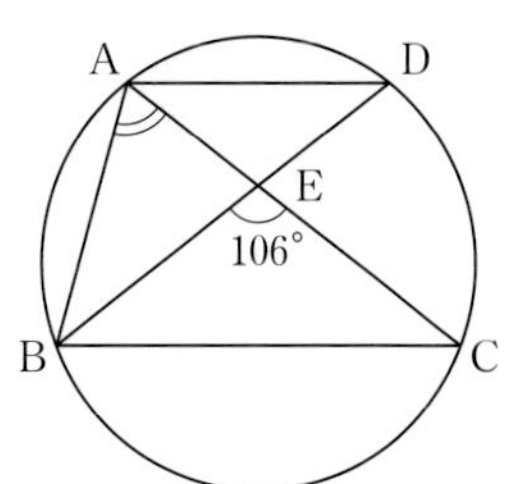

2 右の図において，3 点 A，B，C は，円 O の周上の点で，AB = AC である。また，点 D は線分 BO の延長と線分 AC との交点である。このとき，∠BDC の大きさを求めなさい。　〔神奈川〕

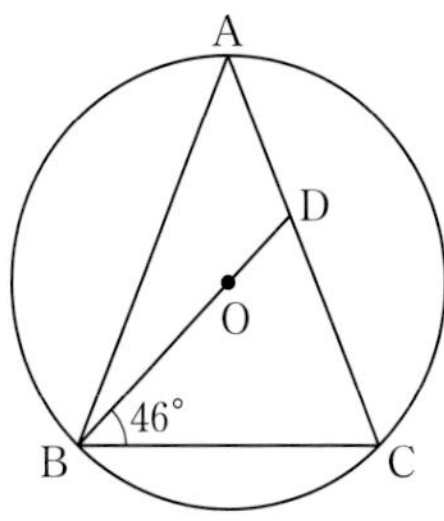

4 (1)　B と D または B と C を結んで考える。　(2)　C を通る直径を考えるか，O と A を結ぶ。
(3)　A と C を結んで考える。円周角 ∠CAD に注目する。

6 ∠BPC = $\frac{1}{2}$∠BAC であることを利用する。

確認のワーク ステージ1 2節 円周角の定理の利用 1 円周角の定理の利用

例1 円外の1点からの接線の作図

教 p.178～179 → 基本問題 1 2

右の図で，円外の点Aから円Oへの接線AP，AQを作図しなさい。

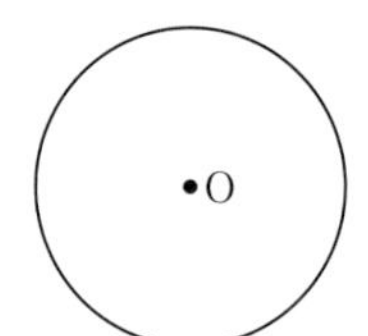

考え方 接線は接点を通る半径に垂直だから，90°の角をつくることを考える。

解き方 1 線分AOを ① ［　　］ とする円O′をかく。

① 線分AOの ② ［　　］ を作図し，AOとの交点をO′とする。
② 点O′を中心として，半径O′Aの円をかく。

2 円O′と円Oとの交点をP，Qとする。

3 直線AP，AQをひく。 ←∠APO＝∠AQO＝90°

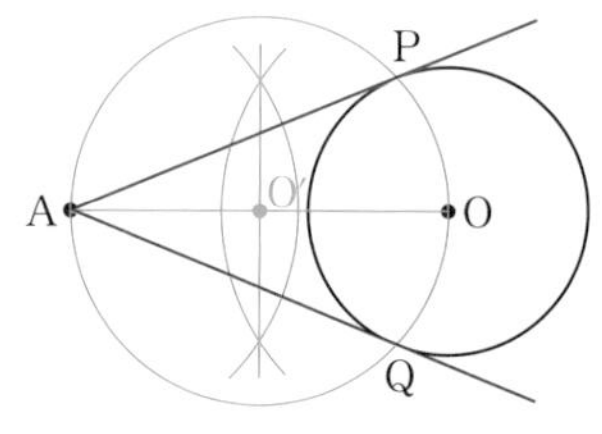

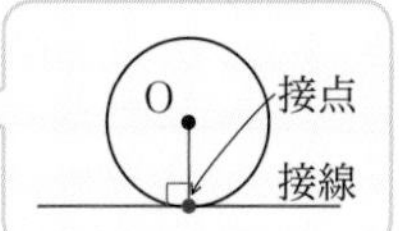

覚えておこう
上の図で，線分AP，AQの長さを，点Aから円Oにひいた接線の長さという。

例2 円と相似

教 p.180～181 → 基本問題 3 4

右の図のように，2つの弦AC，BDの交点をPとします。

(1) △ABP∽△DCPとなることを証明しなさい。

(2) PDの長さを求めなさい。

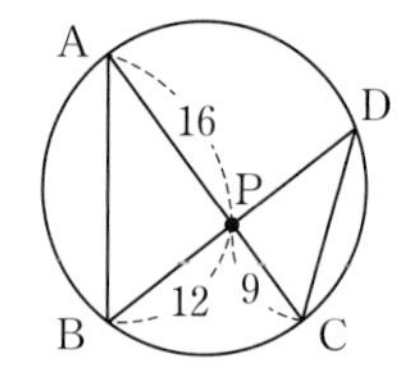

考え方 (1) 円周角の定理を利用して，角が等しいことを説明する。

(2) (1)より，相似(そうじ)な図形の対応する辺の比は等しいことから，比例式をつくる。

解き方 (1) **証明** △ABPと△DCPにおいて，

$\overset{\frown}{BC}$に対する円周角だから，∠BAP＝ ③ ［　　］ …①

対頂角だから，∠APB＝ ④ ［　　］ …② ←「$\overset{\frown}{AD}$の円周角だから∠ABP＝∠DCP」でもよい。

①，②より，2組の角がそれぞれ等しいから，

△ABP∽△DCP

(2) (1)より，PA：PD＝PB： ⑤ ［　　］

PD＝x cmとすると，16：x＝12：9 ← $12x=16\times9$

x＝ ⑥ ［　　］ (cm)

思い出そう
三角形の相似条件
1 3組の辺の比がすべて等しい。
2 2組の辺の比とその間の角がそれぞれ等しい。
3 2組の角がそれぞれ等しい。
※よく使うのは3

基本問題

解答 p.44

1 円外の1点からの接線の作図 右の図のように，円Oと，円O外の点PとOを直径の両端(りょうたん)とする円が2点A，Bで交わっています。このとき，PA，PBが円Oの接線となるわけを説明しなさい。 教 p.179

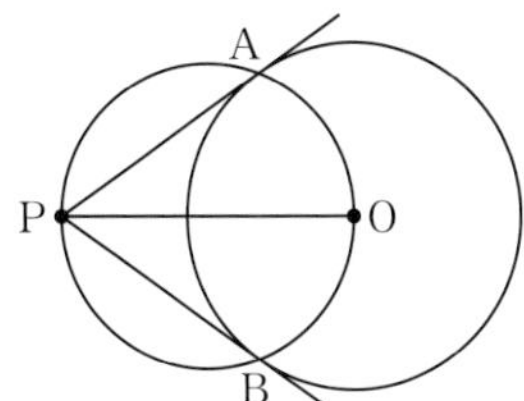

AとO，BとOを結んで，∠PAO，∠PBOの大きさを考えよう。

2 接線の長さ 右の図のように，円O外の点Pから円Oに接線PA，PBをひいたとき，PA＝PBとなることを次のように証明しました。□にあてはまるものを答えなさい。 教 p.179

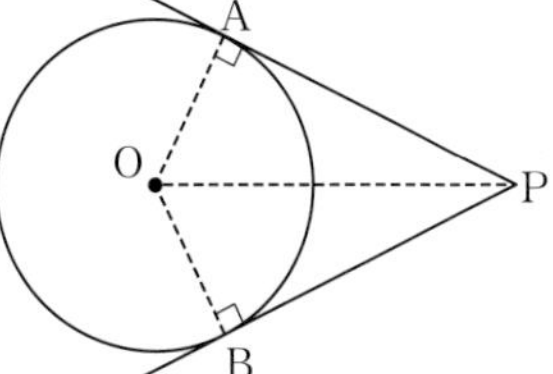

証明 △OPAと△OPBにおいて，

PA，PBは円Oの接線だから，∠OAP＝㋐□＝90°…①

OPは共通…②

円Oの半径だから，OA＝㋑□…③

①，②，③より，直角三角形で，㋒□がそれぞれ等しいから，

△OPA≡△OPB　したがって，PA＝㋓□

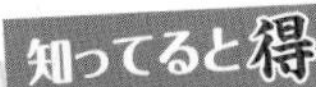

円外の1点から，その円にひいた2つの接線の長さは等しい。

3 円と相似 右の図について，次の問に答えなさい。 教 p.180〜181

(1) PA：PD＝PC：PBを証明しなさい。

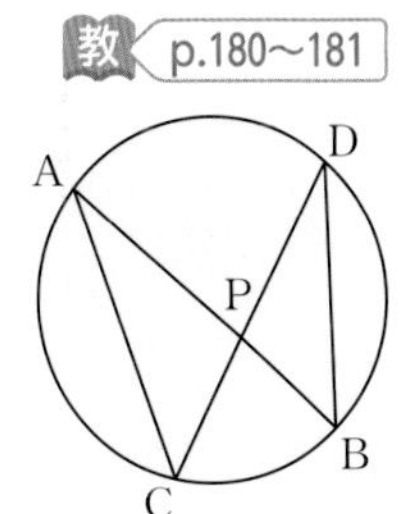

(2) PA＝10 cm，PB＝4 cm，PC＝5 cmのとき，PDの長さを求めなさい。

4 円と相似 右の図で，A，B，C，Dは円周上の点で，$\overset{\frown}{AB}=\overset{\frown}{AC}$です。弦AD，BCの交点をEとするとき，△ADC∽△ACEとなります。このことを証明しなさい。 教 p.181 問3

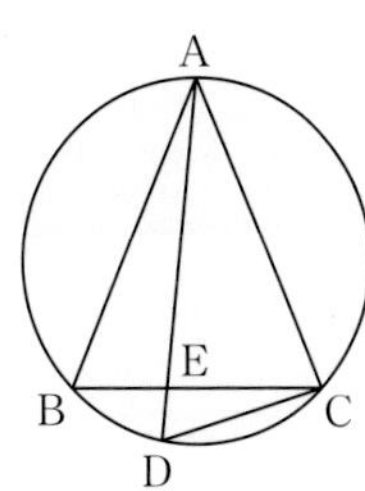

左ページの例の答え　①直径　②垂直二等分線　③∠CDP　④∠DPC　⑤PC　⑥12

6章

解答 p.45

2節　円周角の定理の利用

よく出る **1** 右の図について，次の問に答えなさい。

(1) 円に2本の弦を適当にひき，それを利用して，円の中心Oを作図しなさい。

(2) Pから円Oへの接線PA，PA′を作図しなさい。

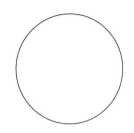

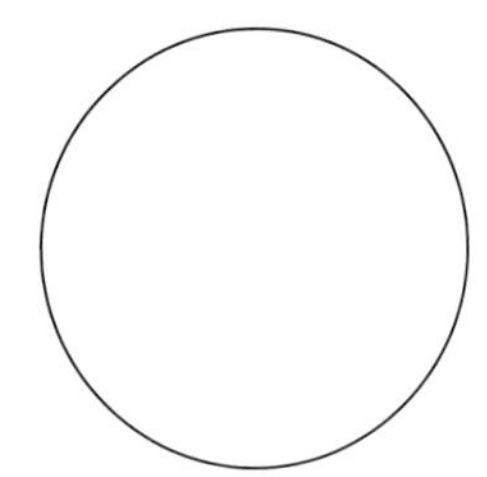

2 下の図で，x の値を求めなさい。

(1)

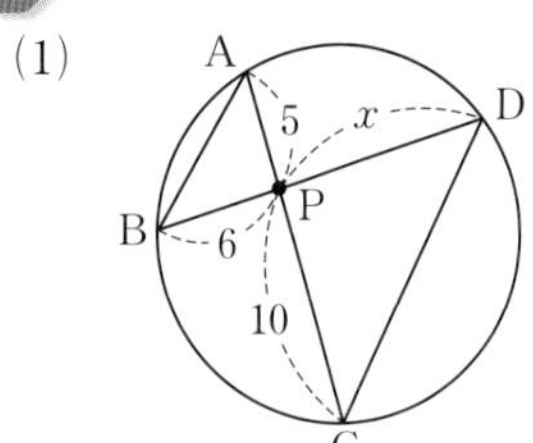

レベルUP (2)

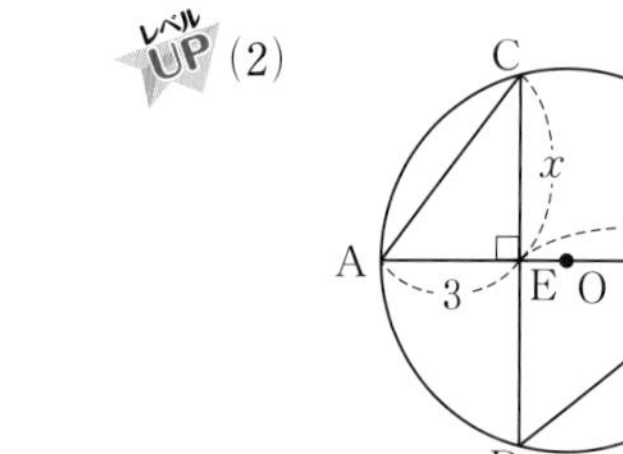

AB は直径，
AB ⊥ CD

3 右の図で，A，B，C，D は円周上の点で，AB＝BC です。弦 AC，BD の交点を E とします。

(1) △ABD∽△EBA となります。このことを証明しなさい。

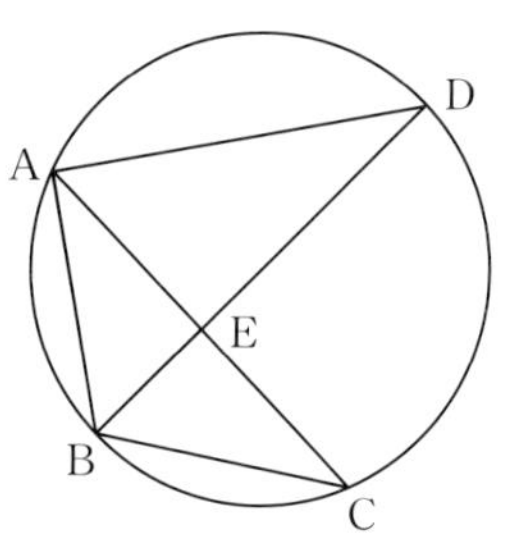

(2) BE＝1cm，DE＝3cm のとき，AB の長さを求めなさい。

4 右の図について，次の問に答えなさい。

(1) PA：PC＝PD：PB を証明しなさい。

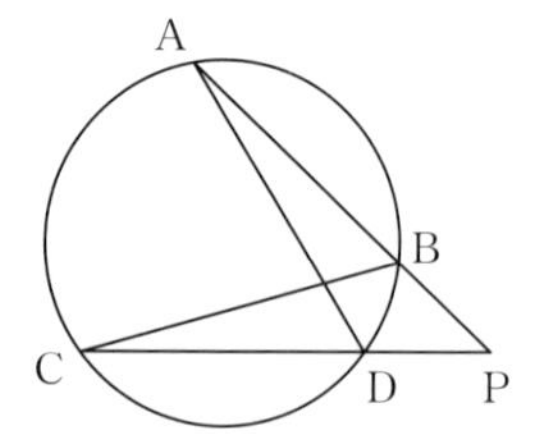

(2) PB＝6cm，PD＝5cm，AB＝9cm のとき，PC の長さを求めなさい。

2 (2) 直径 AB は弦 CD の垂直二等分線になるから，DE＝CE＝x
3 (2) (1)より，AB：EB＝BD：BA となることから，比例式をつくる。
4 (1) まず，△ADP∽△CBP であることを証明する。

5 右の図で，**A**，**B**，**C** は円 **O** の周上の点で，**BC** は直径です。∠**ACB** の二等分線をひき，弦 **AB**，円 **O** との交点をそれぞれ **D**，**E** とします。

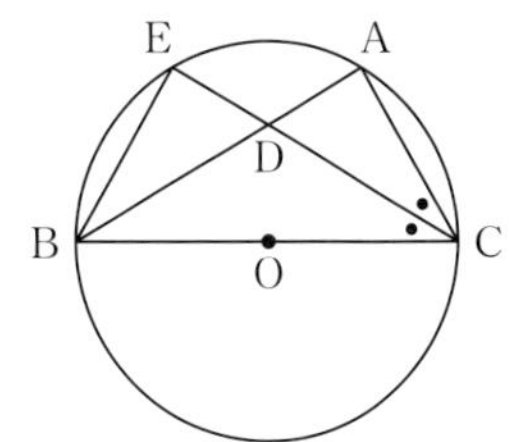

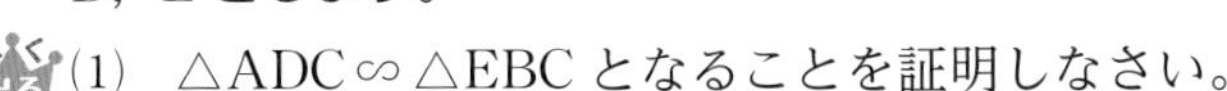

(1) △ADC∽△EBC となることを証明しなさい。

(2) ∠ACB＝60° であれば，△ABC∽△EBD となります。このことを証明しなさい。

6 右の図のように，4 点 A，B，C，D がこの順序で円の周上にあり，AB＜CD となっています。また，B を通り線分 AD に平行な直線をひき，線分 CD との交点を E とします。このとき，△ABC∽△DEB であることを証明しなさい。

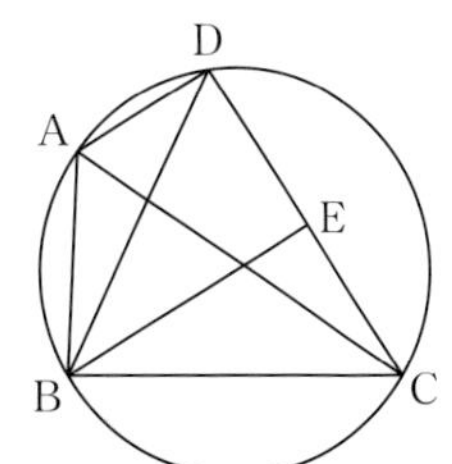

入試問題をやってみよう！

1 右の図において，3 点 **A**，**B**，**C** は，円 **O** の円周上の点であり，**BC** は円 **O** の直径です。$\overset{\frown}{AC}$ 上に点 **D** をとり，点 **D** を通り **AC** に垂直な直線と円 **O** との交点を **E** とします。また，**DE** と **AC**，**BC** との交点をそれぞれ **F**，**G** とします。このとき，次の問に答えなさい。〔静岡〕

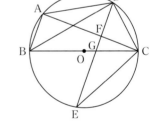

(1) △DAC∽△GEC であることを証明しなさい。

(2) $\overset{\frown}{AD}$ ： $\overset{\frown}{DC}$ ＝3：2，∠BGE＝70° のとき，∠EDC の大きさを求めなさい。

2 右の図のような平行四辺形 ABCD があります。辺 AD 上にあって，∠BPC＝90° となる点 P を右の図に作図しなさい。ただし，作図に用いた線は消さずに残しておくこと。〔愛媛〕

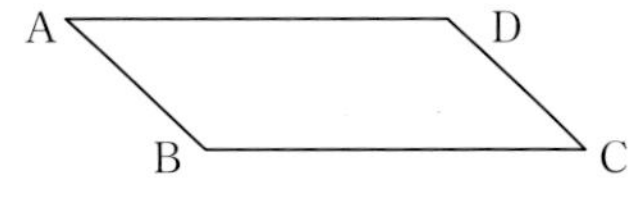

5 (2) ∠EBD の大きさを具体的に求めてみる。
6 円周角の定理と平行線の錯角の性質を利用して，角が等しいことを導く。
2 ∠BPC＝90° だから，P は BC を直径とする円の周上の点である。

解答 p.46

ステージ 3

[円] 円の性質を見つけて証明しよう

/100

1 下の図で，$\angle x$ の大きさを求めなさい。　5点×6（30点）

(1)

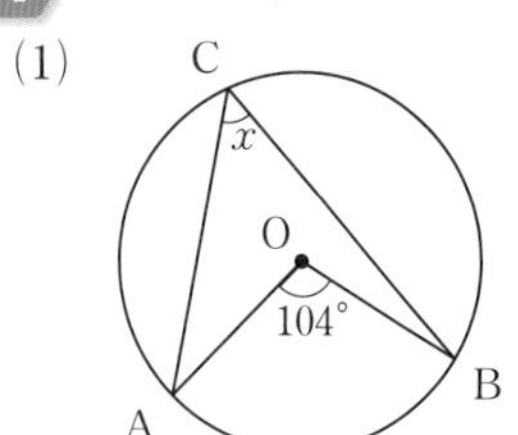

(2)

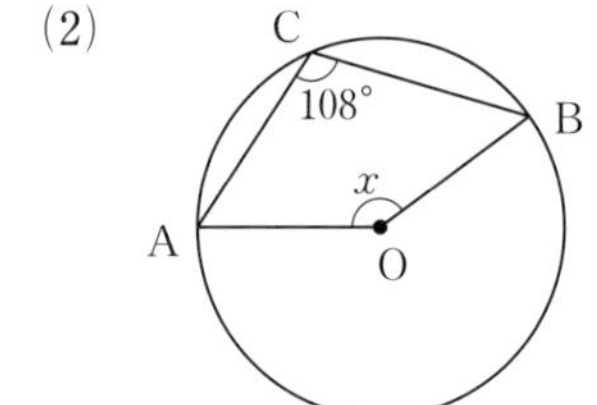

(3)

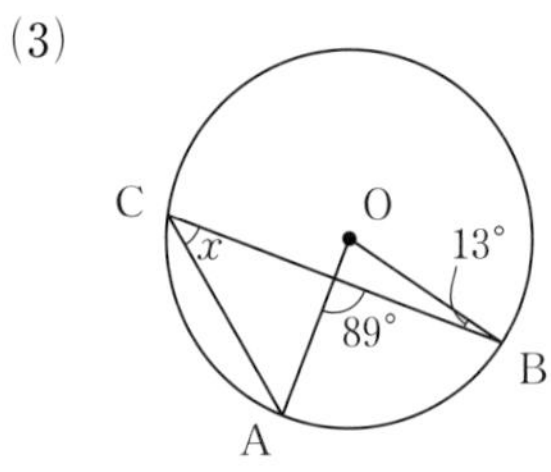

（　　　）　（　　　）　（　　　）

(4)

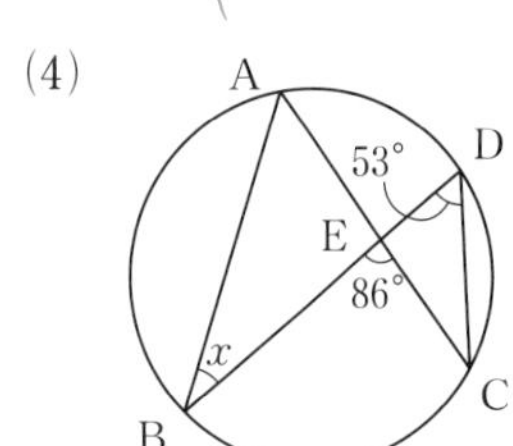

(5)

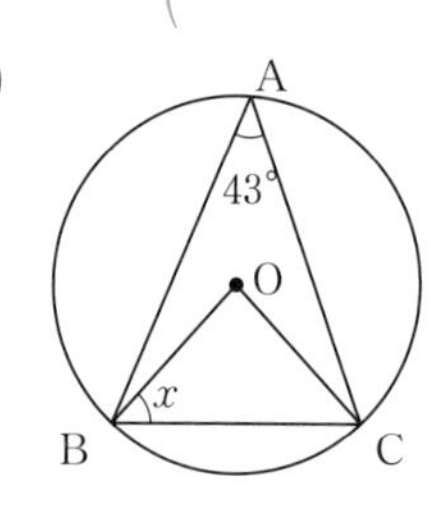

(6)

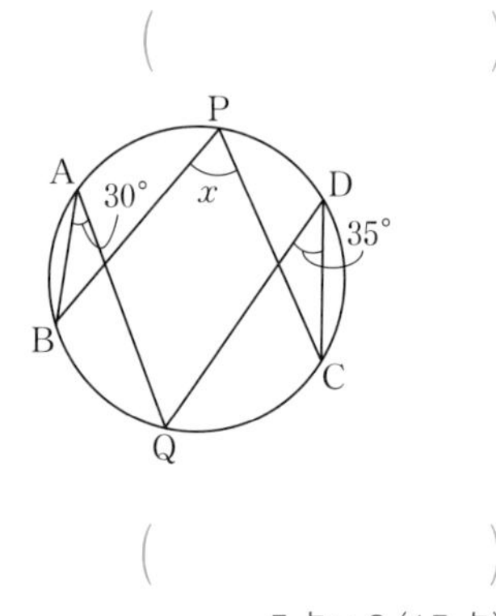

（　　　）　（　　　）　（　　　）

2 下の図で，$\angle x$ の大きさを求めなさい。　5点×3（15点）

(1)

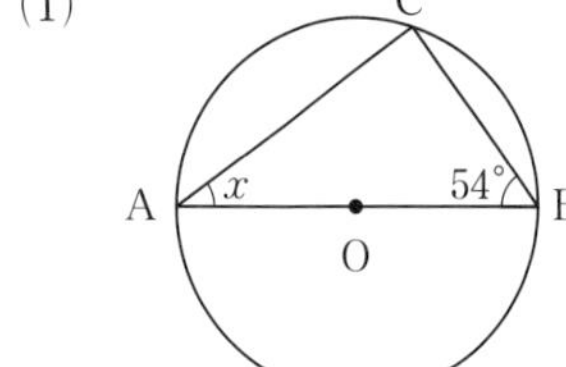

(2)

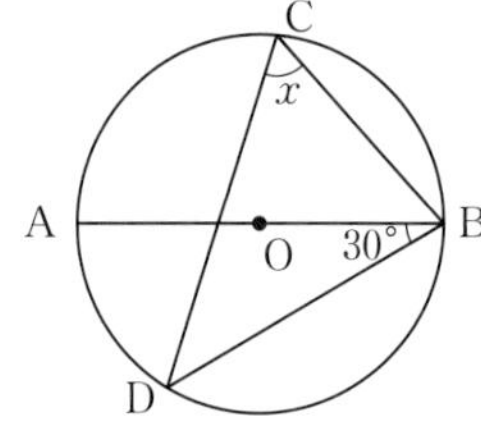

(3)

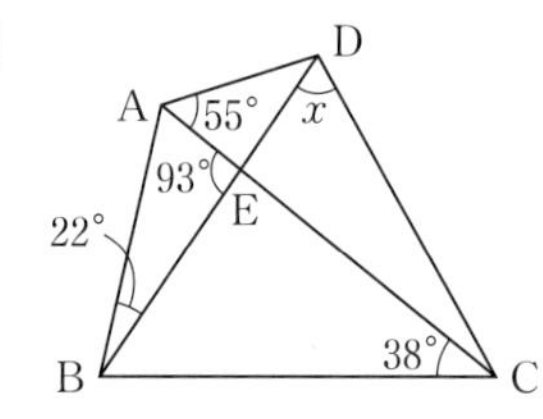

（　　　）　（　　　）　（　　　）

3 下の図で，$\angle x$，$\angle y$ の大きさを求めなさい。　4点×4（16点）

(1)

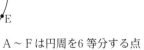

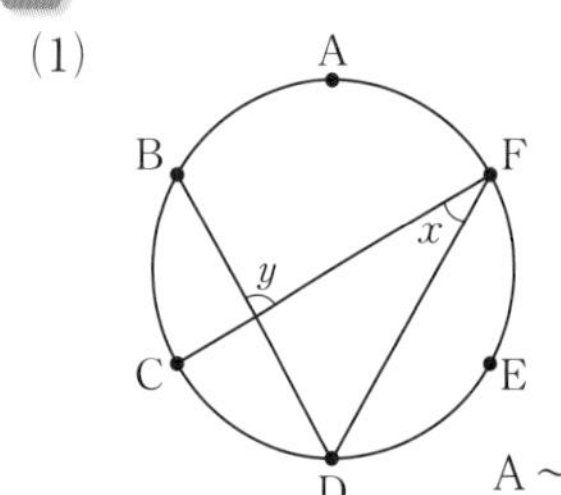

A〜Fは円周を6等分する点

(2)

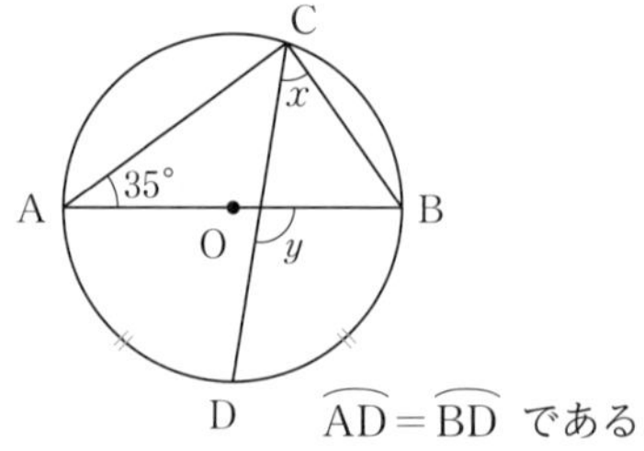

$\overset{\frown}{AD}=\overset{\frown}{BD}$ である。

$\angle x$（　　　）　$\angle x$（　　　）
$\angle y$（　　　）　$\angle y$（　　　）

目標 円周角の定理やそれに関する定理を理解し，角の大きさや相似の問題を解くのに利用できるようになろう。

自分の得点まで色をぬろう！
がんばろう！ もう一歩 合格！
0 60 80 100点

4 右の図のように，直線 ℓ と2点A，Bがあります。直線 ℓ 上にあって，$\angle APB = 90°$ となるような点Pを1つ作図しなさい。 （5点）

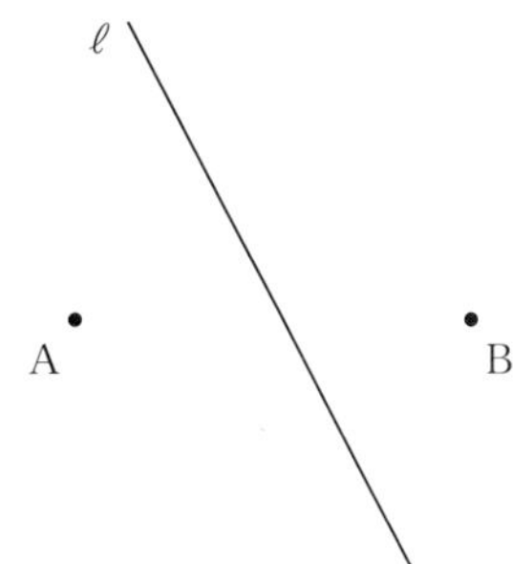

5 **AB＝ACの二等辺三角形ABCの紙があり，辺BC上に点DをBD＞DCとなるようにとります。右の図はその二等辺三角形ABCの紙を直線ADで折った図で，点Bが移動した点をB′とします。** 7点×2（14点）

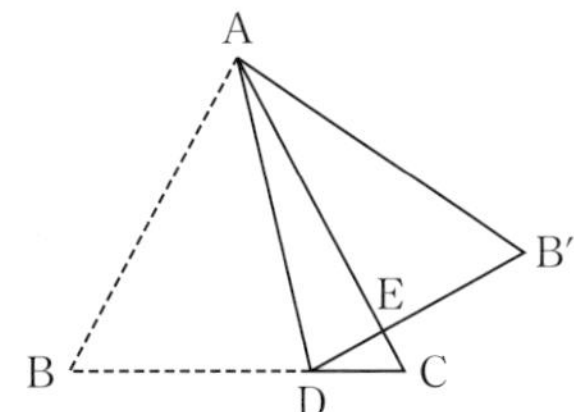

(1) 4点A，D，C，B′は1つの円周上にあることを証明しなさい。

(2) ACとDB′の交点をEとします。△ADE∽△B′CEとなることを証明しなさい。

6 下の図で，x の値を求めなさい。 5点×2（10点）

(1)

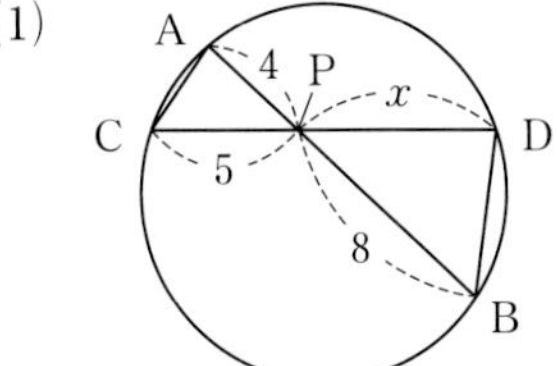

(2)

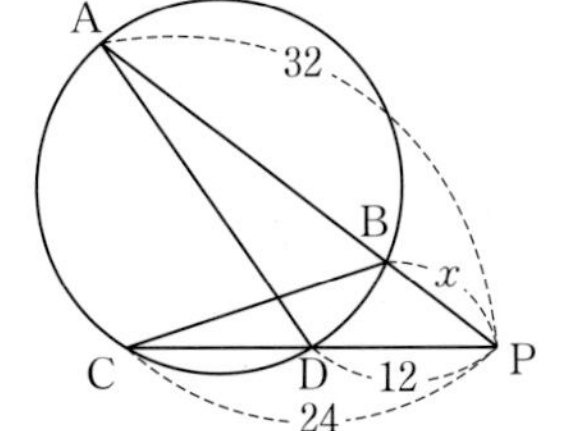

7 右の図で，$\overset{\frown}{AB} = \overset{\frown}{BC}$ のとき，次の問に答えなさい。 5点×2（10点）

(1) △BECと相似な三角形をすべて答えなさい。

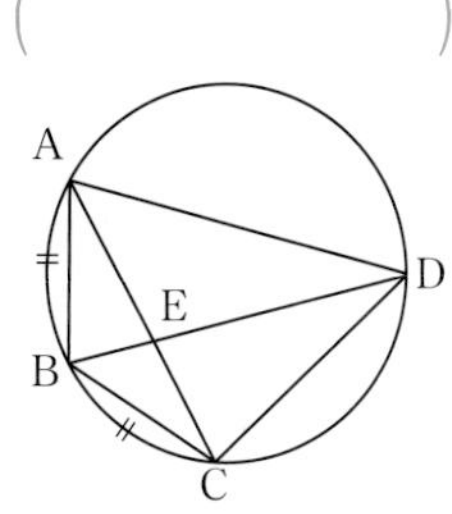

(2) BC＝4，CD＝6，DB＝8のとき，CEの長さを求めなさい。

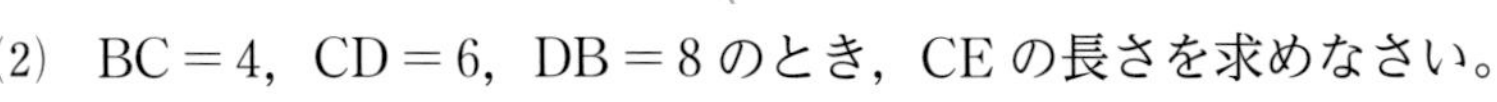

アプリ【どこでもワーク計算編・図形編】をやって，さらに力をつけよう！

6章

ステージ 1 1節 三平方の定理

1 三平方の定理 2 三平方の定理の逆

例1 三平方の定理

教 p.189 → 基本問題 2 3

下の図の直角三角形で，x の値（あたい）をそれぞれ求めなさい。

(1)

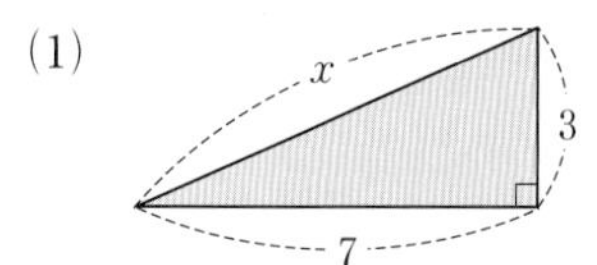

(2)

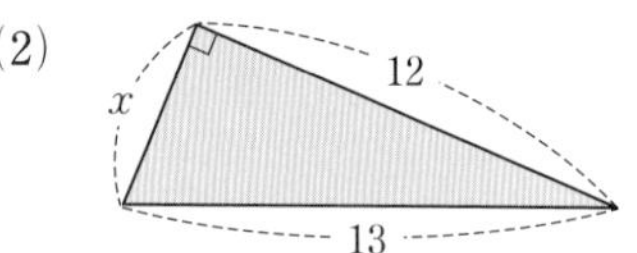

考え方 斜辺（しゃへん） c を確認して，三平方の定理（さんへいほう） $a^2+b^2=c^2$ にあてはめる。

解き方 (1) 斜辺は x であるから，$7^2+3^2=x^2$

$x^2=58$

xは辺の長さを表しているから正である

$x>0$ だから，$x=$ ①

(2) 斜辺は 13 であるから，$12^2+x^2=13^2$

$x^2=25$

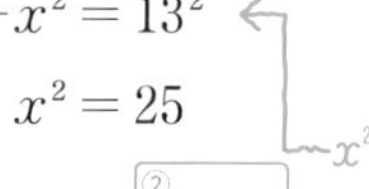

$x>0$ だから，$x=$ ②

$x^2=13^2-12^2$
$=(13+12)\times(13-12)$
$=25\times1$ と計算することもできる。

三平方の定理

直角三角形の直角をはさむ 2 辺の長さを a，b，斜辺の長さを c とすると，

$a^2+b^2=c^2$

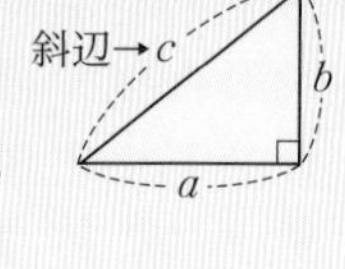

知ってると得

辺の長さが整数である直角三角形には，右のようなものがある。

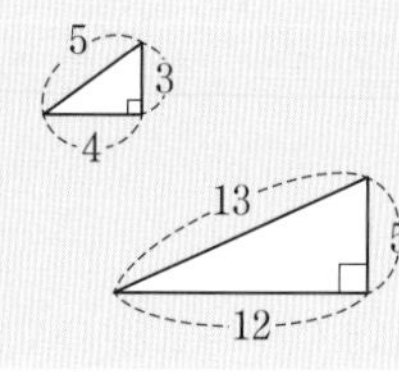

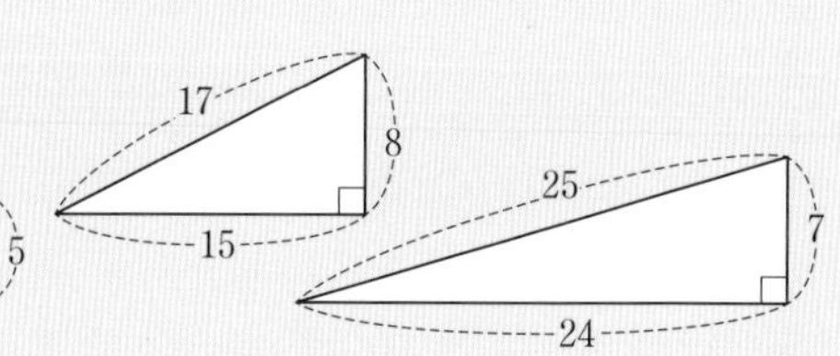

例2 三平方の定理の逆

教 p.191 → 基本問題 4

次の長さを 3 辺とする三角形のうち，直角三角形は㋐と㋑のどちらですか。

㋐ 4 cm，5 cm，7 cm　　㋑ 8 cm，10 cm，6 cm

考え方 もっとも長い辺の 2 乗が，他の 2 辺の 2 乗の和になるか調べる。

解き方 ㋐は，もっとも長い辺が 7 cm だから，

$a=4$，$b=5$，$c=7$ とすると，　←c=7 であれば a=5，b=4 でもかまわない。

$a^2+b^2=4^2+5^2=41$

$c^2=7^2=49$

したがって，$a^2+b^2=c^2$ は成り立 ③ 。

㋑は，もっとも長い辺が 10 cm だから，

$a=8$，$b=6$，$c=10$ とすると，

$a^2+b^2=8^2+6^2=100$

$c^2=10^2=100$

したがって，$a^2+b^2=c^2$ は成り立 ④ 。 **答** ⑤

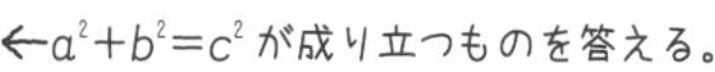
←$a^2+b^2=c^2$ が成り立つものを答える。

三平方の定理の逆

三角形の 3 辺の長さ a，b，c の間に，$a^2+b^2=c^2$ という関係が成り立てば，その三角形は，長さ c の辺を斜辺とする直角三角形である。

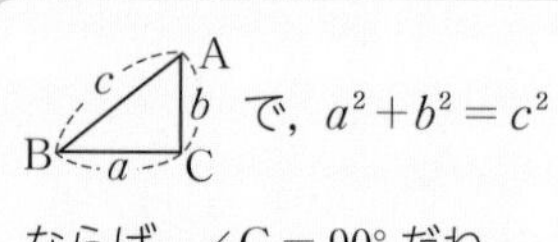

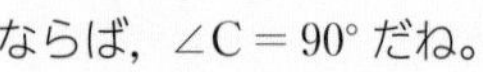

基本問題

解答 p.47

1 三平方の定理の証明 右の図のように，斜辺が c の直角三角形 ABC と合同な直角三角形を並べて，2 つの正方形をつくります。この図を利用して，$a^2+b^2=c^2$ が成り立つことを証明しなさい。 教 p.188

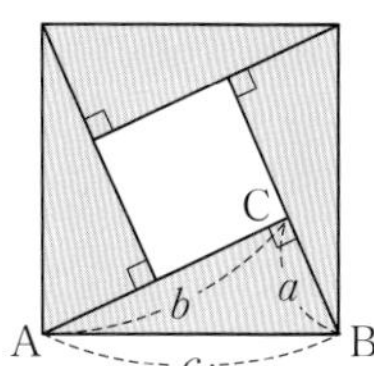

2 三平方の定理 下の図の直角三角形で，x の値を求めなさい。

(1)

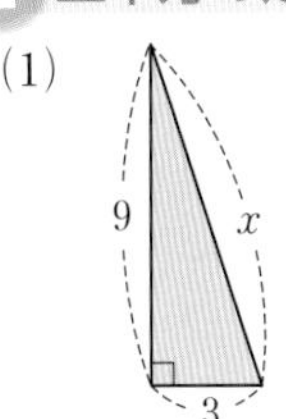

(2)

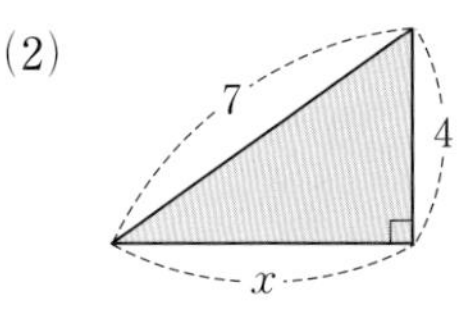

(3)

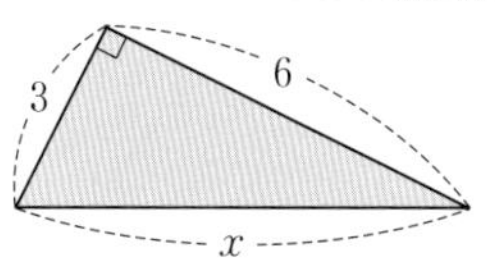

(4)

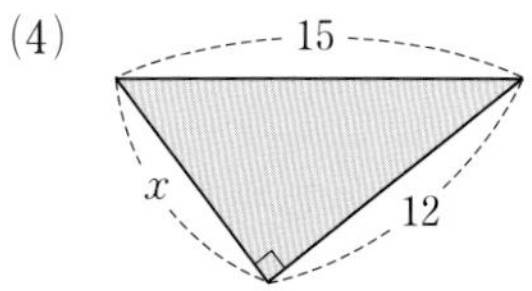

(5)

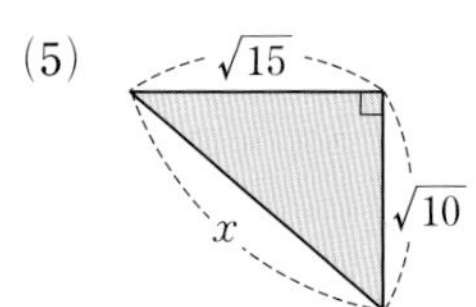

(6)

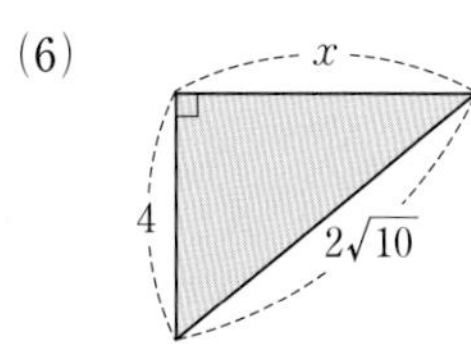

3 三平方の定理 右の図で，x の値を求めなさい。 教 p.189

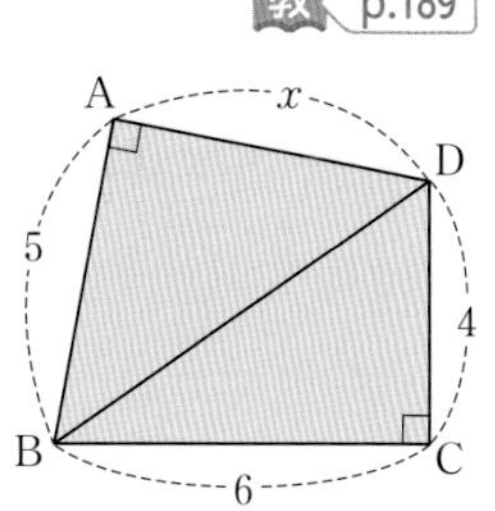

4 三平方の定理の逆 次の長さを 3 辺とする三角形について，直角三角形であるものには○，そうでないものには×を答えなさい。 教 p.191 問1

(1) 12 cm，16 cm，20 cm　　(2) 8 cm，12 cm，16 cm

(3) 6.5 cm，2.5 cm，6 cm　　(4) $\sqrt{3}$ m，$\sqrt{4}$ m，$\sqrt{5}$ m

(5) 2 cm，3 cm，$\sqrt{5}$ cm

(6) 7 cm，$4\sqrt{2}$ cm，$\sqrt{17}$ cm

(5)，(6)は，まず各辺を 2 乗して，一番大きいものを c^2 にすればいいね。

左ページの例の答え　① $\sqrt{58}$　② 5　③ たない　④ つ　⑤ イ

7章

解答 p.48

定着のワーク ステージ2 1節 三平方の定理

よく出る **1** 下の図の直角三角形で，x の値をそれぞれ求めなさい。

(1)
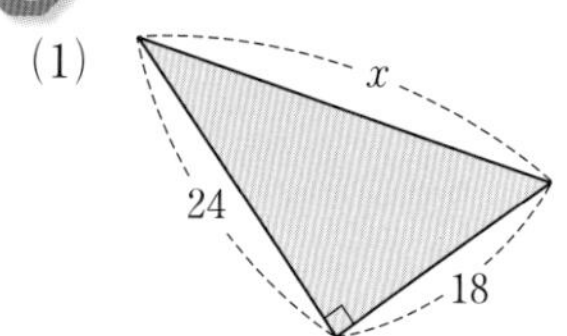

(2)
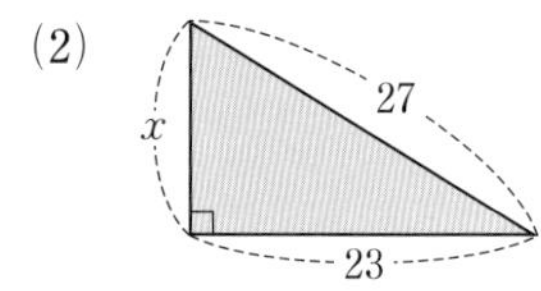

(3)
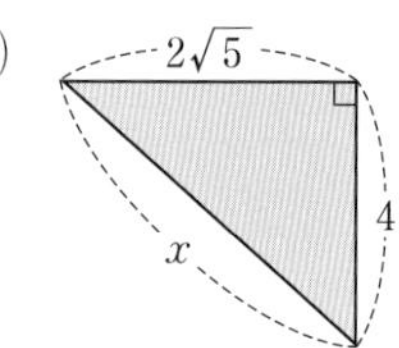

(4)
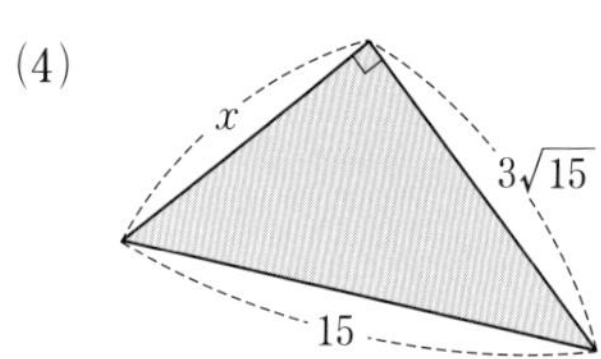

(5)
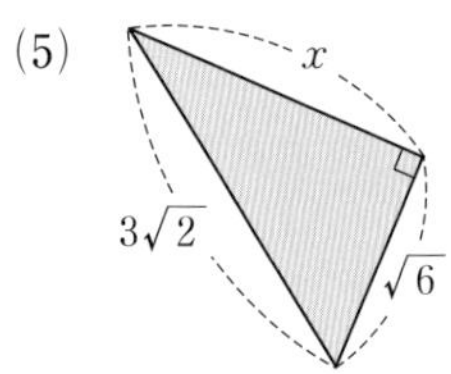

(6)
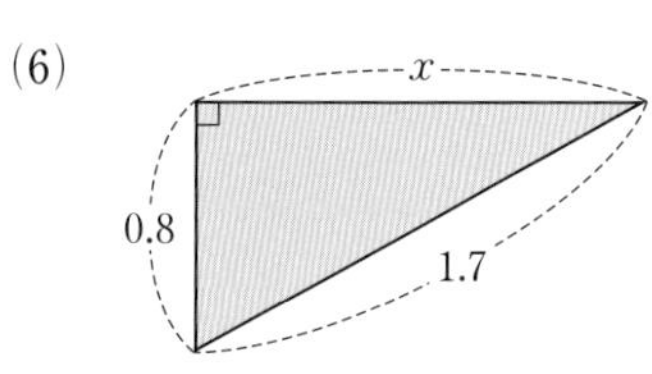

2 下の図で，x，y の値を求めなさい。

(1)
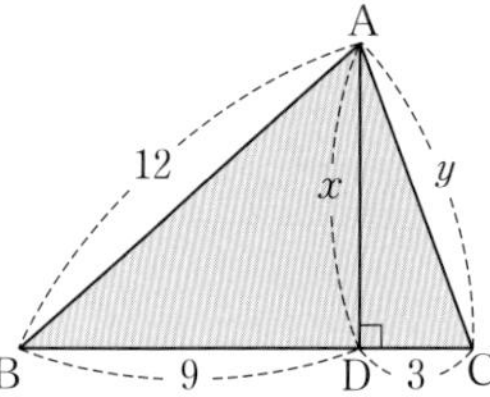

(2)
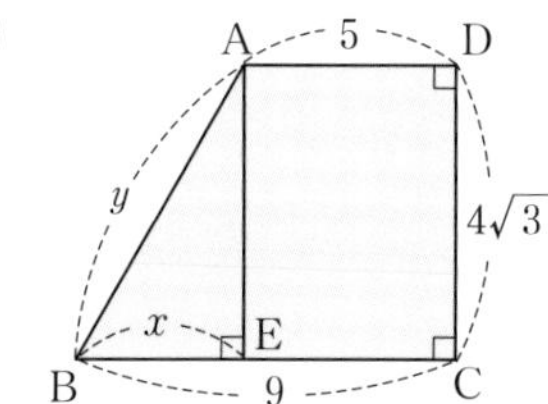

3 直角三角形のそれぞれの辺を半径とする中心角が 90° のおうぎ形を，右の図のようにかきます。このとき，おうぎ形の面積 P，Q，R の間には，どんな関係がありますか。

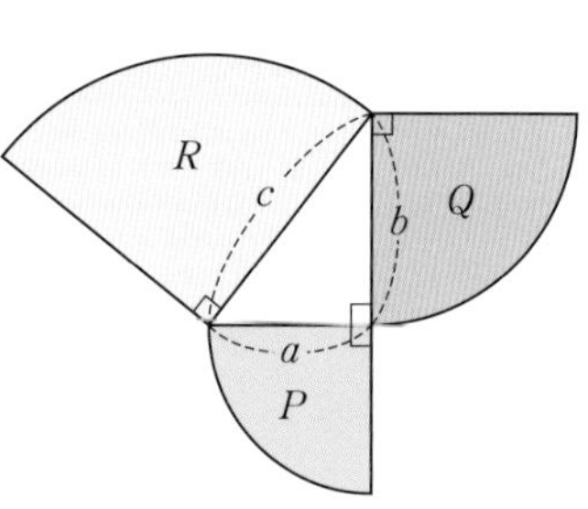

よく出る **4** 次の長さを 3 辺とする三角形のうち，直角三角形はどれですか。

㋐ 15 cm，18 cm，24 cm　　㋑ 21 cm，29 cm，20 cm

㋒ $\sqrt{6}$ cm，4 cm，3 cm　　㋓ $2\sqrt{3}$ cm，$\sqrt{15}$ cm，$3\sqrt{3}$ cm

㋔ 1.5 cm，0.9 cm，0.8 cm　　㋕ 1 m，$\frac{4}{3}$ m，$\frac{5}{3}$ m

2 (1) まず，直角三角形 ABD に注目して，x の値を求める。
(2) 四角形 AECD は長方形だから，EC = AD，AE = DC。

3 P，Q，R の面積を計算し，三平方の定理 $a^2+b^2=c^2$ との関連を考える。

5 右の図について，次の問に答えなさい。

(1) △ABC の辺 AC の長さを求めなさい。

(2) △ABC はどんな三角形ですか。また，その理由も書きなさい。

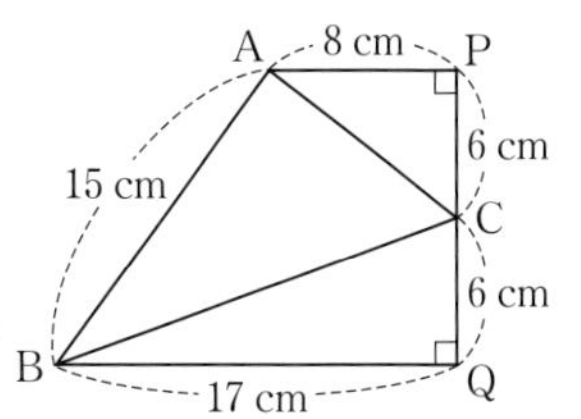

6 直角三角形 ABC で，AB は BC より 2 cm 長く，BC は CA より 7 cm 長くなっています。斜辺の長さを求めなさい。

7 右の図のような △ABC で，頂点 A から辺 BC に垂線 AH をひきます。BH = x として，次の問に答えなさい。

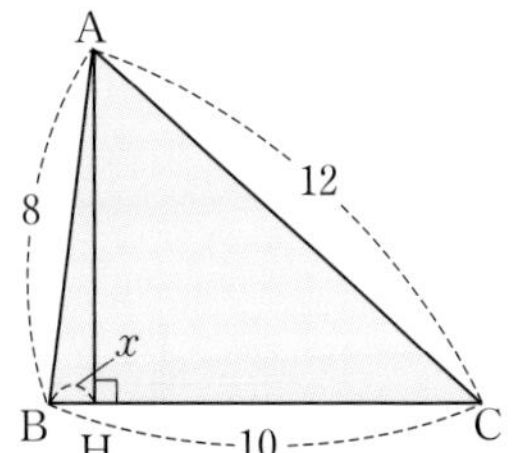

(1) 直角三角形 ABH に注目して，AH^2 を x の式で表しなさい。

(2) 直角三角形 ACH に注目して，AH^2 を x の式で表しなさい。

(3) (1)，(2)より x の方程式をつくり，x の値を求めなさい。

(4) AH の長さを求めなさい。また，△ABC の面積を求めなさい。

入試問題をやってみよう！

1 右の図のように，底面が AB = 5 cm，AC = 6 cm，∠ABC = 90° の直角三角形で，高さが 6 cm の三角柱があります。この三角柱の体積を求めなさい。〔千葉〕

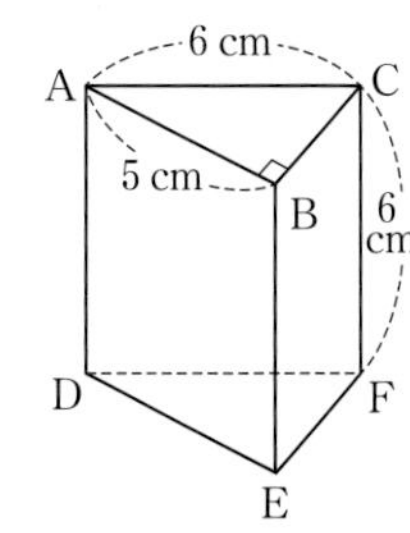

2 右の平行四辺形 ABCD において，点 A から対角線 BD に垂線をひき，BD との交点を H とします。AB = 5 cm，BH = 4 cm，HD = 6 cm であるとき，対角線 AC の長さを求めなさい。〔山形〕

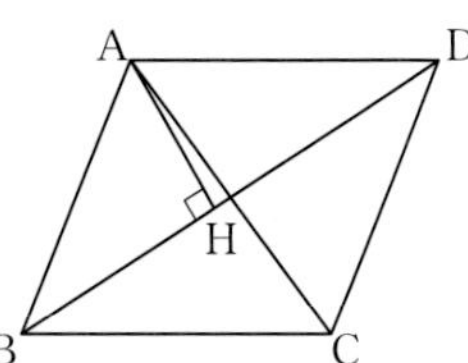

7章

5 (2) AB^2，AC^2，BC^2 の値を求める。
6 CA = x cm として，BC，AB を x の式で表し，三平方の定理より方程式をつくる。
2 対角線の交点を O とし，直角三角形 ABH，AHO に注目する。

確認のワーク ステージ1　2節　三平方の定理の利用
1 三平方の定理の利用(1)

例1 長方形や二等辺三角形への利用

教 p.194～195 → 基本問題 1 2 3

次の問に答えなさい。

(1)　1 辺が 5 cm の正方形の対角線の長さを求めなさい。

(2)　1 辺が 8 cm の正三角形の高さを求めなさい。

考え方 対角線や高さを 1 辺とする直角三角形で，三平方の定理を利用する。

解き方 (1)　対角線の長さを x cm とすると，

$x^2=5^2+5^2=50$ ←直角三角形 ABC で，三平方の定理より

$x>0$ であるから，$x=$ ① 　答 ② cm

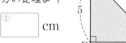

別解 対角線でできる三角形は直角二等辺三角形だから，AB：AC＝1：$\sqrt{2}$

5：x＝1：$\sqrt{2}$ 　$x=$ ③

(2)　右の図で，高さを AD＝h cm とする。

D は辺 BC の中点になるから，BD＝4 cm

$4^2+h^2=8^2$ ←直角三角形 ABD で，三平方の定理より

$h^2=48$

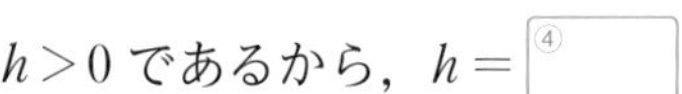

$h>0$ であるから，$h=$ ④ 　答 ⑤ cm

別解 △ABD は，30°，60°，90° の直角三角形だから，

AB：AD＝2：$\sqrt{3}$ 　8：h＝2：$\sqrt{3}$ 　$h=$ ⑥

たいせつ

特別な直角三角形の 3 辺の比

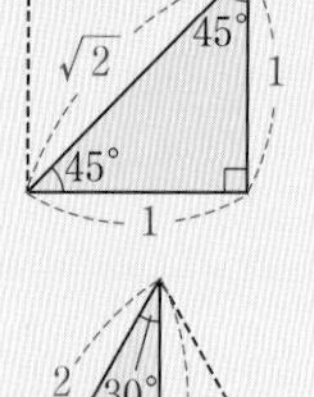

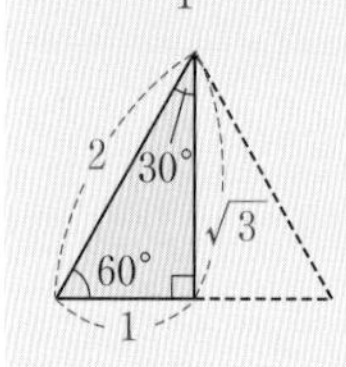

例2 2 点間の距離

教 p.197 → 基本問題 4

2 点 A(3，4)，B(−2，−3) の間の距離（きょり）を求めなさい。

考え方 AB を斜辺として，他の 2 辺が座標軸（じく）に平行な直角三角形 ABC をつくり，三平方の定理を利用する。

解き方 右の図のように直角三角形 ABC をつくる。 ←C(3，−3)

BC＝3−(−2)＝5 　←x座標の差の絶対値

AC＝4−(−3)＝ ⑦ 　←y座標の差の絶対値

AB＝d とすると，$d^2=5^2+7^2=74$

$d>0$ であるから，$d=$ ⑧

AB の長さを求めるには，AB を斜辺にもつ直角三角形をつくればいいんだね。

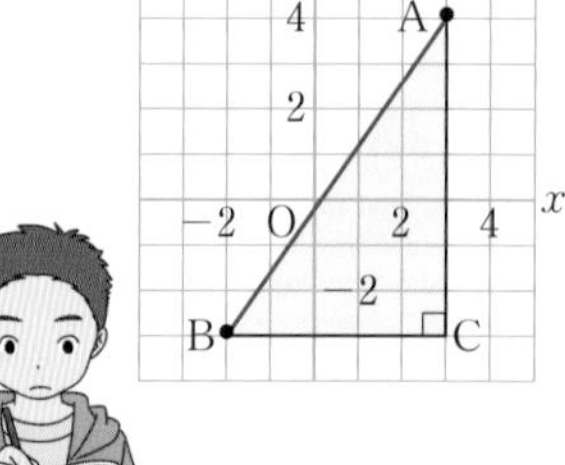

知ってると得

2 点 A(x_1，y_1)，B(x_2，y_2) 間の距離は AB＝$\sqrt{(x_2-x_1)^2+(y_2-y_1)^2}$

基本問題

解答 p.49

1 長方形や二等辺三角形への利用 下の図の長方形や正方形の対角線の長さを求めなさい。

教 p.196 問5

(1)

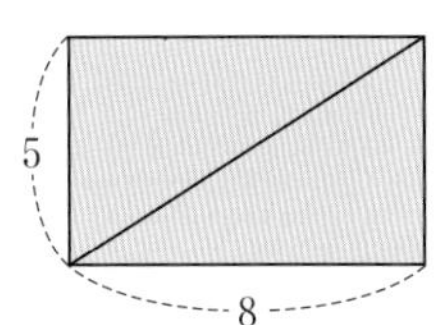

(2)

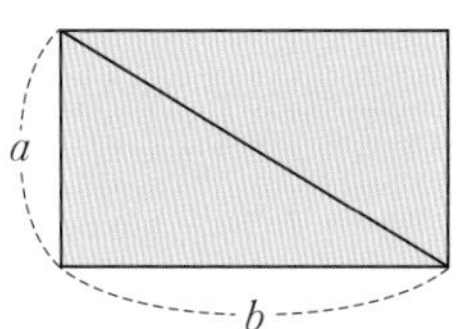

(3)

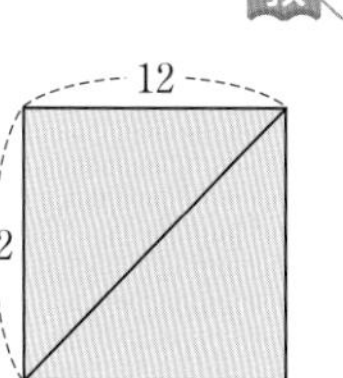

2 長方形や二等辺三角形への利用 下の図の二等辺三角形や正三角形の高さ AH と，面積を求めなさい。

教 p.196 問6

(1)

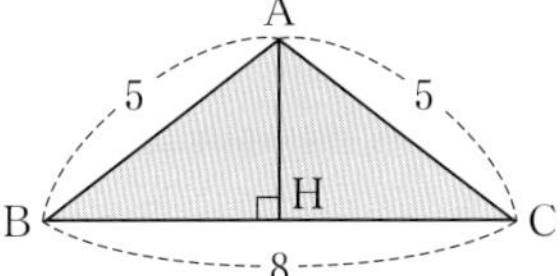

(2)

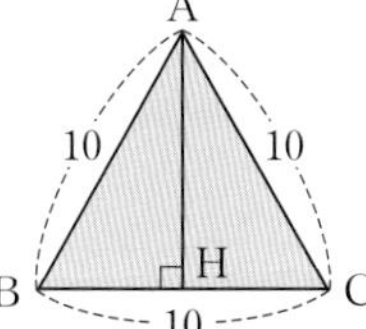

思い出そう
AB＝AC の二等辺三角形で，頂点 A から辺 BC にひいた垂線は，辺 BC を 2 等分する。

3 長方形や二等辺三角形への利用 下の図で，x，y の値を求めなさい。

(1)

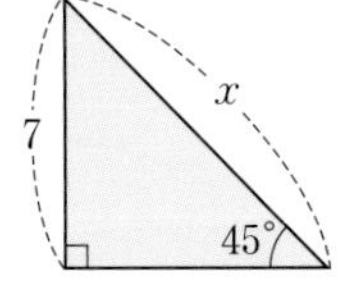

(2)

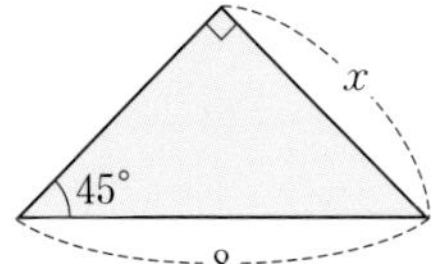

(3)

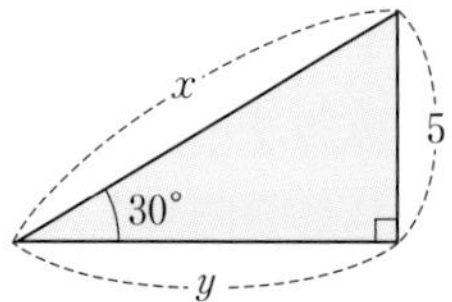

(4)

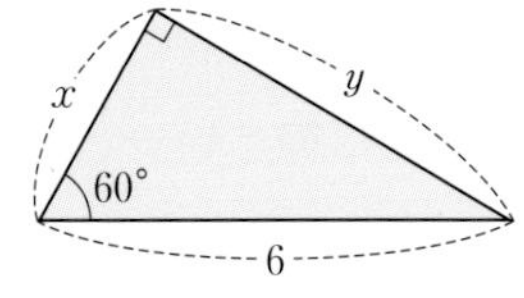

(5)

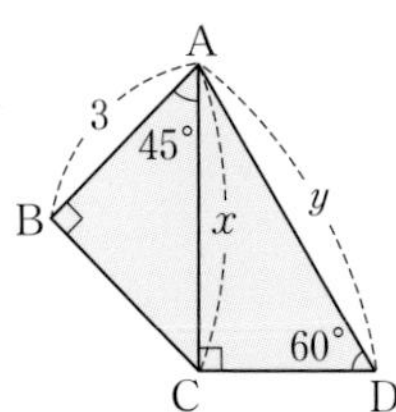

(6)

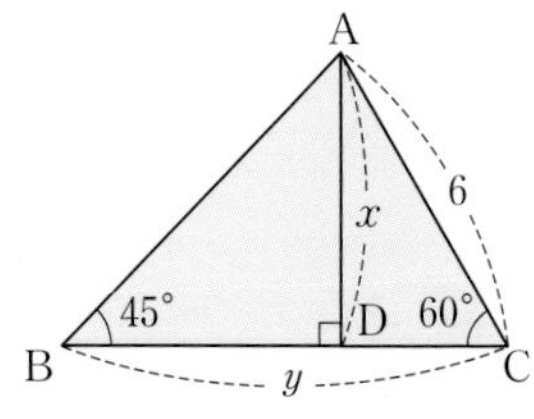

4 2 点間の距離 次の(1)，(2)について，2 点 A，B 間の距離を求めなさい。

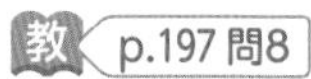

(1) 右の図の 2 点 A，B

(2) A(5, −2)，B(1, 3)

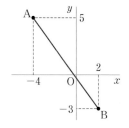

左ページの例の答え ① $5\sqrt{2}$ ② $5\sqrt{2}$ ③ $5\sqrt{2}$ ④ $4\sqrt{3}$ ⑤ $4\sqrt{3}$ ⑥ $4\sqrt{3}$ ⑦ 7 ⑧ $\sqrt{74}$

確認のワーク ステージ1

2節 三平方の定理の利用
1 三平方の定理の利用(2)

例1 円や球への利用
教 p.198 →基本問題1

半径が 9 cm の円 O で，中心からの距離（きょり）が 4 cm である弦 AB の長さを求めなさい。

考え方 中心 O から弦 AB に垂線 OH をひくと，H は AB の中点になるから，直角三角形 OAH で，AH の長さを求める。

△OAB は OA＝OB の二等辺三角形なので，△OAH≡△OBH となるから，AH＝BH

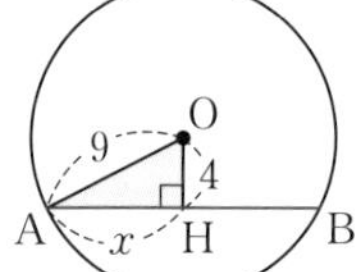

解き方 AH＝x cm とする。

直角三角形 OAH で，$x^2+4^2=9^2$

$x^2=65$

$x>0$ であるから，$x=$ ①

AB＝2AH＝ ②　**答** ③　cm

点と直線の距離は，その点から直線にひいた垂線の長さだから，OH が中心 O と弦 AB との距離になるんだね。

例2 直方体の対角線
教 p.199 →基本問題23

縦 5 cm，横 8 cm，高さ 4 cm の直方体の対角線の長さを求めなさい。

考え方 右の図で，対角線 BH を 1 辺とする直角三角形 BFH に注目する。辺 FH は底面の長方形の対角線である。

四角形 BFHD は長方形になるから，∠BFH＝90°

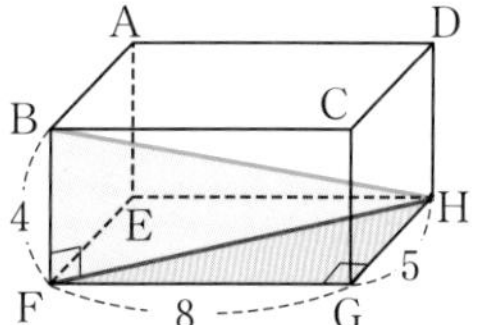

解き方 直角三角形 FGH で，$FH^2=8^2+5^2$…①

直角三角形 BFH で，$BH^2=FH^2+4^2$…②

①，②から，$BH^2=(8^2+5^2)+4^2=105$

BH＞0 であるから，BH＝ ④　**答** ⑤　cm

覚えておこう
縦 a，横 b，高さ c の直方体の対角線の長さは，$\sqrt{a^2+b^2+c^2}$

注 線分 AG，CE，DF も，この直方体の対角線で，長さはすべて BH に等しい。

例3 円錐や角錐の体積
教 p.200 →基本問題45

底面の半径が 8 cm，母線の長さが 17 cm の円錐（えんすい）の高さと体積を求めなさい。

考え方 底面の半径，高さ，母線を 3 辺とする直角三角形で，三平方の定理を利用する。

解き方 右の図で，高さを AO＝h cm とする。

$8^2+h^2=17^2$

$h^2=225$

$h>0$ であるから，$h=$ ⑥

A / 17 / h / B / 8 / O

思い出そう
円錐や角錐の体積
$=\frac{1}{3}\times$(底面積)×(高さ)

したがって，体積は，$\frac{1}{3}\times\pi\times8^2\times15=$ ⑦　**答** 高さ ⑧ cm，体積 ⑨ cm^3

基本問題

解答 p.50

1 円や球への利用 次の問に答えなさい。 教 p.198 問9, 問10

(1) 半径が 8 cm の円 O で，弦 AB の長さが 12 cm のとき，円の中心 O と弦 AB との距離を求めなさい。

(2) 半径が 3 cm の円 O と，円の中心 O から 7 cm の距離に点 A があります。点 A から円 O への接線をひいたとき，この接線の長さを求めなさい。

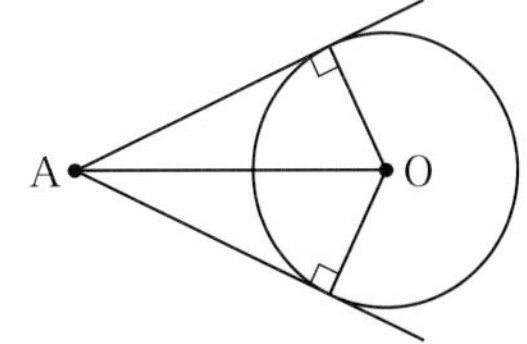

2 立方体の対角線 縦，横，高さがどれも a の立方体では，対角線の長さは $\sqrt{3}\,a$ になります。このことを示しなさい。 教 p.199 問12

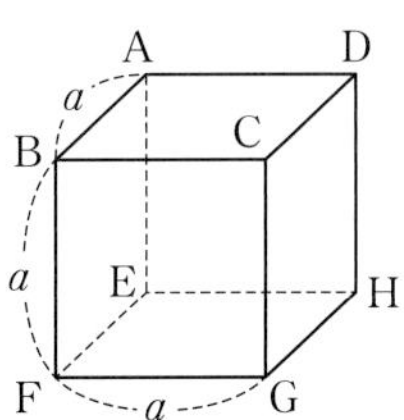

3 直方体の対角線 次の直方体や立方体の対角線の長さを求めなさい。

(1) 右の図の直方体 ABCD－EFGH

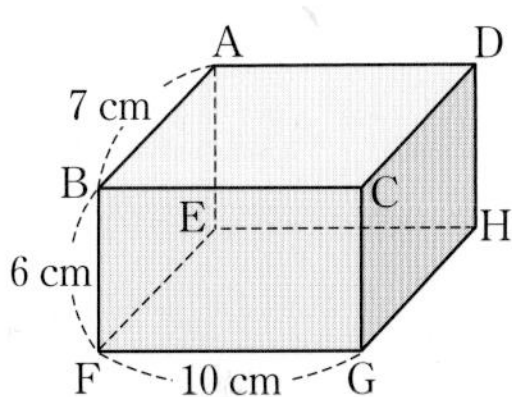

(2) 1 辺が 4 cm の立方体

4 円錐や角錐の体積 母線の長さが 8 cm，高さが 6 cm の円錐の体積を求めなさい。

7章

5 円錐や角錐の体積 右の図のように，底面が 1 辺 4 cm の正方形で，他の辺が 8 cm の正四角錐があります。底面の正方形の対角線の交点を H とするとき，次の問に答えなさい。 教 p.200 問15

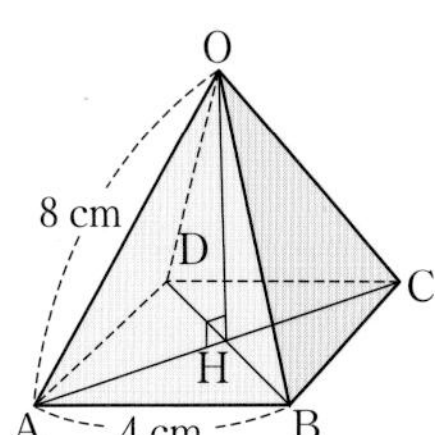

(1) AH の長さを求めなさい。

(2) この正四角錐の高さ OH と体積を求めなさい。

左ページの例の答え　① $\sqrt{65}$　② $2\sqrt{65}$　③ $2\sqrt{65}$　④ $\sqrt{105}$　⑤ $\sqrt{105}$　⑥ 15　⑦ 320π　⑧ 15　⑨ 320π

確認のワーク ステージ1

2節 三平方の定理の利用
2 いろいろな問題

例1 立体の表面上で2点を結ぶ線

教 p.203 → 基本問題 1

右の図の直方体に，点Aから辺CDを通って点Gまで糸をかけます。かける糸の長さがもっとも短くなるときの，糸の長さを求めなさい。

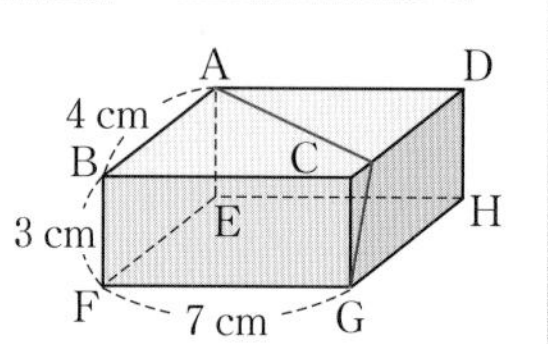

考え方 展開図上で，もっとも短くなるときを考える。

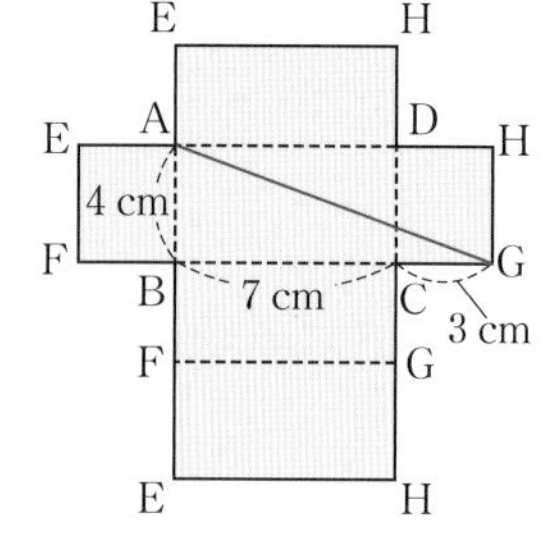

解き方 右の図のように，糸の通り道が切れないような展開図をかく。
糸がもっとも短くなるのは，AとGを直線で結んだときだから，求める糸の長さは線分AG（辺CDと交わるほう）の長さである。
直角三角形ABGで

$AG^2 = 4^2 + (7 +$ ①[　　] $)^2 = 116$ ←AB^2+BG^2

（$(BC+CG)^2$）

$AG > 0$ であるから，$AG =$ ②[　　]

答 ③[　　] cm

立体上ではもっとも短いときは考えづらいから，展開図にして，平面上で考えるんだね。

展開図は必要な部分だけでもいいよ。

例2 折り返しの問題

教 p.204 → 基本問題 2

右の図のように，縦が2 cm，横が6 cmの長方形ABCDの紙を，対角線BDを折り目として折ります。このとき，AFの長さを求めなさい。

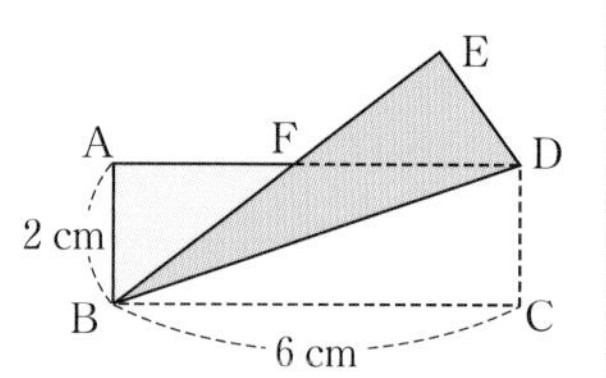

考え方 △FBDに注目して，折り返したことから，BF＝DFを導き，AF＝x cmとして，BFの長さをxを使って表し，△ABFで三平方の定理より，方程式をつくる。

解き方 折り返したから，∠FBD＝④[　　]…① ←折り返す前と，折り返した後の角は等しい。

AD // BCより，∠FDB＝∠CBD…② ←平行線の錯角は等しい。

①，②より，∠FBD＝∠FDBだから，△FBDは二等辺三角形になるので，BF＝DF

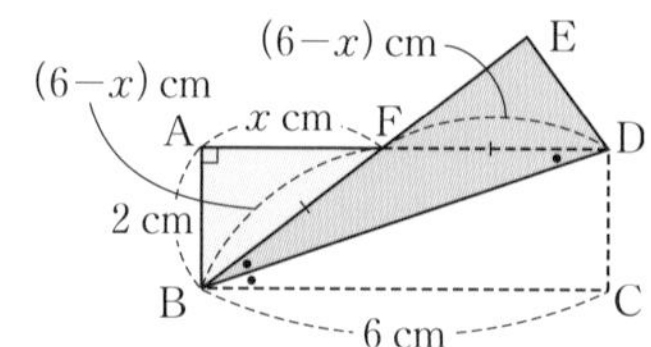

AF＝x cmとすると，DF＝$6-x$ ←DF＝AD−AF

よって，BF＝$6-x$

直角三角形ABFで，$2^2 + x^2 = ($ ⑤[　　] $)^2$ ←$AB^2+AF^2=BF^2$

$4 + x^2 = 36 - 12x + x^2$　　$12x = 32$

$x =$ ⑥[　　]

答 ⑦[　　] cm

図の中から直角三角形を見つけて，直角三角形の3辺をxで表して，方程式をつくればいいんだね。

基本問題

解答 p.50

1 立体の表面上で 2 点を結ぶ線　右の図の直方体に，点 B から点 H まで糸をかけるとき，次の問に答えなさい。 教 p.203

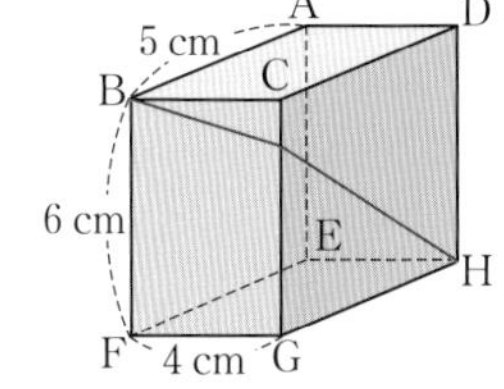

(1) 次の辺を通る場合，もっとも糸が短くなるときの糸の長さを求めなさい。

① 辺 CG

② 辺 FG

③ 辺 CD

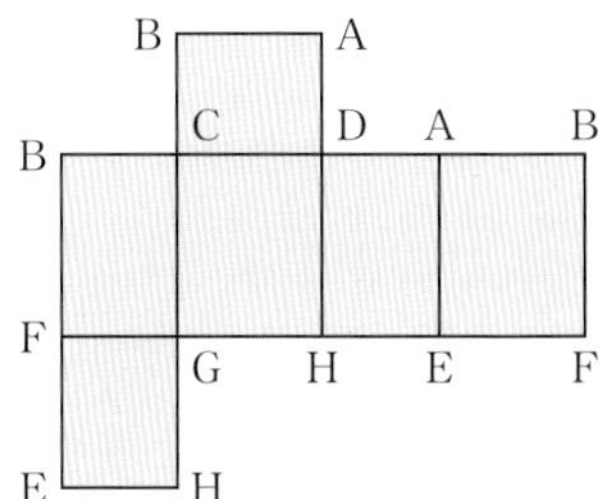

(2) もっとも短くなるときの糸の長さを答えなさい。

2 折り返しの問題　右の図のように，縦が 9 cm，横が 12 cm の長方形 ABCD の紙を，頂点 D が辺 BC の中点 M と重なるように折ります。CE = x cm として，次の問に答えなさい。 教 p.204 問2

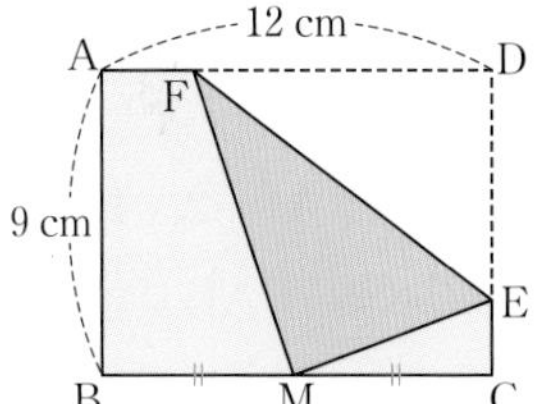

(1) ME の長さを x の式で表しなさい。

(2) CE の長さを求めなさい。

3 接線の長さの利用　右の図のように，AB を直径とする半円と，その周上の点 P を通る接線があります。また，A，B を通る直径 AB の垂線と接線との交点をそれぞれ C，D とします。AC = 4 cm，BD = 9 cm のとき，直径 AB の長さを，次の(1)，(2)の図の補助線をひく方法で，それぞれ求めなさい。 教 p.204 問3

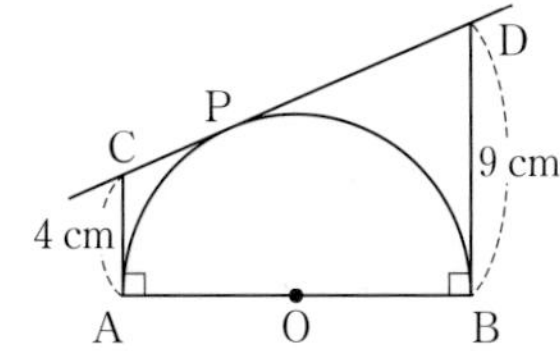

(1)

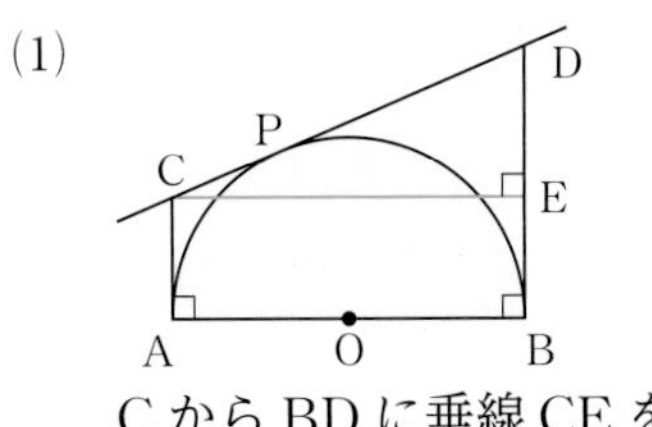

C から BD に垂線 CE をひく

(2)

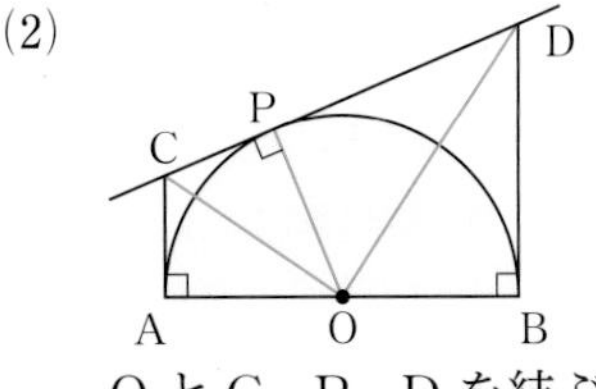

O と C，P，D を結ぶ

(1)は接線の長さが等しいこと，(2)は △OCA ≡ △OCP や △ODP ≡ △ODB を利用すればいいね。

左ページの 例 の答え　① 3　② $2\sqrt{29}$　③ $2\sqrt{29}$　④ ∠CBD　⑤ $6-x$　⑥ $\frac{8}{3}$　⑦ $\frac{8}{3}$

解答 p.51

2節　三平方の定理の利用

よく出る **1** 下の図で，x の値を求めなさい。

(1)

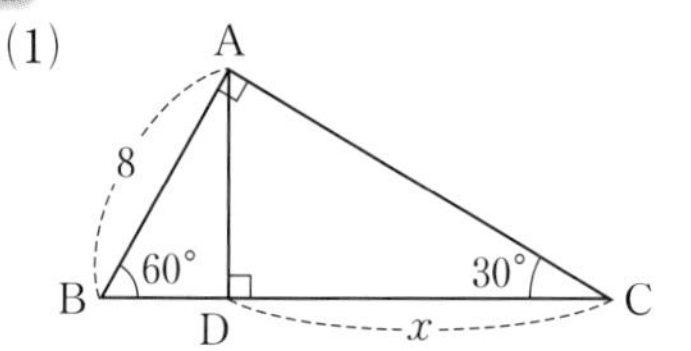

(2)

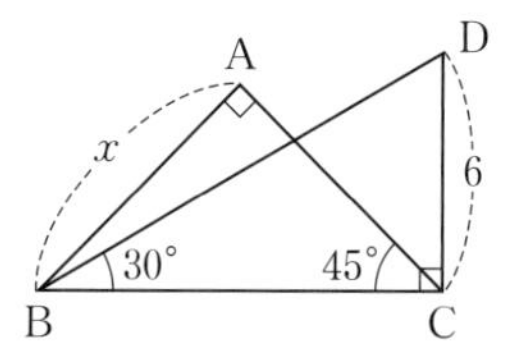

(3)

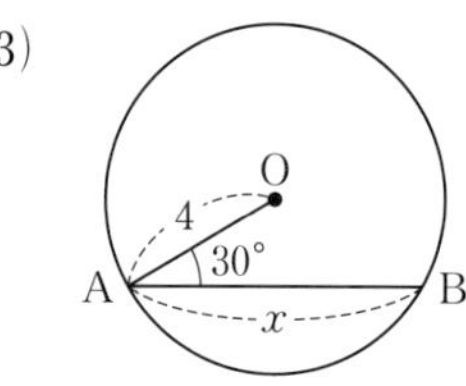

2 右の図のような △ABC で，頂点 A から辺 BC の延長に垂線 AH をひくとき，次の問に答えなさい。

(1)　AH の長さを求めなさい。

(2)　辺 AB の長さを求めなさい。

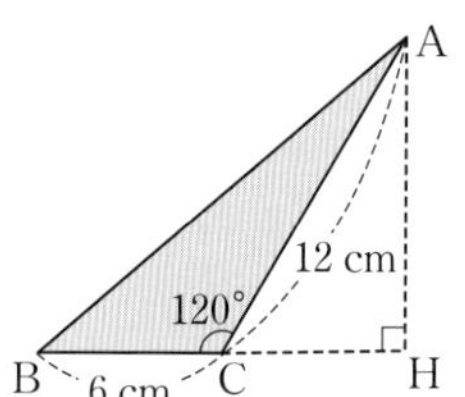

3 3 点 A(−2, 4), B(−1, −3), C(2, 1) があります。

(1)　線分 AB の長さを求めなさい。

(2)　△ABC はどんな三角形になりますか。

4 右の図のように，点 A(10, 0) と関数 $y=2x$ のグラフ上に点 P があります。△OAP が OA＝OP の二等辺三角形になるとき，点 P の座標を求めなさい。ただし，点 P の x 座標は正の数とします。

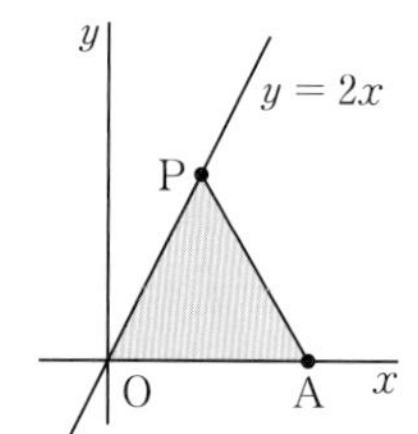

5 右の図の直方体について，次の問に答えなさい。

(1)　辺 FG の中点を M とするとき，線分 AM の長さを求めなさい。

(2)　辺 BF, CG 上にそれぞれ点 P, Q を AP＋PQ＋QH の長さがもっとも短くなるようにとるとき，AP＋PQ＋QH の長さを求めなさい。

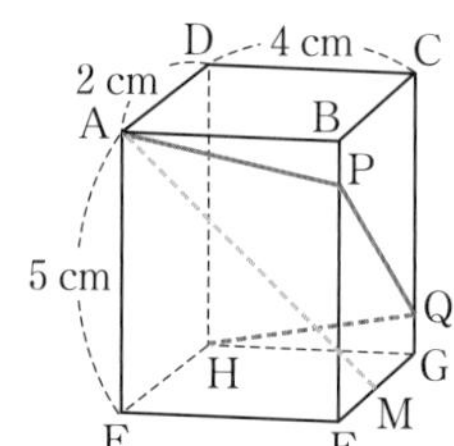

3 (2)　BC，AC の長さも求め，三平方の定理の逆が成り立つかどうか，などを調べる。

4 P の x 座標を p とすると，y 座標は $2p$。OP の長さを p の式で表してみる。

5 (2)　展開図で，BF，CG と交わるような線分 AH の長さを求める。

6 右の図のように，半径 12 cm の球を，中心 O との距離が 9 cm である平面で切ったとき，その切り口は円となり，その中心を O′ とすると，OO′ = 9 cm です。切り口の円 O′ の半径を求めなさい。

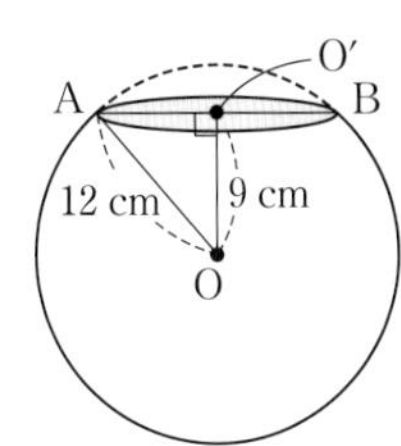

7 **側面の展開図が，半径 12 cm の半円となる円錐があります。**

(1) 底面の円の半径を求めなさい。

(2) この円錐の高さと体積をそれぞれ求めなさい。

8 **右の図のように，縦が 8 cm，横が 10 cm の長方形 ABCD の紙を，頂点 C が辺 AD 上の点 P に重なるように折ったら，折り目の線が頂点 B を通りました。**

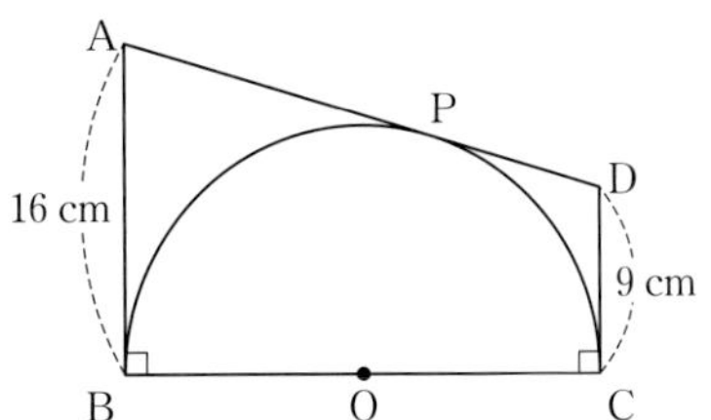

(1) AP の長さを求めなさい。

(2) DQ の長さを求めなさい。

9 右の図のように，∠B = ∠C = 90° の台形 ABCD で，辺 BC を直径とする半円 O が辺 AD と点 P で接しています。AB = 16 cm，CD = 9 cm のとき，辺 BC の長さを求めなさい。

入試問題をやってみよう！

1 **右の図のように，正四角すいと正四角柱を合わせた立体 OABCDEFGH があります。正四角すい OABCD の高さは 4 cm であり，正四角柱 ABCDEFGH は底面の 1 辺の長さが 4 cm で，高さが 2 cm です。また，線分 OE，OG と正方形 ABCD との交点をそれぞれ P，Q とします。** 〔富山〕

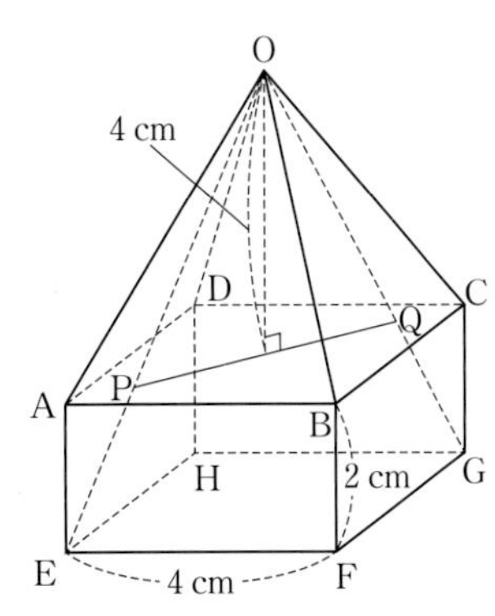

(1) 線分 OE の長さを求めなさい。

(2) 線分 PQ の長さを求めなさい。

(3) 三角すい BFPQ の体積を求めなさい。

6 AB ⊥ OO′ なので，△AOO′ は直角三角形である。
7 (1) 底面の円の周の長さと半円の弧の長さが等しくなることから求める。
9 点 D から AB に垂線をひいて考える。

解答 p.53

実力判定テスト ステージ3 [三平方の定理] 三平方の定理を活用しよう

/100

よく出る 1 下の図の直角三角形で，x の値を求めなさい。　5点×2（10点）

(1)

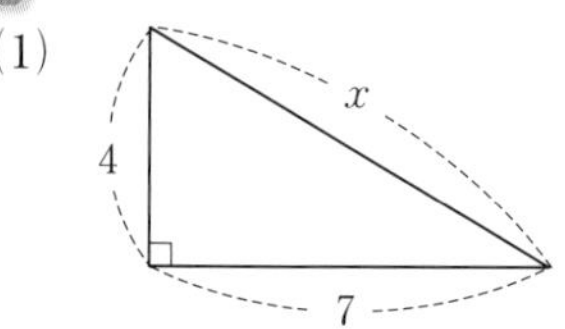

(2)

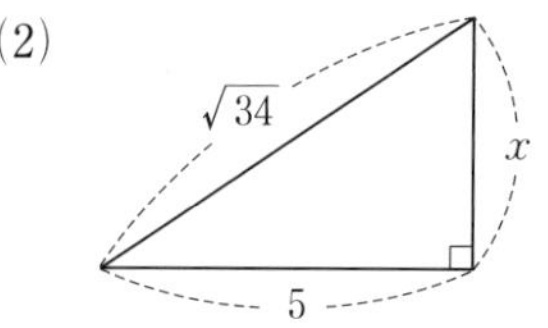

(　　　　)　(　　　　)

2 次の長さを3辺とする三角形のうち，直角三角形はどれですか。　（5点）

㋐ 6 cm，7 cm，9 cm　㋑ 24 cm，25 cm，7 cm　㋒ 2.4 cm，1.8 cm，3 cm

㋓ $\frac{1}{3}$ cm，$\frac{1}{4}$ cm，$\frac{1}{5}$ cm　㋔ $\sqrt{15}$ cm，2 cm，$\sqrt{11}$ cm

(　　　　)

3 下の図で，x の値を求めなさい。　5点×3（15点）

(1)

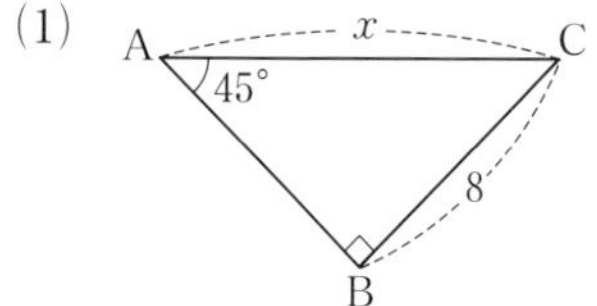

(2)

A, 12, x, 30°, B, C

(3)

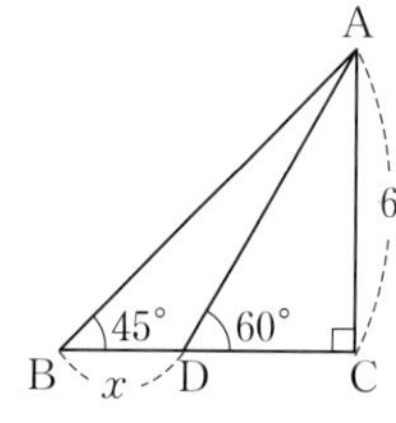

(　　　　)　(　　　　)　(　　　　)

よく出る 4 次の問に答えなさい。　5点×3（15点）

(1)　対角線の長さが 8 cm の正方形の1辺の長さを求めなさい。

(　　　　)

(2)　1辺が 4 cm の正三角形の面積を求めなさい。

(　　　　)

(3)　右の図の二等辺三角形 ABC の面積を求めなさい。

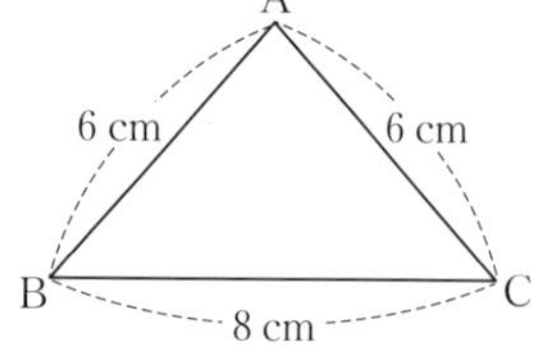

(　　　　)

5 右の図で，A，B は，関数 $y=x^2$ のグラフ上の点で，x 座標はそれぞれ -1 と 3 です。線分 AB の長さを求めなさい。　（10点）

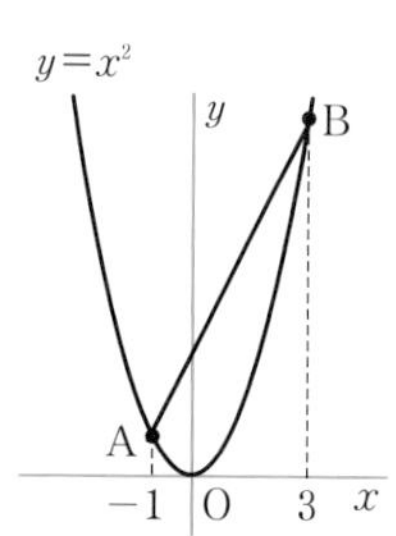

(　　　　)

目標 三平方の定理を理解し，いろいろな場面で，必要な直角三角形を見つけ出して，定理が使えるようになろう。

自分の得点まで色をぬろう!

かんばろう!	もう一歩	合格!
0	60	80　100点

6 次の問に答えなさい。　5点×3（15点）

(1)　半径が 6 cm の円 O で，中心からの距離が 2 cm である弦 AB の長さを求めなさい。

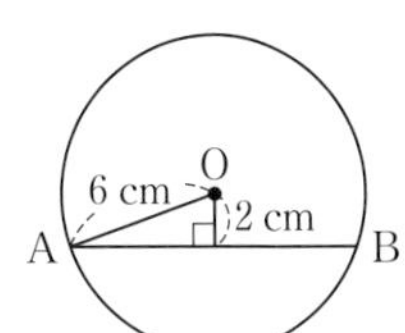

（　　　　　）

(2)　右の図で，直線 AP が点 P で円 O に接するとき，x の値を求めなさい。

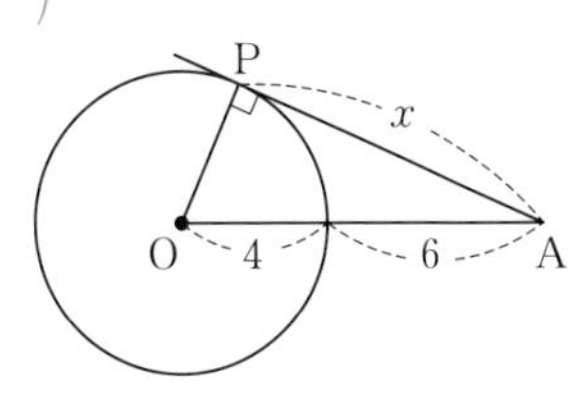

（　　　　　）

(3)　縦 8 cm，横 10 cm，高さ 4 cm の直方体の対角線の長さを求めなさい。

（　　　　　）

7 右の図のように，底面の半径 3 cm，母線 PA の長さが 9 cm の円錐があります。　5点×2（10点）

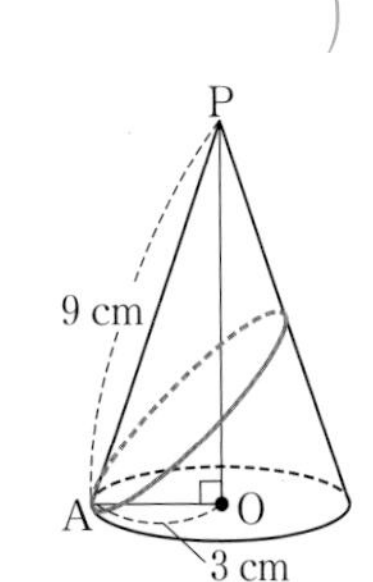

(1)　この円錐の体積を求めなさい。

（　　　　　）

(2)　円周上の点 A から円錐の側面にそって，1 周するように糸をかけます。糸の長さがもっとも短くなるときの，糸の長さを求めなさい。

（　　　　　）

8 右の図のように，縦が 12 cm，横が 18 cm の長方形 ABCD の紙を，対角線 BD を折り目として折ります。このとき，FB の長さを求めなさい。　（10点）

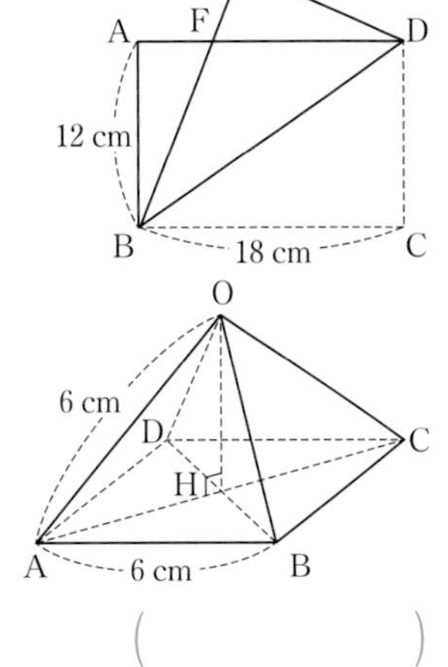

（　　　　　）

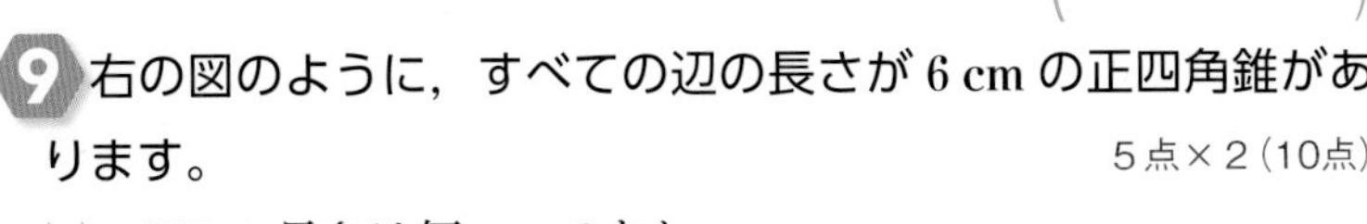

9 右の図のように，すべての辺の長さが 6 cm の正四角錐があります。　5点×2（10点）

(1)　OH の長さは何 cm ですか。

（　　　　　）

(2)　この正四角錐の体積を求めなさい。

（　　　　　）

確認のワーク ステージ1

1節　標本調査
1 標本調査　2 標本調査の利用

例1 標本調査

教 p.212〜213 → 基本問題 1 2 3

次の問に答えなさい。

(1) 次の調査は，全数調査，標本調査のどちらですか。

① 学校で行う身体測定　② 食品の品質検査

(2) ある店で，先月来店した人の中から 200 人を選んで，店のサービスについてアンケートしたところ，不満があると答えた人が 12 人いました。この調査の母集団，標本はそれぞれ何ですか。また，標本の大きさをいいなさい。

考え方 (1) 調査の対象を全部調査しているか，一部分だけ調査しているかで判断する。

解き方 (1)① 身体測定は全員に対して行うから，[①　　　]。

② 品質検査は抜き出したものだけに対して行うから，[②　　　]。

(2) 母集団は調査の対象全体だから，先月来店した人全員。

標本は実際に調べたものだから，選び出した [③　　　] 人。

標本の大きさは，[④　　　]。

覚えておこう

標本調査…集団の一部分を調査して，集団全体の傾向を推測する調査。

全数調査…調査の対象となる集団全部について調査すること。

母集団…標本調査を行うとき，傾向を知りたい集団全体のこと。

標本…標本調査で，母集団の一部分として取り出して実際に調べたもの。

標本の大きさ…取り出した資料の個数。

例2 標本調査の利用

教 p.217 → 基本問題 4 5

袋の中に白い碁石と黒い碁石が合わせて 400 個入っています。この袋の中から 24 個の碁石を無作為に抽出したら，白い碁石が 9 個入っていました。この袋の中には，白い碁石はおよそ何個入っていると考えられますか。

考え方 無作為に抽出したから，取り出した碁石の中の白い碁石の割合と，袋の中全体の碁石の中の白い碁石の割合は，およそ等しいと考えることができる。

解き方 袋の中から無作為に抽出された碁石の数は 24 個で，その中にふくまれる白い碁石の割合は，

$\frac{9}{24}=$ [⑤　　　]

したがって，袋の中全体の碁石のうち，白い碁石の総数は，およそ，

$400\times$ [⑥　　　] $=$ [⑦　　　] (個)

割合を比で考えて，下のように比例式で解くこともできるね。

白い碁石の総数を x 個とすると，

$9:24=x:400$

$24x=3600$

$x=150$

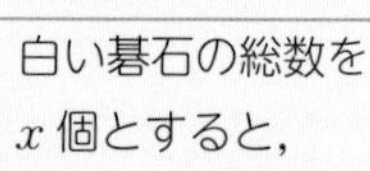

基本問題

解答 p.55

1 標本調査 次の調査は，全数調査，標本調査のどちらですか。 教 p.212

(1) 電池の寿命(じゅみょう)の検査　(2) 入学希望者に行う学力検査

(3) 新聞社が行う支持政党の調査　(4) 倉庫に貯蔵(ちょぞう)された米の品質検査

2 標本調査 ある工場で作った製品10万個の中から800個の製品を無作為に抽出して調べたら，その中の2個が不良品でした。この調査の母集団，標本はそれぞれ何ですか。また，標本の大きさをいいなさい。 教 p.213〜214

3 標本調査 ある町の図書館で，その町に住む中学生の1日の読書時間を調べるために，その図書館に本を借りにきた中学生に対してアンケート調査をすることにしました。このような調査で，その町の中学生全体の一日の読書時間のおよその傾向を推測することができますか。また，その理由も答えなさい。 教 p.213〜214

> **たいせつ**
> 母集団のおよその傾向を推測するために，かたよりのないように母集団から標本を取り出すことを，**無作為に抽出する**という。

4 標本調査の利用 袋の中に赤球と白球が合計300個入っています。この袋の中から無作為に40個の球を抽出したら，赤球が24個入っていました。この袋の中には，赤球はおよそ何個入っていると考えられますか。 教 p.217 問3

5 標本調査の利用 鯉(こい)がたくさんいる池があります。この池にいる鯉の数を調べるため，次のような方法をとりました。

1 池から150匹(ぴき)の鯉をとらえ，印をつけてから池に返す。

2 1週間後，再び池から200匹の鯉をとらえると，その中に印のついた鯉が16匹いた。

このとき，次の問に答えなさい。 教 p.217 問4

(1) 母集団と標本はそれぞれ何と考えればよいですか。

(2) 2で，再び池から鯉をとらえるのに1週間の間をあけた理由を説明しなさい。

(3) 池にいる鯉の数はおよそ何匹ですか。十の位を四捨五入して答えなさい。

左ページの例の答え　①全数調査　②標本調査　③200　④200　⑤$\frac{3}{8}$　⑥$\frac{3}{8}$　⑦150

解答 p.55

1節 標本調査

よく出る **1** 次の□にあてはまることばを答えなさい。

ある集団の傾向を知りたいとき，集団の一部分を調査して集団全体の傾向を推測するような調査を ① といい，傾向を知りたい集団全体を ② ，その集団の一部分として取り出して実際に調べたものを ③ という。また，取り出した資料の個数を ④ という。

この調査を行うときは，調査する集団の一部分は ⑤ に抽出(ちゅうしゅつ)しなければならない。

2 次の文章で，正しいものには○，そうでないものには×を答えなさい。

(1) 標本調査では，標本が母集団の傾向をよく表すように，標本をかたよりがないように選び出す必要がある。

(2) 母集団から標本を選ぶとき，どのように標本を選んでも，正しい推測が得られる。

(3) 200 人の人を選んで世論調査をするのに，調査員が適当に自分の気に入った人を 200 人選んで調査した。

(4) 標本を無作為(むさくい)に選べば，母集団の割合と標本の割合にちがいは全くない。

3 ある市の選挙の世論(よろん)調査で，男性の有権者の中から乱数(らんすう)を使って無作為に 1000 人を選んで調査しました。この調査で，有権者全体のおおよその傾向を推測することができますか。理由をつけて答えなさい。

4 袋の中に小豆がたくさん入っています。袋の中の小豆の数を調べるために，まず 100 粒の小豆を取り出して印をつけ，それを袋の中にもどします。次に，袋の中をよくかき混ぜてから，無作為にひとつかみの小豆を取り出して数えると 162 粒あり，その中に印のついた小豆は 8 粒ありました。袋の中の小豆の数はおよそ何粒と考えられますか。十の位を四捨五入して答えなさい。

2 文章をしっかり読みとる。(2)は「どのように選んでも」，(4)は「全くない」に注目する。

4 2 回目に取り出した標本 162 粒中の印のついた小豆の割合は，$\frac{8}{162}$

くる **5** ある中学校の生徒256人の中から，無作為に30人を選んでメガネをかけている生徒を調べたら11人いました。この中学校の生徒全体でメガネをかけている生徒はおよそ何人と考えられますか。一の位を四捨五入して答えなさい。

6 袋の中に白い碁石（ごいし）と黒い碁石が合わせて540個入っています。袋の中をよくかき混ぜた後，その中から無作為にひとつかみの碁石を取り出して，それぞれの碁石の個数を数えると，白い碁石が14個，黒い碁石が7個ありました。この袋の中には，黒い碁石はおよそ何個入っていると考えられますか。

7 袋の中に赤球と白球が合わせて800個入っています。袋の中をよくかき混ぜたあと，その中から40個の球を無作為に抽出して，それぞれの色の球の個数を数えて袋の中にもどします。この実験を5回くり返したところ，次のような結果になりました。

	1回目	2回目	3回目	4回目	5回目
赤球	12	9	10	11	8
白球	28	31	30	29	32

袋の中に赤球と白球はそれぞれおよそ何個あると考えられますか。上の表で，取り出した赤球の個数の平均値を求めて推定しなさい。

8 袋の中に赤球がたくさん入っています。赤球が何個あるかを，次のような方法で調べました。

1　大きさと重さが同じ青球40個を袋の中に入れ，よくかき混ぜる。

2　袋の中から50個の球を無作為に抽出し，青球の個数を調べる。

2で，青球が4個あったとき，袋の中の赤球はおよそ何個あると考えられますか。

入試問題をやってみよう！

1 空き缶を4800個回収したところ，アルミ缶とスチール缶が混在していました。この中から120個の空き缶を無作為に抽出したところ，アルミ缶が75個ふくまれていました。回収した空き缶のうち，アルミ缶はおよそ何個ふくまれていると考えられますか。〔長崎〕

8章

6 碁石の合計に対する黒い碁石の割合が，母集団（袋全体）と標本（取り出した碁石）で等しいと考える。
7 5回の実験の結果の赤球と白球の割合が，袋の中の割合とほぼ等しいと考える。
8 取り出した球と袋の中全体では，青球と赤球の個数の比が等しいことを使って考える。

解答 p.56

実力判定テスト ステージ3 [標本調査] 集団全体の傾向を推測しよう

20分　/100

よく出る **1** 次の調査の中で，標本調査をすべて選び，記号で答えなさい。（10点）

㋐ テレビの視聴率調査　㋑ 海水浴場の水質調査

㋒ 学校で行う体力測定

（　　　）

よく出る **2** ある工場で作った6万個の製品の中から，300個の製品を無作為に抽出して調べたところ，その中の5個が不良品でした。この工場で作った6万個の製品の中には，およそ何個の不良品がふくまれていると考えられますか。（20点）

（　　　）

3 袋の中に大豆がたくさん入っています。この袋の中の大豆の数を調べるために，袋から80粒の大豆を取り出して印をつけ袋にもどします。次に袋の中をよくかき混ぜて無作為にひとつかみの大豆を取り出して数えると，取り出した25粒の大豆の中に印のついた大豆が6粒入っていました。袋の中の大豆の数はおよそ何粒と考えられますか。十の位を四捨五入して答えなさい。（20点）

（　　　）

4 袋の中に白い碁石と黒い碁石が合わせて500個入っています。袋の中をよくかき混ぜたあと，その中から20個の碁石を無作為に抽出して，それぞれの碁石の個数を数えて袋の中にもどします。この実験を5回くり返したところ，次のような結果になりました。

	1回目	2回目	3回目	4回目	5回目
白い碁石	12	14	11	12	11
黒い碁石	8	6	9	8	9

袋の中に白い碁石はおよそ何個あると考えられますか。（20点）

（　　　）

5 1200ページの辞典があります。この辞典にのっている見出し語の総数を調べるために，無作為に8ページを選び，そのページにのっている見出し語の数を調べると，次のようになりました。［26，18，35，27，19，23，31，29］　15点×2（30点）

(1) この辞典の1ページにのっている見出し語の数の平均値を推測しなさい。

（　　　）

(2) この辞典の全体の見出し語の数はおよそ何語と考えられますか。百の位を四捨五入して答えなさい。

（　　　）

定期テスト対策

得点アップ！予想問題

1 この「**予想問題**」で実力を確かめよう！

2 「**解答と解説**」で答え合わせをしよう！

3 わからなかった問題は戻って復習しよう！

この本での学習ページ

スキマ時間でポイントを確認！
別冊「**スピードチェック**」も使おう

●予想問題の構成

第1回 予想問題

1章 [多項式] 文字式を使って説明しよう

解答 p.57

/100

1 次の計算をしなさい。

3点×3（9点）

(1) $3x(x-5y)$　(2) $(4a^2b+6ab^2-2a)\div 2a$　(3) $(6xy-3y^2)\div\left(-\frac{3}{5}y\right)$

(1)		(2)		(3)	

2 次の式を展開しなさい。

3点×10（30点）

(1) $(2x+3)(x-1)$　(2) $(a-4)(a+2b-3)$

(3) $(x-2)(x-7)$　(4) $(x+4)(x-3)$

(5) $\left(y-\frac{1}{2}\right)^2$　(6) $(2x-5y)^2$

(7) $(5x+9)(5x-9)$　(8) $(4x-3)(4x+5)$

(9) $(a+2b-5)^2$　(10) $(x+y-4)(x-y+4)$

(1)		(2)			
(3)		(4)		(5)	
(6)		(7)		(8)	
(9)		(10)			

3 次の計算をしなさい。

3点×3（9点）

(1) $4a(a+2)-a(5a-1)$　(2) $2x(x-3)-(x+2)(x-8)$　(3) $(a-2)^2-(a+4)(a-4)$

(1)		(2)		(3)	

4 次の式を因数分解しなさい。

3点×2（6点）

(1) $4xy-2y$　(2) $5a^2-10ab+15a$

(1)		(2)	

5 次の式を因数分解しなさい。 3点×4（12点）

(1) $x^2-7x+10$ (2) x^2-x-12

(3) $m^2+8m+16$ (4) $36-y^2$

(1)		(2)	
(3)		(4)	

6 次の式を因数分解しなさい。 3点×6（18点）

(1) $6x^2-12x-48$ (2) $8a^2b-2b$

(3) $4x^2+12xy+9y^2$ (4) $(a+b)^2-16(a+b)+64$

(5) $(x-3)^2-7(x-3)+6$ (6) x^2-y^2-2y-1

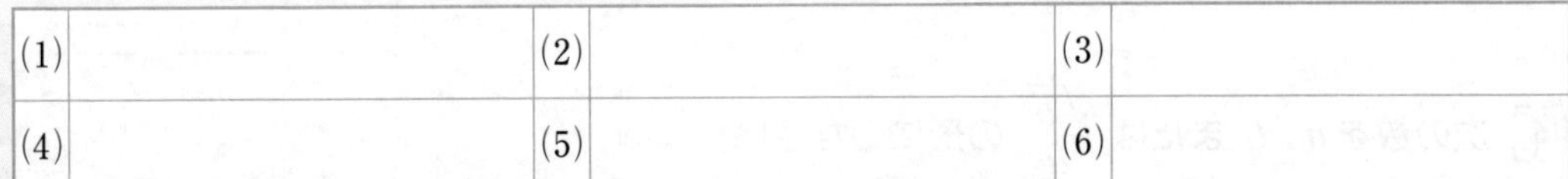

(1)		(2)		(3)	
(4)		(5)		(6)	

7 次の式を，くふうして計算しなさい。 3点×2（6点）

(1) 48^2 (2) $7\times29^2-7\times21^2$

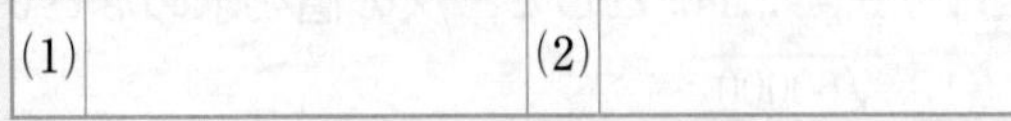

(1)		(2)	

8 3つの続いた整数では，もっとも大きい数の平方からもっとも小さい数の平方をひいた差は，中央の数の4倍になることを証明しなさい。 （4点）

9 2つの続いた奇数の2乗の和を8でわったときの余りを求めなさい。 （3点）

10 右の図のように，中心が同じ2つの円があり，半径の差は10 cmです。小さいほうの円の半径をa cmとするとき，2つの円にはさまれた部分の面積をaを使った式で表しなさい。 （3点）

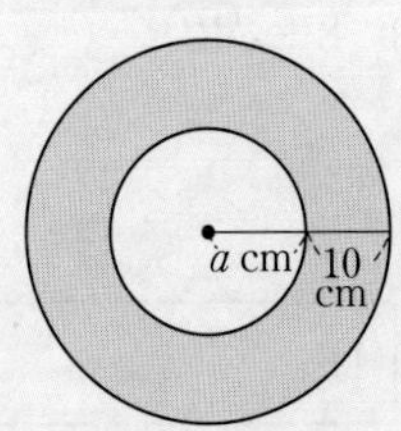

解答 p.58

第2回 予想問題

2章 [平方根] 数の世界をさらにひろげよう

/100

1 次の数を求めなさい。 2点×4(8点)

(1) 49の平方根　(2) $\sqrt{25}$

(3) $\sqrt{(-9)^2}$　(4) $(-\sqrt{6})^2$

(1)		(2)		(3)		(4)	

2 次の各組の数の大小を，不等号を使って表しなさい。 2点×3(6点)

(1) 6, $\sqrt{30}$　(2) -3, -4, $-\sqrt{10}$　(3) $3\sqrt{2}$, $\sqrt{15}$, 4

(1)		(2)		(3)	

3 $\sqrt{1}$，$\sqrt{4}$，$\sqrt{9}$，$\sqrt{15}$，$\sqrt{25}$，$\sqrt{50}$ のなかから，無理数を選びなさい。 (2点)

4 次の数を $a\sqrt{b}$ または $\dfrac{\sqrt{b}}{a}$ の形にしなさい。 2点×2(4点)

(1) $\sqrt{112}$　(2) $\sqrt{\dfrac{7}{64}}$

(1)		(2)	

5 $\sqrt{6}=2.449$ として，次の値を求めなさい。 2点×2(4点)

(1) $\sqrt{60000}$　(2) $\sqrt{0.06}$

(1)		(2)	

6 次の数の分母を有理化しなさい。 2点×2(4点)

(1) $\dfrac{2}{\sqrt{6}}$　(2) $\dfrac{5\sqrt{3}}{\sqrt{15}}$

(1)		(2)	

7 次の計算をしなさい。 3点×4(12点)

(1) $\sqrt{6}\times\sqrt{8}$　(2) $\sqrt{75}\times2\sqrt{3}$

(3) $8\div\sqrt{12}$　(4) $3\sqrt{6}\div(-\sqrt{10})\times\sqrt{5}$

(1)		(2)		(3)		(4)	

8 次の計算をしなさい。　3点×6(18点)

(1) $2\sqrt{6}-3\sqrt{6}$　(2) $4\sqrt{5}+\sqrt{3}-3\sqrt{5}+6\sqrt{3}$

(3) $\sqrt{98}-\sqrt{50}+\sqrt{2}$　(4) $\sqrt{63}+3\sqrt{28}$

(5) $\sqrt{48}-\dfrac{3}{\sqrt{3}}$　(6) $\dfrac{18}{\sqrt{6}}-\dfrac{\sqrt{24}}{4}$

(1)		(2)		(3)	
(4)		(5)		(6)	

9 次の計算をしなさい。　3点×6(18点)

(1) $\sqrt{3}(3\sqrt{3}+\sqrt{6})$　(2) $(\sqrt{7}+3)(\sqrt{7}-2)$

(3) $(\sqrt{6}-\sqrt{15})^2$　(4) $\dfrac{10}{\sqrt{2}}-2\sqrt{7}\times\sqrt{14}$

(5) $(2\sqrt{3}+1)^2-\sqrt{48}$　(6) $\sqrt{5}(\sqrt{45}-\sqrt{15})-(\sqrt{5}-\sqrt{3})(\sqrt{5}+\sqrt{3})$

(1)		(2)		(3)	
(4)		(5)		(6)	

10 次の式の値を求めなさい。　3点×2(6点)

(1) $x=1-\sqrt{3}$ のときの，x^2-2x+5 の値

(2) $a=\sqrt{5}+\sqrt{2}$，$b=\sqrt{5}-\sqrt{2}$ のときの，a^2-b^2 の値

(1)		(2)	

11 次の問に答えなさい。　3点×6(18点)

(1) $5.6<\sqrt{a}<6$ をみたす自然数 a の値をすべて求めなさい。

(2) $\sqrt{22-3n}$ が整数となるような自然数 n の値をすべて求めなさい。

(3) $\sqrt{28n}$ が自然数となるような n のうちで，もっとも小さい数を求めなさい。

(4) $\sqrt{45n}$ が自然数になるような2けたの自然数 n をすべて求めなさい。

(5) $\sqrt{58}$ の整数部分を答えなさい。

(6) $\sqrt{5}$ の小数部分を a とするとき，$a(a+2)$ の値を求めなさい。

(1)		(2)		(3)	
(4)		(5)		(6)	

解答 p.59

第3回 予想問題 3章 [2次方程式] 方程式を利用して問題を解決しよう

40分 /100

1 次の問に答えなさい。 3点×2(6点)

(1) 次の方程式のうち，2次方程式を選び，記号で答えなさい。

㋐ $3(x+2)=4x-5$　㋑ $(x+2)(x-5)=x^2-3$　㋒ $x(x-4)=2x^2-x$

(2) 右の□にあてはまる数を答えなさい。 x^2-12x+ ①□ $=(x-$ ②□ $)^2$

(1)		(2)	①	②

2 次の方程式を解きなさい。 3点×10(30点)

(1) $x^2-64=0$　(2) $25x^2=6$

(3) $(x-4)^2=36$　(4) $3x^2+5x-4=0$

(5) $x^2-8x+3=0$　(6) $2x^2-3x+1=0$

(7) $(x+4)(x-5)=0$　(8) $x^2-15x+14=0$

(9) $x^2+10x+25=0$　(10) $x^2-14x=0$

(1)		(2)		(3)	
(4)		(5)		(6)	
(7)		(8)		(9)	
(10)					

3 次の方程式を解きなさい。 4点×6(24点)

(1) $x^2+6x=16$　(2) $4x^2+6x-8=0$

(3) $\frac{1}{2}x^2=4x-8$　(4) $x^2-4(x+2)=0$

(5) $(x-2)(x+4)=7$　(6) $(x+3)^2=5(x+3)$

(1)		(2)		(3)	
(4)		(5)		(6)	

4 次の問に答えなさい。 5点×2(10点)

(1) 2次方程式 $x^2+ax+b=0$ の解が -3 と 5 のとき，a と b の値をそれぞれ求めなさい。

(2) 2次方程式 $x^2+x-12=0$ の小さいほうの解が2次方程式 $x^2+ax-24=0$ の解の1つになっています。このとき，a の値を求めなさい。

(1)	$a=$	$b=$	(2)	

5 2つの続いた整数があります。それぞれの2乗の和は85です。小さいほうの整数を x として方程式をつくり，2つの続いた整数を求めなさい。 3点×2(6点)

方程式	
答え	

6 横が縦の2倍の長さの長方形の紙があります。この紙の4すみから1辺が2cmの正方形を切り取り，直方体の容器を作ったら，容積が192cm³になりました。もとの紙の縦の長さを求めなさい。 (6点)

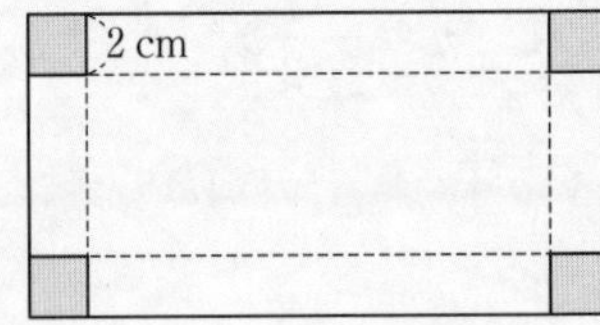

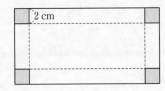

7 縦が30m，横が40mの長方形の土地があります。右の図のように，この土地のまん中を畑にしてまわりに同じ幅の道をつくり，畑の面積が土地の面積の半分になるようにします。道の幅は何mになるか求めなさい。 (6点)

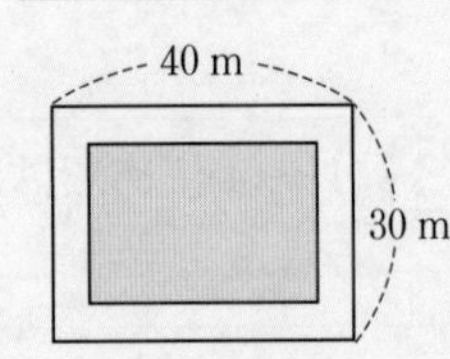

8 右の図のような1辺が8cmの正方形ABCDで，点Pは，Bを出発して辺AB上をAまで動きます。また，点Qは，点PがBを出発するのと同時にCを出発し，Pと同じ速さで辺BC上をBまで動きます。点PがBから何cm動いたとき，△PBQの面積は3cm²になるか求めなさい。 (6点)

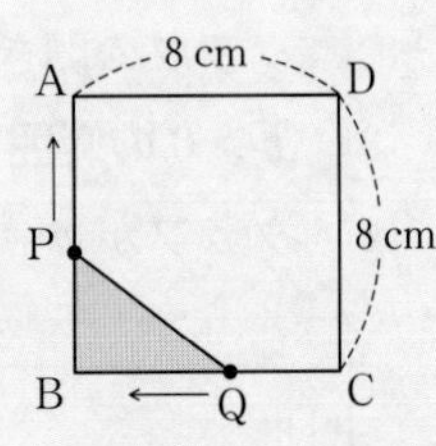

9 右の図で，点Pは $y=x+3$ のグラフ上の点で，その x 座標は正です。また，点Aは x 軸上の点で，Aの x 座標はPの x 座標の2倍になっています。△POAの面積が28cm²であるとき，点Pの座標を求めなさい。ただし，座標の1目もりは1cmとします。 (6点)

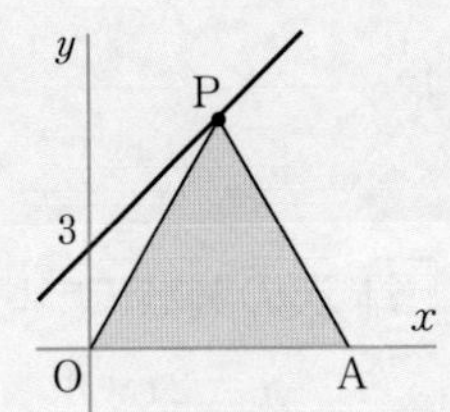

解答 p.60

第4回 予想問題 4章 [関数 $y=ax^2$] 関数の世界をひろげよう

40分 /100

1 y は x の2乗に比例し，$x=2$ のとき $y=-8$ です。 4点×3（12点）

(1) y を x の式で表しなさい。

(2) $x=-3$ のときの y の値を求めなさい。

(3) $y=-50$ となる x の値を求めなさい。

(1)		(2)		(3)	

2 次の関数のグラフを右の図にかきなさい。 4点×2（8点）

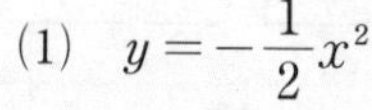
(1) $y=-\frac{1}{2}x^2$

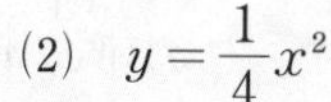
(2) $y=\frac{1}{4}x^2$

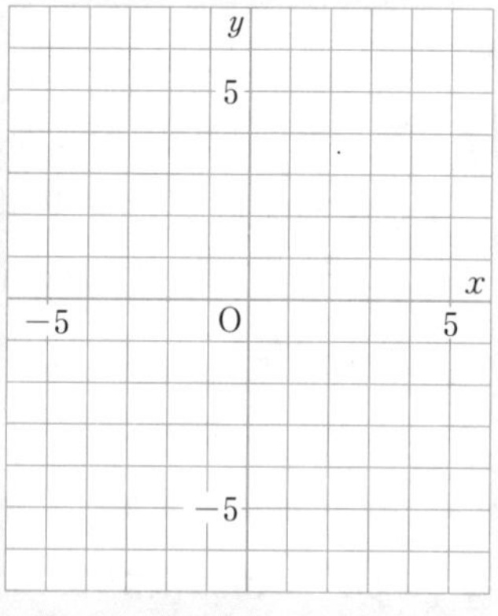

3 (1)〜(4)にあてはまる関数を，㋐〜㋕のなかからすべて選び，記号で答えなさい。 3点×4（12点）

㋐ $y=x^2$　㋑ $y=-2x^2$　㋒ $y=5x^2$

㋓ $y=\frac{1}{2}x^2$　㋔ $y=-\frac{1}{2}x^2$　㋕ $y=-3x^2$

(1) グラフが下に開いているもの

(2) グラフの開き方がいちばん小さいもの

(3) $x>0$ の範囲で，x の値が増加すると，y の値も増加するもの

(4) グラフが $y=2x^2$ のグラフと x 軸について対称であるもの

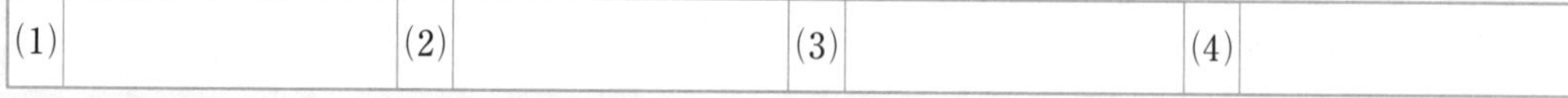

(1)		(2)		(3)		(4)	

4 次の関数について，x の値が -4 から -2 まで増加するときの変化の割合を求めなさい。 4点×3（12点）

(1) $y=-2x+3$　(2) $y=2x^2$　(3) $y=-x^2$

(1)		(2)		(3)	

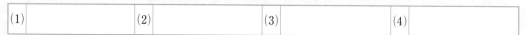

5 次の関数について，x の変域が $-3\leqq x\leqq 1$ のときの y の変域を求めなさい。 4点×3（12点）

(1) $y=2x+4$　(2) $y=3x^2$　(3) $y=-2x^2$

(1)		(2)		(3)	

6 次の問に答えなさい。　4点×4（16点）

(1) 関数 $y=ax^2$ について，x の値が 1 から 3 まで増加するときの変化の割合が 12 です。a の値を求めなさい。

(2) 関数 $y=ax^2$ と $y=-4x+2$ は，x の値が 2 から 6 まで増加するときの変化の割合が等しくなります。a の値を求めなさい。

(3) 関数 $y=ax^2$ について，x の変域が $-1 \leqq x \leqq 2$ のとき，y の変域が $-4 \leqq y \leqq 0$ です。a の値を求めなさい。

(4) 関数 $y=2x^2$ について，x の変域が $-2 \leqq x \leqq a$ のとき，y の変域が $b \leqq y \leqq 18$ です。a, b の値を求めなさい。

(1)		(2)		(3)	
(4)	$a=$	$b=$			

7 右の図のような縦 10 cm，横 20 cm の長方形 ABCD で，点 P は B を出発して，辺 AB 上を A まで動きます。また，点 Q は点 P と同時に B を出発して，辺 BC 上を C まで，P の 2 倍の速さで動きます。BP の長さが x cm のときの △PBQ の面積を y cm² として，次の問に答えなさい。

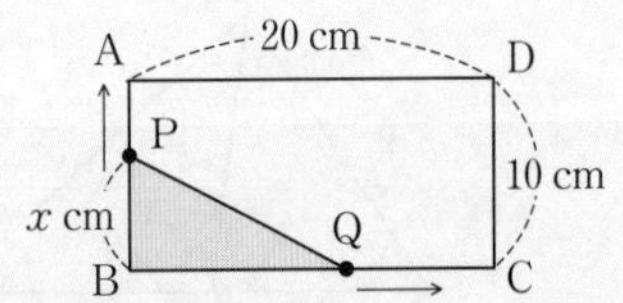

4点×4（16点）

(1) y を x の式で表しなさい。

(2) $x=6$ のときの y の値を求めなさい。

(3) y の変域を求めなさい。

(4) △PBQ の面積が 25 cm² になるのは，BP の長さが何 cm のときですか。

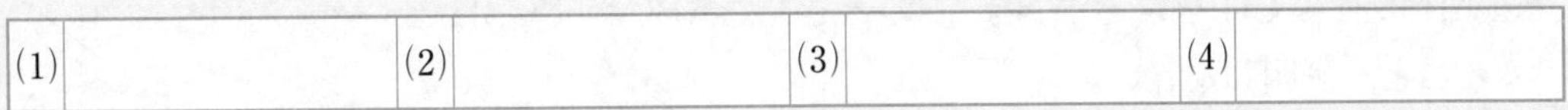

(1)		(2)		(3)		(4)	

8 右の図で，①は関数 $y=\dfrac{1}{4}x^2$ のグラフで，②は①のグラフ上の 2 点 A(8, a)，B(−4, 4) を通る直線です。直線②と y 軸との交点を C とします。　4点×3（12点）

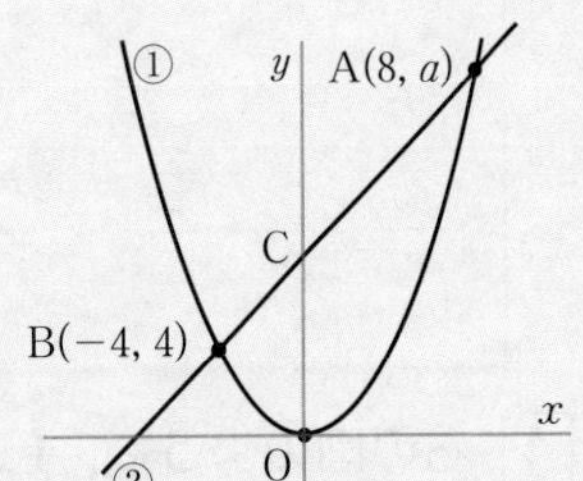

(1) a の値を求めなさい。

(2) 直線②の式を求めなさい。

(3) ①のグラフ上の A から B までの部分に点 P をとります。

△OCP の面積が △OAB の面積の $\dfrac{1}{2}$ になるときの点 P の座標を求めなさい。

(1)		(2)		(3)	

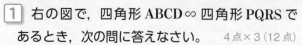

第5回 予想問題 5章 [相似な図形] 形に着目して図形の性質を調べよう

1 右の図で，四角形ABCD∽四角形PQRSであるとき，次の問に答えなさい。 4点×3（12点）

(1) 四角形ABCDと四角形PQRSの相似比を求めなさい。

(2) 辺QRの長さを求めなさい。

(3) ∠Cの大きさを求めなさい。

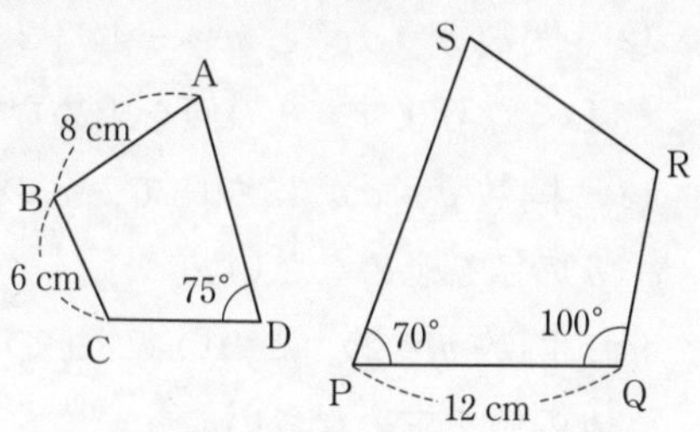

(1)		(2)		(3)	

2 次のそれぞれの図で，△ABCと相似な三角形を記号∽を使って表し，そのときに使った相似条件をいいなさい。また，xの値を求めなさい。 2点×6（12点）

(1)

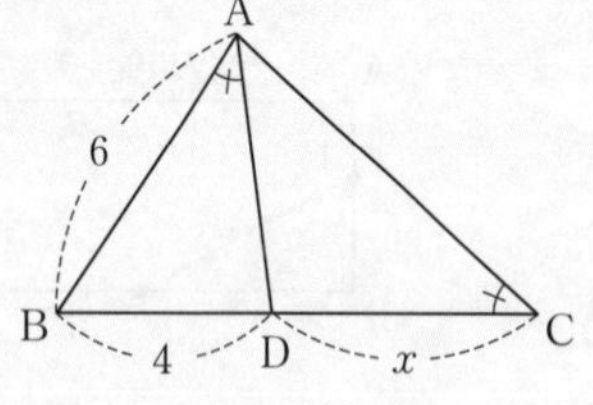

∠BAD＝∠BCA

(2)

(1)	△ABC∽	相似条件	x＝
(2)	△ABC∽	相似条件	x＝

3 右の図のように，∠C＝90°の直角三角形ABCで，点Cから辺ABに垂線CHをひきます。このとき，△ABC∽△CBHとなることを証明しなさい。 （6点）

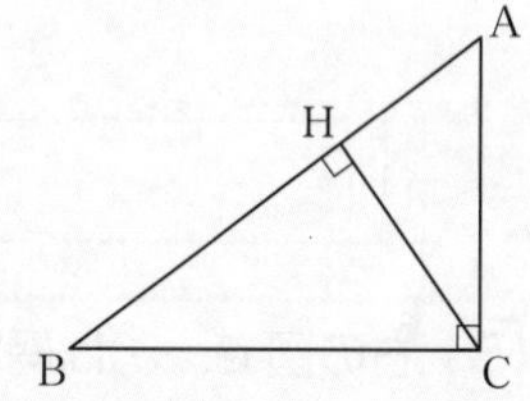

4 右の図のように，1辺の長さが12 cmの正三角形ABCで，辺BC，CA上にそれぞれ点P，Qを∠APQ＝60°となるようにとるとき，次の問に答えなさい。 4点×2（8点）

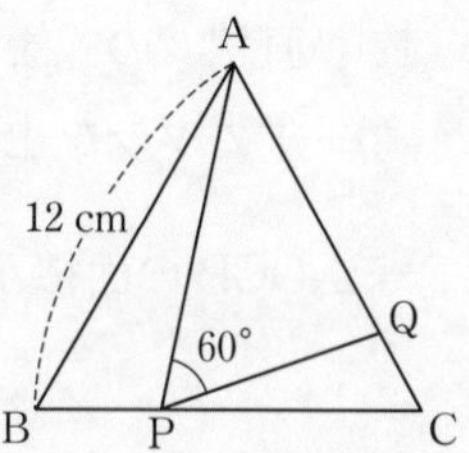

(1) △ABP∽□です。□にあてはまるものを答えなさい。

(2) BP＝4 cmのとき，CQの長さを求めなさい。

(1)		(2)	

5 下の図で，DE // BC とするとき，x の値を求めなさい。 5点×3（15点）

(1)
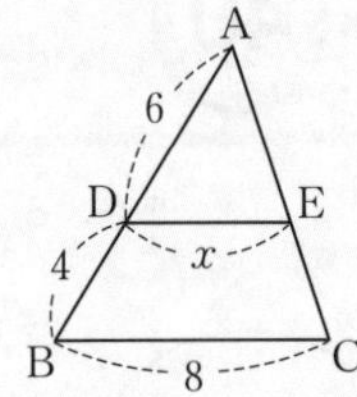

(2)
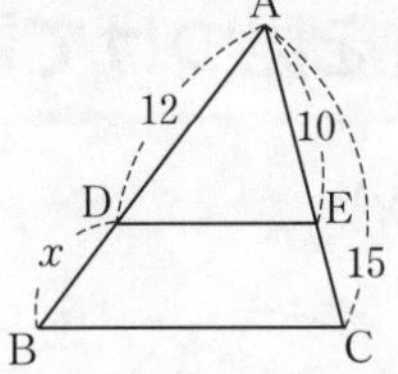

(3)
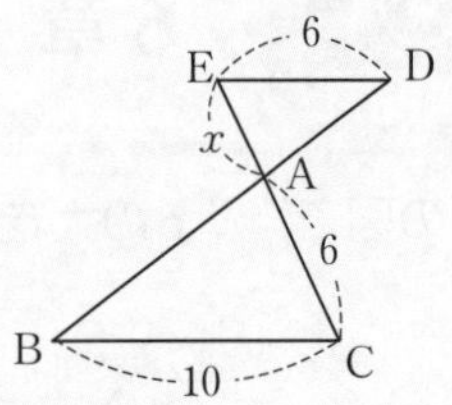

(1)		(2)		(3)	

6 右の図のように，△ABC の辺 BC の中点を D とし，線分 AD の中点を E とします。直線 BE と辺 AC の交点を F，線分 CF の中点を G とするとき，次の問に答えなさい。 5点×2（10点）

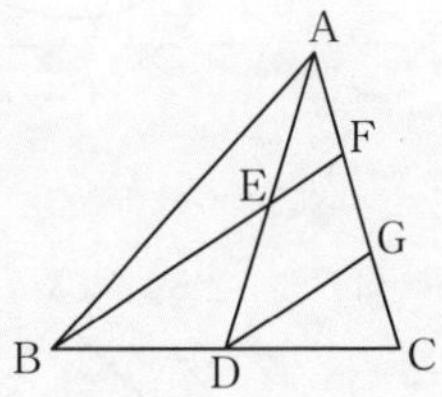

(1) AF：FG を求めなさい。

(2) 線分 BE の長さは線分 EF の長さの何倍ですか。

(1)		(2)	

7 下の図で，直線 ℓ，m，n が平行であるとき，x の値を求めなさい。 5点×3（15点）

(1)
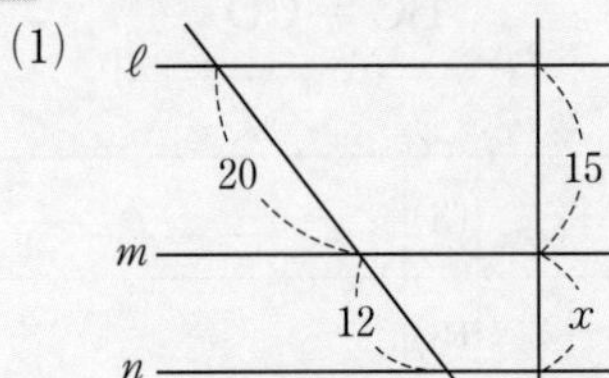

(2)
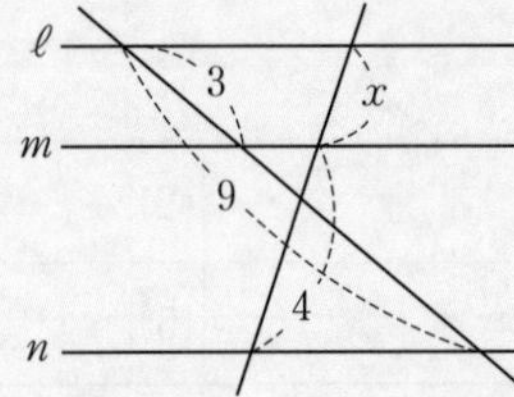

(3)
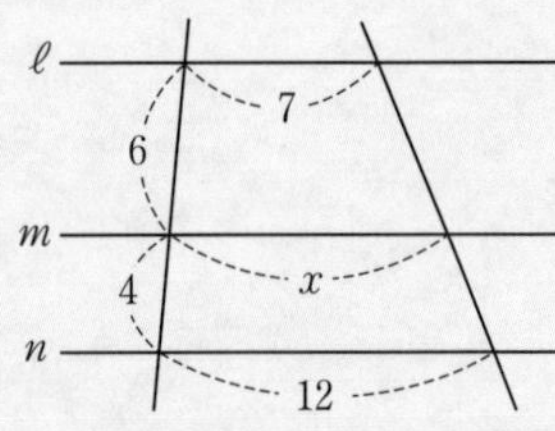

(1)		(2)		(3)	

8 右の図で，E は AD と BC の交点であり，AB，CD，EF が平行であるとき，次の問に答えなさい。 5点×2（10点）

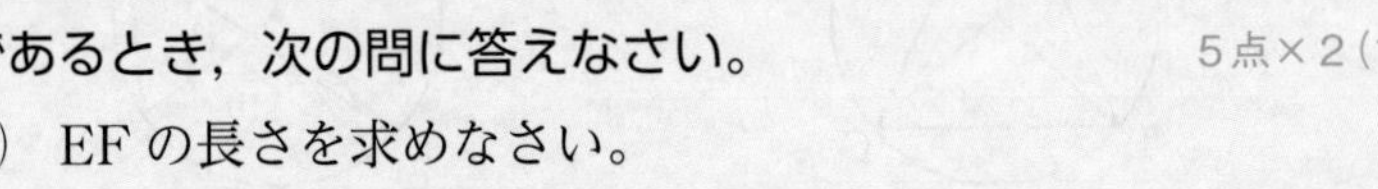

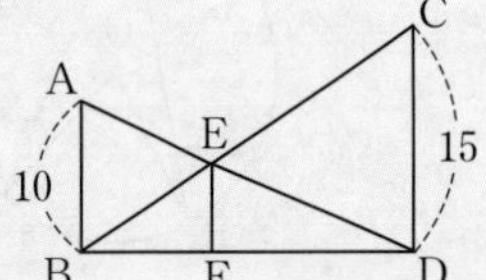

(1) EF の長さを求めなさい。

(2) △ABD と △EFD の面積比を求めなさい。

(1)		(2)	

9 次の問に答えなさい。 4点×3（12点）

(1) ある距離の測定値 3700 m の有効数字が 3，7，0 のとき，この測定値を（整数部分が 1 けたの数）×（10 の累乗）の形に表しなさい。

(2) 相似な 2 つの立体 P，Q があり，その表面積の比は 9：16 です。P と Q の相似比を求めなさい。また，P と Q の体積比を求めなさい。

(1)		(2)	相似比	体積比

解答 p.62

6章 [円] 円の性質を見つけて証明しよう

/100

1 下の図で，$\angle x$ の大きさを求めなさい。 5点×6（30点）

(1)

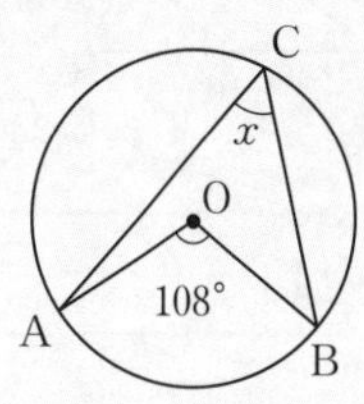

(2)

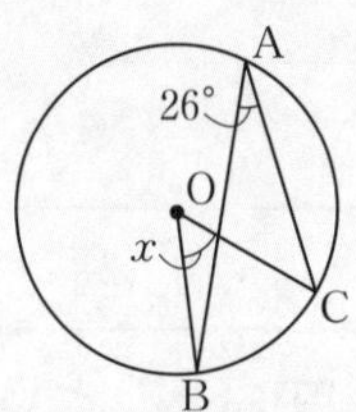

(3)

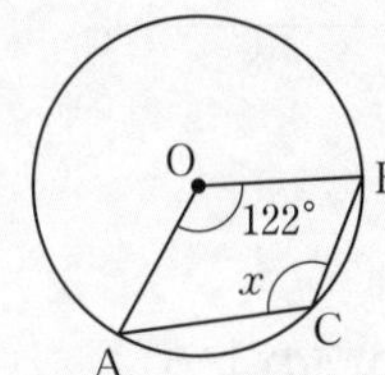

(4)

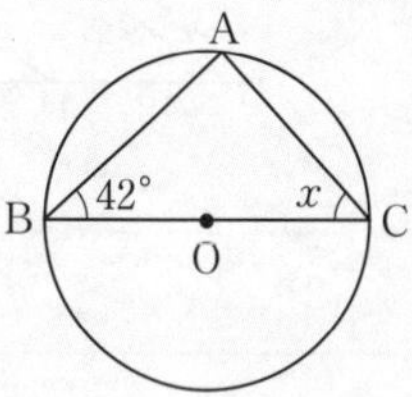

(5)

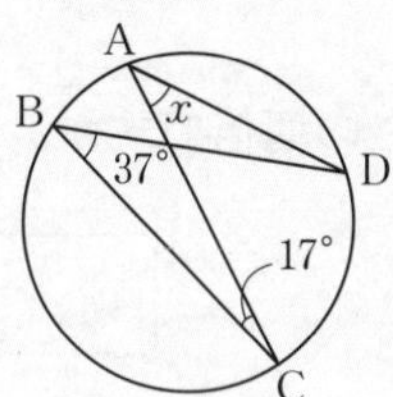

(6)

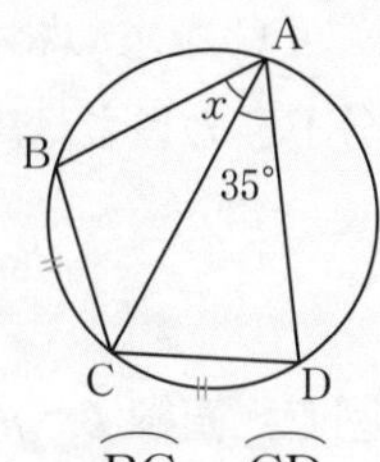

$\overset{\frown}{BC}=\overset{\frown}{CD}$

(1)		(2)		(3)	
(4)		(5)		(6)	

2 下の図で，$\angle x$ の大きさを求めなさい。 5点×6（30点）

(1)

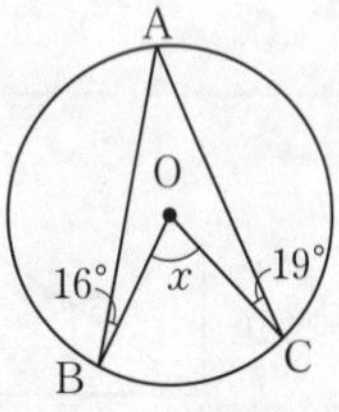

(2)

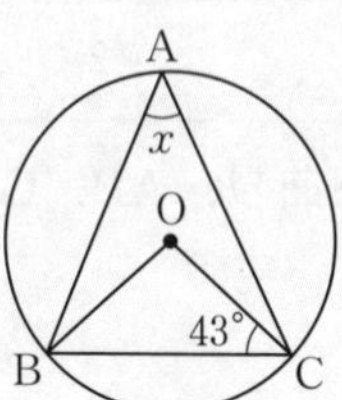

(3)

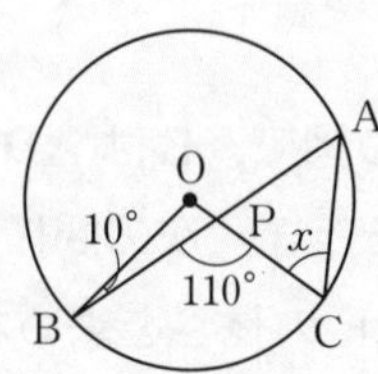

(4)

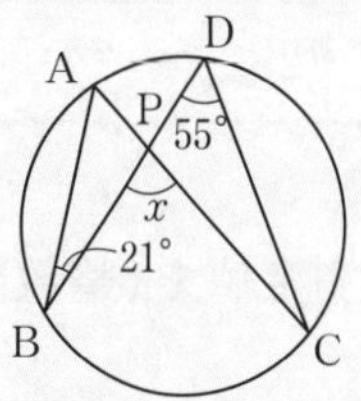

(5)

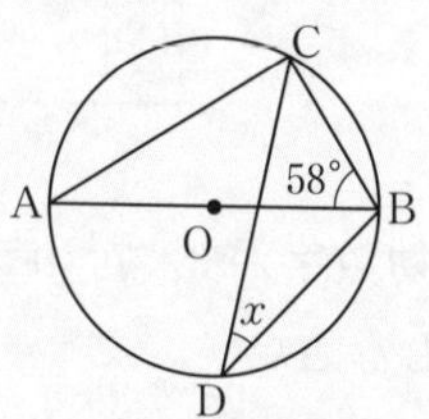

(6)

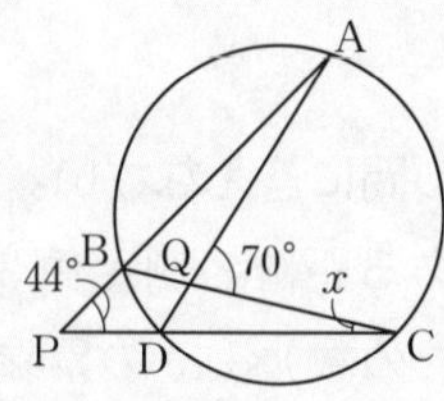

(1)		(2)		(3)	
(4)		(5)		(6)	

3 右の図で，4 点 A，B，C，D が 1 つの円周上にあることを証明しなさい。（5 点）

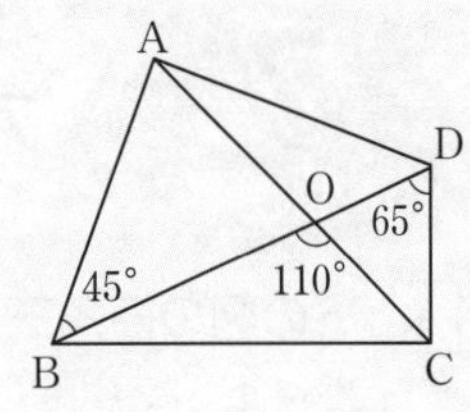

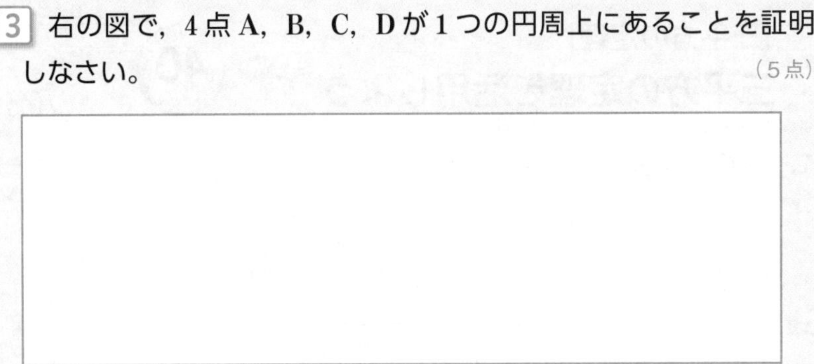

4 右の図のように，円 O と円外の点 A があります。点 A から円 O への接線 AP，AP′ を作図しなさい。（10 点）

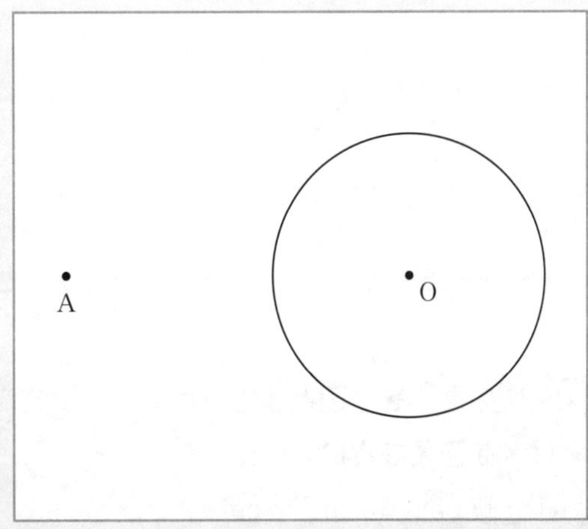

5 右の図で，A，B，C，D は円周上の点で，$\overset{\frown}{AB}=\overset{\frown}{BC}$ です。弦 AC と BD の交点を P とするとき，△ABD∽△PCD となることを証明しなさい。（10 点）

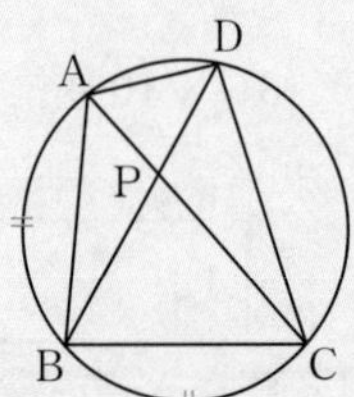

6 下の図で，x の値を求めなさい。　5 点×3（15 点）

(1)

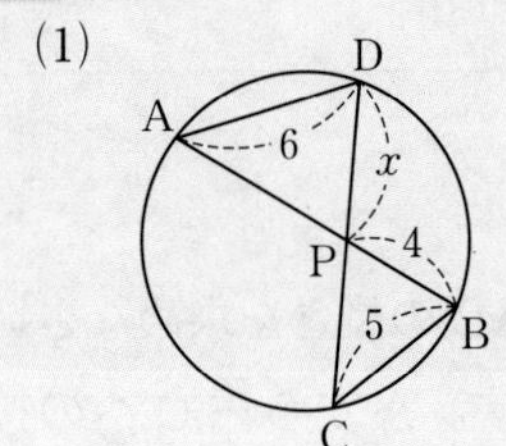

(2)

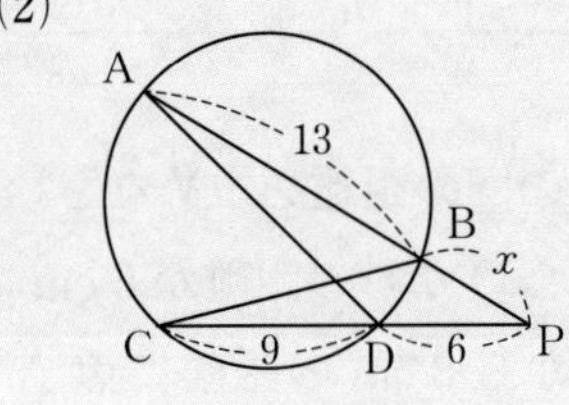

(3)

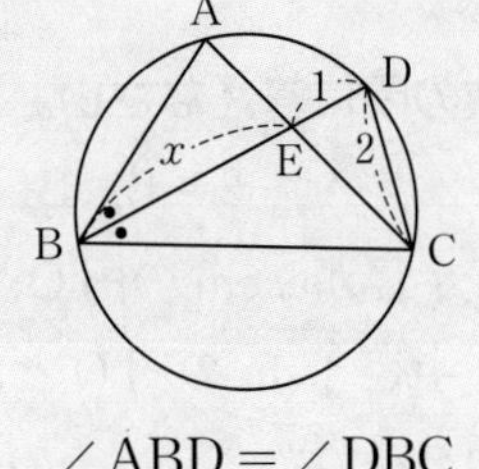

∠ABD = ∠DBC

(1)		(2)		(3)	

解答▶p.63

第7回 予想問題 7章 [三平方の定理] 三平方の定理を活用しよう

/100

1 下の図の直角三角形で，x の値を求めなさい。 4点×4（16点）

(1)
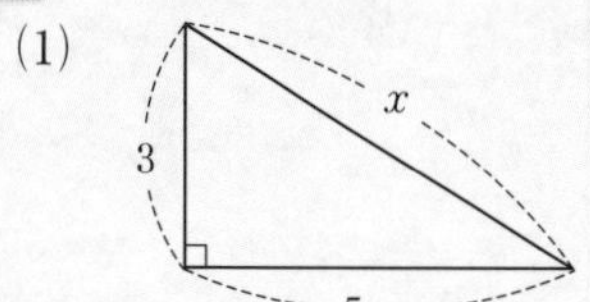

(2)
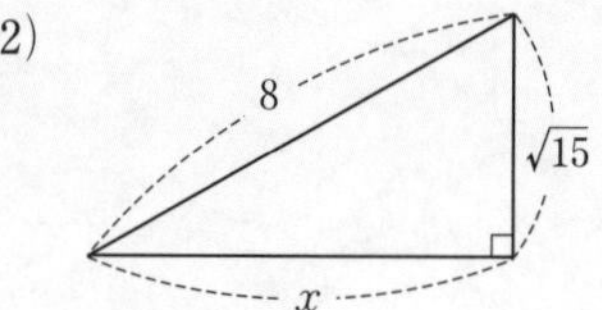

(3)
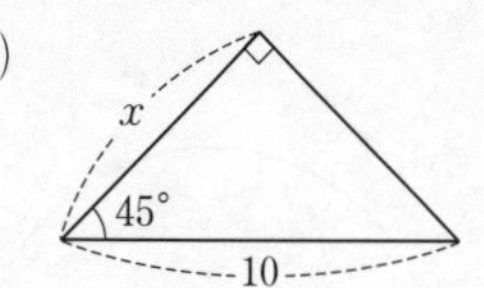

(4)
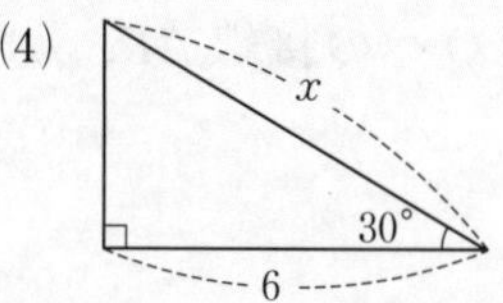

(1)		(2)		(3)		(4)	

2 次の長さを3辺とする三角形について，直角三角形であるものには○，そうでないものには×を答えなさい。 3点×4（12点）

(1) 17 cm，15 cm，8 cm　(2) 1.5 cm，2 cm，3 cm

(3) $\sqrt{10}$ cm，8 cm，$3\sqrt{6}$ cm　(4) $\frac{2}{3}$ cm，$\frac{1}{2}$ cm，$\frac{5}{6}$ cm

(1)		(2)		(3)		(4)	

3 次の問に答えなさい。 4点×3（12点）

(1) 1辺が5 cmの正方形の対角線の長さを求めなさい。

(2) 1辺が6 cmの正三角形の面積を求めなさい。

(3) 右の図のようなAB＝ACの二等辺三角形ABCで，h の値を求めなさい。

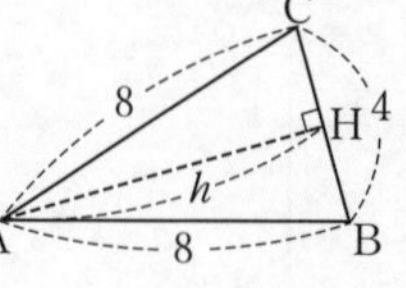

(1)		(2)		(3)	

4 次の問に答えなさい。 4点×4（16点）

(1) 2点A(−2, 4)，B(−5, −3)の間の距離を求めなさい。

(2) 半径が9 cmの円Oで，円の中心Oからの距離が6 cmである弦ABの長さを求めなさい。

(3) 半径4 cmの円Oと，中心Oから8 cmの距離に点Aがあります。Aから円Oへの接線をひいたとき，この接線の長さを求めなさい。

(4) 底面の半径が3 cm，母線の長さが7 cmの円錐の体積を求めなさい。

(1)		(2)		(3)		(4)	

5 下の図で，x の値を求めなさい。　4点×3（12点）

(1)

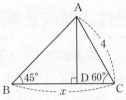

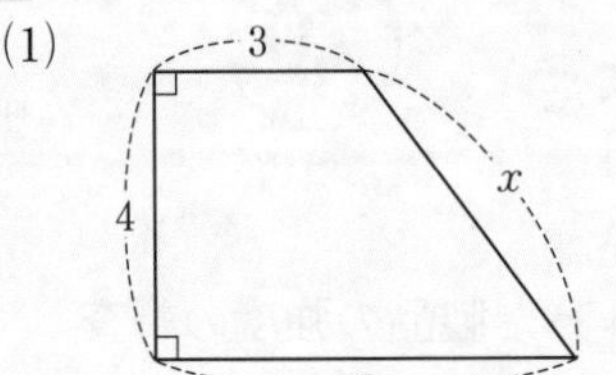

(2)

A
4
45°
D 60°
B
x
C

(3)

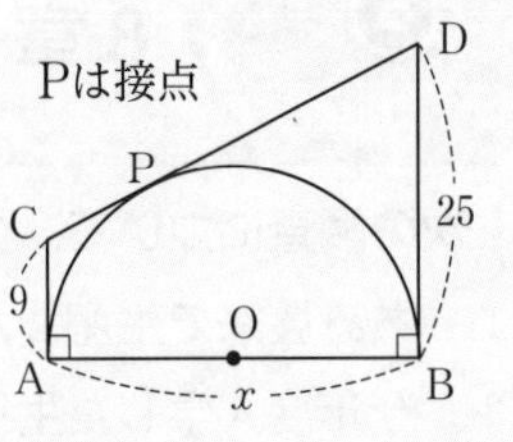

(1)		(2)		(3)	

6 右の図の△ABCで，点Aから辺BCに垂線AHをひくとき，次の問に答えなさい。　4点×2（8点）

(1) BH＝x として，x の方程式をつくりなさい。

(2) AHの長さを求めなさい。

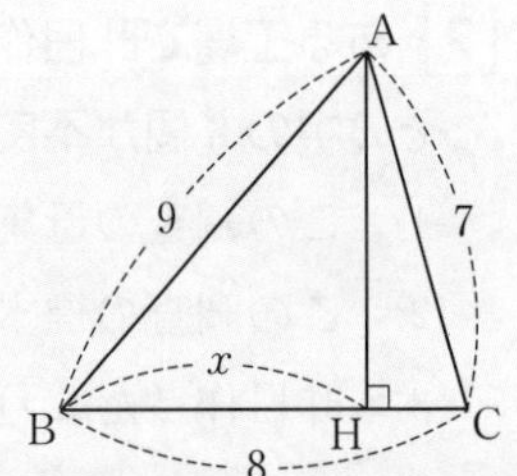

(1)		(2)	

7 右の図のように，縦が4 cm，横が8 cmの長方形ABCDの紙を，頂点Bが頂点Dと重なるように折ります。このとき，CEの長さを求めなさい。　（4点）

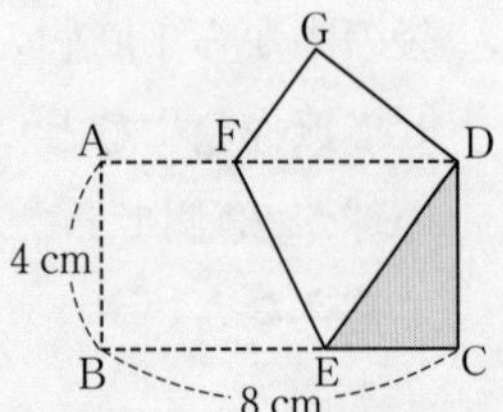

8 右の図のように，底面が1辺4 cmの正方形で，他の辺が6 cmの正四角錐があります。この正四角錐の表面積と体積を求めなさい。　4点×2（8点）

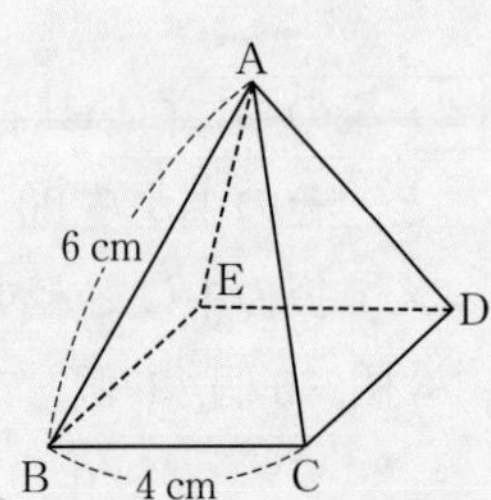

表面積	体積

9 右の図の立体は，1辺が4 cmの立方体で，M，Nはそれぞれ辺AB，ADの中点です。　4点×3（12点）

(1) 線分MGの長さを求めなさい。

(2) 立方体の表面に点Mから辺BFを通って点Gまで糸をかけます。かける糸の長さがもっとも短くなるときの，糸の長さを求めなさい。

(3) 4点M，F，H，Nを頂点とする四角形の面積を求めなさい。

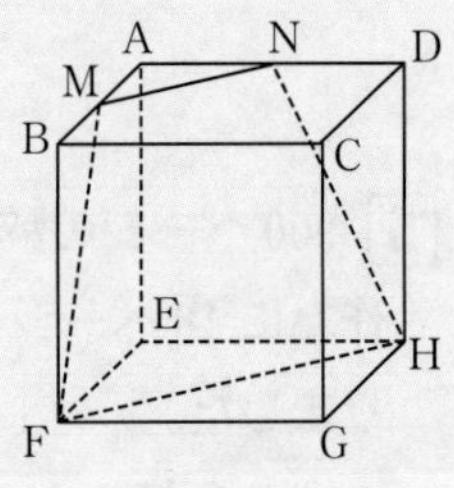

(1)		(2) 		(3)	

解答 p.64

第8回 予想問題　8章 [標本調査] 集団全体の傾向を推測しよう

20分　/100

1 次の調査について，全数調査は○，標本調査は×を答えなさい。　4点×4（16点）

(1) ある農家で生産したみかんの糖度の調査　(2) ある工場で作った製品の強度の調査

(3) 今年度入学した生徒の家族構成の調査　(4) 選挙の時にテレビ局が行う出口調査

(1)		(2)		(3)		(4)	

2 ある工場で昨日作った5万個の製品の中から，300個の製品を無作為に抽出して調べたら，その中の6個が不良品でした。　8点×3（24点）

(1) この調査の母集団は何ですか。

(2) この調査の標本の大きさをいいなさい。

(3) 昨日作った5万個の製品の中にある不良品の数はおよそ何個と考えられますか。

(1)		(2)		(3)	およそ

3 袋の中に同じ大きさの球がたくさん入っています。この袋の中の球の数を調べるために，袋の中から100個の球を取り出して印をつけて袋にもどします。次に，袋の中をよくかき混ぜて無作為にひとつかみの球を取り出して数えると，印のついた球が4個，印のついていない球が23個でした。袋の中の球の数はおよそ何個と考えられますか。十の位を四捨五入して答えなさい。　（20点）

およそ

4 袋の中に白い碁石と黒い碁石が合わせて600個入っています。袋の中をよくかき混ぜたあと，その中から20個の碁石を無作為に抽出して，抽出した碁石の中の白い碁石の個数を数えて袋の中にもどすという実験を6回くり返したところ，抽出した白い碁石の数は，7個，8個，6個，6個，7個，8個でした。袋の中の白い碁石はおよそ何個あると考えられますか。　（20点）

およそ

5 900ページの辞典があります。この辞典にのっている見出し語の語数を調べるために，無作為に10ページを選び，そのページにのっている見出し語の数を調べると，次のようになりました。　[18, 21, 15, 16, 9, 17, 20, 11, 14, 16]　10点×2（20点）

(1) この辞典の1ページにのっている見出し語の数の平均値を推測しなさい。

(2) この辞典の全体の見出し語の数はおよそ何語と考えられますか。百の位を四捨五入して答えなさい。

(1)	およそ	(2)	およそ

教科書ワーク数学 特別ふろく①

無料アプリ

どこでもワーク

こちらにアクセスして，ご利用ください。
https://portal.bunri.jp/app.html

① 計算編 テンキー入力形式で学習できる！ 重要公式つき！

解き方を穴埋め形式で確認！

テンキー入力で，計算しながら解ける！

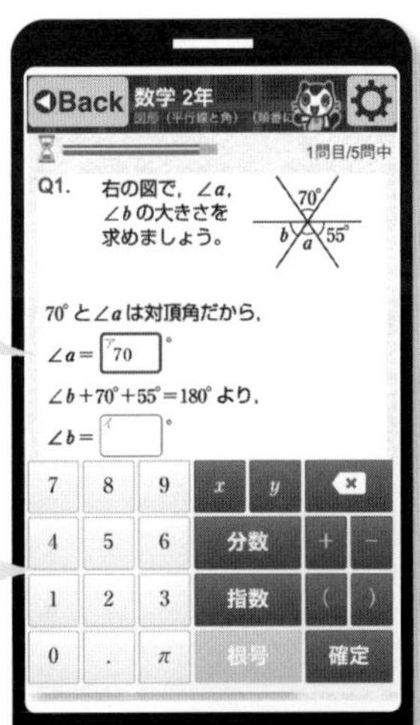

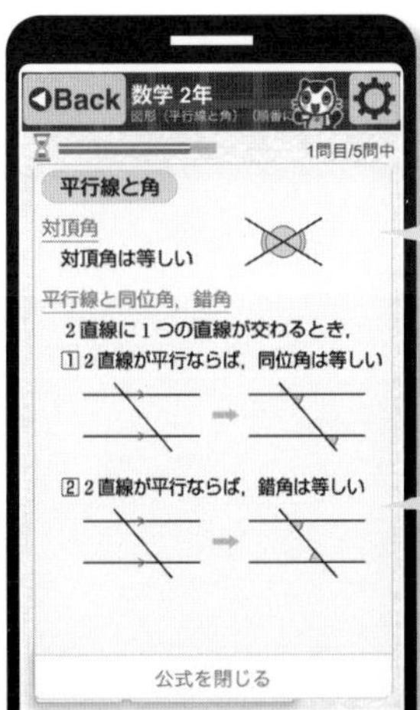

重要公式をその場で確認できる！

カラーだから見やすく，わかりやすい！

② 図形編 グラフや図形を自分で動かして，学習理解をサポート！

自分で数値を決められるから，いろいろなグラフの確認ができる！

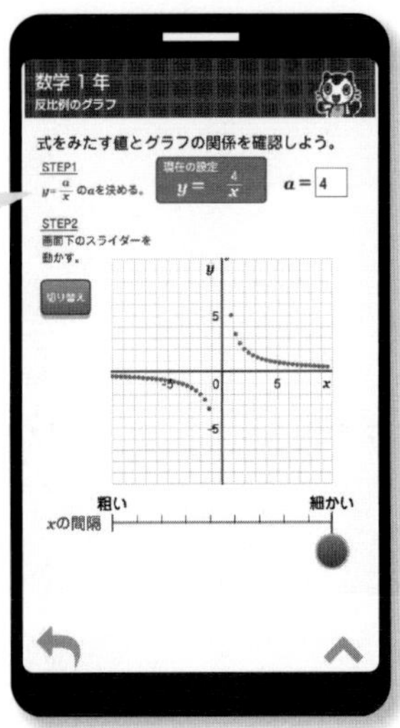

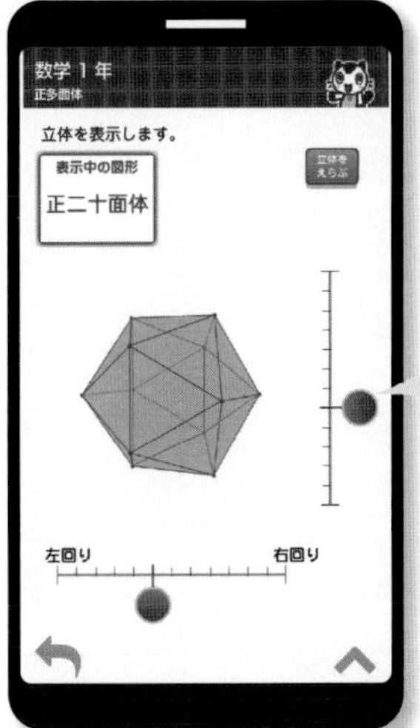

上下左右に回転させて，様々な角度から立体をみることができる！

注意 ●アプリは無料ですが，別途各通信会社からの通信料がかかります。
● iPhone の方は Apple ID，Android の方は Google アカウントが必要です。対応 OS や対応機種については，各ストアでご確認ください。
●お客様のネット環境および携帯端末により，アプリをご利用いただけない場合，当社は責任を負いかねます。ご理解，ご了承いただきますよう，お願いいたします。
●正誤判定は，計算編のみの機能となります。
●テンキーの使い方は，アプリでご確認ください。

中学教科書ワーク

解答と解説

東京書籍版

数学3年

この「解答と解説」は，取りはずして使えます。

ステージ1の例の答えは本冊右ページ下にあります。

1章　文字式を使って説明しよう

p.2～3　ステージ1

❶ (1) $20x^2-8xy$　(2) $-6a^2-30ab$

(3) $6x^2-2xy+8x$

(4) $-6a^2-3ab+9a$

(5) $4x^2-9x$　(6) $10a^2-5a+12$

❷ (1) $2a+3$　(2) $-2xy+3$

(3) $6x-9y$　(4) $12ab-16a+4$

❸ (1) $xy-4x+6y-24$

(2) $ac+ad-bc-bd$

(3) $2ab-4a-5b+10$

(4) $x^2+8x+15$　(5) $6x^2-16x+8$

(6) $3a^2-2ab-b^2$

❹ (1) $a^2+ab+a+3b-6$

(2) $3x^2-7xy+2y^2+12x-4y$

解説

❶ (1) $4x(5x-2y)$

$=4x\times5x-4x\times2y$

$=20x^2-8xy$

(2) $(a+5b)\times(-6a)$

$=a\times(-6a)+5b\times(-6a)$

$=-6a^2-30ab$

(3) $2x(3x-y+4)$

$=2x\times3x-2x\times y+2x\times4$

$=6x^2-2xy+8x$

(4) $(4a+2b-6)\times\left(-\frac{3}{2}a\right)$

$=4a\times\left(-\frac{3}{2}a\right)+2b\times\left(-\frac{3}{2}a\right)-6\times\left(-\frac{3}{2}a\right)$

$=-6a^2-3ab+9a$

(5) $3x(x-4)+x(x+3)$

$=3x^2-12x+x^2+3x$

$=4x^2-9x$

（$3x(x-4)=3x^2-12x$，$x(x+3)=x^2+3x$）

(6) $2a(5a-1)-3(a-4)$

$=10a^2-2a-3a+12$

$=10a^2-5a+12$

❷ (2) $(8x^2y-12x)\div(-4x)$

$=-\frac{8x^2y}{4x}+\frac{12x}{4x}$

$=-2xy+3$

(3) $(4x^2y-6xy^2)\div\frac{2}{3}xy$

$=4x^2y\times\frac{3}{2xy}-6xy^2\times\frac{3}{2xy}$

$=6x-9y$

（$\div\frac{2}{3}xy\to\div\frac{2xy}{3}\to\times\frac{3}{2xy}$として計算しよう。）

(4) $(12ab^2-16ab+4b)\div b$

$=\frac{12ab^2}{b}-\frac{16ab}{b}+\frac{4b}{b}$

$=12ab-16a+4$

❸ (4) $(x+3)(x+5)$

$=x^2+5x+3x+15$

$=x^2+8x+15$

(5) $(3x-2)(2x-4)$

$=6x^2-12x-4x+8$

$=6x^2-16x+8$

(6) $(a-b)(3a+b)$

$=3a^2+ab-3ab-b^2=3a^2-2ab-b^2$

ポイント

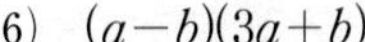

$(a+b)(c+d)=ac+ad+bc+bd$

❹ (1) $(a+3)(a+b-2)$

$=a(a+b-2)+3(a+b-2)$

$=a^2+ab-2a+3a+3b-6$

$=a^2+ab+a+3b-6$

(2) $(x-2y+4)(3x-y)$

$=x(3x-y)-2y(3x-y)+4(3x-y)$

$=3x^2-xy-6xy+2y^2+12x-4y$

$=3x^2-7xy+2y^2+12x-4y$

p.4〜5 ステージ1

1 (1) x^2+5x+6 (2) $x^2+14x+48$
(3) $x^2+4x-21$ (4) y^2-y-20
(5) x^2+x-30 (6) $a^2-7a-18$
(7) $x^2-11x+28$ (8) y^2-9y+8
(9) $x^2+0.4x-0.21$ (10) $x^2+\frac{1}{3}x-\frac{2}{9}$

2 (1) x^2+2x+1 (2) $x^2+18x+81$
(3) $y^2+14y+49$ (4) $x^2-12x+36$
(5) x^2-4x+4 (6) $a^2-16a+64$
(7) $x^2+x+\frac{1}{4}$ (8) $25-10y+y^2$
(9) $x^2-2xy+y^2$

3 (1) x^2-4 (2) x^2-100
(3) y^2-64 (4) $a^2-\frac{1}{25}$
(5) $16-x^2$ (6) x^2-y^2

解説

1 (9) $(x-0.3)(x+0.7)$
$=x^2+\{(-0.3)+0.7\}x+(-0.3)\times0.7$
$=x^2+0.4x-0.21$

(10) $\left(x-\frac{1}{3}\right)\left(x+\frac{2}{3}\right)$
$=x^2+\left\{\left(-\frac{1}{3}\right)+\frac{2}{3}\right\}x+\left(-\frac{1}{3}\right)\times\frac{2}{3}$
$=x^2+\frac{1}{3}x-\frac{2}{9}$

2 (7) $\left(x+\frac{1}{2}\right)^2$
$=x^2+2\times\frac{1}{2}\times x+\left(\frac{1}{2}\right)^2$
$=x^2+x+\frac{1}{4}$

(8) $(5-y)^2$ ←$(x-a)^2$ で $x=5$, $a=y$ とする。
$=5^2-2\times y\times5+y^2$
$=25-10y+y^2$

3 (6) $(x-y)(x+y)$
$=(x+y)(x-y)$
$=x^2-y^2$
乗法の交換法則により，$(x-y)(x+y)$

ポイント

- $(x+a)(x+b)=x^2+(a+b)x+ab$
- $(x+a)^2=x^2+2ax+a^2$
- $(x-a)^2=x^2-2ax+a^2$
- $(x+a)(x-a)=x^2-a^2$

p.6〜7 ステージ1

1 (1) $25x^2-15x+2$ (2) a^2-a-12
(3) $16x^2+40xy+25y^2$
(4) $9x^2-12xy+4y^2$
(5) $16x^2-9$ (6) $4a^2-81b^2$

2 (まちがっているところ)
$3x$ を1つの文字とみて，乗法公式1の x の
かわりに $3x$ をあてはめなければいけないと
ころを，$3x$ ではなく x をあてはめていると
ころがある。
(正しい計算)
$(3x+2)(3x-4)$
$=(3x)^2+\{2+(-4)\}\times3x+2\times(-4)$
$=9x^2+(-2)\times3x-8$
$=9x^2-6x-8$

3 (1) $a^2+2ab+b^2-64$
(2) $x^2-2xy+y^2-1$
(3) $a^2-2ab+b^2+2ac-2bc+c^2$
(4) $a^2-2ab+b^2-6a+6b+9$
(5) $x^2+2xy+y^2+8x+8y+16$
(6) $x^2+10x+25-y^2$

4 (1) $2x^2-1$ (2) $-12x+1$
(3) $x^2+16x+57$

解説

1 ● や ■ で囲んだ単項式を，1つの文字とみ
公式を使う。

(1) $(5x-1)(5x-2)$
$=(5x)^2-3\times5x+2$
$=25x^2-15x+2$
$(A-1)(A-2)$
$=A^2-3A+2$

(3) $(4x+5y)^2$
$=(4x)^2+2\times5y\times4x+(5y)^2$
$=16x^2+40xy+25y^2$

3 ● で囲んだ式を，1つの文字とみて公式を使

(1) $(a+b-8)(a+b+8)$
$=(a+b)^2-64$
$=a^2+2ab+b^2-64$
$a+b=X$ とおく。
$(X-8)(X+8)$
$=X^2-64$

(3) $(a-b+c)^2$
$=(a-b)^2+2c(a-b)+c^2$
$=a^2-2ab+b^2+2ac-2bc+c^2$

(6) $(x+y+5)(x-y+5)$
$=(x+5+y)(x+5-y)$
$=(x+5)^2-y^2$
$=x^2+10x+25-y^2$
$x+5$ を1つの文字とみるために，項をならべかえる。

(1)　$(x-5)(x+1)+(x+2)^2$

$=x^2-4x-5+x^2+4x+4$

$=2x^2-1$

(2)　$(x-3)^2-(x+4)(x+2)$

$=x^2-6x+9-(x^2+6x+8)$

$=x^2-6x+9-x^2-6x-8$

$=-12x+1$

(3)　$2(x+4)^2-(x+5)(x-5)$

$=2(x^2+8x+16)-(x^2-25)$

$=2x^2+16x+32-x^2+25$

$=x^2+16x+57$

.8〜9　ステージ2

(1)　$3a^2+2ab$　　(2)　$\frac{1}{2}x^2+xy$

(3)　$8a^2+4ab$　　(4)　$-3+6x$

(1)　$5a^2-13a-6$

(2)　$6x^2-11xy+3y^2$

(3)　$2a^2-3ab-3a-2b^2+6b$

(4)　$6x^2+5xy-4y^2-2x+y$

(1)　$x^2+0.1x-0.3$　　(2)　$64-16x+x^2$

(3)　a^2-25　　(4)　$81-x^2$

(5)　a^2-6a+9　　(6)　$x^2-2x-24$

(7)　$x^2-\frac{6}{7}x+\frac{9}{49}$　　(8)　$x^2-\frac{4}{9}$

(9)　$a^2-\frac{1}{6}a-\frac{1}{6}$

(1)　$9x^2-9x-10$

(2)　$4x^2-2xy-42y^2$

(3)　$25a^2+20ab+4b^2$

(4)　$\frac{1}{4}x^2-2x-12$

(5)　$9x^2+3xy+\frac{1}{4}y^2$　　(6)　$25b^2-16a^2$

(1)　$x^2+4xy+4y^2-6x-12y+5$

(2)　$a^2-6ab+9b^2+4a-12b+4$

(3)　$4x^2+4xy+y^2-4x-2y+1$

(4)　$a^2-2ab+b^2-1$

(5)　$x^2+12x+36-y^2$

(6)　$a^2-b^2+10b-25$

(1)　$13a^2-a-1$　　(2)　$-2x^2-20x+59$

(3)　$18ab+13b^2$　　(4)　$-15xy+20y^2$

●　●　●　●　●

1)　(1)　$12x^2+5x-3$　　(2)　$2x^2+3x-5$

② (1)　$-3a-2b$　　(2)　$9a+12b$

(3)　$2xy+9y^2$　　(4)　$3x^2+1$

(5)　$28x+60$　　(6)　x^2

解説

❶ (2)　$x(x-2y)-\frac{1}{2}x(x-6y)$

$=x^2-2xy-\frac{1}{2}x^2+3xy$

$=\frac{1}{2}x^2+xy$

(4)　$(2xy-4x^2y)\div\left(-\frac{2}{3}xy\right)$

$=(2xy-4x^2y)\times\left(-\frac{3}{2xy}\right)$

$=2xy\times\left(-\frac{3}{2xy}\right)-4x^2y\times\left(-\frac{3}{2xy}\right)$

$=-3+6x$

$-\frac{2}{3}xy$ ↓ $-\frac{2xy}{3}$ 入れかえ

❸ 式の形をみて，どの乗法公式を使うか判断する。

(1)，(6)，(9)→公式[1]

(2)，(5)，(7)→公式[2]，[3]

(3)，(4)，(8)→公式[4]

(3)　$(-5+a)(5+a)$

$=(a-5)(a+5)$ →$(a+5)(a-5)$

(4)　$(9-x)(x+9)$

$=(9-x)(9+x)$ →$(9+x)(9-x)$

(6)　$(4+x)(-6+x)$

$=(x+4)(x-6)$

(9)　$\left(a-\frac{1}{2}\right)\left(a+\frac{1}{3}\right)$

$=a^2+\left\{\left(-\frac{1}{2}\right)+\frac{1}{3}\right\}a+\left(-\frac{1}{2}\right)\times\frac{1}{3}$

$=a^2-\frac{1}{6}a-\frac{1}{6}$

❹ (1)　$(-3x+5)(-3x-2)$

$=(-3x)^2+3\times(-3x)-10$

$=9x^2-9x-10$

(2)　$(2x-7y)(2x+6y)$

$=(2x)^2+\{(-7y)+6y\}\times2x+(-7y)\times6y$

$=4x^2-2xy-42y^2$

(6)　$(4a+5b)(5b-4a)$

$=(5b+4a)(5b-4a)$

$=(5b)^2-(4a)^2$

$=25b^2-16a^2$

ポイント

式の一部分を１つの文字とみて，乗法公式を使う。

5 (1) $(x+2y-1)(x+2y-5)$
$=(x+2y)^2-6(x+2y)+5$
$=x^2+4xy+4y^2-6x-12y+5$

(3) $(2x+y-1)^2$
$=(2x+y)^2-2(2x+y)+1$
$=4x^2+4xy+y^2-4x-2y+1$

(5) $(x+y+6)(x-y+6)$
$=(x+6+y)(x+6-y)$ ← $x+6$を1つの文字とみるために，項をならべかえる。
$=(x+6)^2-y^2$
$=x^2+12x+36-y^2$

(6) $(a-b+5)(a+b-5)$ ←bと5の符号がそれぞれ反対。
$=\{a-(b-5)\}\{a+(b-5)\}$ ←$b-5$を1つの文字とみるために，$b-5$を（　）に入れる。
$=a^2-(b-5)^2$
$=a^2-(b^2-10b+25)$
$=a^2-b^2+10b-25$

6 (1) $(3a-1)(3a+2)+(2a-1)^2$
$=9a^2+3a-2+4a^2-4a+1$
$=13a^2-a-1$

(2) $2(x-5)^2-(2x-3)(2x+3)$
$=2(x^2-10x+25)-(4x^2-9)$
$=2x^2-20x+50-4x^2+9$
$=-2x^2-20x+59$

(3) $9(a+b)^2-(3a+2b)(3a-2b)$
$=9(a^2+2ab+b^2)-(9a^2-4b^2)$
$=9a^2+18ab+9b^2-9a^2+4b^2$
$=18ab+13b^2$

(4) $9x(x-2y)-(3x+4y)(3x-5y)$
$=9x^2-18xy-(9x^2-3xy-20y^2)$
$=9x^2-18xy-9x^2+3xy+20y^2$
$=-15xy+20y^2$

② (3) $x(x+2y)-(x+3y)(x-3y)$
$=x^2+2xy-(x^2-9y^2)$
$=x^2+2xy-x^2+9y^2$
$=2xy+9y^2$

(5) $(x+9)^2-(x-3)(x-7)$
$=x^2+18x+81-(x^2-10x+21)$
$=x^2+18x+81-x^2+10x-21$
$=28x+60$

(6) $(2x-3)(x+2)-(x-2)(x+3)$
$=2x^2+4x-3x-6-(x^2+x-6)$
$=2x^2+4x-3x-6-x^2-x+6$
$=x^2$

p.10〜11 ステージ1

1 (1) $a(3a+b)$　(2) $a(x^2+x+3)$
(3) $2mx(2m-3)$　(4) $5x(xy-3)$
(5) $ab(b-2a)$　(6) $3xy(x-2y+3)$

2 (まだ因数分解できる理由)
$2x^2-6x+4y$ は共通な因数 2 をくくり出して $2(x^2-3x+2y)$ と因数分解できるから。
(正しい因数分解)
$2ax^2-6ax+4ay=2a(x^2-3x+2y)$

3 (1) $(x+2)(x+6)$　(2) $(x+2)(x+9)$
(3) $(x-1)(x-7)$　(4) $(x-2)(x-7)$
(5) $(x-7)(x-9)$　(6) $(x-1)(x+4)$
(7) $(a-2)(a+7)$　(8) $(y+1)(y-3)$
(9) $(x+2)(x-6)$　(10) $(a+4)(a-5)$

4 (1) $(x+1)^2$　(2) $(x+7)^2$
(3) $(a+6)^2$　(4) $(a-4)^2$
(5) $(y-5)^2$　(6) $(a-10)^2$

解説

1 各項に共通な因数をさがしてくくり出す。
(3) $4m^2x-6mx$
$=2mx(2m-3)$
$4m^2x=(2mx)\times 2m$
$6mx=(2mx)\times 3$

3 $x^2+○x+□$ で，積が□で和が○となる2数を見つける。
(5) 積が63で和が-16となる2数は-7と-9だから，$x^2-16x+63=(x-7)(x-9)$
(10) 積が-20で和が-1となる2数は4と-5だから，$a^2-a-20=(a+4)(a-5)$

ポイント
$x^2+(a+b)x+ab=(x+a)(x+b)$
積がabで，和が$a+b$の2数a，bを見つける。

4 式の形に注目し，因数分解の公式[2]′，[3]′にあてはめる。
(2) $x^2+14x+49=x^2+2\times7\times x+7^2$
$=(x+7)^2$

別解 積が49で和が14となる2数は7と7
$x^2+14x+49=(x+7)(x+7)$
$=(x+7)^2$

(6) $a^2-20a+100=a^2-2\times10\times a+10^2$
$=(a-10)^2$

ポイント
(2乗)+(積の2倍)+(2乗)の形に注目する。

p.12〜13 ステージ1

1 (1) $(y+8)(y-8)$ (2) $(a+6)(a-6)$
(3) $(5+x)(5-x)$

2 (1) $3(x-2)(x+4)$ (2) $-2(y+1)(y-6)$
(3) $3(x+3)^2$ (4) $2(x+3)(x-3)$
(5) $a(x-1)(x+3)$ (6) $2b(a-1)^2$

3 (1) $(3x-2)^2$ (2) $(2a-5)^2$
(3) $(x+7y)^2$ (4) $(x+4y)(x-4y)$
(5) $(5a+8b)(5a-8b)$ (6) $4(2x+1)(2x-1)$

4 (1) $(b+3)(x-y)$
(2) $(x-y+3)(x-y+5)$
(3) $(a+b+5)(a+b-6)$
(4) $(x-1)^2$ (5) $(3x+4)(x-2)$

解説

1 2乗の差を確認して，公式[4]′にあてはめる。
(3) $25-x^2=5^2-x^2=(5+x)(5-x)$

ポイント
2乗の差→和と差の積（因数分解の公式[4]′）

2 共通な因数をくくり出してから，公式を使う。
(1) $3x^2+6x-24=3(x^2+2x-8)$
$=3(x-2)(x+4)$
(2) $-2y^2+10y+12=-2(y^2-5y-6)$
$=-2(y+1)(y-6)$
(3) $3x^2+18x+27=3(x^2+6x+9)$
$=3(x+3)^2$
(4) $2x^2-18=2(x^2-9)=2(x+3)(x-3)$
(5) $ax^2+2ax-3a=a(x^2+2x-3)$
$=a(x-1)(x+3)$
(6) $2a^2b-4ab+2b=2b(a^2-2a+1)$
$=2b(a-1)^2$

3 2乗の形に直せる部分に注目する。
(1) $9x^2-12x+4=(3x)^2-2\times2\times3x+2^2$
$=(3x-2)^2$
(3) $x^2+14xy+49y^2=x^2+2\times7y\times x+(7y)^2$
$=(x+7y)^2$
(5) $25a^2-64b^2=(5a)^2-(8b)^2$
$=(5a+8b)(5a-8b)$
(6) $16x^2-4=4(4x^2-1)$
$=4(2x+1)(2x-1)$ （$4x^2-1=(2x)^2-1^2$）

ミス注意! $16x^2-4=(4x+2)(4x-2)$ を答えにしないように注意。$4x+2$，$4x-2$ はどちらもまだ因数分解できる。

4 (1) $(b+3)x-(b+3)y$
$=(b+3)(x-y)$
（$b+3=A$ とおく。$Ax-Ay=A(x-y)$）
(2) $(x-y)^2+8(x-y)+15$
$=\{(x-y)+3\}\{(x-y)+5\}$
$=(x-y+3)(x-y+5)$
（$x-y=A$ とおく。$A^2+8A+15=(A+3)(A+5)$）
(4) $(x+2)^2-6(x+2)+9$
$=\{(x+2)-3\}^2$
$=(x-1)^2$
（$x+2=A$ とおく。$A^2-6A+9=(A-3)^2$）

別解 $(x+2)^2-6(x+2)+9$
$=x^2+4x+4-6x-12+9$
$=x^2-2x+1=(x-1)^2$

(5) $(2x+1)^2-(x+3)^2$
（$2x+1=X$，$x+3=A$ とおく。$X^2-A^2=(X+A)(X-A)$）
$=\{(2x+1)+(x+3)\}\{(2x+1)-(x+3)\}$
$=(3x+4)(x-2)$ ←{ }の中を計算する。

p.14〜15 ステージ2

1 (1) $4x^2y(x+2y)$ (2) $-2mn(n+2m)$
(3) $3ab(2a-1+3b)$

2 (1) $(10+x)(10-x)$ (2) $(x+2)(x-7)$
(3) $(a-8)^2$ (4) $(x-5)(x+6)$
(5) $(x-6)^2$ (6) $(y+4)(y+8)$
(7) $(x+9)^2$ (8) $(x+12)(x-12)$
(9) $(y-2)(y-8)$ (10) $(x-1)(x-99)$
(11) $(y-13)^2$ (12) $(x-2)(x+5)$
(13) $(a-2)(a-3)$
(14) $\left(x+\frac{1}{2}\right)^2$ (15) $\left(\frac{1}{2}+x\right)\left(\frac{1}{2}-x\right)$

3 $x(x+9)+18$ は，$x(x+9)$ と 18 の和の形をしており，いくつかの因数の積の形になっていないので，因数分解したとはいえない。

4 (1) $5(x+3)(x-12)$ (2) $-4(x-2)(x-4)$
(3) $2b(a-3)^2$ (4) $3y(x-3)(x+5)$
(5) $9(2a+3)(2a-3)$ (6) $3(x+5y)(x-5y)$

5 (まだ因数分解できる理由)
$2x-6$ は共通な因数 2 をくくり出して $2(x-3)$ と因数分解できるから。
(正しい因数分解)
$4x^2-24x+36$
$=4(x^2-6x+9)$
$=4(x-3)^2$

6 (1) $(7x+3y)^2$ (2) $(5a+9b)(5a-9b)$
(3) $\left(2a-\frac{b}{4}\right)^2$ (4) $\left(x+\frac{y}{6}\right)\left(x-\frac{y}{6}\right)$

7 (1) $(x-2)(x-4)$　(2) $(a-4)(a+4)$
(3) $(x+15)(x-1)$　(4) $(3x-7)(x+1)$

8 (1) $(a-1)(b-1)$
(2) $(x+y+2)(x-y+2)$

● ● ● ● ●

① (1) $(a-3)(a+5)$　(2) $(x+7)(x-8)$
(3) $6(x+2)(x-2)$　(4) $a(x-3)(x-9)$
(5) $(x-1)(x+2)$　(6) $(x+3)(x-3)$

解説

2 式の形をみて，使う因数分解の公式を判断する。

(12) $3x+x^2-10=x^2+3x-10=(x-2)(x+5)$

(13) $6+a^2-5a=a^2-5a+6=(a-2)(a-3)$

(14) $x^2+x+\frac{1}{4}=x^2+2\times\frac{1}{2}\times x+\left(\frac{1}{2}\right)^2$
$=\left(x+\frac{1}{2}\right)^2$

4 (1) $5x^2-45x-180=5(x^2-9x-36)$
$=5(x+3)(x-12)$

(2) $-4x^2+24x-32=-4(x^2-6x+8)$
$=-4(x-2)(x-4)$

(3) $2a^2b-12ab+18b=2b(a^2-6a+9)$
$=2b(a-3)^2$

(4) $3x^2y+6xy-45y=3y(x^2+2x-15)$
$=3y(x-3)(x+5)$

(5) $36a^2-81=9(4a^2-9)$
$=9(2a+3)(2a-3)$

(6) $3x^2-75y^2=3(x^2-25y^2)$
$=3(x+5y)(x-5y)$

ポイント
まず共通な因数をくくり出すことを考える。

5 $(2x-6)^2$ をさらに因数分解すると，
$(2x-6)^2=\{2(x-3)\}^2=2^2(x-3)^2=4(x-3)^2$
となる。$2x-6$ をさらに因数分解するのを忘れやすいので，「解答」のように先に共通な因数である 4 をくくり出してから公式を使うとよい。

6 (1) $49x^2+42xy+9y^2$
$=(7x)^2+2\times3y\times7x+(3y)^2$
$=(7x+3y)^2$

(3) $4a^2-ab+\frac{b^2}{16}=(2a)^2-2\times\frac{b}{4}\times2a+\left(\frac{b}{4}\right)^2$
$=\left(2a-\frac{b}{4}\right)^2$

(4) $x^2-\frac{y^2}{36}=x^2-\left(\frac{y}{6}\right)^2$
$=\left(x+\frac{y}{6}\right)\left(x-\frac{y}{6}\right)$

7 (2) $2a(a-4)-(a-4)^2$
$=(a-4)\{2a-(a-4)\}$
$=(a-4)(a+4)$
（$a-4=A$ とおく。$2aA-A^2=A(2a-A)$）

別解 $2a(a-4)-(a-4)^2$ を計算して，
$a^2-16=(a+4)(a-4)$

(4) $(2x-3)^2-(x-4)^2$ ←$2x-3=A$，$x-4=B$ とお
$=\{(2x-3)+(x-4)\}\{(2x-3)-(x-4)\}$
$=(3x-7)(x+1)$

8 (1) $ab-a-b+1$
$=a(b-1)-(b-1)$
$=(a-1)(b-1)$
（$ab-a=a(b-1)$，$-b+1=-(b-1)$）
（$b-1=A$ とおく。$aA-A=(a-1)A$）

(2) $x^2+4x+4-y^2$
$=(x+2)^2-y^2$
$=\{(x+2)+y\}\{(x+2)-y\}$
$=(x+y+2)(x-y+2)$
（$x^2+4x+4=(x+2)^2$）

① (3) $6x^2-24$
$=6(x^2-4)$
$=6(x+2)(x-2)$

(5) $(x+1)(x+4)-2(2x+3)$
$=x^2+5x+4-4x-6$
$=x^2+x-2$
$=(x-1)(x+2)$

(6) $(x+3)(x-5)+2(x+3)$
$=(x+3)\{(x-5)+2\}$
$=(x+3)(x-3)$
（$x+3=A$ とおく。$A(x-5)+2A=A\{(x-5)+2\}$）

別解 $(x+3)(x-5)+2(x+3)$
$=x^2-2x-15+2x+6$
$=x^2-9$
$=(x+3)(x-3)$

p.16〜17 ステージ1

1 (1) 10404　(2) 2401　(3) 800
(4) 5200　(5) 3596

2 (1) 2500　(2) 300

3 (1) 大きいほうの数を 2 乗した数になる。
(2) 2 つの続いた整数は，整数 n を使って n，$n+1$ と表される。
この 2 つの続いた整数の積に大きいほうの数を加えると

$n(n+1)+(n+1)=n^2+2n+1$
$=(n+1)^2$

となる。したがって，2つの続いた整数の積に大きいほうの数を加えると，大きいほうの数を2乗した数になる。

2つの続いた偶数は，整数 n を使って $2n$，$2n+2$ と表される。
大きいほうの偶数の平方から小さいほうの偶数の平方をひいた差は，
$(2n+2)^2-(2n)^2=4n^2+8n+4-4n^2$
$=8n+4$
$=4(2n+1)$
$2n+1$ は奇数だから，$4(2n+1)$ は奇数の4倍である。したがって，2つの続いた偶数では，大きいほうの偶数の平方から小さいほうの偶数の平方をひいた差は，奇数の4倍になる。

(1) $\ell=2\pi a+\pi x$
(2) $S=\pi(a+x)^2-\pi a^2$
$=\pi(a^2+2ax+x^2)-\pi a^2$
$=2\pi ax+\pi x^2$ ……①
(1)より，$\ell x=(2\pi a+\pi x)\times x$
$=2\pi ax+\pi x^2$ ……②
①，②より　$S=\ell x$

解説

(1) $102^2=(100+2)^2$
$=100^2+2\times2\times100+2^2$ ← 乗法公式②
$=10404$
(2) $49^2=(50-1)^2$
$=50^2-2\times1\times50+1^2$ ← 乗法公式③
$=2401$
(3) 45^2-35^2
$=(45+35)\times(45-35)$ ← 因数分解の公式④′
$=80\times10$
$=800$
(4) $76^2-24^2=(76+24)\times(76-24)$ ←因数分解の公式④′
$=100\times52$
$=5200$
(5) $58\times62=(60-2)\times(60+2)$
$=60^2-2^2$ ← 乗法公式④
$=3596$

ポイント
乗法公式や因数分解の公式を数の計算に利用する。

❷ (1) $a^2+2ab+b^2=(a+b)^2$
$=(14+36)^2$ ←$a=14$，$b=36$ を代入
$=50^2$
(2) $x^2-y^2=(x+y)(x-y)$
$=(28+22)\times(28-22)$ ←$x=28$，$y=22$ を代入
$=50\times6$

❺ (1) $\ell=2\pi\left(a+\dfrac{x}{2}\right)$ ←半径は $a+\dfrac{x}{2}$
$=2\pi a+\pi x$

p.18〜19　ステージ2

❶ (1) 14　(2) 96.04　(3) 8.99
(4) 24.9996　(5) 1256
❷ (1) 49　(2) 10000
❸ (1) $S=4ap+4a^2$
(2) $\ell=4p+4a$
(3) (1)より，$S=4ap+4a^2$ ……①
(2)より，$\ell=4p+4a$ だから
$a\ell=a(4p+4a)$
$=4ap+4a^2$ ……②
①，②より　$S=a\ell$
❹ (1) ㋐ 中央の　㋑ 4
(2) 3つの続いた自然数は，自然数 n を使って n，$n+1$，$n+2$ と表される。
もっとも大きい数の平方からもっとも小さい数の平方をひいた差は，
$(n+2)^2-n^2=n^2+4n+4-n^2$
$=4n+4$
$=4(n+1)$
となり，中央の数の4倍になる。
❺ (1) 3
(2) 2つの続いた奇数は，整数 n を使って $2n+1$，$2n+3$ と表される。
2つの続いた奇数の積は，
$(2n+1)(2n+3)=4n^2+8n+3$
$=4(n^2+2n)+3$
n^2+2n は整数だから，2つの続いた奇数の積を4でわった余りは3になる。
❻ ① $10n+5$
② $(10n+5)^2=100n^2+100n+25$
$=100(n^2+n)+25$
③ $100(n^2+n)$

① (1) 40 (2) 220 (3) -1500

② n を整数とし，中央の奇数を $2n+1$ とする。
連続する 3 つの奇数は $2n-1$，$2n+1$，$2n+3$ と表される。
中央の奇数ともっとも大きい奇数の積から，中央の奇数ともっとも小さい奇数の積をひいた差は，

$(2n+1)(2n+3)-(2n+1)(2n-1)$
$=4n^2+8n+3-(4n^2-1)$
$=8n+4$
$=4(2n+1)$

となり，中央の奇数の 4 倍に等しくなる。

解説

❶ (1) $5.7^2-4.3^2=(5.7+4.3)\times(5.7-4.3)$ ←因数分解の公式④′
$=10\times1.4$

(2) $9.8^2=(10-0.2)^2$
$=10^2-2\times0.2\times10+0.2^2$ 乗法公式③

(3) $3.1\times2.9=(3+0.1)\times(3-0.1)$
$=3^2-0.1^2$ 乗法公式④

(4) $4.98\times5.02=(5-0.02)\times(5+0.02)$
$=5^2-0.02^2$ 乗法公式④

(5) $29^2\times3.14-21^2\times3.14=(29^2-21^2)\times3.14$
$=(29+21)\times(29-21)\times3.14$
$=50\times8\times3.14$ ←因数分解の公式④′

❷ (1) $x^2-2xy+y^2=(x-y)^2$ ←因数分解の公式③′
$=(38-31)^2=7^2$

(2) $x^2+4xy+4y^2=(x+2y)^2$ ←因数分解の公式②′
$=(38+2\times31)^2$
$=100^2$

ポイント
因数分解してから代入する。

❸ (1) 外側の正方形の 1 辺は $(p+2a)$ m
$S=(p+2a)^2-p^2=4ap+4a^2$

(2) ℓ は 1 辺が $(p+a)$ m の正方形の周の長さだから，$\ell=4(p+a)=4p+4a$

❺ (2) 4 でわると 3 余る数は，4×(整数)+3 の形で表される。

別解 2 つの続いた奇数を $2n-1$，$2n+1$ としたときは，$(2n-1)(2n+1)=4n^2-1$
$=4n^2-4+3=4(n^2-1)+3$
と変形して証明する。

① (1) $ab^2-81a=a(b^2-81)$
$=a(b+9)(b-9)$
$=\dfrac{1}{7}\times(19+9)\times(19-9)$
$=\dfrac{1}{7}\times28\times10$
$=40$

(2) $x^2+x-20=(x-4)(x+5)$
$=(-16-4)\times(-16+5)$
$=-20\times(-11)$
$=220$

(3) $(x-8)(x+2)+(4-x)(4+x)$
$=x^2-6x-16+16-x^2$
$=-6x$
$=-6\times250$
$=-1500$

p.20～21 ステージ3

❶ (1) $-2x^2+4xy-8x$ (2) a^2-10a
(3) $4x+2y$ (4) $-4x+2$

❷ (1) $2x^2+7x-15$
(2) $a^2-2ab+3a+4b-10$
(3) $x^2-4x-12$ (4) $x^2+20x+100$
(5) $a^2-a+\dfrac{1}{4}$ (6) $64-a^2$

❸ (1) $9x^2-3x-20$
(2) $25x^2+20xy+4y^2$ (3) $49-9x^2$
(4) $x^2+2xy+y^2-11x-11y+24$
(5) $a^2-2ab+b^2+4a-4b+4$
(6) $x^2-4y^2-12y-9$

❹ (1) $-x^2+16x+226$ (2) $4x-13$

❺ (1) $2mn(3m-1)$ (2) $(x-2)(x-9)$
(3) $(a-1)(a+7)$ (4) $(x+6)^2$
(5) $(a-b)^2$ (6) $(5+y)(5-y)$

❻ (1) $-3(x+4)(x-8)$
(2) $2b(a+2)(a-2)$
(3) $(3x-4y)^2$ (4) $\left(2x+\dfrac{y}{3}\right)\left(2x-\dfrac{y}{3}\right)$
(5) $x(x+6)$ (6) $(a-2)(x-3)$

❼ (1) 300 (2) 1591

❽ 400

❾ 3 つの続いた整数は，整数 n を使って $n-1$，n，$n+1$ と表される。
もっとも小さい整数ともっとも大きい整数の

積に 1 を加えると，

$(n-1)(n+1)+1=n^2-1+1$

$=n^2$

となり，中央の整数の 2 乗に等しくなる。

解説

1 (3) $(8x^2y+4xy^2)\div 2xy=\dfrac{8x^2y}{2xy}+\dfrac{4xy^2}{2xy}$

$=4x+2y$

(4) $(6x^2-3x)\div\left(-\dfrac{3}{2}x\right)$ ← $-\dfrac{3}{2}x\rightarrow-\dfrac{3x}{2}$

$=(6x^2-3x)\times\left(-\dfrac{2}{3x}\right)$

$=-4x+2$

2 (1) $(x+5)(2x-3)=2x^2-3x+10x-15$

$=2x^2+7x-15$

(2) $(a-2)(a-2b+5)$

$=a(a-2b+5)-2(a-2b+5)$

$=a^2-2ab+5a-2a+4b-10$

$=a^2-2ab+3a+4b-10$

(3) $(x+2)(x-6)=x^2+\{2+(-6)\}x+2\times(-6)$

$=x^2-4x-12$

(5) $\left(a-\dfrac{1}{2}\right)^2=a^2-2\times\dfrac{1}{2}\times a+\left(\dfrac{1}{2}\right)^2$

$=a^2-a+\dfrac{1}{4}$

3 (1) $(3x-5)(3x+4)=(3x)^2-1\times 3x-20$

$=9x^2-3x-20$

(2) $(-5x-2y)^2$

$=(-5x)^2-2\times 2y\times(-5x)+(2y)^2$

$=25x^2+20xy+4y^2$

別解 $(-5x-2y)^2=\{-(5x+2y)\}^2$

$=(5x+2y)^2$

(3) $(7-3x)(3x+7)=(7-3x)(7+3x)$

$=49-9x^2$

(4) $(x+y-3)(x+y-8)$ ← $x+y=A$ とおく。$(A-3)(A-8)=A^2-11A+24$

$=(x+y)^2-11(x+y)+24$

$=x^2+2xy+y^2-11x-11y+24$

(5) $(a-b+2)^2$

$=(a-b)^2+4(a-b)+4$

$=a^2-2ab+b^2+4a-4b+4$

(6) $(x+2y+3)(x-2y-3)$ ← $-2y-3=-(2y+3)$

$=\{x+(2y+3)\}\{x-(2y+3)\}$

$=x^2-(2y+3)^2$

$=x^2-(4y^2+12y+9)$

$=x^2-4y^2-12y-9$

4 (1) $(x+8)^2-2(x+9)(x-9)$

$=x^2+16x+64-2(x^2-81)$

$=x^2+16x+64-2x^2+162$

$=-x^2+16x+226$

(2) $4(x-3)(x-1)-(2x-5)^2$

$=4(x^2-4x+3)-(4x^2-20x+25)$

$=4x^2-16x+12-4x^2+20x-25$

$=4x-13$

得点アップのコツ

乗法公式は，すべて $(a+b)(c+d)$ の展開から導き出されるから，公式が思い出せないときは，$(a+b)(c+d)$ に戻って計算するとよい。

5 (1) $6m^2n=2mn\times 3m$，$2mn=2mn\times 1$ だから，共通な因数は $2mn$

(2) 積が 18 で和が -11 となる 2 数は -2 と -9 だから，$x^2-11x+18=(x-2)(x-9)$

(4) $x^2+12x+36=x^2+2\times 6\times x+6^2$

$=(x+6)^2$

6 (1) $-3x^2+12x+96=-3(x^2-4x-32)$

$=-3(x+4)(x-8)$

(2) $2a^2b-8b=2b(a^2-4)$

$=2b(a+2)(a-2)$

(3) $9x^2-24xy+16y^2$

$=(3x)^2-2\times 4y\times 3x+(4y)^2$

$=(3x-4y)^2$

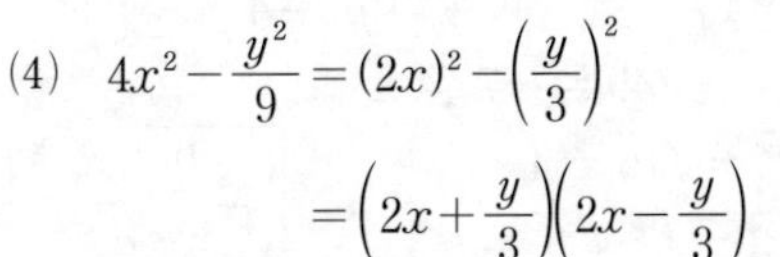

(4) $4x^2-\dfrac{y^2}{9}=(2x)^2-\left(\dfrac{y}{3}\right)^2$

$=\left(2x+\dfrac{y}{3}\right)\left(2x-\dfrac{y}{3}\right)$

(5) $(x+1)^2+4(x+1)-5$ ← $x+1=A$ とおく。$A^2+4A-5=(A-1)(A+5)$

$=\{(x+1)-1\}\{(x+1)+5\}$

$=x(x+6)$

別解 $(x+1)^2+4(x+1)-5$

$=x^2+6x$ ← $x^2+2x+1+4x+4-5$

$=x(x+6)$

(6) $a(x-3)-2(x-3)$ ← $x-3=A$ とおく。$aA-2A=(a-2)A$

$=(a-2)(x-3)$

7 (1) $28^2-22^2=(28+22)\times(28-22)$

$=50\times 6=300$

(2) $43\times 37=(40+3)\times(40-3)=40^2-3^2=1591$

8 $x^2-2xy+y^2=(x-y)^2=(27-7)^2=20^2=400$

2章 数の世界をさらにひろげよう

p.22〜23 ステージ1

❶ 2.6457513

❷ (1) ± 2 (2) ± 11 (3) 0 (4) $\pm\frac{5}{7}$

❸ (1) $\pm\sqrt{14}$ (2) $\pm\sqrt{0.9}$ (3) $\pm\sqrt{\frac{2}{5}}$

❹ (1) 10 (2) -7 (3) -1
(4) 0.5 (5) -0.2 (6) $\frac{3}{4}$
(7) -7 (8) 4 (9) -3

❺ $\sqrt{25}$ は，25 の平方根のうち，正のほうの 5 であり，「25 の平方根」は，2 乗して 25 になる数のことだから，5 と -5 の 2 つである。

❻ (1) 3 (2) 15 (3) 36

解説

❷ (3) 0 の平方根は 0 だけである。
(4) $\left(\frac{5}{7}\right)^2=\frac{25}{49}$, $\left(-\frac{5}{7}\right)^2=\frac{25}{49}$ より, $\frac{5}{7}$ と $-\frac{5}{7}$

❸ 根号の中は，小数や分数でもよい。± をつけるのを忘れないように。

❹ (1) 100 の平方根のうち，正のほう。
(2) 49 の平方根のうち，負のほう。
(3) 1 の平方根のうち，負のほう。
(4) $0.25=0.5^2$ だから，$\sqrt{0.25}=0.5$
(5) $0.04=0.2^2$ だから，$-\sqrt{0.04}=-0.2$
(6) $\frac{9}{16}=\left(\frac{3}{4}\right)^2$ だから，$\sqrt{\frac{9}{16}}=\frac{3}{4}$
(7) $-\sqrt{7^2}=-\sqrt{49}=-7$
(8) $\sqrt{(-4)^2}=\sqrt{16}=4$
(9) $-\sqrt{(-3)^2}=-\sqrt{9}=-3$

$a>0$ のとき $\sqrt{a^2}=a$

ポイント
$\sqrt{a}$ ←2 乗して a になる数のうち，正のほう。
(負のほうは，$-\sqrt{a}$)

❻ $a>0$ のとき，$(\sqrt{a})^2=a$，$(-\sqrt{a})^2=a$ であることを利用する。

p.24〜25 ステージ1

❶ (1) $\sqrt{19}<\sqrt{23}$ (2) $6<\sqrt{37}$
(3) $11>\sqrt{119}$ (4) $\sqrt{0.5}>0.5$
(5) $-\sqrt{5}>-\sqrt{7}$ (6) $-4<-\sqrt{15}$
(7) $2<\sqrt{6}<3$ (8) $-\sqrt{11}<-3<-\sqrt{7}$

❷ $\sqrt{\frac{3}{5}}$，$-\sqrt{7}$，$\frac{\sqrt{3}}{2}$

❸ A…$-\sqrt{4}$，B…-0.5，C…$\sqrt{3}$，D…$\sqrt{6}$

❹ $\frac{3}{8}$…有限小数，$\frac{5}{9}$…循環小数

❺ (1) n の値 2，$\sqrt{72n}$ の値 12
(2) 6

解説

❶ (1) $19<23$ より，$\sqrt{19}<\sqrt{23}$
(2) $6^2=36$，$(\sqrt{37})^2=37$
$36<37$ より，$6<\sqrt{37}$
(4) $(\sqrt{0.5})^2=0.5$，$0.5^2=0.25$
$0.5>0.25$ より，$\sqrt{0.5}>0.5$
(5) $\sqrt{5}<\sqrt{7}$
よって，$-\sqrt{5}>-\sqrt{7}$　負の数は，絶対値が大きいほど小さい。
(6) $4^2=16$，$(\sqrt{15})^2=15$ より，$4>\sqrt{15}$
よって，$-4<-\sqrt{15}$
(7) $2^2=4$，$3^2=9$，$(\sqrt{6})^2=6$
$4<6<9$ より，$2<\sqrt{6}<3$
(8) $(\sqrt{7})^2=7$，$(\sqrt{11})^2=11$，$3^2=9$
$7<9<11$ より，$\sqrt{7}<3<\sqrt{11}$
よって，$-\sqrt{11}<-3<-\sqrt{7}$

ポイント
・a，b が正の数で，$a<b$ ならば $\sqrt{a}<\sqrt{b}$
・$\sqrt{\ }$ のついた数の大小は，2 乗して比べる。

❷ このなかでは，$\sqrt{\ }$ をとることができない数が無理数。
$\sqrt{49}=7$ や $\sqrt{0.16}=0.4$ のように $\sqrt{\ }$ のとれる数や，$\sqrt{\ }$ のついていない分数，小数，0 は有理数。

❸ $\sqrt{1}<\sqrt{3}<\sqrt{4}$ より，$1<\sqrt{3}<2$，
$-\sqrt{4}=-2$，$\sqrt{4}<\sqrt{6}<\sqrt{9}$ より，$2<\sqrt{6}<3$
4 つの数を小さい順に並べると，
$-\sqrt{4}$，-0.5，$\sqrt{3}$，$\sqrt{6}$

❹ $\frac{3}{8}=0.375$ より，有限小数
$\frac{5}{9}=0.5555\cdots$ となり，同じ数字の並びがかぎりなく続くので，循環小数である。

❺ (1) $72=2^3\times3^2$ だから，$n=2$ とすれば，
$72n=(2^3\times3^2)\times2=2^4\times3^2=(2^2\times3)^2$
となり，自然数の 2 乗の形になる。
このとき，$\sqrt{72n}=\sqrt{(2^2\times3)^2}=2^2\times3=12$

(2) $150=2\times3\times5^2$ だから，$a=2\times3$ とすれば，

$150a=(2\times3\times5^2)\times(2\times3)=(2\times3\times5)^2$

となり，自然数の 2 乗の形になる。

よって，$a=2\times3=6$

ポイント

$\sqrt{a}$ が自然数になる。

⇒ a を素因数分解すると，同じ素因数が偶数個ずつある積の形になる。

.26〜27 ステージ2

1 (1) ±30　(2) ±0.1　(3) $\pm\sqrt{0.4}$

(4) $\pm\sqrt{\frac{7}{15}}$　(5) $\pm\frac{7}{9}$　(6) $\pm\frac{11}{20}$

2 (1) $-\frac{5}{6}$　(2) 0.8　(3) 15

(4) -9　(5) $\frac{3}{4}$　(6) 0.2

3 (1) ±6　(2) 8

(3) ○　(4) -0.3

4 (1) $-\sqrt{72}<-\sqrt{59}$　(2) $0.3<\sqrt{0.1}$

(3) $12>\sqrt{140}$　(4) $-\sqrt{28}<-5<-\sqrt{23}$

(5) $-\sqrt{\frac{1}{2}}<-\sqrt{\frac{1}{3}}<-\frac{1}{3}$

5 (1) 21，22，23，24　(2) 4 個

6 (1) A…$-\sqrt{16}$，B…-3.5，C…$\frac{9}{4}$，D…$\sqrt{12}$

(2) 2，3，5，6，7，8

7 8

8 (1) 2，8，18，72　(2) 1，6，9，10

● ● ● ● ●

① 67，68，69

② (1) 6　(2) 4 個　(3) 74，119

解説

2 (3) $\sqrt{(-15)^2}=\sqrt{225}=15$

(4) $-\sqrt{(-9)^2}=-\sqrt{81}=-9$

3 (3) $-\sqrt{(-5)^2}=-\sqrt{25}=-5$

(4) $0.09=0.3^2$ だから，$-\sqrt{0.09}=-0.3$

4 (1) $\sqrt{72}>\sqrt{59}$ より，$-\sqrt{72}<-\sqrt{59}$

(2) $0.3^2=0.09$，$(\sqrt{0.1})^2=0.1$

$0.09<0.1$ より，$0.3<\sqrt{0.1}$

(3) $12^2=144$，$(\sqrt{140})^2=140$ より，$12>\sqrt{140}$

(4) $5^2=25$，$(\sqrt{23})^2=23$，$(\sqrt{28})^2=28$ より，

$\sqrt{23}<5<\sqrt{28}$　　よって，$-\sqrt{28}<-5<-\sqrt{23}$

(5) $\left(\frac{1}{3}\right)^2=\frac{1}{9}$，$\left(\sqrt{\frac{1}{3}}\right)^2=\frac{1}{3}$，$\left(\sqrt{\frac{1}{2}}\right)^2=\frac{1}{2}$

$\frac{1}{9}<\frac{1}{3}<\frac{1}{2}$ より，$\frac{1}{3}<\sqrt{\frac{1}{3}}<\sqrt{\frac{1}{2}}$

よって，$-\sqrt{\frac{1}{2}}<-\sqrt{\frac{1}{3}}<-\frac{1}{3}$

5 (1) $4.5^2<(\sqrt{a})^2<5^2$ ←$4.5<\sqrt{a}<5$ を2乗する。

よって，$20.25<a<25$

(2) $(\sqrt{6})^2\leqq n^2\leqq6^2$ ←$\sqrt{6}\leqq n\leqq6$ を2乗する。

よって，$6\leqq n^2\leqq36$

これを満たす自然数 n は，3，4，5，6 の 4 個。

6 (1) $\frac{9}{4}=2.25$，$\sqrt{9}<\sqrt{12}<\sqrt{16}$ より，$3<\sqrt{12}<4$

$-\sqrt{16}=-4$

4 つの数を小さい順にならべると，

$-\sqrt{16}<-3.5<\frac{9}{4}<\sqrt{12}$

(2) $\sqrt{1}=1$，$\sqrt{4}=2$，$\sqrt{9}=3$で，1，4，9 以外の数は$\sqrt{\ }$がとれないので，無理数になる。

7 $a^2=70$ で $a>0$ より，$a=\sqrt{70}$ だから，

$n<\sqrt{70}<n+1$

$8^2=64$，$9^2=81$ で，$64<70<81$ だから，

$8<\sqrt{70}<9$　　よって，$n=8$

8 (1) $72=2^3\times3^2$だから，

$n=2$ のとき，$\sqrt{\frac{72}{n}}=\sqrt{\frac{2^3\times3^2}{2}}=\sqrt{(2\times3)^2}=6$

$n=\underbrace{2^3}_{8}$ のとき，$\sqrt{\frac{72}{n}}=\sqrt{\frac{2^3\times3^2}{2^3}}=\sqrt{3^2}=3$

$n=\underbrace{2\times3^2}_{18}$ のとき，$\sqrt{\frac{72}{n}}=\sqrt{\frac{2^3\times3^2}{2\times3^2}}=\sqrt{2^2}=2$

$n=\underbrace{2^3\times3^2}_{72}$ のとき，$\sqrt{\frac{72}{n}}=\sqrt{\frac{2^3\times3^2}{2^3\times3^2}}=\sqrt{1}=1$

(2) a は自然数だから，$10-a$ は 10 より小さい。

よって，$\sqrt{10-a}$ は $\sqrt{10}$ より小さいから，値が整数になるのは，$\sqrt{0}$，$\sqrt{1}$，$\sqrt{4}$，$\sqrt{9}$ の 4 つ。

$10-a=0$ のとき，$a=10$

$10-a=1$ のとき，$a=9$

$10-a=4$ のとき，$a=6$

$10-a=9$ のとき，$a=1$

ミス注意! 「$\sqrt{10-a}$ の値が整数」という条件に気をつけよう。「自然数」ではないので，$\sqrt{0}$ の場合があることを忘れないようにする。

① $8.2^2<(\sqrt{n+1})^2<8.4^2$ より，

$67.24<n+1<70.56$　よって，

$n+1=68,\ 69,\ 70$ だから，$n=67,\ 68,\ 69$

② (1) $24=2^3\times3$

24 をある整数の 2 乗にするには，$2^3\times3$に $2\times3=6$をかければよい。

$\sqrt{24\times6}=\sqrt{2^3\times3\times2\times3}=\sqrt{(2^2\times3)^2}=12$

(2) n は自然数だから，$53-2n$ は 53 より小さい。よって，$\sqrt{53-2n}$ は $\sqrt{53}$ より小さいから，値が整数になるのは，$\sqrt{0}$，$\sqrt{1}$，$\sqrt{4}$，$\sqrt{9}$，$\sqrt{16}$，$\sqrt{25}$，$\sqrt{36}$，$\sqrt{49}$。このうち，n は正の整数なので，$53-2n$ は奇数であるから，$\sqrt{1}$，$\sqrt{9}$，$\sqrt{25}$，$\sqrt{49}$ の 4 個である。

(3) $2010-15a=15(134-a)$

よって，$134-a=15,\ 15\times2^2,\ 15\times3^2,\ \cdots$ であれば，$\sqrt{2010-15a}$ の値は自然数になるが，$134-a<134$ だから，$134-a$ の値は 15 または 15×2^2 である。←$15\times2^2=60$，$15\times3^2=135$

$134-a=15$ のとき，$a=119$

$134-a=15\times2^2$ のとき，$a=74$

p.28〜29 ステージ1

1 (1) $\sqrt{21}$ (2) 10 (3) -6 (4) $\sqrt{5}$ (5) $\sqrt{7}$ (6) -3

2 (1) $\sqrt{27}$ (2) $\sqrt{24}$ (3) $\sqrt{50}$ (4) $\sqrt{112}$ (5) $\sqrt{245}$

3 (1) $2\sqrt{2}$ (2) $2\sqrt{5}$ (3) $4\sqrt{2}$ (4) $2\sqrt{21}$ (5) $3\sqrt{10}$ (6) $7\sqrt{2}$ (7) $3\sqrt{14}$ (8) $5\sqrt{7}$ (9) $11\sqrt{2}$

4 (1) $\dfrac{\sqrt{5}}{9}$ (2) $\dfrac{\sqrt{11}}{7}$ (3) $\dfrac{\sqrt{6}}{10}$ (4) $\dfrac{\sqrt{57}}{10}$ (5) $\dfrac{\sqrt{7}}{100}$

解説

1 (2) $\sqrt{5}\times\sqrt{20}=\sqrt{5\times20}=\sqrt{100}=10$

(4) $\dfrac{\sqrt{30}}{\sqrt{6}}=\sqrt{\dfrac{30}{6}}=\sqrt{5}$

2 (1) $3\sqrt{3}$
$=3\times\sqrt{3}$
$=\sqrt{9}\times\sqrt{3}$ ←$3=\sqrt{3^2}=\sqrt{9}$
$=\sqrt{9\times3}$
$=\sqrt{27}$

(5) $7\sqrt{5}$
$=7\times\sqrt{5}$
$=\sqrt{49}\times\sqrt{5}$
$=\sqrt{49\times5}$
$=\sqrt{245}$

3 (1) $\sqrt{8}$
$=\sqrt{4\times2}$
$=\sqrt{4}\times\sqrt{2}$ ←$\sqrt{ab}=\sqrt{a}\times\sqrt{b}$
$=2\sqrt{2}$ ←$\sqrt{4}=2$

(7) $\sqrt{126}$
$=\sqrt{2\times3^2\times7}$
$=\sqrt{3^2}\times\sqrt{2\times7}$
$=3\sqrt{14}$ ←$\sqrt{3^2}=3$

ポイント

$\sqrt{\ }$ の中の数を$○^2\times□$の形にして，○を$\sqrt{\ }$の外へ出す。素因数分解すると，$○^2$ を見つけやすい。

4 (1) $\sqrt{\dfrac{5}{81}}=\dfrac{\sqrt{5}}{\sqrt{81}}=\dfrac{\sqrt{5}}{9}$

(3) $\sqrt{0.06}$
$=\sqrt{\dfrac{6}{100}}$ ←分母が10^2の分数にする。
$=\dfrac{\sqrt{6}}{\sqrt{100}}$
$=\dfrac{\sqrt{6}}{10}$

(5) $\sqrt{0.0007}$
$=\sqrt{\dfrac{7}{10000}}$ ←分母が100^2の分数にする。
$=\dfrac{\sqrt{7}}{\sqrt{10000}}$
$=\dfrac{\sqrt{7}}{100}$

p.30〜31 ステージ1

1 (1) 14.14 (2) 0.4472 (3) 4.242 (4) 0.707

2 分母と分子に同じ数をかけても分数の大きさは変わらないという分数の性質を使っているから。

3 (1) $\dfrac{5\sqrt{3}}{3}$ (2) $\dfrac{\sqrt{42}}{7}$ (3) $\dfrac{\sqrt{35}}{20}$ (4) $\dfrac{2\sqrt{5}}{3}$ (5) $\dfrac{5\sqrt{2}}{2}$ (6) $\sqrt{3}$

4 (1) $6\sqrt{14}$ (2) 18 (3) $3\sqrt{10}$ (4) $30\sqrt{2}$ (5) $12\sqrt{7}$ (6) $-12\sqrt{15}$

5 (1) $\dfrac{\sqrt{14}}{7}$ (2) $-\dfrac{\sqrt{15}}{2}$ (3) $\dfrac{3\sqrt{2}}{2}$

解説

1 (1) $\sqrt{200}=\sqrt{2\times100}=\sqrt{2}\times10=1.414\times10$

(2) $\sqrt{0.2}=\sqrt{\dfrac{20}{100}}=\dfrac{\sqrt{20}}{10}=\dfrac{4.472}{10}$

(3) $\sqrt{18}=\sqrt{2}\times3=1.414\times3$

(4) $\sqrt{0.5}=\sqrt{\dfrac{50}{100}}=\dfrac{\sqrt{50}}{10}=\dfrac{5\sqrt{2}}{10}=\dfrac{\sqrt{2}}{2}=\dfrac{1.414}{2}$

3 (3) $\dfrac{\sqrt{7}}{4\sqrt{5}}$
$=\dfrac{\sqrt{7}\times\sqrt{5}}{4\sqrt{5}\times\sqrt{5}}$
$=\dfrac{\sqrt{35}}{4\times5}$ ←$\sqrt{7\times5}$，←$(\sqrt{5})^2=5$
$=\dfrac{\sqrt{35}}{20}$

(4) $\dfrac{10}{3\sqrt{5}}$
$=\dfrac{10\times\sqrt{5}}{3\sqrt{5}\times\sqrt{5}}$
$=\dfrac{10\sqrt{5}}{3\times5}$ ←$\dfrac{\overset{2}{\cancel{10}}\sqrt{5}}{3\times\underset{1}{\cancel{5}}}$
$=\dfrac{2\sqrt{5}}{3}$

(5) $\dfrac{15}{\sqrt{18}}=\dfrac{\overset{5}{\cancel{15}}}{\underset{1}{\cancel{3}}\sqrt{2}}$

$=\dfrac{5}{\sqrt{2}}$ ↩ $\dfrac{5\times\sqrt{2}}{\sqrt{2}\times\sqrt{2}}$

$=\dfrac{5\sqrt{2}}{2}$

(6) $\dfrac{3\sqrt{2}}{\sqrt{6}}=\dfrac{3\sqrt{2}\times\sqrt{6}}{\sqrt{6}\times\sqrt{6}}$

$=\dfrac{\overset{1}{\cancel{3}}\times\overset{1}{\cancel{2}}\sqrt{3}}{\cancel{6}_{21}}$

$=\sqrt{3}$

別解 (6) $\dfrac{3\overset{1}{\cancel{\sqrt{2}}}}{\underset{\sqrt{3}}{\cancel{\sqrt{6}}}}=\dfrac{3}{\sqrt{3}}=\sqrt{3}$

4 (1) $\sqrt{28}\times\sqrt{18}$
$=2\sqrt{7}\times3\sqrt{2}$
$=2\times3\times\sqrt{7}\times\sqrt{2}$
$=6\sqrt{14}$

(3) $\sqrt{6}\times\sqrt{15}$
$=\sqrt{2\times3}\times\sqrt{3\times5}$
$=\sqrt{3^2\times2\times5}$
$=3\sqrt{10}$

(5) $\sqrt{48}\times\sqrt{21}$
$=4\sqrt{3}\times\sqrt{3\times7}$
$=4\sqrt{3^2\times7}$
$=4\times3\sqrt{7}$
$=12\sqrt{7}$

(6) $\sqrt{40}\times(-\sqrt{54})$
$=2\sqrt{2\times5}\times(-3\sqrt{2\times3})$
$=-2\times3\sqrt{2^2\times5\times3}$
$=-2\times3\times2\sqrt{15}$
$=-12\sqrt{15}$

5 (2) $5\sqrt{3}\div(-\sqrt{20})$
$=-\dfrac{5\sqrt{3}}{\sqrt{20}}$
$=-\dfrac{5\sqrt{3}}{2\sqrt{5}}$ ↩ $-\dfrac{5\sqrt{3}\times\sqrt{5}}{2\sqrt{5}\times\sqrt{5}}$
$=-\dfrac{5\sqrt{15}}{2\times5}$
$=-\dfrac{\sqrt{15}}{2}$

(3) $\sqrt{63}\div\sqrt{14}$
$=\dfrac{\sqrt{63}}{\sqrt{14}}$ ↩ $\sqrt{7}$で約分（分母分子を$\sqrt{7}$でわる。）
$=\dfrac{\sqrt{9}}{\sqrt{2}}$
$=\dfrac{3}{\sqrt{2}}$ ↩ $\dfrac{3\times\sqrt{2}}{\sqrt{2}\times\sqrt{2}}$
$=\dfrac{3\sqrt{2}}{2}$

p.32～33 ステージ1

1 (1) $10\sqrt{5}$　(2) $9\sqrt{3}$　(3) $\sqrt{7}$
(4) $-7\sqrt{6}$　(5) $\sqrt{3}$　(6) $2\sqrt{2}$

2 (1) $-\sqrt{2}-5\sqrt{3}$　(2) $\sqrt{6}+2$
(3) $3\sqrt{7}-\sqrt{2}$　(4) $5\sqrt{3}-6\sqrt{5}$

3 (1) $5\sqrt{7}$　(2) $8\sqrt{5}$　(3) $3\sqrt{5}$
(4) $-\sqrt{3}$　(5) $3\sqrt{6}$　(6) $4\sqrt{2}$
(7) $-\sqrt{2}$　(8) $3\sqrt{5}$

4 (1) $8\sqrt{6}$　(2) $-\sqrt{7}$　(3) $\dfrac{7\sqrt{3}}{6}$
(4) $\dfrac{9\sqrt{10}}{5}$　(5) $2\sqrt{2}$

解説

1 (5) $8\sqrt{3}-9\sqrt{3}+2\sqrt{3}=(8-9+2)\sqrt{3}=\sqrt{3}$
(6) $-2\sqrt{2}+5\sqrt{2}-\sqrt{2}=(-2+5-1)\sqrt{2}=2\sqrt{2}$

2 (2) $5\sqrt{6}-7-4\sqrt{6}+9=(5-4)\sqrt{6}-7+9$
$=\sqrt{6}+2$
(3) $2\sqrt{7}+3\sqrt{2}+\sqrt{7}-4\sqrt{2}=(2+1)\sqrt{7}+(3-4)\sqrt{2}$
$=3\sqrt{7}-\sqrt{2}$

3 (1) $\sqrt{28}+\sqrt{63}$
$=2\sqrt{7}+3\sqrt{7}$
$=5\sqrt{7}$

(2) $\sqrt{125}+\sqrt{45}$
$=5\sqrt{5}+3\sqrt{5}$
$=8\sqrt{5}$

(3) $\sqrt{80}-\sqrt{5}$
$=4\sqrt{5}-\sqrt{5}$
$=3\sqrt{5}$

(4) $\sqrt{48}-\sqrt{75}$
$=4\sqrt{3}-5\sqrt{3}$
$=-\sqrt{3}$

(5) $\sqrt{24}+\sqrt{54}-2\sqrt{6}$
$=2\sqrt{6}+3\sqrt{6}-2\sqrt{6}$
$=3\sqrt{6}$

(6) $\sqrt{8}-\sqrt{32}+\sqrt{72}$
$=2\sqrt{2}-4\sqrt{2}+6\sqrt{2}$
$=4\sqrt{2}$

(7) $-\sqrt{18}+\sqrt{98}-\sqrt{50}$
$=-3\sqrt{2}+7\sqrt{2}-5\sqrt{2}$
$=-\sqrt{2}$

(8) $\sqrt{45}-6\sqrt{5}+3\sqrt{20}$
$=\sqrt{45}-6\sqrt{5}$
$+3\times2\sqrt{5}$
$=3\sqrt{5}-6\sqrt{5}+6\sqrt{5}$
$=3\sqrt{5}$

ポイント
$\sqrt{\ }$ の中の数が異なるときは，$\sqrt{\ }$ の中をできるだけ小さい自然数になるように変形して，$\sqrt{\ }$ の中が同じ数になったら加法・減法の計算をする。

4 (1) $\dfrac{18}{\sqrt{6}}+5\sqrt{6}$ ↩ $\dfrac{18\times\sqrt{6}}{\sqrt{6}\times\sqrt{6}}$
$=\dfrac{18\sqrt{6}}{6}+5\sqrt{6}$
$=3\sqrt{6}+5\sqrt{6}$
$=8\sqrt{6}$

(2) $\sqrt{28}-\dfrac{21}{\sqrt{7}}$ ↩ $\dfrac{21\times\sqrt{7}}{\sqrt{7}\times\sqrt{7}}$
$=2\sqrt{7}-\dfrac{21\sqrt{7}}{7}$
$=2\sqrt{7}-3\sqrt{7}$
$=-\sqrt{7}$

(3) $\dfrac{2}{\sqrt{3}}+\dfrac{\sqrt{3}}{2}$ ↩ $\dfrac{2\times\sqrt{3}}{\sqrt{3}\times\sqrt{3}}$
$=\dfrac{2\sqrt{3}}{3}+\dfrac{\sqrt{3}}{2}$ ↩ 通分する。
$=\dfrac{4\sqrt{3}}{6}+\dfrac{3\sqrt{3}}{6}$
$=\dfrac{7\sqrt{3}}{6}$

(4) $\sqrt{40}-\sqrt{\dfrac{2}{5}}$ ↩ $\sqrt{\dfrac{b}{a}}=\dfrac{\sqrt{b}}{\sqrt{a}}$
$=\sqrt{40}-\dfrac{\sqrt{2}}{\sqrt{5}}$
$=2\sqrt{10}-\dfrac{\sqrt{10}}{5}$ ↩ $\dfrac{10\sqrt{10}}{5}-\dfrac{\sqrt{10}}{5}$
$=\dfrac{9\sqrt{10}}{5}$

(5) $\sqrt{2}-\sqrt{8}+\dfrac{6}{\sqrt{2}}=\sqrt{2}-2\sqrt{2}+\dfrac{6\sqrt{2}}{2}$
$=\sqrt{2}-2\sqrt{2}+3\sqrt{2}=2\sqrt{2}$

p.34～35 ステージ1

1 (1) $3\sqrt{5}+10$　(2) $12+6\sqrt{3}$
(3) $6\sqrt{7}-3\sqrt{5}$　(4) $17+21\sqrt{3}$
(5) $-17+\sqrt{3}$　(6) $11+2\sqrt{30}$
(7) $13-4\sqrt{3}$　(8) -9

❷ （まちがっているところ）

$x=\sqrt{6}$，$a=\sqrt{2}$ として，乗法公式 $(x+a)^2=x^2+2ax+a^2$ を使わないといけないのに $\sqrt{6}$ と $\sqrt{2}$ をそれぞれ2乗してたしてしまっている。

（正しい計算）

$(\sqrt{6}+\sqrt{2})^2=(\sqrt{6})^2+2\times\sqrt{2}\times\sqrt{6}+(\sqrt{2})^2$
$=6+2\sqrt{12}+2$
$=6+2\times2\sqrt{3}+2$
$=8+4\sqrt{3}$

❸ (1) $8-2\sqrt{6}$　(2) $8\sqrt{5}$

❹ (1) 16　(2) 12　(3) $8\sqrt{3}$
(4) 3　(5) $-9\sqrt{3}+3$

❺ 面積…50 cm^2　AB の長さ…$5\sqrt{2}$ cm

❻ $\dfrac{\sqrt{5}+\sqrt{3}}{2}$

解説

❶ (1) $\sqrt{5}(3+2\sqrt{5})=\sqrt{5}\times3+\sqrt{5}\times2\sqrt{5}$
$=3\sqrt{5}+10$

(2) $3\sqrt{2}(\sqrt{8}+\sqrt{6})=3\sqrt{2}(2\sqrt{2}+\sqrt{6})$ ←$\sqrt{8}=2\sqrt{2}$
$=3\sqrt{2}\times2\sqrt{2}+3\sqrt{2}\times\sqrt{6}$
$=12+6\sqrt{3}$

(3) $\sqrt{3}(2\sqrt{21}-\sqrt{15})=\sqrt{3}\times2\sqrt{21}-\sqrt{3}\times\sqrt{15}$
$=6\sqrt{7}-3\sqrt{5}$

(4) $(\sqrt{3}+5)(4\sqrt{3}+1)$
$=\sqrt{3}\times4\sqrt{3}+\sqrt{3}\times1+5\times4\sqrt{3}+5\times1$ ← $(\sqrt{3}+5)(4\sqrt{3}+1)$
$=12+\sqrt{3}+20\sqrt{3}+5$
$=17+21\sqrt{3}$

(5) $(\sqrt{3}-4)(\sqrt{3}+5)$
$=3+\sqrt{3}-20$ ←$(\sqrt{3})^2+(-4+5)\sqrt{3}+(-4)\times5$
$=-17+\sqrt{3}$

(6) $(\sqrt{6}+\sqrt{5})^2$
$=(\sqrt{6})^2+2\times\sqrt{5}\times\sqrt{6}+(\sqrt{5})^2$ ← $(x+a)^2=x^2+2ax+a^2$
$=6+2\sqrt{30}+5$
$=11+2\sqrt{30}$

(7) $(2\sqrt{3}-1)^2=12-4\sqrt{3}+1=13-4\sqrt{3}$ ← $(2\sqrt{3})^2-2\times1\times2\sqrt{3}+1^2$

(8) $(\sqrt{7}+4)(\sqrt{7}-4)=7-16$ ←$(\sqrt{7})^2-4^2$
$=-9$

❸ (1) $(\sqrt{6}+2)(\sqrt{6}-2)+\sqrt{6}(\sqrt{6}-2)$
$=6-4+6-2\sqrt{6}$ ←$(\sqrt{6})^2-2^2+(\sqrt{6})^2-2\sqrt{6}$
$=8-2\sqrt{6}$

(2) $(\sqrt{10}+\sqrt{2})^2-(\sqrt{10}-\sqrt{2})^2$
$=10+4\sqrt{5}+2-(10-4\sqrt{5}+2)$ ←$2\times\sqrt{2}\times\sqrt{10}=4\sqrt{5}$
$=10+4\sqrt{5}+2-10+4\sqrt{5}-2$
$=8\sqrt{5}$

❹ (1)～(3)は，$x+y=4$，$x-y=2\sqrt{3}$ を利用す

(1) $x^2+2xy+y^2=(x+y)^2$
$=4^2$
$=16$

(2) $x^2-2xy+y^2=(x-y)^2$
$=(2\sqrt{3})^2$
$=12$

(3) $x^2-y^2=(x+y)(x-y)$
$=4\times2\sqrt{3}$
$=8\sqrt{3}$

(4) $x^2-4x+4=(x-2)^2$
$=(2+\sqrt{3}-2)^2$
$=(\sqrt{3})^2$
$=3$

(5) $y^2+5y-14=(y-2)(y+7)$ ←$y^2+5y-14$を因数分解する。
$=(2-\sqrt{3}-2)(2-\sqrt{3}+7)$
$=-\sqrt{3}(9-\sqrt{3})$
$=-9\sqrt{3}+3$

別解 $y^2+5y-14=(2-\sqrt{3})^2+5(2-\sqrt{3})-1$
$=7-4\sqrt{3}+10-5\sqrt{3}-14$
$=3-9\sqrt{3}$

ポイント

代入する値や式をみて，因数分解などのくふうをする。

❺ 正方形 ABCD の面積は，正方形 PQRS の面積の半分だから，$10\times10\times\dfrac{1}{2}=50$ (cm^2)

AB は正方形 ABCD の 1 辺だから，$AB^2=50$

よって，AB は 50 の平方根の正のほうで，$\sqrt{50}=5\sqrt{2}$ だから，$AB=5\sqrt{2}$ cm

❻ 分母が $\sqrt{5}$ から $\sqrt{3}$ をひいた差なので，$\sqrt{5}$ と $\sqrt{3}$ の和を分母と分子にかける。

$$\frac{1}{\sqrt{5}-\sqrt{3}}=\frac{1\times(\sqrt{5}+\sqrt{3})}{(\sqrt{5}-\sqrt{3})(\sqrt{5}+\sqrt{3})}$$
$$=\frac{\sqrt{5}+\sqrt{3}}{(\sqrt{5})^2-(\sqrt{3})^2}$$
$$=\frac{\sqrt{5}+\sqrt{3}}{2}$$

p.36〜37 ステージ2

1 (1) ① $\sqrt{480}$ ② $\sqrt{1280}$

(2) ① $15\sqrt{2}$ ② $\dfrac{\sqrt{30}}{100}$

2 (1) 0.8367 (2) 7.938 (3) 1.323

3 (1) $\sqrt{3}$ (2) $\dfrac{\sqrt{10}}{2}$ (3) $\sqrt{7}-\sqrt{5}$

4 (1) $30\sqrt{2}$ (2) $\dfrac{5\sqrt{3}}{3}$ (3) $-\dfrac{2\sqrt{15}}{3}$

(4) $\sqrt{10}$ (5) $-\sqrt{3}$ (6) $\dfrac{\sqrt{3}}{2}$

(7) $\dfrac{7\sqrt{10}}{2}$ (8) $\dfrac{5\sqrt{6}}{2}$ (9) $-7\sqrt{3}$

5 $(\sqrt{3}+\sqrt{5})^2=(\sqrt{3})^2+2\times\sqrt{5}\times\sqrt{3}+(\sqrt{5})^2$
$=3+2\sqrt{15}+5$
$=8+2\sqrt{15}$

$(\sqrt{3+5})^2=(\sqrt{8})^2=8$

$(\sqrt{3}+\sqrt{5})^2$ と $(\sqrt{3+5})^2$ は等しくないので，
$\sqrt{3}+\sqrt{5}$ と $\sqrt{3+5}$ は等しくない。

6 (1) $12-8\sqrt{3}$ (2) $8+5\sqrt{14}$

(3) 4 (4) $-4+2\sqrt{5}$

7 (1) 24 (2) 16

8 (1) 整数部分…3，a の値…$\sqrt{10}-3$ (2) 1

● ● ● ● ●

① (1) $9\sqrt{7}$ (2) $-\sqrt{2}$

(3) 8 (4) 2

② (1) $8<5\sqrt{3}<\sqrt{79}$ (2) -11

解説

1 (1) ① $4\sqrt{30}=\sqrt{16\times30}$ ② $16\sqrt{5}=\sqrt{256\times5}$

(2) ① $\sqrt{450}=\sqrt{2\times3^2\times5^2}=3\times5\times\sqrt{2}$

② $\sqrt{0.003}=\sqrt{\dfrac{30}{10000}}=\dfrac{\sqrt{30}}{\sqrt{10000}}=\dfrac{\sqrt{30}}{100}$

2 (1) $\sqrt{0.7}=\sqrt{\dfrac{70}{100}}=\dfrac{\sqrt{70}}{10}=8.367\div10$

(2) $\sqrt{63}=\sqrt{7}\times3=2.646\times3$

(3) $\sqrt{1.75}=\sqrt{\dfrac{175}{100}}=\dfrac{5\sqrt{7}}{10}=\dfrac{\sqrt{7}}{2}=2.646\div2$

3 (1) $\dfrac{6\sqrt{2}}{\sqrt{24}}=\dfrac{6\sqrt{2}}{2\sqrt{6}}=\dfrac{3\sqrt{2}}{\sqrt{6}}=\dfrac{3\sqrt{2}\times\sqrt{6}}{\sqrt{6}\times\sqrt{6}}=\sqrt{3}$

別解 (1) $\dfrac{6\sqrt{2}}{\sqrt{24}}=\dfrac{\sqrt{72}}{\sqrt{24}}=\sqrt{\dfrac{72}{24}}=\sqrt{3}$

(2) $\dfrac{\sqrt{15}}{\sqrt{2}\times\sqrt{3}}=\dfrac{\sqrt{5}\times\sqrt{3}}{\sqrt{2}\times\sqrt{3}}=\dfrac{\sqrt{5}}{\sqrt{2}}=\dfrac{\sqrt{10}}{2}$

(3) $\dfrac{\sqrt{14}-\sqrt{10}}{\sqrt{2}}=\dfrac{(\sqrt{14}-\sqrt{10})\times\sqrt{2}}{\sqrt{2}\times\sqrt{2}}$
$=\dfrac{2\sqrt{7}-2\sqrt{5}}{2}$
$=\sqrt{7}-\sqrt{5}$

別解 $\dfrac{\sqrt{14}-\sqrt{10}}{\sqrt{2}}=\dfrac{\sqrt{14}}{\sqrt{2}}-\dfrac{\sqrt{10}}{\sqrt{2}}$
$=\sqrt{7}-\sqrt{5}$

4 (1) $(-\sqrt{24})\times(-5\sqrt{3})=2\sqrt{6}\times5\sqrt{3}=30\sqrt{2}$

(2) $\dfrac{\sqrt{20}}{3}\times\dfrac{\sqrt{15}}{2}$
$=\dfrac{2\sqrt{5}}{3}\times\dfrac{\sqrt{15}}{2}$
$=\dfrac{5\sqrt{3}}{3}$ ← $\dfrac{\overset{1}{\cancel{2}}\sqrt{5}}{3}\times\dfrac{\sqrt{5}\times\sqrt{3}}{\underset{1}{\cancel{2}}}$

(3) $\sqrt{80}\div(-\sqrt{12})$
$=-\dfrac{4\sqrt{5}}{2\sqrt{3}}$ ← $-\dfrac{\sqrt{80}}{\sqrt{12}}$
$=-\dfrac{2\sqrt{5}}{\sqrt{3}}$
$=-\dfrac{2\sqrt{15}}{3}$

(4) $\sqrt{45}\div3\sqrt{7}\times\sqrt{14}=\dfrac{\sqrt{45}\times\sqrt{14}}{3\sqrt{7}}$
$=\dfrac{3\sqrt{5}\times\sqrt{14}}{3\sqrt{7}}$ ← $\dfrac{\overset{1}{\cancel{3}}\sqrt{5}\times\sqrt{2}\times\overset{1}{\cancel{\sqrt{7}}}}{\underset{1}{\cancel{3}}\underset{1}{\cancel{\sqrt{7}}}}$
$=\sqrt{10}$

(5) $-\sqrt{27}+3\sqrt{12}-4\sqrt{3}=-3\sqrt{3}+6\sqrt{3}-4\sqrt{3}$
$=-\sqrt{3}$

(6) $\dfrac{5\sqrt{3}}{6}-\dfrac{1}{\sqrt{3}}$
$=\dfrac{5\sqrt{3}}{6}-\dfrac{\sqrt{3}}{3}$
$=\dfrac{5\sqrt{3}}{6}-\dfrac{2\sqrt{3}}{6}$
$=\dfrac{\sqrt{3}}{2}$

(7) $2\sqrt{40}-\sqrt{\dfrac{5}{2}}$
$=2\times2\sqrt{10}-\dfrac{\sqrt{5}}{\sqrt{2}}$
$=4\sqrt{10}-\dfrac{\sqrt{10}}{2}$
$=\dfrac{7\sqrt{10}}{2}$

(8) $\dfrac{18}{\sqrt{6}}-\dfrac{\sqrt{54}}{6}$
$=\dfrac{18\sqrt{6}}{6}-\dfrac{3\sqrt{6}}{6}$
$=\dfrac{15\sqrt{6}}{6}$
$=\dfrac{5\sqrt{6}}{2}$

(9) $\dfrac{9}{\sqrt{3}}-2\sqrt{5}\times\sqrt{15}$
$=\dfrac{9\sqrt{3}}{3}-10\sqrt{3}$
$=3\sqrt{3}-10\sqrt{3}$
$=-7\sqrt{3}$

6 (1) $\sqrt{6}(\sqrt{24}-2\sqrt{8})=\sqrt{6}(2\sqrt{6}-4\sqrt{2})$
$=\sqrt{6}\times2\sqrt{6}-\sqrt{6}\times4\sqrt{2}$
$=12-8\sqrt{3}$

(2) $(\sqrt{7}+3\sqrt{2})(2\sqrt{7}-\sqrt{2})$
$=\sqrt{7}\times2\sqrt{7}-\sqrt{7}\times\sqrt{2}+3\sqrt{2}\times2\sqrt{7}-3\sqrt{2}\times\sqrt{2}$
$=14-\sqrt{14}+6\sqrt{14}-6=8+5\sqrt{14}$

(3) $(\sqrt{3}+1)^2-\dfrac{6}{\sqrt{3}}=3+2\sqrt{3}+1-\dfrac{6\sqrt{3}}{3}$
$=3+2\sqrt{3}+1-2\sqrt{3}=4$

(4) $(\sqrt{5}+2)(\sqrt{5}-2)-\sqrt{5}(\sqrt{5}-2)$
$=5-4-5+2\sqrt{5}=-4+2\sqrt{5}$

7 $x+y=2\sqrt{6}$，$xy=4$ を利用する。

(1) $x^2+2xy+y^2=(x+y)^2=(2\sqrt{6})^2=24$

(2) $x^2+y^2=x^2+2xy+y^2-2xy$
2xyをたして，ひく。
$=(x+y)^2-2xy$
$=24-2\times4$ ←$(x+y)^2=24$，$xy=4$
$=16$

8 (1) $3^2=9$，$4^2=16$ で，$9<10<16$ だから，
$3<\sqrt{10}<4$　よって，$\sqrt{10}$ の整数部分は 3
$\sqrt{10}=3+a$ だから，$a=\sqrt{10}-3$

(2) $a(a+6)=(\sqrt{10}-3)(\sqrt{10}-3+6)$
$=(\sqrt{10}-3)(\sqrt{10}+3)$
$=10-9=1$

ポイント
($\sqrt{10}$ の小数部分)$=\sqrt{10}-$($\sqrt{10}$ の整数部分)

① (1) $\sqrt{63}+\dfrac{42}{\sqrt{7}}=3\sqrt{7}+\dfrac{42\sqrt{7}}{7}$
$=3\sqrt{7}+6\sqrt{7}=9\sqrt{7}$

(2) $\dfrac{4}{\sqrt{2}}-\sqrt{3}\times\sqrt{6}=\dfrac{4\sqrt{2}}{2}-\sqrt{18}$
$=2\sqrt{2}-3\sqrt{2}=-\sqrt{2}$

(3) $(\sqrt{2}-\sqrt{6})^2+\dfrac{12}{\sqrt{3}}=2-2\sqrt{12}+6+\dfrac{12\sqrt{3}}{3}$
$=2-4\sqrt{3}+6+4\sqrt{3}=8$

(4) $(\sqrt{3}+1)^2-2(\sqrt{3}+1)$
$=3+2\sqrt{3}+1-2\sqrt{3}-2=2$

② (1) $(5\sqrt{3})^2=75$，$8^2=64$，$(\sqrt{79})^2=79$ だから，
$64<75<79$　よって，$8<5\sqrt{3}<\sqrt{79}$

(2) $(5-2\sqrt{3})^2-10(5-2\sqrt{3})+2$
$=25-20\sqrt{3}+12-50+20\sqrt{3}+2=-11$

別解 $x=5-2\sqrt{3}$ より，$x-5=-2\sqrt{3}$
両辺を 2 乗すると，$(x-5)^2=(-2\sqrt{3})^2$
$x^2-10x+25=12$　$x^2-10x=-13$
これを $x^2-10x+2$ に代入すると，
$x^2-10x+2=-13+2=-11$

p.38～39 ステージ3

1 (1) $\pm\dfrac{7}{8}$

(2) ① -8　② 16　③ 0.9

(3) $-\sqrt{10}<-3<-\sqrt{8}$

(4) 6，7，8　(5) 4，$2\sqrt{3}$，$\sqrt{7}$

2 (1) $\sqrt{3}$，$\dfrac{2}{\sqrt{3}}$，$\sqrt{0.9}$　(2) 1，8，13，16，17

(3) 15

3 (1) $\dfrac{9\sqrt{5}}{5}$　(2) $\dfrac{\sqrt{3}}{3}$　(3) $\sqrt{2}+\sqrt{5}$

4 (1) 31.62　(2) 0.3162　(3) 6.324

5 (1) $6\sqrt{2}$　(2) $\dfrac{\sqrt{6}}{3}$

(3) -3　(4) $-3\sqrt{6}$

6 (1) $-\sqrt{5}+3\sqrt{3}$　(2) $-\sqrt{2}$　(3) $-\sqrt{5}$

(4) $2\sqrt{3}$　(5) $\sqrt{7}$　(6) $7\sqrt{2}$

7 (1) $12-6\sqrt{2}$　(2) $10-7\sqrt{7}$

(3) $-18+\sqrt{2}$　(4) $16+4\sqrt{15}$

(5) 5　(6) $10+4\sqrt{5}$

8 $12\sqrt{2}$

解説

1 (1) $\left(\dfrac{7}{8}\right)^2=\dfrac{49}{64}$，$\left(-\dfrac{7}{8}\right)^2=\dfrac{49}{64}$

(2) ① $-\sqrt{(-8)^2}=-\sqrt{64}=-8$
② $a>0$ のとき，$(-\sqrt{a})^2=a$
③ $0.81=0.9^2$ だから，$\sqrt{0.81}=0.9$

(3) $3^2=9$，$(\sqrt{10})^2=10$，$(\sqrt{8})^2=8$ より，
$\sqrt{8}<3<\sqrt{10}$
負の数は絶対値が大きいほど小さいから，
$-\sqrt{10}<-3<-\sqrt{8}$

(4) $2.4^2<(\sqrt{n})^2<3^2$ より，$5.76<n<9$
よって，$n=6$，7，8

(5) $(2\sqrt{3})^2=12$，$(\sqrt{7})^2=7$，$4^2=16$ より，
$\sqrt{7}<2\sqrt{3}<4$　大きい順に答える。

2 (1) $\sqrt{\dfrac{16}{9}}=\dfrac{4}{3}$，$\sqrt{0.49}=0.7$ と整数 0 が有理
数で，それ以外は，$\sqrt{\ }$ がとれないから無理数

(2) a は自然数だから，$17-a$ は 17 より小さい
よって，$\sqrt{17-a}$ は $\sqrt{17}$ より小さいから，値が
整数になるのは，$\sqrt{0}$，$\sqrt{1}$，$\sqrt{4}$，$\sqrt{9}$，$\sqrt{16}$
の 5 つである。$17-a$ の値が 0，1，4，9，16
のときの a の値を求めればよい。

(3) $135=3^3\times5$ だから，$n=3\times5=15$ とすると
$\sqrt{135n}=\sqrt{3^3\times5\times(3\times5)}=\sqrt{(3^2\times5)^2}=45$

3 (1) $\dfrac{9}{\sqrt5}=\dfrac{9\times\sqrt5}{\sqrt5\times\sqrt5}=\dfrac{9\sqrt5}{5}$

(2) $\dfrac{3\sqrt2}{\sqrt{54}}=\dfrac{3\sqrt2}{3\sqrt6}=\dfrac{1}{\sqrt3}=\dfrac{\sqrt3}{3}$

$\dfrac{1\times\sqrt3}{\sqrt3\times\sqrt3}$

(3) $\dfrac{\sqrt6+\sqrt{15}}{\sqrt3}=\dfrac{(\sqrt6+\sqrt{15})\times\sqrt3}{\sqrt3\times\sqrt3}=\dfrac{3\sqrt2+3\sqrt5}{3}=\sqrt2+\sqrt5$

別解 $\dfrac{\sqrt6+\sqrt{15}}{\sqrt3}=\dfrac{\sqrt6}{\sqrt3}+\dfrac{\sqrt{15}}{\sqrt3}=\sqrt2+\sqrt5$

得点アップのコツ
約分ができるときは，先に約分する。
約分は $\sqrt{\ }$ の外の数どうし，$\sqrt{\ }$ の中の数どうしで行う。$\sqrt{\ }$ の外の数と中の数での約分はできないことに注意。

4 (1) $\sqrt{1000}=\sqrt{10}\times10=3.162\times10=31.62$

(2) $\sqrt{0.1}=\sqrt{\dfrac{10}{100}}=\dfrac{\sqrt{10}}{10}=3.162\div10=0.3162$

(3) $\sqrt{40}=\sqrt{10}\times2=3.162\times2=6.324$

5 (1) $\sqrt3\times\sqrt{24}=\sqrt3\times2\sqrt6=6\sqrt2$

(2) $\sqrt{14}\div\sqrt{21}=\dfrac{\sqrt{14}}{\sqrt{21}}=\dfrac{\sqrt2}{\sqrt3}=\dfrac{\sqrt6}{3}$

$\sqrt7$ で約分する。

(3) $(-\sqrt{108})\div\sqrt{12}=-\dfrac{\sqrt{108}}{\sqrt{12}}=-\dfrac{6\sqrt3}{2\sqrt3}=-3$

別解 $(-\sqrt{108})\div\sqrt{12}=-\sqrt{108\div12}=-\sqrt9$

(4) $3\sqrt5\div\sqrt{10}\times(-\sqrt{12})=-\dfrac{3\sqrt5\times\sqrt{12}}{\sqrt{10}}$

$=-\dfrac{3\sqrt5\times(\sqrt2\times\sqrt6)}{\sqrt5\times\sqrt2}=-3\sqrt6$

$\sqrt5$ と $\sqrt2$ を約分

別解 $\sqrt{10}$ の分母を有理化してもよい。

6 (1) $3\sqrt5+2\sqrt3-4\sqrt5+\sqrt3$
$=3\sqrt5-4\sqrt5+2\sqrt3+\sqrt3$
$=-\sqrt5+3\sqrt3$

(2) $-\sqrt8+2\sqrt{18}-\sqrt{50}=-2\sqrt2+6\sqrt2-5\sqrt2$
$=-\sqrt2$

$2\times3\sqrt2$

(3) $\sqrt{20}-\dfrac{15}{\sqrt5}=2\sqrt5-\dfrac{15\sqrt5}{5}$
$=2\sqrt5-3\sqrt5$
$=-\sqrt5$

(4) $\sqrt{\dfrac13}+\dfrac{5\sqrt3}{3}=\dfrac{1}{\sqrt3}+\dfrac{5\sqrt3}{3}$
$=\dfrac{\sqrt3}{3}+\dfrac{5\sqrt3}{3}$
$=2\sqrt3$

$\dfrac{6\sqrt3}{3}=2\sqrt3$

(5) $3\sqrt7-\sqrt{14}\times\sqrt2=3\sqrt7-2\sqrt7=\sqrt7$

(6) $2\sqrt5\times\sqrt{10}-\dfrac{6}{\sqrt2}=2\times5\sqrt2-\dfrac{6\sqrt2}{2}$
$=10\sqrt2-3\sqrt2$
$=7\sqrt2$

得点アップのコツ
$\sqrt{\ }$ の中をできるだけ小さい自然数にすることや，分母の有理化は，指示がなくてもやっておく。

7 (1) $2\sqrt3(\sqrt{12}-\sqrt6)$
$=2\sqrt3(2\sqrt3-\sqrt6)$
$=2\sqrt3\times2\sqrt3-2\sqrt3\times\sqrt6$
$=12-6\sqrt2$

(2) $(2\sqrt7+1)(\sqrt7-4)$
$=14-8\sqrt7+\sqrt7-4$
$=10-7\sqrt7$

$(2\sqrt7+1)(\sqrt7-4)$

(3) $(\sqrt2-4)(\sqrt2+5)$
$=(\sqrt2)^2+\sqrt2-20$
$=2+\sqrt2-20$
$=-18+\sqrt2$

(4) $(\sqrt6+\sqrt{10})^2=(\sqrt6)^2+2\times\sqrt{10}\times\sqrt6+(\sqrt{10})^2$
$=6+4\sqrt{15}+10$
$=16+4\sqrt{15}$

(5) $(\sqrt3-\sqrt2)^2+\dfrac{12}{\sqrt6}=3-2\sqrt6+2+\dfrac{12\sqrt6}{6}$
$=3-2\sqrt6+2+2\sqrt6$
$=5$

(6) $(2\sqrt5+1)(2\sqrt5-1)-(\sqrt5-2)^2$
$=(20-1)-(5-4\sqrt5+4)$
$=10+4\sqrt5$

8 $x+y=2\sqrt6$，$x-y=2\sqrt3$ を利用する。
$x^2-y^2=(x+y)(x-y)$
$=2\sqrt6\times2\sqrt3$
$=12\sqrt2$

2章

3章 方程式を利用して問題を解決しよう

p.40〜41 ステージ1

❶ 2次方程式…㋐，㋑，㋓
2次方程式で5が解…㋑，㋓

❷ (1) $x=\pm\sqrt{7}$　(2) $x=\pm 2\sqrt{3}$
(3) $x=\pm\dfrac{\sqrt{15}}{4}$

❸ (1) $x=1,\ x=-7$　(2) $x=2\pm\sqrt{7}$
(3) $x=-5\pm\sqrt{2}$　(4) $x=6,\ x=-4$
(5) $x=4\pm 3\sqrt{5}$

❹ (1) ① 9　② 9　③ 3　④ 14　⑤ $-3\pm\sqrt{14}$
(2) ① 36　② 36　③ 6　④ 40
⑤ $6\pm 2\sqrt{10}$
(3) ① $\dfrac{25}{4}$　② $\dfrac{25}{4}$　③ $\dfrac{5}{2}$　④ $\dfrac{33}{4}$
⑤ $\dfrac{-5\pm\sqrt{33}}{2}$

❺ (1) $x=2,\ x=-4$　(2) $x=2\pm\sqrt{7}$
(3) $x=\dfrac{3\pm\sqrt{5}}{2}$

解説

❶ 移項して整理すると，(2次式)$=0$ の形になるものが2次方程式。㋒は移項して整理すると，$x-5=0$ となって左辺が2次式でなくなるので，2次方程式ではない。
また，2次方程式のうち，$x=5$ を代入して，方程式が成り立つのは，㋑と㋓。

❷ (2)
$$2x^2-24=0$$
$$2x^2=24$$
$$x^2=12$$
$$x=\pm 2\sqrt{3}$$
(3)
$$16x^2=15$$
$$x^2=\frac{15}{16}$$
$$x=\pm\frac{\sqrt{15}}{4}$$

❸ (1)
$$(x+3)^2=16$$
$$x+3=\pm 4$$
$$x=-3+4,\ x=-3-4$$
$$x=1,\ x=-7$$
(3)
$$(x+5)^2-2=0$$
$$(x+5)^2=2$$
$$x+5=\pm\sqrt{2}$$
$$x=-5\pm\sqrt{2}$$

❹ (1)〜(3)の①には「x の係数の半分の2乗」が入る。
(3) ①は5の半分の2乗なので，$\left(\dfrac{5}{2}\right)^2=\dfrac{25}{4}$
④は，$2+\dfrac{25}{4}=\dfrac{8}{4}+\dfrac{25}{4}=\dfrac{33}{4}$
⑤は，$x+\dfrac{5}{2}=\pm\sqrt{\dfrac{33}{4}}$
$x+\dfrac{5}{2}=\pm\dfrac{\sqrt{33}}{2}$ より，$x=\dfrac{-5\pm\sqrt{33}}{2}$

❺ (1)
$$x^2+2x=8$$
$$x^2+2x+1=8+1$$
$$(x+1)^2=9$$
$$x+1=\pm 3$$
$$x=-1+3,\ x=-1-3$$
$$x=2,\ x=-4$$
(3)
$$x^2-3x+1=0$$
$$x^2-3x=-1$$
$$x^2-3x+\frac{9}{4}=-1+$$
$$\left(x-\frac{3}{2}\right)^2=\frac{5}{4}$$
$$x-\frac{3}{2}=\pm\frac{\sqrt{5}}{2}$$
$$x=\frac{3\pm\sqrt{}}{2}$$

p.42〜43 ステージ1

❶ (まちがっているところ) 2次方程式の解の公式で，$b=-5$ を代入しなければいけないのに，$b=5$ を代入している。
(正しい解き方)
$$3x^2-5x+1=0$$
$$x=\frac{-(-5)\pm\sqrt{(-5)^2-4\times3\times1}}{2\times3}$$
$$x=\frac{5\pm\sqrt{13}}{6}$$

❷ (1) $x=\dfrac{-9\pm\sqrt{33}}{6}$　(2) $x=\dfrac{5\pm\sqrt{17}}{4}$
(3) $x=\dfrac{-3\pm\sqrt{29}}{2}$　(4) $x=\dfrac{-5\pm\sqrt{41}}{8}$
(5) $x=\dfrac{1\pm\sqrt{33}}{4}$　(6) $x=\dfrac{7\pm\sqrt{57}}{2}$

❸ (1) $x=\dfrac{-3\pm\sqrt{3}}{2}$　(2) $x=\dfrac{-1\pm\sqrt{5}}{4}$
(3) $x=\dfrac{1\pm\sqrt{7}}{3}$　(4) $x=3\pm\sqrt{7}$
(5) $x=-2\pm\sqrt{5}$　(6) $x=5\pm\sqrt{17}$

❹ (1) $x=-\dfrac{3}{4},\ x=-1$　(2) $x=\dfrac{1}{2},\ x=-1$
(3) $x=1,\ x=-\dfrac{3}{5}$　(4) $x=\dfrac{5}{3},\ x=-1$
(5) $x=\dfrac{1}{2},\ x=\dfrac{1}{3}$　(6) $x=\dfrac{1}{2},\ x=-\dfrac{5}{2}$

❺ (1) $x=-\dfrac{1}{2}$　(2) $x=\dfrac{2}{3}$

解説

❷ (6) 両辺に -1 をかけて，x^2 の係数を正にしてから，解の公式に代入する。

$x^2-7x-2=0$

$$x=\frac{-(-7)\pm\sqrt{(-7)^2-4\times1\times(-2)}}{2\times1}$$

$$=\frac{7\pm\sqrt{57}}{2}$$

3 (1) $x=\dfrac{-6\pm\sqrt{6^2-4\times2\times3}}{2\times2}$ ↷ $\dfrac{-6\pm\sqrt{12}}{4}$

$$=\frac{-6\pm2\sqrt{3}}{4}$$

$$=\frac{-3\pm\sqrt{3}}{2} \leftarrow \frac{-\overset{3}{\cancel{6}}\pm\overset{1}{\cancel{2}}\sqrt{3}}{\underset{2}{\cancel{4}}}$$

ミス注意! 約分は分子の両方の項を一度に行う。

$$\frac{-6\pm\overset{1}{\cancel{2}}\sqrt{3}}{\underset{2}{\cancel{4}}},\quad \frac{-\overset{3}{\cancel{6}}\pm2\sqrt{3}}{\underset{2}{\cancel{4}}},\quad \frac{-\overset{3}{\cancel{6}}\pm\overset{1}{\cancel{2}}\sqrt{3}}{\underset{1}{\cancel{\underset{2}{\cancel{4}}}}}$$

などとしないように。

4 (1) $x=\dfrac{-7\pm\sqrt{7^2-4\times4\times3}}{2\times4}$ ↷ $\dfrac{-7\pm\sqrt{1}}{8}$

$$=\frac{-7\pm1}{8}$$

$x=\dfrac{-7+1}{8}$, $x=\dfrac{-7-1}{8}$ より, $x=-\dfrac{3}{4}$, $x=-1$

5 (1) $x=\dfrac{-4\pm\sqrt{4^2-4\times4\times1}}{2\times4}$ ↷ $\dfrac{-4\pm\sqrt{0}}{8}$

$$=\frac{-4}{8}$$

$$=-\frac{1}{2}$$

p.44〜45 ステージ1

1 (1) $x=-3$, $x=2$　(2) $x=5$, $x=-9$
(3) $x=-4$, $x=-8$　(4) $x=0$, $x=6$
(5) $x=0$, $x=-7$　(6) $x=-\dfrac{1}{2}$, $x=3$

2 (1) $x=1$, $x=6$　(2) $x=-2$, $x=-4$
(3) $x=-2$, $x=3$　(4) $x=1$, $x=-6$
(5) $x=-2$, $x=5$　(6) $x=2$, $x=7$
(7) $x=2$, $x=-8$　(8) $x=-3$, $x=-9$
(9) $x=-5$, $x=9$　(10) $x=2$, $x=14$
(11) $x=6$, $x=-6$　(12) $x=10$, $x=-10$

3 (1) $x=-5$　(2) $x=3$
(3) $x=8$

4 (1) $x=0$, $x=9$　(2) $x=0$, $x=10$
(3) $x=0$, $x=-1$

5 (まちがっているところ) $x=0$ が解のときは, 0 でわることはできないから, 両辺を x でわることはできない。
(正しい解き方)
$x^2-12x=0$　$x(x-12)=0$
$x=0$, $x=12$

解説

1 (4) $x(x-6)=0$
$x=0$ または $x-6=0$
$x=0$, $x=6$

(6) $(2x+1)(x-3)=0$
$2x+1=0$ または $x-3=0$ ↷ $2x+1=0$, $2x=-1$
$x=-\dfrac{1}{2}$, $x=3$

ポイント
$AB=0$ → $A=0$ または $B=0$

2 (1) $x^2-7x+6=0$
$(x-1)(x-6)=0$
$x-1=0$ または $x-6=0$
$x=1$, $x=6$
(2) $(x+2)(x+4)=0$　(3) $(x+2)(x-3)=0$
(4) $(x-1)(x+6)=0$　(5) $(x+2)(x-5)=0$
(6) $(x-2)(x-7)=0$　(7) $(x-2)(x+8)=0$
(8) $(x+3)(x+9)=0$　(9) $(x+5)(x-9)=0$
(10) $(x-2)(x-14)=0$　(11) $(x+6)(x-6)=0$
(12) $(x+10)(x-10)=0$

3 (1) $x^2+10x+25=0$
$(x+5)^2=0$ ↷ $A^2=0 \to A=0$
$x+5=0$
$x=-5$ ←この方程式の解は1つ。
(2) $(x-3)^2=0$　(3) $(x-8)^2=0$

4 (1) $x^2=9x$ ↷ 移項して, 右辺を0にする。
$x^2-9x=0$
$x(x-9)=0$
$x=0$ または $x-9=0$
$x=0$, $x=9$
(2) $x(x-10)=0$　(3) $x(x+1)=0$

5 **参考** 問題の方法で正しく解くと,
「$x=0$ でないとき, 両辺を x でわって,
$x=12$
$x=0$ のとき, $0^2=12\times0$ より, 成り立つ。
よって, $x=12$, $x=0$」となる。

3章

p.46～47 ステージ1

1 (1) $x=\dfrac{-3\pm\sqrt{11}}{2}$ (2) $x=2,\ x=-10$

(3) $x=-5\pm\sqrt{7}$ (4) $x=\pm6$

(5) $x=1,\ x=3$

2 (1) $x=-2,\ x=7$ (2) $x=2,\ x=-4$

(3) $x=\dfrac{3\pm\sqrt{29}}{2}$ (4) $x=-3,\ x=5$

(5) $x=1,\ x=9$ (6) $x=1,\ x=4$

(7) $x=3$

3 $a=1,\ b=-6$

4 $a=6,\ b=5$

解説

1 (1) $x=\dfrac{-6\pm\sqrt{6^2-4\times2\times(-1)}}{2\times2}$ ↪ $\dfrac{-6\pm\sqrt{44}}{4}$

$=\dfrac{-6\pm2\sqrt{11}}{4}$ ←さらに，約分する。

(2) $(x-2)(x+10)=0$

(3) $x^2+10x=-18$ ↪ $x^2+10x+25=-18+25$

$(x+5)^2=7$

$x+5=\pm\sqrt{7}$

(4) $x^2=36$ **別解** $(x+6)(x-6)=0$

$x=\pm6$

(5) 両辺を2でわると，$x^2-4x+3=0$

$(x-1)(x-3)=0$

2 (1) $x^2-5x-14=0$

(2) $(x+3)(x-1)=5$ 左辺を展開する。

$x^2+2x-3=5$ 移項して右辺を0にし，

$x^2+2x-8=0$ 左辺を整理する。

$(x-2)(x+4)=0$

$x=2,\ x=-4$

(3) $x^2-3x-5=0$

(4) $3x^2-6x-45=0$ $x^2-2x-15=0$

$(x+3)(x-5)=0$

(5) $x^2-6x+9=4x$ $x^2-10x+9=0$

(6) $x^2+2x+1=7x-3$

$x^2-5x+4=0$

(7) $x^2-8x+16=-2x+7$

$x^2-6x+9=0$ $(x-3)^2=0$

ポイント

移項して右辺を0にし，$ax^2+bx+c=0$ の形に整理してから解く。

3 $x^2+ax+b=0$ について，

解が -3 だから，$9-3a+b=0$ ……①

解が 2 だから，$4+2a+b=0$ ……②

①，②を連立方程式にして解くと，←①－②より $5-5a=0$

$a=1,\ b=-6$

別解 方程式は $(x+3)(x-2)=0$。左辺を展開して，$x^2+ax+b=0$ と係数を比べる。

4 $x^2+ax+b=0$ について，

解が -1 だから，$1-a+b=0$ ……①

解が -5 だから，$25-5a+b=0$ ……②

①，②を連立方程式にして解くと，

$a=6,\ b=5$

p.48～49 ステージ2

1 (1) $x=\pm3$ (2) $x=\pm\dfrac{\sqrt{6}}{5}$

(3) $x=\pm\dfrac{7}{4}$ (4) $x=5,\ x=-9$

(5) $x=4\pm2\sqrt{2}$ (6) $x=\dfrac{1\pm2\sqrt{7}}{2}$

2 (1) ㋐ 16 ㋑ 16 ㋒ 4 ㋓ 23

㋔ $4\pm\sqrt{23}$

(2) ㋐ $\dfrac{25}{4}$ ㋑ $\dfrac{25}{4}$ ㋒ $\dfrac{5}{2}$ ㋓ $\dfrac{37}{4}$

㋔ $x=\dfrac{-5\pm\sqrt{37}}{2}$

3 (1) $x=\dfrac{1\pm\sqrt{21}}{2}$ (2) $x=2,\ x=\dfrac{1}{3}$

(3) $x=\dfrac{-2\pm\sqrt{14}}{2}$ (4) $x=\dfrac{-3\pm\sqrt{17}}{2}$

(5) $x=\dfrac{3}{5}$ (6) $x=1,\ x=-\dfrac{3}{4}$

4 (1) $x=-2, x=\dfrac{4}{3}$ (2) $x=-3, x=-12$

(3) $x=10, x=-12$ (4) $x=11$

(5) $x=0,\ x=-8$ (6) $x=4,\ x=-8$

(7) $x=-5,\ x=6$ (8) $x=1$

(9) $x=2,\ x=4$

5 (1) $x=4\pm\sqrt{11}$ (2) $x=0,\ x=-4$

6 (1) $a=-24$ (2) -4

7 (1) $a=2,\ b=-48$ (2) $a=-1$

● ● ● ● ●

① (1) $x=\dfrac{5\pm\sqrt{13}}{2}$ (2) $x=\dfrac{3\pm\sqrt{17}}{4}$

(3) $x=7$, $x=-8$ (4) $x=\dfrac{5\pm\sqrt{17}}{2}$

② $a=8$, $b=2$

解説

❶ (6) $(2x-1)^2=28$ （$\sqrt{28}=2\sqrt{7}$）

$2x-1=\pm 2\sqrt{7}$

$2x=1\pm 2\sqrt{7}$

$x=\dfrac{1\pm 2\sqrt{7}}{2}$

❸ (1) 両辺に -1 をかけて，$x^2-x-5=0$

(4) 両辺を 5 でわって，$x^2+3x-2=0$

(6) 移項して，$4x^2-x-3=0$

❹ (5) 移項して，$x^2+8x=0$

(6) 移項して，$x^2+4x-32=0$

(7) 両辺を 2 でわって，$x^2-x-30=0$

(8) 両辺を 3 でわって，$x^2-2x+1=0$

(9) 両辺に 2 をかけて，$x^2+8=6x$

移項して， $x^2-6x+8=0$

❺ (1) $(x-3)^2=2x+4$

$x^2-6x+9=2x+4$ （移項して整理する。）

$x^2-8x+5=0$

(2) $(x+1)^2+2(x+1)-3=0$

$x^2+2x+1+2x+2-3=0$

$x^2+4x=0$

別解 $x+1=A$ とおくと，$A^2+2A-3=0$

$(A-1)(A+3)=0$ より，$A=1$，$A=-3$

$x+1=1$，$x+1=-3$

❻ (1) $6^2-2\times 6+a=0$， $a=-24$

(2) 方程式は，$x^2-2x-24=0$

これを解いて，$x=-4$，$x=6$

$x=6$ は与えられた解だから，もう 1 つの解は -4

❼ (1) 解が -8 だから，$64-8a+b=0$ ……①

解が 6 だから，$36+6a+b=0$ ……②

①，②を連立方程式にして解くと，

$a=2$，$b=-48$

(2) $x^2+2x-3=0$ を解くと，$x=1$，$x=-3$

小さいほうの解は $x=-3$

これを $x^2-ax-(5-a)=0$ に代入して，

$9+3a-(5-a)=0$ $a=-1$

① (1)，(2) 解の公式を利用する。

(3) $(x-6)(x+6)=20-x$

$x^2-36=20-x$

$x^2+x-56=0$

$(x-7)(x+8)=0$

$x=7$，$x=-8$

(4) $(x+1)(x+4)=2(5x+1)$

$x^2+5x+4=10x+2$

$x^2-5x+2=0$

$x=\dfrac{5\pm\sqrt{17}}{2}$

② $x=-3$ を $x^2+ax+15=0$ に代入すると，

$(-3)^2+a\times(-3)+15=0$ より，$a=8$

このとき，$x^2+8x+15=0$

$(x+3)(x+5)=0$

$x=-3$，$x=-5$

$x=-5$，$a=8$ を $2x+a+b=0$ に代入すると，

$2\times(-5)+8+b=0$ より，$b=2$

p.50〜51 ステージ1

❶ (1) $(10-x)(14-x)=96$

(2) $x=2$，$x=22$

(3) $x=2$ は適している。$x=22$ は適していない。

理由…道路の幅は 10 m よりせまいから。

❷ 5 と 6 と 7，-7 と -6 と -5

❸ 9 cm

❹ (1) $(10-x)$ cm

(2) $0\leqq x\leqq 10$

(3) $(5+\sqrt{15})$ cm，$(5-\sqrt{15})$ cm

解説

❶ (1) 図 2 において，畑の縦は $(10-x)$ m，横は $(14-x)$ m で，畑の面積は 96 m^2 だから，

$(10-x)(14-x)=96$

(2) (1)の方程式を展開して整理すると，

$x^2-24x+140=96$

$x^2-24x+44=0$

$(x-2)(x-22)=0$

$x=2$，$x=22$

(3) $x=22$ のとき，道路の幅が畑の縦の長さより広くなってしまうので，$x=22$ は適していない。

ポイント

2 次方程式の解が，答えにならない場合があるので，解が問題に適しているかをしっかり確かめよう。

❷ 中央の整数を x とすると，3つの続いた整数は，
$x-1$，x，$x+1$

$(x-1)^2+x^2+(x+1)^2=110$　（$3x^2+2=110$，$3x^2=108$）
$x^2=36$
$x=\pm 6$

3つの続いた整数は，
$x=6$ のとき，5 と 6 と 7
$x=-6$ のとき，-7 と -6 と -5

❸ 紙の縦の長さを x cm とする。紙の横の長さは $(x+3)$ cm
直方体の底面の縦の長さは，$x-2\times 2=x-4$
横の長さは，$(x+3)-2\times 2=x-1$
直方体の高さは 2 cm，容積は 80 cm^3 だから，

$2(x-4)(x-1)=80$　（$(x-4)(x-1)=40$，$x^2-5x+4=40$）
$x^2-5x-36=0$
$x=-4$，$x=9$

$x-4>0$ だから，$x=9$ ←長さは正

❹ (1)　DQ = AP = x，AQ = AD − DQ = $10-x$
(3)　AP = x cm のときに，5 cm^2 になるとする。

$\frac{1}{2}x(10-x)=5$　（$x(10-x)=10$，$10x-x^2=10$）
$x^2-10x+10=0$
$x=5\pm\sqrt{15}$

$0 \leqq x \leqq 10$ より，$x=5+\sqrt{15}$，$x=5-\sqrt{15}$ のどちらも問題に適している。

p.52～53 ステージ2

❶ 9 m
❷ (1)　5 と 6，-6 と -5
(2)　$n=12$　(3)　$x=9$
❸ 3 cm
❹ 2 cm，7 cm
❺ 9 cm
❻ $(6-\sqrt{6})$ cm
❼ (4, 12)

① $x=13$
② $x=10$　③ 9 cm

解説

❶ 1辺の長さを x m とする。
右の図のように，2本の道を土地の端に移動すると，畑の縦は x m，横は $(x-2)$ mになるから，

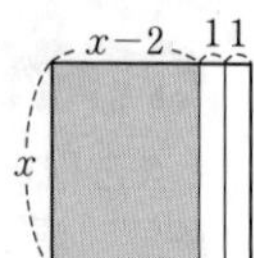

$x(x-2)=63$　（$x^2-2x-63=0$）
これを解いて，$x=-7$，$x=9$
$x-2>0$ だから，$x=9$ ←長さは正

❷ (1)　小さいほうの整数を x とすると，大きいほうの整数は $x+1$

$x^2+(x+1)^2=61$　（$2x^2+2x-60=0$，$x^2+x-30=0$）
これを解いて，$x=5$，$x=-6$
$x=5$ のとき，大きいほうの整数は 6
$x=-6$ のとき，大きいほうの整数は -5

(2)　$\frac{n(n+1)}{2}=78$　（$n(n+1)=156$）
$n^2+n-156=0$
これを解いて，$n=12$，$n=-13$
n は自然数だから，$n=12$

(3)　x の右どなりの数は $x+1$，x のすぐ下の数は $x+7$ で表される。

$(x+1)(x+7)=17x+7$　（$x^2+8x+7=17x+7$，$x^2-9x=0$）
これを解いて，$x=0$，$x=9$
x はカレンダーの数だから，$x=0$ は問題に適していない。$x=9$ は問題に適している。

❸ 箱の高さを x cm とする。直方体の底面の縦の長さは $(10-2x)$ cm，横の長さは $(9-x)$ cm
（$(18-2x)\div 2$）

$(10-2x)(9-x)=24$　（$2x^2-28x+66=0$，$x^2-14x+33=0$）
これを解いて，$x=3$，$x=11$
$10-2x>0$ だから，$x=3$

❹ AP = x cm とすると，
PB = AB − AP = $9-x$ (cm)
1辺が x cm の正方形と，1辺が $(9-x)$ cm の正方形の面積の和が 53 cm^2 だから，

$x^2+(9-x)^2=53$　（$2x^2-18x+28=0$，$x^2-9x+14=0$）
これを解いて，$x=2$，$x=7$
$0<x<9$ より，$x=2$，$x=7$ のどちらも問題に適している。

❺ もとの正方形の1辺の長さを x cm とする。
長方形の縦は $(x-2)$ cm，横は $(x+3)$ cm

$(x-2)(x+3)=84$　（$x^2+x-90=0$）
これを解いて，$x=9$，$x=-10$
$x-2>0$ より，$x=9$ ←長方形の1辺の長さは正

❻ P が A から x cm 動いたとき，台形 ABQP の面積が 15 cm^2 になるとする。
AP = BQ = x より，CP = CQ = $6-x$

台形ABQPの面積＝△ABC－△PQCだから，

$\frac{1}{2}\times6\times6-\frac{1}{2}(6-x)^2=15$ （$(6-x)^2=6$，$6-x=\pm\sqrt{6}$）

これを解いて，$x=6\pm\sqrt{6}$

$0\leqq x\leqq 6$ より，$x=6-\sqrt{6}$

7 Pのx座標をaとすると，y座標は$2a+4$

$OQ=a$，$PQ=2a+4$ だから，

$\frac{1}{2}a(2a+4)=24$ （$a^2+2a-24=0$）

これを解いて，$a=4$，$a=-6$

Pのx座標は正だから，$a=4$

Pのy座標は，$2\times4+4=12$

1 $x^2+52=17x$ （$x^2-17x-52=0$）

これを解いて，$x=4$，$x=13$

xは素数だから，$x=13$

2 $(x+4)(x+5)=210$ （$x^2+9x-190=0$）

これを解いて，$x=10$，$x=-19$

$x>0$ より，$x=10$

3 $DE=x$ cmとする。この図形の周の長さは，縦EF，横DEの長方形の周の長さと等しいので，

$2(EF+DE)=24$

$EF+DE=12$　$EF=12-DE$

したがって，$EF=12-x$ (cm) と表せる。

この図形の面積は19 cm^{2}であるから，

$x(12-x)-2\times4=19$

これを解いて，$x=3$，$x=9$

$x>4$ より，$x=9$ ←DEはBCより長い。

p.54～55 ステージ3

1 ㋐，㋒，㋓

2 (1) $x=\pm\frac{\sqrt{7}}{2}$　(2) $x=4$，$x=-10$

(3) $x=\frac{-1\pm\sqrt{33}}{4}$　(4) $x=3\pm\sqrt{19}$

(5) $x=\frac{2}{3}$，$x=\frac{1}{2}$　(6) $x=\frac{3}{4}$

(7) $x=-2$，$x=-6$　(8) $x=-6$，$x=7$

(9) $x=-8$　(10) $x=0$，$x=1$

3 (1) $x=-2$　(2) $x=-3$，$x=6$

(3) $x=3\pm\sqrt{21}$　(4) $x=1$，$x=2$

4 (1) $a=7$，$b=10$　(2) 6

5 (1) 6と10，-10と-6　(2) 6と7

6 十角形

7 1 m

解説

1 $x=3$を代入して，方程式が成り立つものを答える。

2 (1) $4x^2-7=0$

$4x^2=7$

$x^2=\frac{7}{4}$

$x=\pm\sqrt{\frac{7}{4}}=\pm\frac{\sqrt{7}}{2}$

(2) $(x+3)^2=49$

$x+3=\pm7$

$x+3=7, x+3=-7$

$x=4$，$x=-10$

(3) $2x^2+x-4=0$

$x=\frac{-1\pm\sqrt{1^2-4\times2\times(-4)}}{2\times2}=\frac{-1\pm\sqrt{33}}{4}$

(4) $x^2-6x-10=0$

$x=\frac{-(-6)\pm\sqrt{(-6)^2-4\times1\times(-10)}}{2\times1}$ （$\frac{6\pm\sqrt{76}}{2}$）

$=\frac{6\pm2\sqrt{19}}{2}$

$=3\pm\sqrt{19}$

別解 $x^2-6x=10$

$x^2-6x+9=10+9$ （「xの係数の絶対値6の半分である3」の2乗を両辺に加える。）

$(x-3)^2=19$　$x=3\pm\sqrt{19}$

(5) $6x^2-7x+2=0$

$x=\frac{-(-7)\pm\sqrt{(-7)^2-4\times6\times2}}{2\times6}$ （$\frac{7\pm\sqrt{1}}{12}$）

$=\frac{7\pm1}{12}$

$x=\frac{7+1}{12}=\frac{2}{3}$，$x=\frac{7-1}{12}=\frac{1}{2}$

(6) $16x^2-24x+9=0$

$x=\frac{-(-24)\pm\sqrt{(-24)^2-4\times16\times9}}{2\times16}$ （$\frac{24\pm\sqrt{0}}{32}$）

$=\frac{24}{32}=\frac{3}{4}$

別解 $(4x-3)^2=0$ より，$4x-3=0$

(7) $x^2+8x+12=0$　$(x+2)(x+6)=0$

$x+2=0$ または $x+6=0$

$x=-2$，$x=-6$

(8) $x^2-x-42=0$　$(x+6)(x-7)=0$

$x=-6$，$x=7$

(9) $x^2+16x+64=0$

$(x+8)^2=0$

$x+8=0$

$x=-8$

(10) $x^2=x$

$x^2-x=0$

$x(x-1)=0$

$x=0$，$x=1$

得点アップのコツ

途中の式をまちがえると，やり方が合っていても得点にならないことがあるので，気をつけよう。

3 (1) $3x^2+4x=2x^2-4$

$x^2+4x+4=0$　$(x+2)^2=0$　$x=-2$

(2) $(x+1)(x-4)=14$　$x^2-3x-4=14$

$x^2-3x-18=0$

$(x+3)(x-6)=0$　$x=-3,\ x=6$

(3) $x^2=6(x+2)$　$x^2=6x+12$

$x^2-6x=12$　$x^2-6x+9=12+9$

$(x-3)^2=21$

$x=3\pm\sqrt{21}$

(4) $-2x^2+6x-4=0$　$x^2-3x+2=0$

$(x-1)(x-2)=0$　$x=1,\ x=2$

4 (1) 解が -2 だから，$4-2a+b=0$　……①

解が -5 だから，$25-5a+b=0$　……②

①,②を連立方程式にして解くと，$a=7,b=10$

別解　方程式は，$(x+2)(x+5)=0$。左辺を展開して，$x^2+ax+b=0$ と係数を比べる。

(2) $x^2-8x+a=0$ に $x=2$ を代入して，

$4-16+a=0$　　$a=12$

$x^2-8x+12=0$ を解くと，$x=2,\ x=6$

$x=2$ は与えられた解だから，$x=6$

5 (1) 小さいほうの整数を x とすると，大きいほうの整数は $x+4$　$x(x+4)=60$　$x^2+4x-60=0$

これを解いて，$x=6,\ x=-10$

$x=6$ のとき，大きいほうは，$6+4=10$

$x=-10$ のとき，大きいほうは，$-10+4=-6$

(2) 小さいほうの自然数を x とすると，大きいほうの自然数は $x+1$　$x^2=4(x+1)+8$

これを解いて，$x=-2,\ x=6$

x は自然数だから，$x=6$

大きいほうの自然数は，$6+1=7$

6 $\dfrac{n(n-3)}{2}=35$　$n(n-3)=70$　$n^2-3n-70=0$

これを解いて，$n=-7,\ n=10$

$n\geqq 3$ より，$n=10$

7 道路の幅を x m とする。畑の面積が土地全体の面積の半分であればよいから，

$(12-2x)(5-2x)=12\times5\div2$　$2x^2-17x+15=0$

これを解いて，$x=\dfrac{15}{2},\ x=1$

$5-2x>0$ より，$x=1$

4章 関数の世界をひろげよう

p.56〜57 ステージ1

1 (1) $y=6x^2$

(2) (左から順に) 0, 6, 24, 54, 96

(3) $x=1\cdots6,\ x=2\cdots6,\ x=3\cdots6,\ x=4\cdots6$

$\dfrac{y}{x^2}$ の値は一定で 6 に等しい。

2 (1) $y=10x^2$　(2) $y=4\pi x^2$

(3) $y=2\pi x$　(4) $y=\dfrac{4}{3}\pi x^3$

y が x の 2 乗に比例するもの…(1)，(2)

3 (1) $y=2x^2$　(2) 16 倍　(3) $\sqrt{2}$ 倍

4 (1) ① $y=2x^2$　② $y=-x^2$

(2) ① $y=-3x^2$　② $y=-48$

解説

1 (1) 立方体は正方形の面が 6 つあるから，

$y=x^2\times6$

(2) $y=6x^2$ に $x=0,\ 1,\ 2,\ 3,\ 4$ をそれぞれ代入する。

(3) $\dfrac{y}{x^2}$ に(2)で求めた x，y の値を代入する。

2 (1) (正四角柱の体積)＝(底面積)×(高さ) より，

$y=x^2\times10$

(2) $y=\pi x^2\times4$，π は定数 $(=3.14\cdots)$ だから，4π が比例定数である。

(3) (円の周の長さ)＝(直径)×(円周率) より，

$y=2x\times\pi$

(4) (球の体積)$=\dfrac{4}{3}\times$(円周率)×(半径)^3 より，

$y=\dfrac{4}{3}\pi x^3$

3 (1) 横の長さは $2x$ cm だから，$y=x\times2x$

(2) $y=2x^2$ の式より，面積は縦の長さの 2 乗に比例するから，$4^2=16$ (倍)

(3) 縦の長さが k 倍のときに面積が 2 倍になるとすると，$k^2=2$。$k>0$ より，$k=\sqrt{2}$

4 (1) ① y は x の 2 乗に比例するから，$y=ax^2$ とおき，$x=4$，$y=32$ を代入すると，

$32=a\times4^2$　　$a=2$

② $y=ax^2$ に $x=3$，$y=-9$ を代入して，

$-9=a\times3^2$　　$a=-1$

(2) ① $y=ax^2$ に $x=-2$，$y=-12$ を代入して，

$-12=a\times(-2)^2$　　$a=-3$

② ①で求めた $y=-3x^2$ に $x=4$ を代入して，
$y=-3\times4^2=-48$

p.58〜59 ステージ1

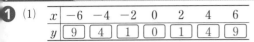

1 (1)

x	-6	-4	-2	0	2	4	6
y	9	4	1	0	1	4	9

(2)

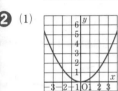

(3) $y\geqq0$

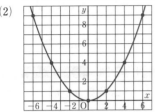

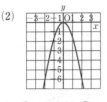

2 (1) (2)

3 (1) ㋐　(2) ㋒　(3) ㋓　(4) ㋑

4 (1) ㋑，㋒　(2) ㋕　(3) ㋑と㋓

解説

1 (2) $x=1$ や $x=-1$ に対応する点などもとってグラフをかくと，より正確なグラフがかける。

3 (1)，(2)のグラフは上に開いているから，$y=ax^2$ の $a>0$ のときになるので，式は㋐か㋒のどちらか。㋐と㋒の式で，a の絶対値が大きいのは㋐だから，㋐は(1)と(2)のうち，開き方の小さい(1)のグラフの式。同様に，(3)，(4)のグラフは下に開いているので，式は $a<0$ の㋑と㋓のどちらかで，a の絶対値は㋑のほうが大きいから，㋑は(4)のグラフの式を表している。
（㋑は3，㋓は1）

ポイント

$y=ax^2$ のグラフ
- $a>0$ →上に開く　$a<0$ →下に開く
- a の絶対値が大→開き方は小
- y 軸について対称
- $y=ax^2$ のグラフと $y=-ax^2$ のグラフは x 軸について対称

4 (1) a の値が負のものを選ぶ。
(2) a の絶対値がいちばん小さいものを答える。
(3) a の絶対値が同じで，符号が反対になる2つの関数をさがす。

p.60〜61 ステージ1

1 ㋐ 減少　㋑ 増加　㋒ 最小値

2 (1) 5　(2) -6　(3) -1

3 (1) -8　(2) -8　(3) 16

4 (1) $2\leqq y\leqq18$　(2) $0\leqq y\leqq32$
(3) $2\leqq y\leqq32$

5 (1) $-27\leqq y\leqq0$　(2) $-48\leqq y\leqq0$
(3) $-48\leqq y\leqq-3$

6 (1) 4 m/s　(2) 12 m/s
(3) 斜面を下り始めてから2秒後から3秒後までの平均の速さは 20 m/s であり，斜面を下り始めてから1秒ごとの平均の速さは，4 m/s，12 m/s，20 m/s のように増加しているので，だんだん速くなるといえる。

解説

2 (1) $x=4$ のとき，$y=\dfrac{1}{2}\times4^2=8$

$x=6$ のとき，$y=\dfrac{1}{2}\times6^2=18$

$$(変化の割合)=\frac{(y の増加量)}{(x の増加量)}=\frac{18-8}{6-4}=\frac{10}{2}=5$$

(2) $x=-8$ のとき $y=32$，$x=-4$ のとき $y=8$

$$\frac{(y の増加量)}{(x の増加量)}=\frac{8-32}{(-4)-(-8)}=\frac{-24}{4}=-6$$

(3) $x=-2$ のとき $y=2$，$x=0$ のとき $y=0$

$$\frac{(y の増加量)}{(x の増加量)}=\frac{0-2}{0-(-2)}=\frac{-2}{2}=-1$$

3 (1) $x=1$ のとき $y=-2$，$x=3$ のとき $y=-18$

$$\frac{(-18)-(-2)}{3-1}=\frac{-16}{2}=-8$$

(2) $\dfrac{(-32)-0}{4-0}=\dfrac{-32}{4}$　(3) $\dfrac{(-18)-(-50)}{(-3)-(-5)}=\dfrac{32}{2}$

参考 一般に，関数 $y=ax^2$ で x の値が p から q まで増加するときの変化の割合は $a(p+q)$ で求めることができる。

$$\frac{aq^2-ap^2}{q-p}=\frac{a(q+p)(q-p)}{q-p}=a(q+p)$$

4 (1) x の変域に0をふくまないときの y の変域は，図のようになるので，x の変域の両端の値に対応する y の値を求めればよい。

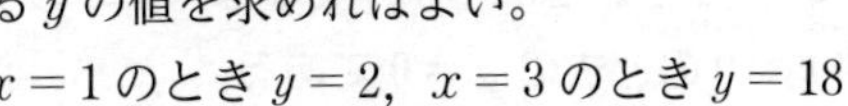

$x=1$ のとき $y=2$，$x=3$ のとき $y=18$

(2) x の変域に 0 をふくむときは，
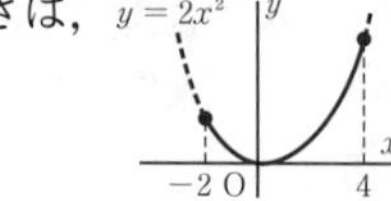

グラフより y の最小値は
$x=0$ のときの $y=0$
最大値は，$x=-2$ のときか $x=4$ のときだが
$x=4$ のほうが絶対値が大きいので，$x=4$ のときの $y=32$

↑絶対値の大きいほうが，yの値は最大か最小になる。

(3) x の変域に 0 をふくまないので，x の最大値，最小値に対応する y の値を調べる。
$x=-4$ のとき $y=32$，$x=-1$ のとき $y=2$

5 (1) x の変域に 0 をふくむので，
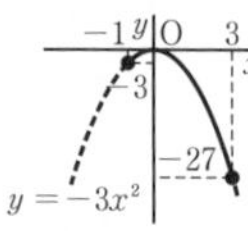

y の最大値は $y=0$
最小値は $x=3$ のときの $y=-27$

(2) x の変域に 0 をふくむので，y の最大値は 0
最小値は $x=-4$ のときの $y=-48$

↑ $x=-4$ と $x=2$ で，絶対値の大きいほう

(3) x の変域に 0 をふくまない。
$x=1$ のとき $y=-3$，$x=4$ のとき $y=-48$

6 (1) 1 秒後までに進む距離は，$4\times1^2=4$

$$(\text{平均の速さ})=\frac{(y\text{の増加量})}{(x\text{の増加量})}=\frac{4-0}{1-0}=4(\text{m/s})$$

(2) 2 秒後までに進む距離は，$4\times2^2=16$

$$(\text{平均の速さ})=\frac{16-4}{2-1}=12\ (\text{m/s})$$

(3) 3 秒後までに進む距離は，$4\times3^2=36$
下り始めて 2 秒後から 3 秒後までの間の平均の速さは，$\frac{36-16}{3-2}=20\ (\text{m/s})$

p.62〜63 ステージ2

1 (1) $y=\frac{1}{4}x^2$

(2) $y=9$

(3) 右の図

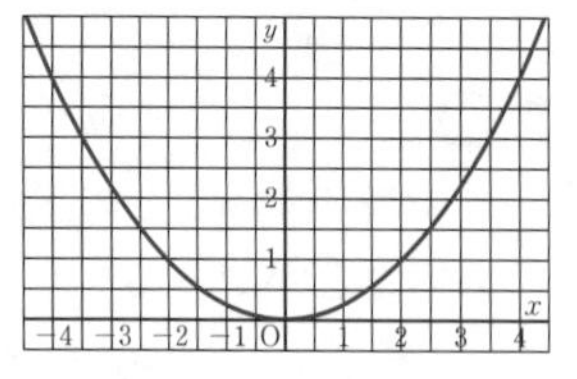

2 (1) ㋐，㋑，㋓，㋕

(2) ㋑，㋓，㋕　(3) ㋒，㋓，㋔

(4) ㋑，㋓，㋔，㋕

3 (説明例) y の最小値を $x=-2$ のときの $y=12$ としているが，実際は，y の最小値は $x=0$ のときの $y=0$ である。
(正しい答え)　$0\leqq y\leqq48$

4 (1) $-5\leqq y\leqq9$　(2) $0\leqq y\leqq32$

5 (1) $-8\leqq y\leqq0$　(2) $a=\frac{3}{4}$

6 (1) -30　(2) -2

(3) $a=-\frac{1}{2}$

● ● ● ● ●

① (1) $a=2$　(2) $a=-\frac{1}{2}$

② (1) $a=-\frac{1}{4}$　(2) $a=\frac{3}{2}$

解説

2 (1) b が 0 でない 1 次関数 $y=ax+b$ や反比例のグラフは原点を通らない。

(2) $y=ax^2$ のグラフは，y 軸について対称。

(3) グラフを考え，$x>0$ の範囲で右下がりの線になるものを選ぶ。

(4) グラフが直線でない関数は，変化の割合が一定にならない。

4 (1) 1 次関数 $y=ax+b$ で，$a<0$ $(a=-2)$ だから，x の値が増加すると y の値はつねに減少する。よって，$x=-4$ のとき y は最大値をとり，$x=3$ のとき y は最小値をとる。
$x=-4$ のとき，$y=-2\times(-4)+1=9$
$x=3$ のとき，$y=-2\times3+1=-5$

(2) x の変域に 0 をふくむから，y の最小値は 0。
最大値は $x=-4$ のときの $y=32$

↑「$x=-4$ のとき $y=32$，$x=3$ のとき $y=18$ だから $y=32$」と考えてもよい。

5 (1) x の変域に 0 をふくむ。-3 と 4 では 4 のほうが絶対値が大きいから，$x=4$ のとき y は最小値をとる。

(2) x の変域に 0 をふくむから，$x=0$ のときの $y=0$ が y の最小値となっている。
-4 と 2 では -4 のほうが絶対値が大きいから，$x=-4$ のとき y は最大値 $y=12$ をとることがわかる。これを $y=ax^2$ に代入して，
$12=a\times(-4)^2$

6 (1) $\frac{-3\times6^2-(-3\times4^2)}{6-4}=\frac{-60}{2}=-30$

(2) y の増加量は，$\frac{1}{4}\times(-2)^2-\frac{1}{4}\times(-6)^2=-8$

$$(\text{変化の割合})=\frac{-8}{(-2)-(-6)}=-2$$

(3) $y=ax^2$ で，x の値が 2 から 4 まで増加するときの変化の割合は，

$\dfrac{a\times4^2-a\times2^2}{4-2}=\dfrac{12a}{2}=6a$

1次関数 $y=-3x+6$ の変化の割合は一定で -3 だから，　$6a=-3$　　$a=-\dfrac{1}{2}$

❶ (1)　$y=ax^2$ に $x=3$，$y=18$ を代入する。

(2)　$y=ax^2$ で，x の値が1から3まで増加するときの変化の割合は，

$\dfrac{a\times3^2-a\times1^2}{3-1}=\dfrac{8a}{2}=4a$

これが -2 だから，$4a=-2$　　$a=-\dfrac{1}{2}$

❷ (1)　y の変域が $-4\leqq y\leqq0$ より $a<0$ であり，グラフは右の図のようになる。$x=4$ のとき最小値 $y=-4$ となるので，$-4=a\times4^2$　　$a=-\dfrac{1}{4}$

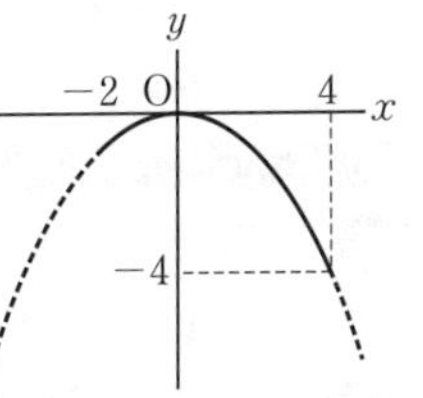

(2)　$y=x^2$ で，x の値が a から $a+2$ まで増加するときの変化の割合は，

$\dfrac{(a+2)^2-a^2}{(a+2)-a}$ ←$y=x^2$ で，$x=a$ のとき $y=a^2$
$x=a+2$ のとき，$y=(a+2)^2$

$=\dfrac{a^2+4a+4-a^2}{2}=\dfrac{4a+4}{2}=2a+2$

これが5だから，$2a+2=5$　　$a=\dfrac{3}{2}$

p.64〜65 ステージ1

❶ (1)　**80 m**　(2)　$\boldsymbol{y=\dfrac{1}{180}x^2}$　(3)　**毎時 30 km**

❷ (1)　$\boldsymbol{y=4.9x^2}$　(2)　$\boldsymbol{\dfrac{10}{7}}$ **秒**

❸ (1)　**225 cm**　(2)　$\boldsymbol{\dfrac{8}{5}}$ **秒**

❹ **400 m**

解説

❶ (1)　速さは毎時 60 km から毎時 120 km と2倍になる。ブレーキ痕の長さは速さの2乗に比例するので，速さが2倍になれば，2^2 倍になるから，

$20\times2^2=80$ (m)

(2)　y は x の2乗に比例するから，$y=ax^2$ とする。$x=60$ のとき $y=20$ だから，$20=a\times60^2$

（$x=60$：毎時60 km　$y=20$：ブレーキ痕の長さ 20 m）

(3)　$y=5$ だから，これを $y=\dfrac{1}{180}x^2$ に代入して，

$5=\dfrac{1}{180}x^2$　　$x^2=900$　　$x>0$ より，$x=30$

別解　ブレーキ痕の長さは 20 m → 5 m と $\dfrac{1}{4}$ 倍になるので，速さは $\sqrt{\dfrac{1}{4}}=\dfrac{1}{2}$(倍)になるから，$60\times\dfrac{1}{2}=30$ (km/h)

❷ (1)　y は x の2乗に比例するから，$y=ax^2$ とする。$x=3$ のとき $y=44.1$ だから，

$44.1=a\times3^2$

(2)　$y=10$ だから，これを $y=4.9x^2$ に代入して，

$10=4.9x^2$　　$x^2=\dfrac{100}{49}$　　$x>0$ より，$x=\dfrac{10}{7}$

❸ (1)　$y=25x^2$ に $x=3$ を代入して，

$y=25\times3^2=225$

(2)　$y=25x^2$ に $y=64$ を代入して，

$64=25x^2$　　$x^2=\dfrac{64}{25}$　　$x>0$ より，$x=\dfrac{8}{5}$

❹ $y=\dfrac{1}{4}x^2$ に $x=40$ を代入して，

$y=\dfrac{1}{4}\times40^2=400$

p.66〜67 ステージ1

❶ (1)

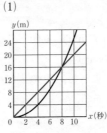

(2)　**8 秒後**

❷ (1)

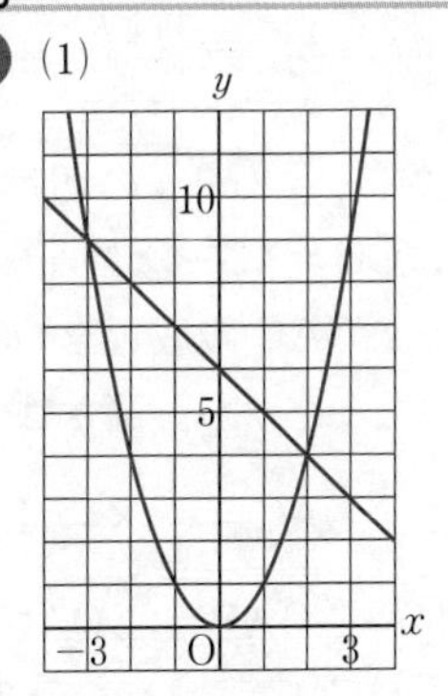

(2)　**(−3, 9), (2, 4)**

❸ (1)　**A(−1, 2)**,　**B(2, 8)**

(2)　$\boldsymbol{y=2x+4}$　(3)　**2**　(4)　**6**

解説

❶ (1)　x 秒間に y m 進むとすると，速さは毎秒 2 m だから，$y=2x$。このグラフをかく。

(2)　(1)でかき入れたグラフから交点の座標をよみとると，(0, 0), (8, 16)

電車が追いつくのは (8, 16) のほうだから，その点の x 座標を考える。

4章

参考 発展 電車の式は，$y=\frac{1}{4}x^2$。これと

$y=2x$ を連立方程式にして解くと，

$y=\frac{1}{4}x^2$ を $y=2x$ に代入して，

$\frac{1}{4}x^2=2x$ 　両辺を4倍して $x^2=8x$　$x^2-8x=0$　$x(x-8)=0$

$x=0,\ x=8$

$x=0$ のとき，$y=2\times0=0$ ←$x=0$ を $y=2x$ に代入

$x=8$ のとき，$y=2\times8=16$

❷ (2) 発展 グラフの交点の座標を読み取ることで解けるが，次のように連立方程式にして解くこともできる。

$y=x^2$ を $y=-x+6$ に代入して，

$x^2=-x+6$ 　$x^2+x-6=0$　$(x-2)(x+3)=0$

$x=2,\ x=-3$

$x=2$ のとき，$y=2^2=4$ ←$x=2$ を $y=x^2$ に代入

$x=-3$ のとき，$y=(-3)^2=9$

❸ (1) A の y 座標は，$y=2\times(-1)^2=2$ より，A$(-1,\ 2)$

B の y 座標は，$y=2\times2^2=8$ より，B$(2,\ 8)$

(2) グラフの傾きは，$\frac{8-2}{2-(-1)}=2$

求める直線の式を $y=2x+b$ として，

$x=-1,\ y=2$ を代入すると，

$2=2\times(-1)+b$

$b=4$

(3) $y=2x+4$ の切片は4だから，C$(0,\ 4)$ より，

OC$=4$ ←C と O の y 座標の差 $4-0=4$

△OAC の底辺を OC とすると，A の x 座標が -1 だから，高さは1である。

$\triangle\text{OAC}=\frac{1}{2}\times4\times1=2$

(4) △OAB＝△OAC＋△OBC

(3)より，△OAC＝2

△OBC の底辺を OC とすると，B の x 座標が2だから，高さは2である。

$\triangle\text{OBC}=\frac{1}{2}\times4\times2=4$

よって，△OAB＝2＋4＝6

ポイント

座標平面上で三角形の面積を求めるときは，x 軸や y 軸に平行な線分を底辺や高さにするとよい。

p.68～69 ステージ1

❶ （左から順に）8，4，2，1

グラフ…右の図

❷ (1) ㋐…1300　㋑…1600

(2) 下の図

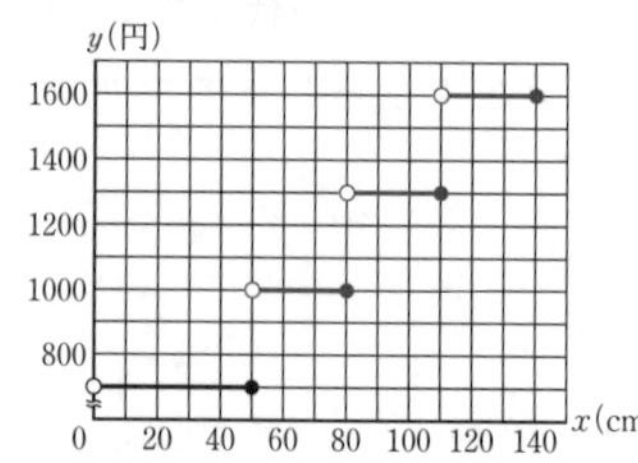

(3) ① A社　② B社　③ 同じ

❸ (1) $y=x^2$　(2) $0\leqq x\leqq5,\ 0\leqq y\leqq25$

解説

❶ 1回戦，2回戦，…と進むごとに，残っているチーム数は半分になっていく。

❷ (1) ㋐ 1000＋300　㋑ 1300＋300

(2) 端の点をふくむときは•，ふくまないときは∘で表して，グラフをかく。

(3) ① A社… 800円　B社…1000円

② A社…1400円　B社…1300円

③ A社…1600円　B社…1600円

❸ (1) QはPの2倍の速さで動くから，

AP$=x$ cm のとき，AQ$=2x$ cm

$y=\frac{1}{2}\times x\times2x=x^2$ ←$\triangle\text{APQ}=\frac{1}{2}\times\text{AP}\times\text{AQ}$

(2) PがBに着いたとき，x の値は最大になるから，$0\leqq x\leqq5$

$x=0$ のとき $y=0$，$x=5$ のとき $y=5^2=25$ だから，$0\leqq y\leqq25$

p.70～71 ステージ2

❶ (1) $y=\frac{7}{1210}x^2$　(2) 毎時 $11\sqrt{2}$ km

❷ (1) $y=-4x+16$　(2) 48

(3) $8t$

(4) $(3,\ 18)$，$(-3,\ 18)$

❸ (1) $a=\frac{1}{2}$　(2) $(4,\ 8)$

(3) $y=x$　(4) $(2,\ 2)$

❹ 1070円

❺ (1) ① $y=\frac{1}{2}x^2$　② $y=x-\frac{1}{2}$

(2) ㋓

● ● ● ● ●

① (1) $y=-x+6$ (2) 6
(3) 27 (4) $\pm 3\sqrt{3}$

解説

1 (1) y は x の2乗に比例するから，$y=ax^2$ として，$x=11$，$y=0.7$ を代入すると，

$0.7=a\times 11^2$ $\quad \frac{7}{10}=121a$ $\quad a=\frac{7}{1210}$

(2) $y=1.4$ を $y=\frac{7}{1210}x^2$ に代入して，

$1.4=\frac{7}{1210}x^2$ $\quad x^2=1.4\times\frac{1210}{7}=242$

$x>0$ より，$x=\sqrt{242}=11\sqrt{2}$

別解 2乗に比例するから，速さが k 倍になるとブレーキ痕の長さは k^2 倍になる。
ブレーキ痕の長さは，$1.4\div 0.7=2$（倍）だから，$k^2=2$，$k>0$ より，$k=\sqrt{2}$
よって，速さは $\sqrt{2}$ 倍だから，毎時 $11\sqrt{2}$ km

2 (1) $y=2\times(-4)^2=32$ より，A$(-4,\ 32)$
$y=2\times 2^2=8$ より，B$(2,\ 8)$

グラフの傾きは，$\frac{8-32}{2-(-4)}=-4$

求める直線の式を $y=-4x+b$ として，
$x=2$，$y=8$ を代入すると，
$8=-4\times 2+b$ $\quad b=16$

(2) 直線ABの式は，$y=-4x+16$ だから，
C$(0,\ 16)$ ←直線ABの切片は16 よって，OC $=16$
点A，Bの x 座標は -4，2だから，

$\triangle OAB=\underbrace{\frac{1}{2}\times 16\times 4}_{\triangle OAC}+\underbrace{\frac{1}{2}\times 16\times 2}_{\triangle OBC}=48$

(3) △OCPの底辺をOCとすると，高さはPの x 座標が t で，$t>0$ だから，t。

$\triangle OCP=\frac{1}{2}\times 16\times t=8t$

(4) $t>0$ のとき，(3)より，△OCP $=8t$ だから，

$8t=48\times\frac{1}{2}$ $\quad t=3$

Pの y 座標は，$y=2\times 3^2=18$
$t<0$ のとき，△OCPの底辺をOCとすると，高さは $-t$。

$\frac{1}{2}\times 16\times(-t)=48\times\frac{1}{2}$ $\quad t=-3$

Pの y 座標は，$y=2\times(-3)^2=18$
$t=0$ のとき，△OCPという三角形はできない。

3 (1) $y=ax^2$ のグラフがA$(-2,\ 2)$ を通るから，$y=ax^2$ に $x=-2$，$y=2$ を代入して，
$2=a\times(-2)^2$

(2) Bの y 座標は，$y=\frac{1}{2}\times 4^2=8$

(3) 求める直線は原点を通るから，切片は0
直線 ℓ に平行だから，傾きは直線 ℓ の傾きに等しい。直線 ℓ の傾きは

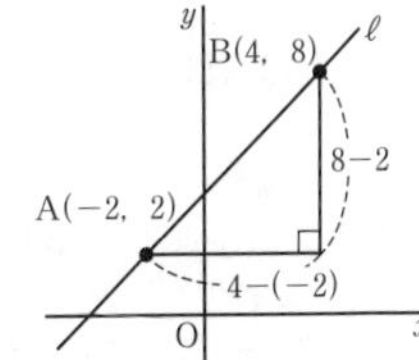

$\frac{8-2}{4-(-2)}=1$

よって，求める直線の式は，$y=x$

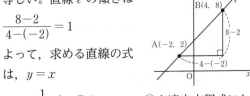

(4) $y=\frac{1}{2}x^2$…①と $y=x$…②を連立方程式にして解く。①を②に代入して，

$\frac{1}{2}x^2=x$ 　両辺を2倍して，$x^2=2x$
　$x^2-2x=0$
　$x(x-2)=0$
$x=0$，$x=2$

$x=0$ は原点Oのほうだから，Pの x 座標は2，

Pの y 座標は，$y=\frac{1}{2}\times 2^2=2$

4 料金は，2000 mから2300 mまでは800円，2600 mまでは890円，2900 mまでは980円，3200 mまでは1070円になる。

5 (1) $x=1$ のとき，GとDが重なる。
① GFとADの交点をKとすると，
△KAFは直角二等辺三角形になるから，
↑
Gから EF に垂線 GP をひくと，GP = FP = 1 より
△GPF は直角二等辺三角形になるので ∠GFP = 45°
よって，△KAF で，∠KFA = 45°，∠KAF = 90°

KA = AF = x $\quad y=\frac{1}{2}\times x\times x=\frac{1}{2}x^2$

② y は右の図の台形GDAFの面積になる。

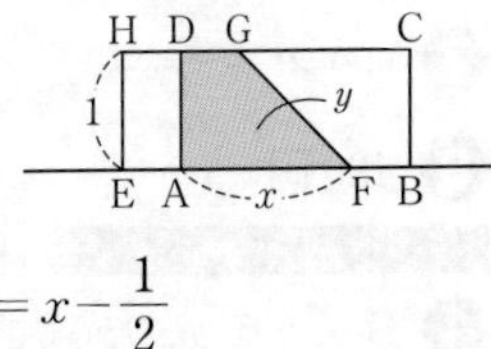

DG $=x-1$

$y=\frac{\{(x-1)+x\}\times 1}{2}=x-\frac{1}{2}$

(2) (1)より，グラフは $0\leqq x\leqq 1$ では放物線だから，㋒か㋓になる。
$1\leqq x\leqq 2$ では，$\left(1,\ \frac{1}{2}\right)$，$\left(2,\ \frac{3}{2}\right)$ を結ぶ線分になるから，㋓になる。

① (1) $y=\frac{1}{3}\times(-6)^2=12$ より，A$(-6,\ 12)$

$y=\frac{1}{3}\times 3^2=3$ より，B$(3,\ 3)$

4章

2 点 A$(-6,\ 12)$，B$(3,\ 3)$ を通る直線は，
$y=-x+6$

(2) $y=-x+6$ に $y=0$ を代入すると，
$0=-x+6$ より，$x=6$

(3) 直線 AB と y 軸との交点を D とすると，
D$(0,\ 6)$ となり，OD $=6$
点 A，B の x 座標は -6，3 だから，
$\triangle OAB=\underbrace{\frac{1}{2}\times6\times6}_{\triangle OAD}+\underbrace{\frac{1}{2}\times6\times3}_{\triangle OBD}=27$

(4) 点 P の x 座標を p とすると，点 P の y 座標は $\frac{1}{3}p^2$ と表される。
$\triangle POC=\frac{1}{2}\times6\times\frac{1}{3}p^2$ ←$\frac{1}{2}\times$OC$\times$(P の y 座標)
$=p^2$
$\triangle POC=\triangle OAB$ より，$p^2=27$　　$p=\pm3\sqrt{3}$

p.72〜73 ステージ3

❶ (1) 25 倍　　(2) $y=-36$

❷ (1) 右の図

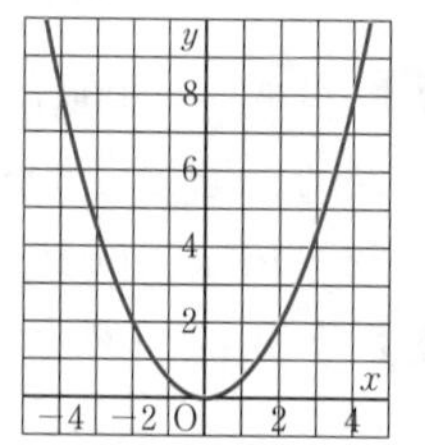

(2) $y=-\frac{1}{2}x^2$

❸ (1) $-12\leqq y\leqq0$

(2) $a=\frac{1}{2}$

❹ (1) -18　　(2) $a=-\frac{1}{5}$　　(3) 18 m/s

❺ (1) $y=\frac{1}{2}x^2$　　(2) $y=8$

(3) $0\leqq y\leqq32$　　(4) 6 cm

❻ (1) $y=-2x+8$　　(2) 24

❼ (1) $a=\frac{3}{4}$　　(2) $\left(\frac{8}{3},\ \frac{16}{3}\right)$

❽ 490 円

解説

❶ (1) y を x の式で表すと，
(正四角柱の体積)＝(底面積)×(高さ)
より，$y=6x^2$
式の形より，y は x の 2 乗に比例することがわかる。関数 $y=ax^2$ では，x の値が k 倍になると y の値は k^2 倍になるから，x の値が 5 倍になると，y の値は 5^2 倍になる。

(2) $y=ax^2$ に $x=2$，$y=-16$ を代入すると，
$-16=a\times2^2$　　$a=-4$
式は $y=-4x^2$ だから，これに $x=-3$ を代入して，$y=-4\times(-3)^2=-36$

❷ (1) $(0,\ 0)$，$(1,\ 0.5)$，$(-1,\ 0.5)$，$(2,\ 2)$，$(-2,\ 2)$ などの点をとって，間をなめらかな曲線で結ぶ。

(2) $y=ax^2$ のグラフと $y=-ax^2$ のグラフは，x 軸について対称である。

❸ (1) x の変域に 0 をふくむから，y の最大値は 0
↑
$a<0$ より，グラフは下に開くので，0 は最大値になる。
-2 と 1 では -2 のほうが絶対値が大きいから $x=-2$ のとき y は最小になり，その y の値は
$y=-3\times(-2)^2=-12$

(2) x の変域に 0 をふくむから，$x=0$ のときの $y=0$ が y の最小値となっている。

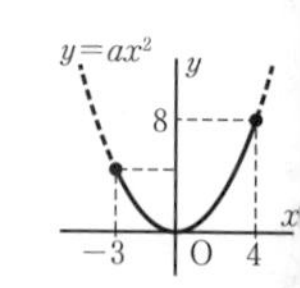

-3 と 4 では 4 のほうが絶対値が大きいから，$x=4$ のとき，y は最大値 8 をとる。$y=ax^2$ に $x=4$，$y=8$ を代入して，
$8=a\times4^2$　　$16a=8$

❹ (1) $x=-6$ のとき，$y=2\times(-6)^2=72$
$x=-3$ のとき，$y=2\times(-3)^2=18$
$\frac{(y\text{の増加量})}{(x\text{の増加量})}=\frac{18-72}{(-3)-(-6)}=\frac{-54}{3}=-18$

(2) $y=ax^2$ で，x の値が 4 から 6 まで増加するときの変化の割合は，
$\frac{a\times6^2-a\times4^2}{6-4}=\frac{20a}{2}=10a$
$y=-2x+3$ の変化の割合は一定で，-2
2 つの変化の割合が等しいから，$10a=-2$

(3) $x=1$ のとき，$y=3\times1^2=3$
$x=5$ のとき，$y=3\times5^2=75$
したがって，平均の速さは，
$\frac{(\text{進んだ距離})}{(\text{進んだ時間})}=\frac{75-3}{5-1}=\frac{72}{4}=18$(m/s)

❺ (1) P と Q は同時に出発して，P と Q の速さも等しいから，CQ $=$ BP $=x$
△BPQ で，底辺を BP とすれば，高さは CQ
$y=\frac{1}{2}\times BP\times CQ=\frac{1}{2}\times x\times x=\frac{1}{2}x^2$

(2) $y=\frac{1}{2}\times4^2=8$

(3) PはBからCまで動き，QはCからDまで動くから，x の変域は，$0 \leqq x \leqq 8$

$x=0$ のとき，$y=0$

$x=8$ のとき，$y=\frac{1}{2}\times 8^2=32$

よって，y の変域は，$0 \leqq y \leqq 32$

(4) $y=18$ のときの x の値を求めればよい。

$y=\frac{1}{2}x^2$ に $y=18$ を代入して，$18=\frac{1}{2}x^2$

$x^2=36$　　$x>0$ より，$x=6$

6 (1) $y=(-4)^2=16$ より，A$(-4,\ 16)$

$y=2^2=4$ より，B$(2,\ 4)$

2点A$(-4,\ 16)$，B$(2,\ 4)$ を通る直線は，

$y=-2x+8$

(2) 直線ABと y 軸との交点をCとすると，C$(0,\ 8)$ となり，OC$=8$

点A，Bの x 座標は -4，2だから，

$\triangle\text{OAB}=\underbrace{\frac{1}{2}\times 8\times 4}_{\triangle\text{OAC}}+\underbrace{\frac{1}{2}\times 8\times 2}_{\triangle\text{OBC}}=24$

7 (1) $y=ax^2$ のグラフがA$(-4,\ 12)$ を通るから，$y=ax^2$ に $x=-4$，$y=12$ を代入して，

$12=a\times(-4)^2$

(2) 点Bの x 座標を t とすると，B$\left(t,\ \frac{3}{4}t^2\right)$

$y=\frac{3}{4}x^2$ のグラフは y 軸について対称だから，

点Pの x 座標は $-t$　←PとBは y 軸について対称だから，x 座標の符号が反対になる。

よって，BP$=t-(-t)=2t$

また，BR$=\frac{3}{4}t^2$

BP＝BR だから，$2t=\frac{3}{4}t^2$　（$8t=3t^2$，$3t^2-8t=0$）

↑四角形BPQRは正方形

$t(3t-8)=0$

$t=0,\ t=\frac{8}{3}$

Bの x 座標は正だから，$t=\frac{8}{3}$

Bの y 座標は，$y=\frac{3}{4}\times\left(\frac{8}{3}\right)^2=\frac{16}{3}$

8 80 gの封筒の送料は1つ140円

130 gの封筒の送料は1つ210円

よって，料金の合計は，

$140\times 2+210=490$（円）

5章 形に着目して図形の性質を調べよう

p.74〜75 ステージ1

1 (1) 四角形ABCD ∽ 四角形EHGF

(2) ① ㋐ EH　㋑ DC　　② ㋒ ∠H

2 3：4

3

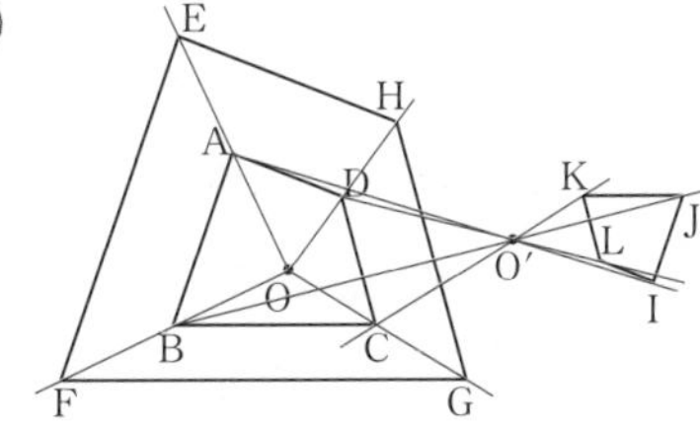

4 (1) 8 cm　　(2) $x=15$

5 $x=11.2$

解説

1 (1) 頂点は対応する順に並べて書くことに注意。

(2) ① **別解**「㋐ DC，㋑ EH」と答えてもよい。

2 対応する辺の比が相似比だから，

AD：EH＝12：16＝3：4

3 **別解** 下のような図をかいてもよい。

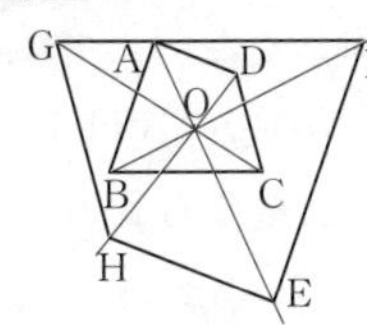

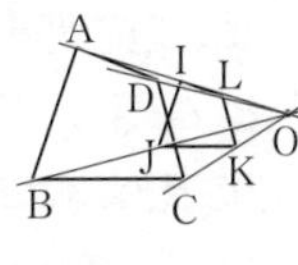

4 (1) GH＝x cmとする。相似比が3：4だから

6：x＝3：4　　$3x=24$　　$x=8$

別解 CD：GH＝AD：EHより，6：x＝12：16

(2) 10：x＝8：12 ←AC：DF＝BC：EF

$8x=120$　　$x=15$

5 8：16＝5.6：x ←AB：BC＝DE：EF

8：16＝1：2だから，1：2＝5.6：x

$x=5.6\times 2=11.2$

参考 対応する辺の比より，8：5.6＝16：x という比例式をつくってもよいが，解説の比例式のほうが計算が楽である。

p.76〜77 ステージ1

1 △ABC ∽ △RPQ

…3組の辺の比がすべて等しい。

△DEF ∽ △LJK

…2組の辺の比とその間の角がそれぞれ等しい。

△GHI ∽ △NOM

…2組の角がそれぞれ等しい。

❷ (1) △ABC∽△ADE
2組の角がそれぞれ等しい。
(2) △ABC∽△EDC
2組の角がそれぞれ等しい。
(3) △ABE∽△CDE
2組の辺の比とその間の角がそれぞれ等しい。

❸ (1) △ABC∽△AED
2組の辺の比とその間の角がそれぞれ等しい。
(2) $x=4$

❹ (1) $x=10$
(2) $x=16$

解説

❶ 3辺が与えられているのは，△ABC と △RPQ
短いほうの辺から順に比をつくると，6：3，8：4，10：5 ですべて 2：1 になる。辺の対応から，頂点は A と R，B と P，C と Q が対応する。

2辺とその間の角が与えられているのは，
△DEF と △LJK と △STU
△STU は2辺の間の角が等しくないので除く。
△DEF と △LJK で短いほうの辺の比は 1.5：1.2
残りの辺の比は 3：2.4 で，どちらも 5：4 になる。
辺の対応から，頂点の対応を求める。

2角が与えられた △GHI で，∠H＝60°
↑ 180°－(50°＋70°)

△NOM の2角と等しいことから相似。角の対応より，頂点の対応を求める。

❷ (1) ∠ACB＝∠AED＝80°，∠A は共通
(2) ∠ABC＝∠EDC＝70°，∠C は共通
(3) AE：CE＝9：6＝3：2
BE：DE＝6：4＝3：2
よって，AE：CE＝BE：DE
また，対頂角は等しいから，∠AEB＝∠CED

❸ (1) AB：AE＝12：6＝2：1
AC：AD＝10：5＝2：1
よって，AB：AE＝AC：AD
また，∠A は共通
(2) (1)より，8：x＝12：6 ←BC:ED=AB:AE
$12x=48$　　$x=4$
別解 (1)より相似比は 2：1 だから，8：x＝2：1

❹ (1) ∠ABC＝∠ADE(＝75°)，∠A は共通より
△ABC∽△ADE
↑ 2組の角がそれぞれ等しい。

よって，AB：AD＝AC：AE
12：8＝15：x　　$12x=120$　　$x=10$
(2) AE：DE＝6：8＝3：4
BE：CE＝9：12＝3：4
よって，AE：DE＝BE：CE
また，∠AEB＝∠DEC ←対頂角は等しい。
したがって，△ABE∽△DCE

AB：DC＝AE：DE
12：x＝6：8　　$6x=96$　　$x=16$

p.78〜79 ステージ1

❶ (1) △ABC と △DAC において，
仮定から，∠B＝∠CAD ……①
また，∠C は共通 ……②
①，②より，2組の角がそれぞれ等しいから，△ABC∽△DAC
(2) (1)より，△ABC∽△DAC で，相似な図形の対応する辺の比は等しいから，
AC：DC＝BC：AC
(3) 6 cm

❷ (1) △ABD と △CBE において，
仮定から，∠ADB＝∠CEB＝90° ……①
また，∠B は共通 ……②
①，②より，2組の角がそれぞれ等しいから，△ABD∽△CBE
(2) △FAE と △FCD において，
仮定から，∠FEA＝∠FDC＝90° …①
対頂角は等しいから，∠AFE＝∠CFD …②
①，②より，2組の角がそれぞれ等しいから，△FAE∽△FCD

❸ (1)
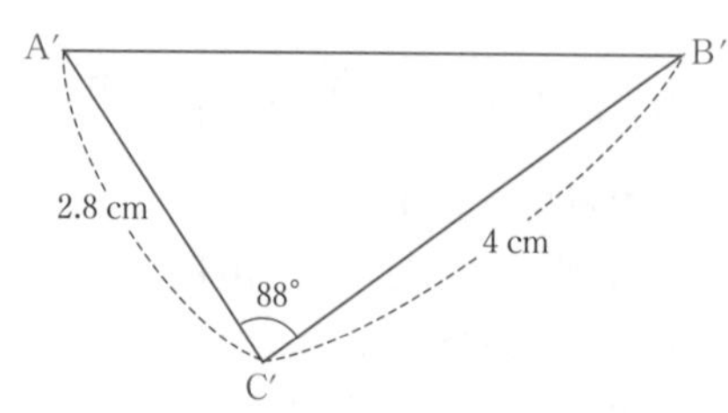

(2) 約 12 m

解説

1 (3) AC $= x$ cm とすると，(2)より，
$x : 4 = 9 : x \quad x^2 = 36$
$x > 0$ だから，$x = 6$

2 (2) (1)で証明した △ABD ∽ △CBE より，
∠FAE = ∠FCD を導いてもよい。

3 (1) 縮図上での長さは
C′A′ = 2.8 cm ←7 m=700 cm，$700 \times \frac{1}{250} = 2.8$ (cm)
C′B′ = 4 cm ←10 m=1000 cm，$1000 \times \frac{1}{250} = 4$ (cm)
(2) 縮図上での A′B′ の長さをはかると，約 4.8 cm
△ABC ∽ △A′B′C′ より，
AB : A′B′ = CB : C′B′
実際の長さを AB $= x$ cm とすると，
$x : 4.8 = 1000 : 4$
$4x = 4800$
$x = 1200$
実際の長さは，1200 cm = 12 m

p.80～81 ステージ1

1

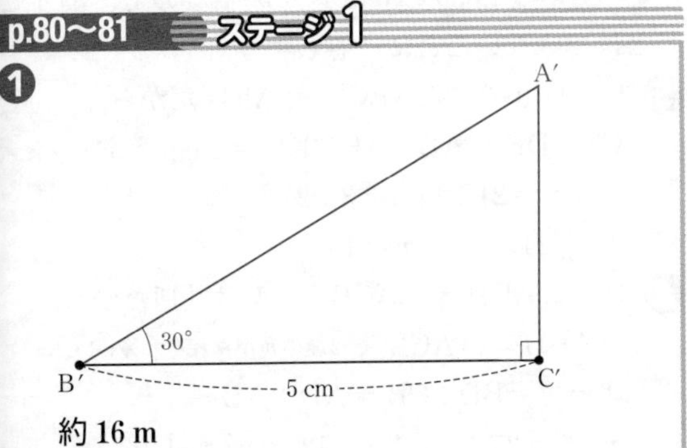

約 16 m

2 5 m

3 (1) $2.85 \leqq a < 2.95$ (2) 0.05

4 (1) 3，7，8 (2) 1.53×10^3 m

解説

1 B′C′ = 5 cm として上の図のような縮図をかき，A′C′ の長さを測ると，A′C′ は約 2.9 cm になる。
AC $= x$ m とすると，△ABC ∽ △A′B′C′ より，
BC : AC = B′C′ : A′C′
$25 : x = 5 : 2.9$
$5x = 25 \times 2.9$
$x = 14.5$
木の高さは，AC の長さに目の高さ 1.5 m を加えたものだから，14.5+1.5 = 16 (m)

参考 $5x = 25 \times 2.9$ で，$25 \times 2.9 = 72.5$ の計算をしてもよいが，先に両辺を 5 でわって，

$$x = \frac{\overset{5}{\cancel{25}} \times 2.9}{\underset{1}{\cancel{5}}} = 5 \times 2.9 = 14.5$$

と計算するほうが早く正確にできる。

2 △ACB ∽ △DFE になるから，
AB : DE = BC : EF
DE $= x$ m とすると，
$1 : x = 0.8 : 4 \qquad 0.8x = 4 \qquad x = 5$

ポイント
2 つの相似な直角三角形で考える。

3 (1) 小数第 2 位を四捨五入しているので，a は $2.85 \leqq a < 2.95$ の範囲にある数である。
(2) 図より，誤差の絶対値は大きくても 0.05 である。

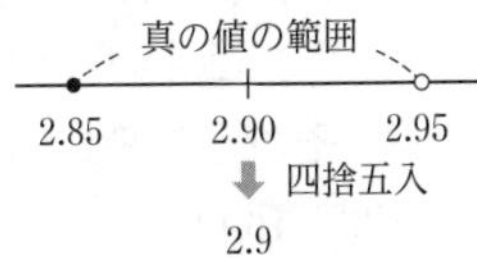

ポイント
真の値ではないが，それに近い値を**近似値**といい，近似値から真の値をひいた差を**誤差**という。

4 (1) 3780 の千の位，百の位，十の位の 3，7，8 が有効数字である。
ミス注意! 10 m 未満を四捨五入した測定値 3780 m は，ちょうど 3780 m を表しているわけではない。
3780 の千の位，百の位，十の位の 3，7，8 は測定された意味のある数字として信頼できる（有効数字）が，一の位の 0 はたんに位取りを示しているだけでそれ以外の意味をもたず信頼できない。
(2) 有効数字が 1，5，3 だから，
$1530 = 1.53 \times 1000 = 1.53 \times 10^3$ (m)

p.82～83 ステージ2

1 (1) ① 相似の中心 ② 位置
(2) ③ 1 : 2 ④ 16

2 (1) △ABE ∽ △DCE
2 組の辺の比とその間の角がそれぞれ等しい。
(2) △ABE ∽ △DCE
2 組の角がそれぞれ等しい。
(3) △ABC ∽ △ADB
2 組の辺の比とその間の角がそれぞれ等しい。

5章

3 (1) △ABC と △ADB において，
仮定から，∠ABC＝∠ADB＝90° ……①
また，∠A は共通 ……②
①，②より，2 組の角がそれぞれ等しいから，△ABC∽△ADB

(2) $\frac{12}{5}$ cm (3) △ABC，△ADB (4) 2 cm

4 1.830×10^5 L

5 (1) △ABC と △AED において，
AB：AE＝21：14＝3：2
AC：AD＝18：12＝3：2
よって，AB：AE＝AC：AD ……①
また，∠A は共通 ……②
①，②より，2 組の辺の比とその間の角がそれぞれ等しいから，△ABC∽△AED

(2) 16 cm

6 (1) $x=4$ (2) $x=14$

7 およそ 16 m（縮図は解説にあります）

● ● ● ● ●

① (1) AE

(2) △ABC と △ADE において，
△ABD∽△ACE だから，
AB：AC＝AD：AE …①
∠BAD＝∠CAE …②
①より，AB：AD＝AC：AE …③
また，∠BAC＝∠BAD＋∠DAC …④
∠DAE＝∠CAE＋∠DAC …⑤
②，④，⑤より，∠BAC＝∠DAE …⑥
③，⑥より，2 組の辺の比とその間の角がそれぞれ等しいから，△ABC∽△ADE

(3) 30°

解説

2 (1) AE：DE＝12：8＝3：2
BE：CE＝15：10＝3：2
よって，AE：DE＝BE：CE
また，∠AEB＝∠DEC ←対頂角は等しい。

(2) ∠ABE＝∠DCE＝31°
∠AEB＝∠DEC ←対頂角は等しい。

(3) △ADB の向きを △ABC とそろえて考えるとよい。

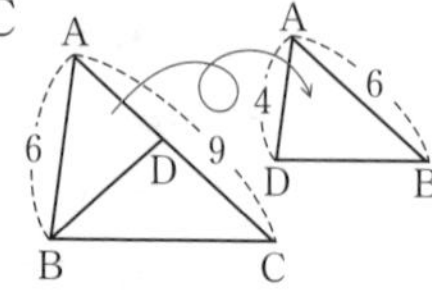

AB：AD＝6：4＝3：2
AC：AB＝9：6＝3：2
よって，AB：AD＝AC：AB また，∠A は共通

3 (2) (1)より，△ABC∽△ADB だから，
CB：BD＝AC：AB
BD＝x cm とおくと，4：x＝5：3
$5x=12$ $x=\frac{12}{5}$

別解 △ABC の面積を 2 通りの式で表すと，
$\frac{1}{2}\times AB\times BC=\frac{1}{2}\times AC\times BD$
$\frac{1}{2}\times3\times4=\frac{1}{2}\times5\times x$ $12=5x$

(3) ∠BDC＝∠ABC＝90°，∠C は共通だから，
△BDC∽△ABC ←2 組の角がそれぞれ等しい。
また，△BDC∽△ABC，△ABC∽△ADB だから，△BDC∽△ADB

(4) △BDC∽△ADB より，
BD：AD＝DC：DB
BD＝x cm とおくと，x：1＝4：x
$x^2=4$ $x>0$ だから，$x=2$

4 $183000=1.830\times100000=1.830\times10^5$ (L)

ミス注意! 1.830 の 0 は有効数字なので，消すことはできないことに注意しよう。

5 (2) (1)より，△ABC∽△AED だから，
CB：DE＝AB：AE DE＝x cm とおくと，
24：x＝21：14 (＝3：2)
$3x=24\times2$ $x=16$

6 (1) ∠ABD＝∠ACB，∠A は共通だから，
△ABD∽△ACB ←2 組の角がそれぞれ等しい。
よって，BD：CB＝AD：AB
x：6＝2：3 $3x=12$ $x=4$

(2) AD：AC＝5：(6＋4)＝1：2
AE：AB＝6：(5＋7)＝1：2
よって，AD：AC＝AE：AB
また，∠A は共通。
したがって，△ADE∽△ACB だから，
↑ 2 組の辺の比とその間の角がそれぞれ等しい。
DE：CB＝AD：AC
7：x＝5：10 (＝1：2) $x=14$

7 A′C′＝2 cm として右の図のような縮図をかいて，A′B′ の長さを測ると，A′B′ はおよそ 3.2 cm になる。

C′ 北
2 cm 58°
A′ B′ 東

AB＝x m とすると，
10：x＝2：3.2 $2x=32$ $x=16$
↑ △ABC∽△A′B′C′より，AC:AB＝A′C′:A′B′

❶ (1) $\triangle ABD \backsim \triangle ACE$ で，対応する辺の比が等しいことを利用する。

(2) 比の性質「$a : c = b : d$ ならば $a : b = c : d$」を利用して，(1)で求めた比の式から，$\triangle ABC$ と $\triangle ADE$ で2組の対応する辺の比が等しいという式を導く。

また，$\triangle ABD \backsim \triangle ACE$ より，$\angle BAD = \angle CAE$（対応する角が等しい。）

を示し，$\angle BAC = \angle DAE$ を導く。

(3) (2)より，$\triangle ABC \backsim \triangle ADE$ だから，

$\angle ABC = \angle ADE$

$\angle ADC$ は $\triangle ABD$ の外角だから，

$$\angle ADC = \angle ABC + \angle BAD$$

また，$\angle ADC = \angle ADE + \angle EDC$（$\angle ABC = \angle ADE$）

よって，$\angle BAD = \angle EDC$

$\angle BAD = 30°$ だから，$\angle EDC = 30°$

p.84〜85 ステージ1

❶ (1) $x = 12$，$y = 10$ (2) $x = 3$，$y = 4$

(3) $x = 12$，$y = \frac{32}{3}$ (4) $x = 18$，$y = 8$

(5) $x = 9$，$y = 3$

❷ ㋐ $\angle ECF$ ㋑ $\angle CEF$

㋒ 2組の角 ㋓ AD ㋔ CF

㋕ 平行四辺形 ㋖ BC

❸ FD

(理由) $BF : FA = 14 : 6 = 7 : 3$

$BD : DC = 21 : 9 = 7 : 3$

よって，$BF : FA = BD : DC$ だから，

$FD \parallel AC$

解説

❶ (1) $x : 6 = 8 : 4$ $4x = 48$ $x = 12$

参考 $8 : 4 = 2 : 1$ だから，$x : 6 = 2 : 1$ より，$x = 12$ としてもよい。

$y : 15 = 8 : (8+4)$ $12y = 120$ $y = 10$

ミス注意！ $y : 15 = 8 : 4$ とするミスに注意。

$DE : BC = AE : AC$ である。

(2) $x : 6 = (15-10) : 10$ $10x = 30$ $x = 3$

$y : 12 = (15-10) : 15$ $15y = 60$ $y = 4$

(3) $x : 18 = 8 : 12$ $12x = 8 \times 18$ $x = 12$ （$x = \frac{\overset{2}{\cancel{8}} \times \overset{6}{\cancel{18}}}{\underset{\underset{1}{\cancel{3}}}{\cancel{12}}}$）

$y : 16 = 8 : 12$ $(= 2 : 3)$ $3y = 32$ $y = \frac{32}{3}$

(4) $\underset{AD}{x} : \underset{AB}{(x+12)} = 15 : 25$ $(= 3 : 5)$

$5x = 3(x+12)$ $5x = 3x+36$ $x = 18$

$12 : y = 18 : 12$ $(= 3 : 2)$ $3y = 24$ $y = 8$（$x = 18$）

(5) $4.5 : x = 6 : 12$ $(= 1 : 2)$ $x = 4.5 \times 2 = 9$

$y : 9 = 6 : (6+12)$ $(= 1 : 3)$ $3y = 9$ $y = 3$

❸ $CE : EA$ $(= 8 : 20)$ と $CD : DB$ $(= 9 : 21)$ は等しくないから，ED と AB は平行にならない。FE と BC についても同様に平行にならない。

p.86〜87 ステージ1

❶ (1) $2 : 1$ (2) 4 cm (3) 9 cm^2

(4) 平行四辺形

❷ (1) $\triangle ABC$ で，E は辺 AB の中点だから，

$AE : EB = 1 : 1$

$EF \parallel BC$ だから，$AF : FC = AE : EB$

よって，$AF : FC = 1 : 1$ だから，

F は AC の中点。

また，$\triangle CDA$ で，$FG \parallel AD$ より，

$CG : GD = CF : FA = 1 : 1$

したがって，G は DC の中点。

(2) $EF = 15$ cm，$EG = 21$ cm

❸ ($\triangle ABD$ において)

E は辺 AB の中点，H は辺 AD の中点であるから，$EH \parallel BD$，$EH = \frac{1}{2}BD$

$\triangle BCD$ においても同様にして，

$$FG \parallel BD,\ FG = \frac{1}{2}BD$$

したがって，$EH \parallel FG$，$EH = FG$

1組の対辺が平行でその長さが等しいから，四角形 EFGH は平行四辺形である。

解説

❶ (1) 対応する辺の比が相似比である。

例1 と同様にして，$AB : DE = 2 : 1$

(2) $DE = \frac{1}{2}AB = \frac{1}{2} \times 8 = 4$ (cm)

(3) 4つの小さい三角形は合同だから，

$\triangle DEF = \frac{1}{4}\triangle ABC = \frac{1}{4} \times 36 = 9$ (cm^2)

(4) $FE \parallel DC$，$FE = \frac{1}{2}BC = DC$ より，1組の

5章

対辺が平行でその長さが等しくなる。

参考 2組の対辺が平行になることや等しくなることを理由にしてもよい。

❷ (2) △ABC で中点連結定理より，

$EF = \frac{1}{2}BC = \frac{1}{2} \times 30 = 15$ (cm)

△CDA で中点連結定理より，

$FG = \frac{1}{2}AD = \frac{1}{2} \times 12 = 6$ (cm)

$EG = EF + FG = 15 + 6 = 21$ (cm)

p.88〜89 ステージ1

❶ (1) $x = 12$ (2) $x = 9.6$ (3) $x = 12$
(4) $x = 6$ (5) $x = 21$

❷ (1)

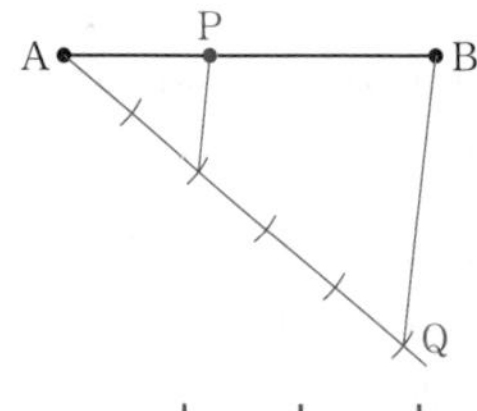

(2)

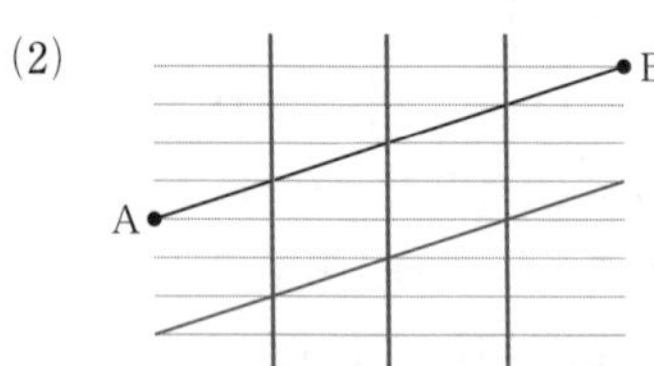

❸ (1) $x = 6$ (2) $x = 4$

解説

❶ (1) $18 : x = 12 : 8$ $(= 3 : 2)$ $3x = 36$
$x = 12$

(2) $8 : 6 = x : 7.2$ $6x = 8 \times 7.2$ $x = 9.6$

(3) $x : 6 = 8 : 4$ $(= 2 : 1)$ $x = 12$

(4) $5 : 10 = x : (18 - x)$
$10x = 5(18 - x)$ $10x = 90 - 5x$
$15x = 90$ $x = 6$

(5) $14 : x = 10 : (25 - 10)$ $(= 2 : 3)$
$2x = 42$ $x = 21$

❷ (1) A から AB とは異なる半直線をひいて，A から等間隔に，5個の点をとり，最後の5番目の点 Q と B を結ぶ。A から2番目の点を通り，BQ に平行な直線をひいて，線分 AB との交点を P とする。
（5個 ↑ 2+3）

(2) A 以外の罫線の左端の点と，そこから数えて4行上の罫線の右端の点を結ぶ。結んだ線分と罫線の3つの交点と，線分 AB と罫線の3つの交点を，左から順に結ぶ。

❸ (1) $16 : 12 = 8 : x$ $16x = 12 \times 8$ $x = 6$

(2) $15 : 12 = (9 - x) : x$ $15x = 12(9 - x)$
$15x = 108 - 12x$ $27x = 108$ $x = 4$

ポイント

AD が ∠A の二等分線
→ AB : AC = BD : DC

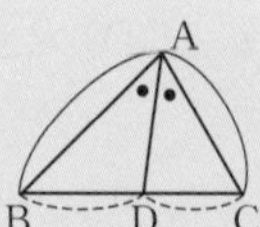

p.90〜91 ステージ2

❶ (1) $x = 21$, $y = 16$ (2) $x = 9$, $y = 8$

❷ (1) $x = 12$ (2) $x = \frac{45}{8}$

❸ (1) EC = 10 cm, DG = 20 cm (2) 1 : 3

❹ (1) ひし形

（理由）△ABD，△BCD，△ABC，△ACD でそれぞれ中点連結定理より，

$EH = FG = \frac{1}{2}BD$, $EF = HG = \frac{1}{2}AC$

2組の対辺がそれぞれ等しいから，四角形 EFGH は平行四辺形になる。
さらに，条件より，AC = BD だから，4つの辺がすべて等しくなるので，ひし形である。

(2) 長方形

（理由） △ABD で中点連結定理より，
EH // BD，△ABC で中点連結定理より，
EF // AC 条件より AC ⊥ BD であるから，
∠HEF = 90°
平行四辺形で，1つの角が直角になるから，四角形 EFGH は長方形である。

❺ (1) $x = 14$ (2) $x = \frac{24}{5}$, $y = \frac{20}{3}$

❻ (1) 3 (2) EF = 3, EG = 15

❼ (1) 2 : 1 (2) 4 : 1

• • • • •

① $x = 6$

② $\frac{12}{5}$ cm

解説

❶ (1) $(x - 12) : x = 9 : 21$ $(= 3 : 7)$
$7(x - 12) = 3x$ $7x - 84 = 3x$ $x = 21$
$(21 - 12) : 12 = 12 : y$ ←AD:DB=AE:EC
$9y = 12 \times 12$ $y = 16$

(2) $x:6=15:10$ $(=3:2)$　　$2x=18$

$x=9$

$(20-y):y=15:10$ $(=3:2)$ ←CA:AE=BC:DE

$2(20-y)=3y$　　$40-2y=3y$　　$y=8$

別解 $AC:AE=15:10=3:2$

$y:20=2:(3+2)=2:5$　　$y=8$

2 (1) AB // DC より，

$BE:DE=AB:CD$

$=28:21$

$=4:3$

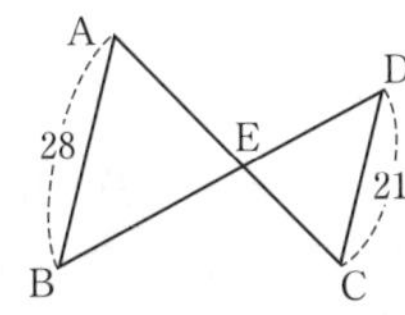

△BCD で，EF // DC より，

$EF:DC=BE:BD$

$=4:(4+3)$

$=4:7$

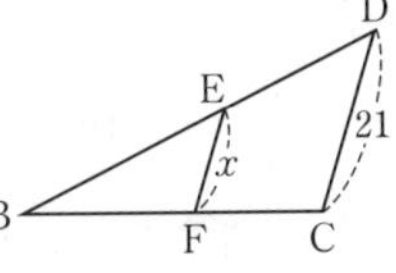

$x:21=4:7$　$x=12$

(2) $\underline{DC=AB}=6+4=10$

↑ 平行四辺形の対辺は等しい。

AE // DC より，

$x:(15-x)=6:10$ $(=3:5)$

$5x=3(15-x)$　　$5x=45-3x$　　$x=\frac{45}{8}$

別解 $AF:CF=6:10=3:5$

$x:15=3:(3+5)$　　$8x=45$　　$x=\frac{45}{8}$

ポイント

複雑な図の中から，右の図のような形を見つけ出し，三角形と比の定理などを利用する。

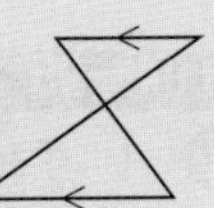

3 (1) △AEC で，D は AE の中点，F は AC の中点であるから，中点連結定理より，

DF // EC　……①，$DF=\frac{1}{2}EC$　……②

②より，$EC=2DF=2\times5=10$

△BGD で，①より，EC // DG だから，

$EC:DG=BE:BD=1:2$

$DG=2EC=2\times10=20$

(2) (1)より，EC＝2DF，DG＝2EC だから，

$DG=2EC=2\times2DF=4DF$

$FG=DG-DF=4DF-DF=3DF$

$DF:FG=DF:3DF=1:3$

5 (1) $8:(x-8)=14:10.5$ $(=4:3)$

$24=4(x-8)$　　$24=4x-32$　　$x=14$

(2) $6:x=5:4$　　$24=5x$　　$x=\frac{24}{5}$

$\underline{y:8=5:6}$　　$6y=40$　　$y=\frac{20}{3}$

↑ 平行線と比の定理が使える。

6 (1) AD，EG，BC は平行だから，

$8:4=6:GC$ ←AE:EB=DG:GC

$8GC=24$　　$GC=3$

(2) △BDA で，EF // AD だから，

$EF:9=4:(4+8)$　　$EF:9=1:3$

$3EF=9$　　$EF=3$

△DBC で，FG // BC だから，

$FG:18=6:(6+3)$　　$FG:18=2:3$

$3FG=36$　　$FG=12$

$EG=EF+FG=3+12=15$

7 (1) HA // BC より，

$AH:BC=AF:BF=\underline{2:1}$

↑ F は AB を 3 等分した点

(2) HA // EC より，$AG:EG=AH:EC$

(1)より，$AH=2BC$

また，$EC=\frac{1}{2}BC$ ←E は BC の中点

よって，$AH:EC=2BC:\frac{1}{2}BC=4:1$

したがって，$AG:GE=4:1$

参考 AG：GE を求めるだけなら，E から CF に平行な直線をひいて，辺 AB との交点を P として，AF：FP を求めるような方法もある。

① $(12-8):8=3:x$

$4x=24$　　$x=6$

② AB // DC より，

$AE:CE=AB:CD=6:4=3:2$

また，AB // EF であるから，△ABC で，

$CE:CA=EF:AB$　　$EF=x$ cm とすると，

$\underline{2:5=x:6}$

↑ CE:CA=CE:(CE+EA)=2:(2+3)=2:5

$5x=12$　　$x=\frac{12}{5}$

p.92〜93　ステージ1

1 (1) 5：7　　(2) 98 cm^2

2 四角形 DEGF…18 cm^2

四角形 EBCG…30 cm^2

❸ L サイズ

(理由) M サイズと L サイズのケーキの底面の形は相似であり，相似比は $18:24=3:4$

したがって，底面の面積比は

$3^2:4^2=9:16$

面積比の 1 あたりの値段を比べると，

M サイズ…$2400\div9=266.6\cdots$ (円)

L サイズ…$3200\div16=200$ (円)

比の 1 あたりの値段が L サイズのほうが安いので，L サイズのほうが得であるといえる。

❹ (1) 45 cm² (2) 192 cm³

❺ (1) 500π cm³ (2) 3：5

(3) 108π cm³

解説

❶ (1) 周の長さの比は相似比に等しい。

(2) 面積比は相似比の 2 乗に等しいから，

$5^2:7^2=25:49$

△DEF の面積を x cm² とすると，

$50:x=25:49$

$25x=50\times49$

$x=98$

❷ △ADF ∽ △AEG で，相似比は 1：2 だから，

↑ AD:AE＝AF:AG＝1:2，∠A は共通

面積比は，$1^2:2^2=1:4$

したがって，△AEG の面積は，

$6\times4=24$ (cm²)

(四角形 DEGF の面積)

＝(△AEG の面積)－(△ADF の面積)

$=24-6=18$ (cm²)

△ADF ∽ △ABC で，相似比は 1：3 だから，

↑ AD:AB＝AF:AC＝1:3，∠A は共通

面積比は，$1^2:3^2=1:9$

したがって，△ABC の面積は，$6\times9=54$ (cm²)

(四角形 EBCG の面積)

＝(△ABC の面積)－(△AEG の面積)

$=54-24=30$ (cm²)

❸ ケーキの高さは同じなので，底面の面積比を考える。底面の面積比の 1 あたりの値段を比べて，安いほうが得であるといえる。

❹ (1) Q の表面積を x cm² とすると，

表面積の比は相似比の 2 乗に等しいから，

$80:x=4^2:3^2$

$80:x=16:9$

$16x=80\times9$

$x=5\times9=45$

(2) P の体積を y cm³ とすると，

体積比は相似比の 3 乗に等しいから，

$y:81=4^3:3^3$

$y:81=64:27$

$27y=81\times64$

$y=3\times64=192$

❺ (1) 底面の円の半径は 10 cm だから，容積は，

$\frac{1}{3}\times\pi\times10^2\times15=500\pi$ (cm³)

(2) 深さの比が相似比になる。$9:15=3:5$

(3) 容器に入っている水の体積を x cm³ とすると，体積比は相似比の 3 乗に等しいから，

$x:500\pi=3^3:5^3$

$x:500\pi=27:125$

$125x=500\pi\times27$

$x=4\pi\times27=108\pi$

別解 水面の半径を a cm とすると，

$a:10=3:5$

$a=6$

体積は，$\frac{1}{3}\times\pi\times6^2\times9=108\pi$ (cm³)

p.94〜95 ステージ2

❶ (1) 周の長さの比…8：3 面積比…64：9

(2) $\frac{96}{5}$ cm² (3) 9 倍

❷ (1) $5a$ (2) 7：9

❸ (1) 表面積…16 倍 体積…64 倍

(2) 189 cm³

(3) 相似比…5：2 P の体積…250 cm³

❹ (1) 1：2 (2) 1400 cm³

❺ (1) 4：9 (2) 2：3

(3) $\frac{4}{25}S$

❻ (1) EH＝5 cm，GH＝3 cm

(2) 9：100 (3) 9：140

(4) 9：196

● ● ● ● ●

① (1) 9 cm (2) $\frac{32}{5}$ 倍

解説

1 (1) 周の長さの比は相似比に等しい。

面積比は，$8^2:3^2=64:9$

(2) $\triangle A'B'C'$ の面積を $x\,\text{cm}^2$ とすると，

$30:x=5^2:4^2$　　$25x=30\times16$　　$x=\dfrac{96}{5}$

(3) 相似比は周の長さの比に等しいから，

$4:12=1:3$　　面積比は $1^2:3^2=1:9$

2 (1) ((ア)の面積)：((ア)と(イ)の面積) $=1^2:2^2$

$=1:4$

((ア)と(イ)の面積)：((ア)と(イ)と(ウ)の面積)

$=2^2:3^2=4:9$

a：((ウ)の面積) $=1:(9-4)=1:5$

(2) (1)と同様に，a：((エ)の面積) $=1:(4^2-3^2)$

$=1:7$

a：((オ)の面積) $=1:(5^2-4^2)=1:9$

よって，((エ)の面積)：((オ)の面積) $=7:9$

3 (1) 表面積…4^2 倍　　体積…4^3 倍

(2) 相似比は高さの比から，$8:12=2:3$

Q の体積を $x\,\text{cm}^3$ とすると，

$56:x=2^3:3^3$　　$56:x=8:27$

$8x=56\times27$　　$x=7\times27=189$

(3) $25:4=5^2:2^2$ だから，相似比は $5:2$

表面積の比が $m^2:n^2$ ならば相似比は $m:n$

P の体積を $x\,\text{cm}^3$ とすると，

$x:16=5^3:2^3$　　$x:16=125:8$

$8x=16\times125$　　$x=2\times125=250$

4 (1) 深さの比が相似比になる。$\dfrac{1}{2}:1=1:2$

(2) 容器の容積を $x\,\text{cm}^3$ とすると，

$200:x=1^3:2^3$　$200:x=1:8$　$x=1600$

よって，$1600-200=1400$ (cm^3)

5 (1) $\triangle AOD\backsim\triangle COB$ で，相似比は，

↑ $AD /\!/ BC$ より，$\angle ADO=\angle CBO$，$\angle DAO=\angle BCO$

$AD:CB=10:15=2:3$

$\triangle AOD:\triangle COB=2^2:3^2=4:9$

(2) $\triangle AOD$ と $\triangle AOB$ は，底辺を OD，OB とすると，高さが共通になるので，面積比は底辺の長さの比に等しい。

つまり，$\triangle AOD:\triangle AOB=OD:OB$

(1)より $\triangle AOD\backsim\triangle COB$ だから，

$OD:OB=AD:CB=2:3$

よって，$\triangle AOD:\triangle AOB=2:3$

(3) (1)より $\triangle AOD:\triangle COB=4:9$ だから，

$\triangle AOD=4a$ とおくと，$\triangle COB=9a$

(2)より，$4a:\triangle AOB=2:3$，$\triangle AOB=6a$

同様に，$\triangle COD=6a$ ←$4a:\triangle COD=2:3$

$S=\triangle AOD+\triangle COB+\triangle AOB+\triangle COD$

$=4a+9a+6a+6a=25a$

よって，$\triangle AOD:S=4a:25a=4:25$

$\triangle AOD=\dfrac{4}{25}S$

ポイント

高さの共通な三角形の面積比は，底辺の長さの比になる。

$\triangle ABD:\triangle ADC$
$=BD:DC$

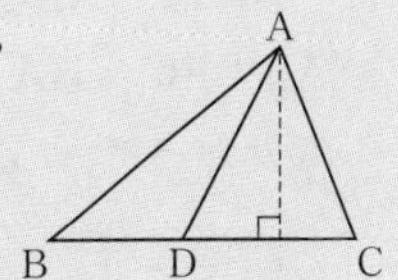

6 (1) AD，EF，BC は平行だから，

$AE:EB=DG:GB=AH:HC=1:1$

だから，G，H はそれぞれ DB，AC の中点。

$\triangle ABC$ で，$EH=\dfrac{1}{2}BC=\dfrac{1}{2}\times10=5$

$\triangle BDA$ で，$EG=\dfrac{1}{2}AD=\dfrac{1}{2}\times4=2$

（中点連結定理）

$GH=EH-EG=5-2=3$

(2) $\triangle IGH\backsim\triangle IBC$ で，相似比は，(1)より，

↑ $GH /\!/ BC$ より，$\angle IGH=\angle IBC$，$\angle IHG=\angle ICB$

$GH:BC=3:10$

$\triangle IGH:\triangle IBC=3^2:10^2=9:100$

↑ 面積比は相似比の 2 乗

(3) (2)より，$\triangle IGH:\triangle IBC=9:100$ だから，

$\triangle IGH=9a$ とおくと，$\triangle IBC=100a$

$AD /\!/ BC$ より，$IA:IC=4:10=2:5$

$\triangle IBC:\triangle ABC=IC:AC=5:(2+5)=5:7$

↑ 高さが共通だから，面積比は底辺の長さの比になる。

$100a:\triangle ABC=5:7$　　$\triangle ABC=140a$

$\triangle IGH:\triangle ABC=9a:140a=9:140$

(4) $\triangle ABC:\triangle ACD=BC:AD=10:4=5:2$

↑ 高さが等しいので，面積比は底辺の長さの比になる。

$140a:\triangle ACD=5:2$　　$\triangle ACD=56a$

台形 $ABCD=\triangle ABC+\triangle ACD$

$=140a+56a=196a$

$\triangle IGH$：台形 $ABCD=9a:196a=9:196$

① (1) BF は $\angle ABC$ の二等分線であるから，
$\angle DBF = \angle CBF$ …①
$DG /\!/ BC$ より，$\angle CBF = \angle DGF$ …②
①，②より，$\angle DBF = \angle DGF$
したがって，$\triangle DBG$ は $DB = DG$ の二等辺三角形である。また，$DG /\!/ BC$ より，
$AD : AB = DE : BC = 2 : 8 = 1 : 4$
$DB = \frac{3}{4}AB = \frac{3}{4} \times 12 = 9(\text{cm})$
したがって，$DG = DB = 9$ cm
(2) BF は $\angle ABC$ の二等分線であるから，
$AF : FC = BA : BC = 12 : 8 = 3 : 2$
したがって，
$\triangle FBC = \frac{FC}{AC}\triangle ABC = \frac{2}{5}\triangle ABC$ …③
また，$\triangle ADE \backsim \triangle ABC$ で，相似比は $1 : 4$ であるから，面積比は $1^2 : 4^2 = 1 : 16$
したがって，$\triangle ADE = \frac{1}{16}\triangle ABC$ …④
③，④より，$\frac{2}{5} \div \frac{1}{16} = \frac{32}{5}$ (倍)

AD が $\angle A$ の二等分線
$\Rightarrow AB : AC = BD : DC$

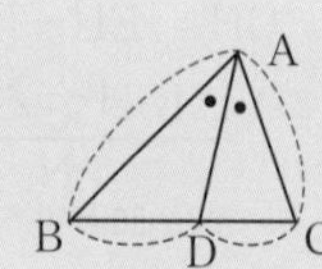

p.96～97 ステージ3

1 (1) **相似の中心** (2) **OC** (3) **8 cm**

2 (1) **$\triangle ABC \backsim \triangle ACD$（または $\triangle CBD$）**
2 組の角がそれぞれ等しい。 $x = \frac{24}{5}$
(2) **$\triangle ABC \backsim \triangle DEC$**
2 組の辺の比とその間の角がそれぞれ等しい。 $x = 6$

3 (1) **$\triangle DBA$** (2) **7 cm** (3) $\frac{28}{3}$ **cm**

4 (1) $x = 5$ (2) $x = \frac{48}{7}$

5 (1) $x = \frac{15}{2}$ (2) $x = \frac{10}{3}$

6 (1) **$\triangle AOD$ と $\triangle COB$ において，**
$AD /\!/ BC$ であるから，
$\angle ADO = \angle CBO$ ……①
対頂角は等しいから，
$\angle AOD = \angle COB$ ……②
①，②より，2 組の角がそれぞれ等しいから，$\triangle AOD \backsim \triangle COB$
(2) **$EO = 6$ cm，$EF = 12$ cm**

7 (1) **平行四辺形** (2) **二等辺三角形**

8 (1) ① **4 : 25** ② **500 cm³** (2) **48 cm²**

解説

1 (2) 相似の位置にある 2 つの図形では，相似の中心 O から対応する点までの距離の比はすべて等しい。
(3) $AB : DE = OA : OD = 3 : 2$
$12 : DE = 3 : 2$　$3DE = 24$　$DE = 8$

2 (1) $\angle ACB = \angle ADC = 90°$，$\angle A$ は共通な角
よって，$\triangle ABC \backsim \triangle ACD$
($\angle ACB = \angle CDB = 90°$，$\angle B$ は共通な角。
よって，$\triangle ABC \backsim \triangle CBD$)
$\underline{6 : x = 10 : 8}(= 5 : 4)$　$5x = 24$　$x = \frac{24}{5}$
↑ BC:CD＝AB:AC
(2) $AC : DC = (20+7) : 9 = 3 : 1$
$BC : EC = 21 : 7 = 3 : 1$
よって，$AC : DC = BC : EC$
また，$\angle C$ は共通だから，$\triangle ABC \backsim \triangle DEC$
$\underline{18 : x = 21 : 7}$ $(= 3 : 1)$ より，$3x = 18$
↑ AB:DE＝BC:EC　$x = 6$

3 (1) $\angle BAD = \angle DAC$，$\angle DAC = \angle C$ より
$\angle BAD = \angle C$ …① また，$\angle B$ は共通 …②
①，②より，$\triangle ABC \backsim \triangle DBA$ ←2組の角
(2) (1)より，$\triangle ABC \backsim \triangle DBA$ だから，
$AB : DB = BC : BA$
$12 : DB = 16 : 12$ $(= 4 : 3)$ $4DB = 36$ $DB = 9$
$DC = BC - DB = 16 - 9 = 7$
(3) $\triangle ABC \backsim \triangle DBA$ より，
$AC : DA = AB : DB$
$\angle DAC = \angle C$ より，$DA = DC = 7$ だから，
$AC : 7 = 12 : 9$ $(= 4 : 3)$
$3AC = 28$　$AC = \frac{28}{3}$
別解 角の二等分線と線分の比の性質より，
$AB : AC = BD : DC$　$12 : AC = 9 : 7$

4 (1) $x : (x+10) = 4 : 12$ $(= 1 : 3)$ ←AD:AB＝DE:BC
$3x = x + 10$　$2x = 10$

(2) $x:(12-x)=8:6\ (=4:3)$ ←AE:AC=DE:BC

$3x=4(12-x)$　$3x=48-4x$　$7x=48$

別解 AE：AC＝8：6＝4：3

$x:12=4:(3+4)$ より

$7x=48$　$x=\frac{48}{7}$

5 (1) $x:5=6:4(=3:2)$　$x=\frac{15}{2}$

(2) $(10-x):x=6:3\ (=2:1)$

$10-x=2x$　$3x=10$　$x=\frac{10}{3}$

6 (1) 「$\angle DAO=\angle BCO$」を使ってもよい。

(2) $\triangle AOD \backsim \triangle COB$ より，

$AO:CO=AD:CB=10:15=2:3$

$\triangle ABC$ で，$EO \parallel BC$ だから，

$EO:BC=AO:AC=2:(2+3)=2:5$

$EO:15=2:5$　$5EO=30$　$EO=6$

同様に，$\triangle DBC$ で，$OF:BC=2:5$

$OF:15=2:5$　$5OF=30$　$OF=6$

$EF=EO+OF=6+6=12$

7 (1) $\triangle DAB$ で，中点連結定理より，

$EH \parallel AB$，$EH=\frac{1}{2}AB$

$\triangle CAB$ で，中点連結定理より，

$GF \parallel AB$，$GF=\frac{1}{2}AB$

$EH \parallel GF$，$EH=GF$ だから，平行四辺形。

(2) $EH=\frac{1}{2}AB=\frac{1}{2}CD=FH$ になる。

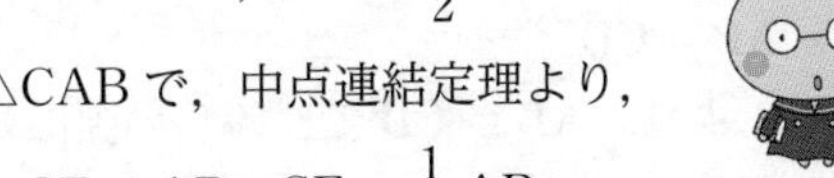

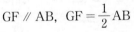

↑ △BCDで中点連結定理より

8 (1) ① $2^2:5^2=4:25$

② Qの体積を $x\,\mathrm{cm}^3$ とすると，

$32:x=2^3:5^3$　$32:x=8:125$

$8x=32\times125$　$x=4\times125=500$

(2) $\triangle ADE \backsim \triangle ABC$ で，相似比は，

↑ DE∥BCより，∠ADE＝∠B，∠AED＝∠C

$AD:AB=3:(2+3)=3:5$ だから，

$\triangle ADE:\triangle ABC=3^2:5^2=9:25$

$\triangle ABC$：四角形DBCE$=25:(25-9)=25:16$

四角形DBCEの面積を $x\,\mathrm{cm}^2$ とすると，

$75:x=25:16$

$25x=75\times16$　$x=3\times16=48$

6章 円の性質を見つけて証明しよう

p.98～99 ステージ1

1 ① $\angle OAP$　② 2
③ $\angle a+\angle b$　④ $\angle AOB$

2 (1) $\angle x=54°$　(2) $\angle x=70°$
(3) $\angle x=105°$　(4) $\angle x=232°$
(5) $\angle x=60°$

3 (1) $\angle x=68°$　(2) $\angle x=122°$
(3) $\angle x=130°$，$\angle y=115°$

4 $\angle x=20°$，$\angle y=80°$

解説

1 ② $\angle BOC=\angle OPB+\angle OBP$
$=\angle b+\angle b=2\angle b$

2 (1) 円周角は中心角の半分だから，

$\angle x=\frac{1}{2}\times108°=54°$

(2) $35°=\frac{1}{2}\angle x$　$\angle x=35°\times2=70°$

(3) $\angle x=\frac{1}{2}\times210°=105°$

(4) $116°=\frac{1}{2}\angle x$　$\angle x=116°\times2=232°$

(5) 1つの弧に対する円周角の大きさは一定。

$\overset{\frown}{BC}$ に対する円周角だから，

$\angle x=\angle BAC=\angle BDC=60°$

ポイント

・円周角は中心角の $\frac{1}{2}$

・1つの弧に対する円周角の大きさは一定。

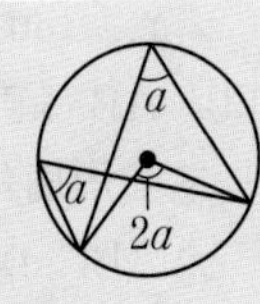

3 (1) $\overset{\frown}{CD}$ に対する円周角だから，

$\angle CAD=\angle CBD=43°$

$\angle x$ は $\triangle APD$ の外角だから，

$\angle x=\angle CAD+\angle ADP=43°+25°=68°$

(2) $\angle AOB=2\angle ACB=2\times51°=102°$

↑ ∠AOBは$\overset{\frown}{AB}$に対する中心角，∠ACBは$\overset{\frown}{AB}$に対する円周角

$\angle x$ は $\triangle OAP$ の外角だから，

$\angle x=\angle AOB+\angle OAP=102°+20°=122°$

(3) $\angle x=2\angle ABC=2\times65°=130°$

$360°-\angle x=360°-130°=230°$

$\angle y=\frac{1}{2}\times230°=115°$

❹ 円周角 $\angle x$ に対する弧 $\overset{\frown}{\mathrm{AI}}$ は円周の $\frac{1}{9}$ だから，

中心角は，$360° \times \frac{1}{9} = 40°$　$\angle x = \frac{1}{2} \times 40° = 20°$

円周角 $\angle y$ に対する弧 $\overset{\frown}{\mathrm{DFH}}$ は円周の $\frac{4}{9}$ だから，

中心角は，$360° \times \frac{4}{9} = 160°$　$\angle y = \frac{1}{2} \times 160° = 80°$

別解　$360° \times \frac{1}{2} = 180°$　（円周角は弧の長さに比例するから）

$\angle x = 180° \times \frac{1}{9} = 20°$，$\angle y = 180° \times \frac{4}{9} = 80°$

p.100〜101 ステージ1

❶ (1)　$\angle x = 60°$　(2)　$\angle x = 68°$　(3)　$\angle x = 55°$

❷ (1)　⊥

(2)　BC は直径だから，$\angle \mathrm{BDC} = 90°$

よって，AB ⊥ CD

❸ (1)　直径　(2)　$\angle \mathrm{C} = 90°$，$\angle \mathrm{BDC} = 65°$

❹ B，C，D，E

（証明）仮定より，$\angle \mathrm{BEC} = \angle \mathrm{BDC} = 90°$

また，点 E，D は直線 BC の同じ側にあるから，

4 点 E，B，C，D は 1 つの円周上にある。

❺ (1)　いえる。

(2)　線分 AB を直径とする半円の弧。

解説

❶ (1)　AB は直径だから，$\angle \mathrm{APB} = 90°$

△ABP の内角の和より，

$\angle x = 180° - (90° + 30°) = 60°$

(2)　AB は直径だから，$\angle \mathrm{ACB} = 90°$　$\overset{\frown}{\mathrm{BC}}$ に対する円周角だから，$\angle \mathrm{BAC} = \angle \mathrm{BDC} = 22°$

△ABC の内角の和より，

$\angle x = 180° - (90° + 22°) = 68°$

別解　A と D を結ぶと，$\angle \mathrm{ADB} = 90°$

$\angle \mathrm{ADC} = \angle \mathrm{ADB} - \angle \mathrm{BDC} = 90° - 22° = 68°$

$\overset{\frown}{\mathrm{AC}}$ に対する円周角だから，

$\angle x = \angle \mathrm{ADC} = 68°$

(3)　BD は直径だから，$\angle \mathrm{BCD} = 90°$

△BCD の内角の和より，

$\angle \mathrm{BDC} = 180° - (90° + 35°) = 55°$

$\overset{\frown}{\mathrm{BC}}$ に対する円周角だから，

$\angle x = \angle \mathrm{BDC} = 55°$

❷ 参考　この性質は作図で利用するときもある。

❸ (1)　$\angle \mathrm{BAD} = 90°$ だから，BD は直径になる。

(2)　(1)より，BD は直径だから，$\angle \mathrm{C} = 90°$

△BCD の内角の和より，

$\angle \mathrm{BDC} = 180° - (90° + 25°) = 65°$

❹ ポイント

点 P，Q が直線 AB の同じ側にあって，$\angle \mathrm{APB} = \angle \mathrm{AQB}$ ならば，4 点 A，B，Q，P は 1 つの円周上にある。

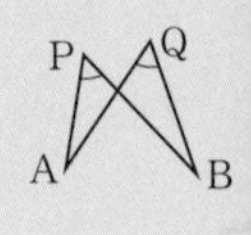

❺ (1)　$\angle \mathrm{APB} = \angle \mathrm{ACB}$（$= 90°$）より，4 点 A，B，C，P は 1 つの円周上にある。

(2)　P は直線 AB について C と同じ側を動くので，(1)より，点 P はすべて，3 点 A，B，C を通る円の円周上にある。$\angle \mathrm{C} = 90°$ より，AB はその円の直径で，P は直径 AB の上側を動くから，P の動いたあとは半円の弧になる。

p.102〜103 ステージ2

❶ (1)　$\angle x = 44°$　(2)　$\angle x = 34°$　(3)　$\angle x = 25°$

(4)　$\angle x = 114°$　(5)　$\angle x = 15°$　(6)　$\angle x = 19°$

❷ (1)　A と C を結ぶ。

AD // BC より，$\angle \mathrm{ACB} = \angle \mathrm{CAD}$

円周角が等しいから，$\overset{\frown}{\mathrm{AB}} = \overset{\frown}{\mathrm{CD}}$

等しい弧に対する弦は等しいから，

AB = CD

(2)　(1)より，$\overset{\frown}{\mathrm{AB}} = \overset{\frown}{\mathrm{CD}}$ で，等しい弧に対する円周角は等しいから，

$\angle \mathrm{ACB} = \angle \mathrm{CBD}$　…①

$\overset{\frown}{\mathrm{AD}}$ に対する円周角だから，

$\angle \mathrm{ABD} = \angle \mathrm{ACD}$　…②

①，②より，$\angle \mathrm{ABC} = \angle \mathrm{DCB}$

❸ (1)　$\angle \mathrm{ACB} = 36°$，$\angle \mathrm{CAE} = 72°$，$\angle \mathrm{CPE} = 108°$

(2)　$\overset{\frown}{\mathrm{AE}} = \overset{\frown}{\mathrm{BC}}$ だから，$\angle \mathrm{ACE} = \angle \mathrm{BEC}$

△PCE で，2 つの角が等しいから，△PCE は二等辺三角形である。

(3)　ひし形

❹ (1)　$\angle x = 33°$　(2)　$\angle x = 43°$　(3)　$\angle x = 65°$

❺ (1)　$\angle \mathrm{AED}$ は △ABE の外角だから，

$\angle \mathrm{ABD} + 65° = 100°$　$\angle \mathrm{ABD} = 35°$

よって，$\angle \mathrm{ABD} = \angle \mathrm{ACD}$

また，点 B，C は直線 AD の同じ側にあるから，4 点 A，B，C，D は 1 つの円周上にある。

(2)　$\angle \mathrm{CAD} = 28°$

❻ 点 A を中心とし半径が AB（AC）で中心角が 270° のおうぎ形の弧をえがく。

1 69°　② 66°

解説

1 (1) OA＝OB より，$\angle OBA=\angle OAB=46°$
△AOB の内角の和より，
$\angle AOB=180°-46°\times 2=88°$
$\angle x=\frac{1}{2}\angle AOB=\frac{1}{2}\times 88°=44°$

(2) O と C を結ぶ。
$\angle OCA=\angle OAC=23°$ ←OA＝OC
$\angle OCB=\angle OBC=\angle x$ ←OC＝OB
$\angle ACB=\frac{1}{2}\times 114°=57°$
よって，$23°+\angle x=57°$　$\angle x=34°$

(3) A と O を結ぶ。
$\angle BOE=360°-240°=120°$
$\angle AOE=35°\times 2=70°$
$\angle AOB=\angle BOE-\angle AOE=120°-70°=50°$
$\angle x=\frac{1}{2}\angle AOB=\frac{1}{2}\times 50°=25°$
別解 C と E を結ぶ。
$\overset{\frown}{AE}$ に対する円周角だから，$\angle ACE=35°$
$\angle x+35°=\frac{1}{2}\times(360°-240°)$　$\angle x=25°$

(4) B と O を結ぶ。
$\angle OBA=\angle OAB=72°$ ←OA＝OB
$\angle OBC=\angle OCB=51°$ ←OB＝OC
よって，$\angle ABC=72°+51°=123°$
$\angle x=360°-123°\times 2=114°$
別解 $\angle BOA=180°-72°\times 2=36°$
$\angle BOC=180°-51°\times 2=78°$
$\angle x=36°+78°=114°$

(5) $\angle AOB=2\angle ACB=2\times 43°=86°$
∠ADB は △CAD，△BOD の外角だから，
$\underbrace{43°+58°}_{\angle ADB=43°+58°}=\underbrace{\angle x+86°}_{\angle ADB=\angle x+86°}$　$\angle x=15°$

(6) $\overset{\frown}{BC}$ に対する円周角だから，$\angle BAC=\angle x$
∠ACD は △AEC の外角だから，
$\angle ACD=\angle x+55°$
∠AFD は △FCD の外角だから，
$\underbrace{(\angle x+55°)}_{\angle ACD}+\underbrace{\angle x}_{\angle BDC}=\underbrace{93°}_{\angle AFD}$
$2\angle x=38°$　$\angle x=19°$

2 (1) **別解** 円の中心を O とする。
△OAB と △OCD で，
円の半径だから，OA＝OC ……①
OB＝OD ……②
AD // BC より，$\angle ACB=\angle CAD$
中心角は円周角の 2 倍だから，
$\angle AOB=2\angle ACB$，$\angle COD=2\angle CAD$
よって，$\angle AOB=\angle COD$ ……③
①，②，③より，2 組の辺とその間の角がそれぞれ等しいから，
△OAB ≡ △OCD
したがって，AB＝CD

(2) ∠ABC
＝∠ABD＋∠CBD
＝∠ACD＋∠ACB
＝∠DCB

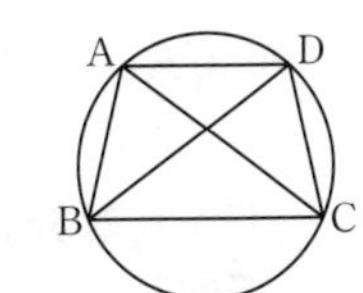

別解 AD // BC より，$\angle ACB=\angle CAD$
$\overset{\frown}{CD}$ に対する円周角だから，$\angle CAD=\angle CBD$
よって，$\angle ACB=\angle CBD$ …①（以下，解答）

ポイント
1 つの円で，①等しい円周角に対する弧は等しい。
②等しい弧に対する円周角は等しい。

3 (1) $\overset{\frown}{AB}$ は円周の $\frac{1}{5}$ だから，中心角は
$360°\times\frac{1}{5}=72°$　$\angle ACB=\frac{1}{2}\times 72°=36°$
$\overset{\frown}{CE}$ は円周の $\frac{2}{5}$ だから，中心角は
$360°\times\frac{2}{5}=144°$　$\angle CAE=\frac{1}{2}\times 144°=72°$
$\overset{\frown}{AB}$ に対する円周角だから，
$\angle AEB=\angle ACB=36°$
∠CPE は △EAP の外角だから，
$\angle CPE=\angle AEB+\angle CAE=36°+72°=108°$
別解 $\overset{\frown}{AB}:\overset{\frown}{CE}=1:2$ より，
$\angle ACB:\angle CAE=1:2$ だから，
$\angle CAE=2\angle ACB=2\times 36°=72°$

(3) $\overset{\frown}{BC}=\overset{\frown}{ED}$ より，∠BEC＝∠DCE だから，
錯角が等しいので，BE // CD
同様に，$\overset{\frown}{AE}=\overset{\frown}{CD}$ より，AC // DE
↑ ∠ACE＝∠DEC だから錯角が等しい。
よって，2 組の対辺が平行なので，四角形 PCDE は平行四辺形。

また，(2)より，PC＝PE であるから，平行四辺形で，となり合う辺が等しいので，四角形 PCDE はひし形である。

4 (1) B と D を結ぶ。△ABD の内角の和より，
$\angle ABD = 180° - (90° + 57°) = 33°$
$\overset{\frown}{AD}$ に対する円周角だから，$\angle x = \angle ABD = 33°$
別解 B と C を結ぶ。$\angle ACB = 90°$
$\angle BCD = \angle BAD = 57°$，$\angle x = 90° - 57° = 33°$

(2) 右の図のように，直径 CD をひき，D と A を結ぶ。
CD は直径だから，
$\angle CAD = 90°$
△CAD の内角の和より，
$\angle CDA = 180° - (90° + 47°) = 43°$
$\overset{\frown}{CA}$ に対する円周角だから，$\angle x = \angle CDA = 43°$
別解 O と A を結ぶ。
$\angle AOC = 180° - 47° \times 2 = 86°$
$\angle x = \frac{1}{2}\angle AOC = \frac{1}{2} \times 86° = 43°$

(3) A と C を結ぶ。
AB は直径だから，$\angle ACB = 90°$
よって，$\angle ACE = 90°$
また，$\angle CAD = \frac{1}{2}\angle COD = \frac{1}{2} \times 50° = 25°$
△ACE の内角の和より，
$\angle x = 180° - (90° + 25°) = 65°$

5 (2) $\overset{\frown}{AB}$ に対する円周角だから，
$\angle ADB = \angle ACB = 52°$
△AED の内角の和より，
$\angle CAD = 180° - (100° + 52°) = 28°$

6 $\angle BPC = 45°$ という条件から，P が BC に対して同じ側にあるときは，P がどの位置にあっても円周角の定理の逆が成り立つので，P の動いたあとは円周の一部となる。
$\angle BAC = 90°$ より，$\angle BPC = \frac{1}{2}\angle BAC$ だから，
円の中心は点 A となり，AB や AC が半径となる。

① AB＝AD より，$\angle ABD = \angle ADB$ ……①
$\overset{\frown}{AB}$ に対する円周角は等しいから，
$\angle ADB = \angle ACB$ ……②
EB＝EC より，$\angle ACB = \angle EBC$ ……③
①，②，③より，
$\angle ABD = \angle ADB = \angle ACB = \angle EBC$
△EBC の内角の和より，
$\angle ACB = (180° - 106°) \div 2 = 37°$
△ABE の内角と外角の関係より，
$\angle BAE = 106° - 37° = 69°$ ←$\angle ABE = \angle ACB = 37°$

② O と C を結ぶ。
$\angle BOC = 180° - 46° \times 2 = 88°$ ←△OBC は OB＝OC の二等辺三角形
$\angle BAC = \frac{1}{2}\angle BOC = \frac{1}{2} \times 88° = 44°$
△ABC は，AB＝AC の二等辺三角形だから，
$\angle ACB = (180° - 44°) \div 2 = 68°$
△DBC の内角の和を考えて，
$\angle BDC = 180° - (46° + 68°) = 66°$

p.104〜105 ステージ1

1 PO は直径だから，$\angle PAO = 90°$，
よって，OA ⊥ PA。円の接線は接点を通る半径に垂直だから，PA は A を接点とする円 O の接線になる。
同様に，PB は B を接点とする円 O の接線になる。

2 ㋐ ∠OBP　㋑ OB
㋒ 斜辺と他の 1 辺　㋓ PB

3 (1) △ACP と △DBP において，
$\overset{\frown}{BC}$ に対する円周角だから，
$\angle CAP = \angle BDP$ …①
対頂角は等しいから，$\angle APC = \angle DPB$ …②
①，②より，2 組の角がそれぞれ等しいから，△ACP ∽ △DBP
したがって，対応する辺の長さの比は等しいから，PA : PD ＝ PC : PB
(2) 8 cm

4 △ADC と △ACE において，
$\overset{\frown}{AB} = \overset{\frown}{AC}$ より，$\angle ACB = \angle ADC$
すなわち，$\angle ADC = \angle ACE$ ……①
共通な角だから，$\angle DAC = \angle CAE$ ……②
①，②より，2 組の角がそれぞれ等しいから，
△ADC ∽ △ACE

解説

1 「円の接線は，接点を通る半径に垂直である。」ことを利用して説明する。

3 (2) PD＝x cm とすると，(1)より，
$10 : x = 5 : 4$　$5x = 40$　$x = 8$

4 等しい弧に対する円周角は等しい，という定理を利用する。

p.106〜107 ステージ2

1

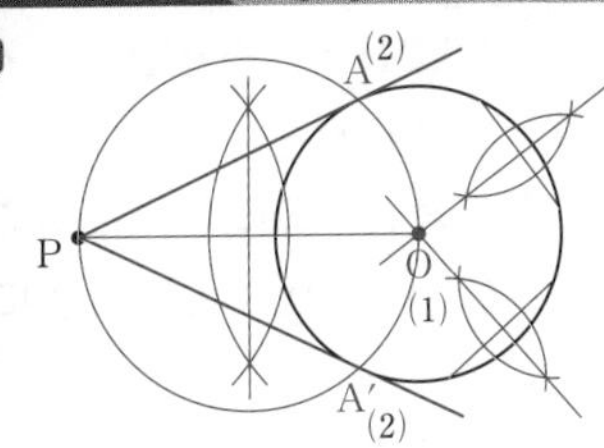

2 (1) $x=\frac{25}{3}$　　(2) $x=\sqrt{15}$

3 (1) △ABD と △EBA において,
AB＝BC より, ∠BCA＝∠BAE
$\overset{\frown}{BA}$ に対する円周角だから,
∠BCA＝∠BDA
よって, ∠BDA＝∠BAE　……①
共通な角だから, ∠ABD＝∠EBA ……②
①, ②より, 2 組の角がそれぞれ等しいから, △ABD∽△EBA

(2) 2 cm

4 (1) △ADP と △CBP において,
$\overset{\frown}{BD}$ に対する円周角だから,
∠DAP＝∠BCP …①
また, ∠P は共通　……②
①, ②より, 2 組の角がそれぞれ等しいから, △ADP∽△CBP
したがって, 対応する辺の長さの比は等しいから, PA：PC＝PD：PB

(2) 18 cm

5 (1) △ADC と △EBC において,
仮定より, ∠ACD＝∠ECB　……①
BC は直径だから, ∠DAC＝∠BEC＝90° …②
①, ②より, 2 組の角がそれぞれ等しいから, △ADC∽△EBC

(2) △ABC と △EBD において, BC は直径だから, ∠BAC＝∠BED＝90°　……①
∠ACB＝60° より, ∠ACE＝60°×$\frac{1}{2}$＝30°
$\overset{\frown}{AE}$ に対する円周角だから,
∠EBD＝∠ACE＝30°
△EBD の内角の和より,
∠EDB＝180°−(90°＋30°)＝60°
よって, ∠ACB＝∠EDB　……②
①, ②より, 2 組の角がそれぞれ等しいから, △ABC∽△EBD

6 △ABC と △DEB において, $\overset{\frown}{BC}$ に対する円周角だから, ∠BAC＝∠EDB　…①
$\overset{\frown}{AB}$ に対する円周角だから, ∠ACB＝∠ADB
AD∥BE より, ∠ADB＝∠DBE
よって, ∠ACB＝∠DBE　……②
①, ②より, 2 組の角がそれぞれ等しいから,
△ABC∽△DEB

● ● ● ● ●

① (1) △DAC と △GEC で,
$\overset{\frown}{DC}$ に対する円周角は等しいから,
∠DAC＝∠GEC　……①
仮定より, ∠GFC＝90°　……②
直径に対する円周角より, ∠BAC＝90° …③
②, ③より, 同位角が等しいから,
AB∥FG　……④
④より, 平行線の錯角は等しいから,
∠ABD＝∠EDB　……⑤
$\overset{\frown}{AD}$ に対する円周角は等しいから,
∠ABD＝∠ACD　……⑥
$\overset{\frown}{BE}$ に対する円周角は等しいから,
∠EDB＝∠ECG　……⑦
⑤, ⑥, ⑦より, ∠ACD＝∠ECG　……⑧
①, ⑧より, 2 組の角がそれぞれ等しいから,
△DAC∽△GEC

(2) 48°

②

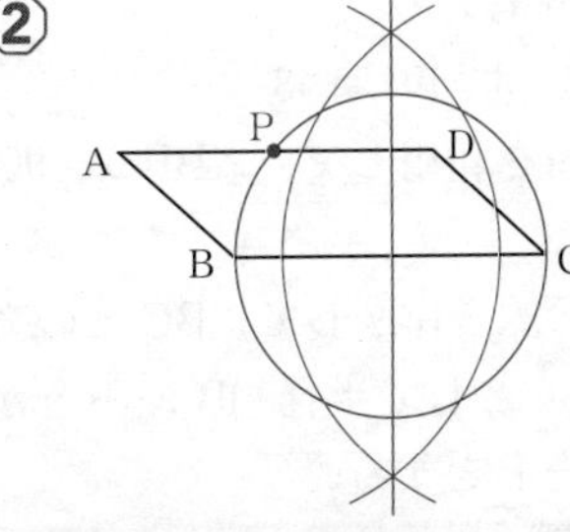

解説

1 (1) 適当にひいた 2 本の弦の垂直二等分線をそれぞれ作図し, 交点を O とする。
(2) 線分 PO を直径とする円を作図して, 円 O との交点を A, A′ とし, 直線 PA, PA′ をひく。

2 (1) △ABP∽△DCP より, AP：DP＝BP：CP
（←∠A＝∠D, ∠B＝∠C）
$5:x=6:10$　　$6x=50$　　$x=\frac{25}{3}$

(2) △CAE∽△BDE より, CE：BE＝AE：DE
（←∠C＝∠B, ∠A＝∠D）
弦の垂直二等分線は円の中心を通るので, 直径

AB は弦 CD の垂直二等分線になるから，
$DE = CE = x$
よって，$x : 5 = 3 : x$　　$x^2 = 15$
$x > 0$ であるから，$x = \sqrt{15}$

❸ (2) (1)より，△ABD∽△EBA だから，
AB：EB＝BD：BA
AB＝x cm とする。BD＝$\underline{1+3}$＝4（cm）
↑ BE＋DE
$x : 1 = 4 : x$　　$x^2 = 4$
$x > 0$ であるから，$x = 2$

❹ (2) PC＝x cm とすると，(1)より，
$\underline{(6+9)}$（PA）$: x = 5 : 6$　　$5x = 90$　　$x = 18$

❺ (2) ∠ABC＝∠EBD＝30° を説明して証明を行ってもよい。

❻ 円周角の定理と，平行線の錯角は等しいことより，∠ACB＝∠DBE を説明する。

① (2) A と E を結ぶ。$\overset{\frown}{AD} : \overset{\frown}{DC} = 3 : 2$ より，
∠AED＝$3x$，∠DEC＝$2x$ とおく。
$\overset{\frown}{AD}$ に対する円周角は等しいから，
∠ABD＝∠AED＝∠ACD＝$3x$
$\overset{\frown}{DC}$ に対する円周角は等しいから，
∠DBC＝∠DEC＝$2x$
また，AB // DE より，∠ABG＝∠BGE＝70°
よって，$3x+2x=70$　　$x=14°$
△DFC の内角の和を考えて，
∠EDC＝180°－90°－3×14°＝48°

② BC を直径とする円を利用して，∠BPC＝90° となる点 P を作図する。
辺 BC の垂直二等分線を作図して，BC との交点を O とし，O を中心として半径 OB の円をかき，辺 AD との交点を P とする。

p.108～109　ステージ3

❶ (1) ∠x＝52°　(2) ∠x＝144°　(3) ∠x＝38°
(4) ∠x＝33°　(5) ∠x＝47°　(6) ∠x＝65°
❷ (1) ∠x＝36°　(2) ∠x＝60°　(3) ∠x＝65°
❸ (1) ∠x＝30°，∠y＝90°
(2) ∠x＝45°，∠y＝100°
❹
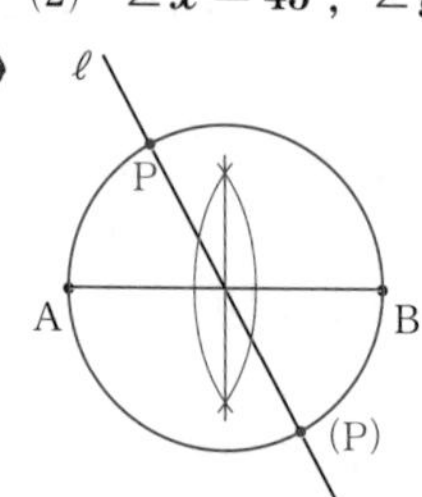

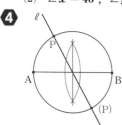

❺ (1) AB＝AC より，∠ABD＝∠ACD
折り返したから，∠ABD＝∠AB′D
よって，∠ACD＝∠AB′D
また，点 C，B′ は直線 AD の同じ側にあるから，4 点 A，D，C，B′ は 1 つの円周上にある。
(2) △ADE と △B′CE において，
(1)の円で，$\overset{\frown}{DC}$ に対する円周角だから，
∠DAE＝∠CB′E　……①
対頂角は等しいから，
∠AED＝∠B′EC　……②
①，②より，2 組の角がそれぞれ等しいから，△ADE∽△B′CE

❻ (1) $x = \dfrac{32}{5}$　　(2) $x = 9$
❼ (1) △AED，△BCD　(2) 3

解説

❶ (2) 108°×2＝216°　　∠x＝360°－216°＝144°
(3) OA と BC の交点を P とする。∠APB は △OPB の外角だから，∠AOB＋13°＝89°
∠AOB＝76°　∠x＝$\frac{1}{2}$∠AOB＝$\frac{1}{2}$×76°＝38°
(4) $\overset{\frown}{BC}$ に対する円周角だから，
∠BAC＝∠BDC＝53°
∠BEC は △ABE の外角だから，
∠x＋53°＝86°　　∠x＝86°－53°＝33°
(5) ∠BOC＝43°×2＝86°
∠x＝(180°－86°)÷2＝47° ←△OBC は OB＝OC の二等辺三角形
(6) P と Q を結ぶ。$\overset{\frown}{BQ}$ に対する円周角だから，
∠BPQ＝∠BAQ＝30°　$\overset{\frown}{CQ}$ に対する円周角だから，∠CPQ＝∠CDQ＝35°
∠x＝∠BPQ＋∠CPQ＝30°＋35°＝65°

❷ (1) △ABC の内角の和より，
∠x＝180°－(90°＋54°)＝36° ←AB は直径だから，∠ACB＝90°
(2) A と D を結ぶ。△ADB の内角の和より，
∠DAB＝180°－(90°＋30°)＝60° ←∠ADB＝90°
$\overset{\frown}{DB}$ に対する円周角だから，
∠x＝∠DAB＝60°
別解 A と C を結ぶ。　∠ACB＝90°
$\overset{\frown}{AD}$ に対する円周角だから，
∠ACD＝∠ABD＝30°
∠x＝∠ACB－∠ACD＝90°－30°＝60°

(3) $\angle$AEB は $\triangle$AED の外角だから，

$\angle ADB+55°=93°$，$\angle ADB=93°-55°=38°$

よって，$\angle ACB=\angle ADB$ $(=38°)$ また，D，C は直線 AB の同じ側にあるから，円周角の定理の逆により，4 点 A，B，C，D は 1 つの円周上にある。$\overset{\frown}{AD}$ に対する円周角だから，

$\angle ACD=\angle ABD=22°$

$\triangle$DEC の内角の和より，

$93°+22°+\angle x=180°$　　$\angle x=65°$

3 (1) $\overset{\frown}{CD}$ に対する中心角は，$360°\times\frac{1}{6}=60°$ であるから，$\angle x=\frac{1}{2}\times60°=30°$　$\overset{\frown}{BF}$ に対する中心角は，$360°\times\frac{2}{6}=120°$ であるから，

$\angle BDF=\frac{1}{2}\times120°=60°$　したがって，

$\angle y=30°+60°=90°$ ← CF と BD の交点を G とすると，△GDF の内角と外角の関係

別解 円周角の大きさは弧の長さに比例するから，

$\angle x=180°\times\frac{1}{6}=30°$，$\angle BDF=180°\times\frac{2}{6}=60°$

(2) AB は直径だから，$\angle ACB=90°$

$\overset{\frown}{AD}=\overset{\frown}{BD}$ より，$\angle ACD=\angle BCD=\angle x$

よって，$\underset{\angle ACD+\angle BCD=\angle ACB}{\underline{\angle x+\angle x=90°}}$，　$\angle x=45°$

$\triangle$ABC の内角の和より，

$\angle ABC=180°-(90°+35°)=55°$　AB と CD の交点を P とすると，$\angle y$ は $\triangle$PBC の外角だから，

$\angle y=\angle x+\angle ABC=45°+55°=100°$

4 $\angle APB=90°$ だから，P は線分 AB を直径とする円の周上の点である。線分 AB をひき，線分 AB の垂直二等分線を作図して，線分 AB との交点を M とする。M を中心として半径 MA の円をかき，直線 ℓ との交点の 1 つを P とすればよい。

6 (1) $\triangle ACP\backsim\triangle DBP$ より，AP：DP＝CP：BP

$4:x=5:8$　　$5x=32$　　$x=\frac{32}{5}$

(2) $\triangle PAD\backsim\triangle PCB$ より，PD：PB＝PA：PC

$12:x=32:24(=4:3)$　　$4x=36$　　$x=9$

7 (1) $\angle BCE=\angle ADE$，$\angle BEC=\angle AED$

より，$\triangle BEC\backsim\triangle AED$

$\overset{\frown}{AB}=\overset{\frown}{BC}$ から，$\angle BCE=\angle BDC$，

$\angle$EBC は共通より，$\triangle BEC\backsim\triangle BCD$

(2) $\triangle BEC\backsim\triangle BCD$ より，CE：DC＝BC：BD

CE：6＝4：8　　8CE＝24　　CE＝3

7章 三平方の定理を活用しよう

p.110〜111 ステージ1

1 1 辺が c の正方形の面積は，

(内側の正方形の面積)＋$\triangle ABC\times4$

であるから，

$$c^2=(b-a)^2+\frac{1}{2}ab\times4$$
$$=(b^2-2ab+a^2)+2ab$$
$$=b^2+a^2$$

したがって，$a^2+b^2=c^2$

2 (1) $x=3\sqrt{10}$　(2) $x=\sqrt{33}$　(3) $x=3\sqrt{5}$

(4) $x=9$　(5) $x=5$　(6) $x=2\sqrt{6}$

3 $x=3\sqrt{3}$

4 (1) ○　(2) ×　(3) ○

(4) ×　(5) ○　(6) ○

解説

1 外側の正方形の面積は，$\triangle$ABC と合同な直角三角形 4 つの面積と 1 辺が $b-a$ の正方形の面積の和である。

2 (1) 斜辺は x だから，$9^2+3^2=x^2$

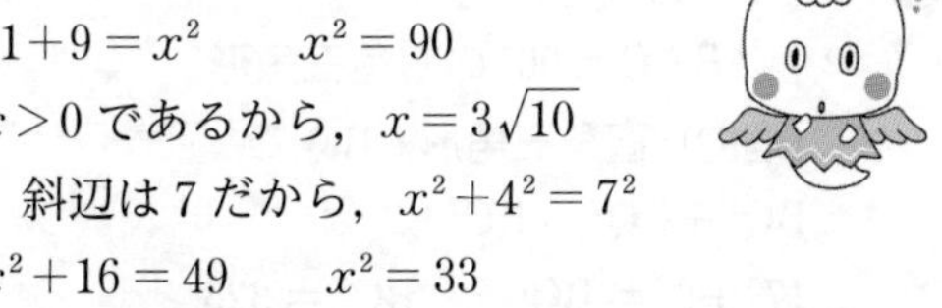

$81+9=x^2$　　$x^2=90$

$x>0$ であるから，$x=3\sqrt{10}$

(2) 斜辺は 7 だから，$x^2+4^2=7^2$

$x^2+16=49$　　$x^2=33$

$x>0$ であるから，$x=\sqrt{33}$

(3) $3^2+6^2=x^2$　　$x^2=45$　　$x=3\sqrt{5}$

(4) $x^2+12^2=15^2$　　$x^2=81$　　$x=9$

(5) $(\sqrt{10})^2+(\sqrt{15})^2=x^2$　　$x^2=25$　　$x=5$

(6) $x^2+4^2=(2\sqrt{10})^2$　　$x^2=24$　　$x=2\sqrt{6}$

ポイント

どの辺が斜辺かを確認して，三平方の定理にあてはめる。

3 直角三角形 DBC で，

$DB^2=6^2+4^2=52$ ← △ABD で三平方の定理を使うので，DB^2 の値がわかればよい。(DB は求めなくてよい。)

直角三角形 ABD で，$5^2+x^2=DB^2$

$5^2+x^2=52$　　$x^2=27$

$x>0$ であるから，$x=3\sqrt{3}$

4 各辺の長さを 2 乗して，一番長い辺の長さの 2 乗と他の 2 辺の長さの 2 乗の和とを比べる。

(1) $12^2=144$，$16^2=256$，$20^2=400$

$144+256=400$ より，$12^2+16^2=20^2$ だから，

直角三角形である。

(2) $8^2=64$，$12^2=144$，$16^2=256$

$64+144<256$ より，直角三角形ではない。

(3) $6.5^2=42.25$，$2.5^2=6.25$，$6^2=36$

$6.25+36=42.25$ より，$2.5^2+6^2=6.5^2$ だから，直角三角形である。

(4) $(\sqrt{3})^2=3$，$(\sqrt{4})^2=4$，$(\sqrt{5})^2=5$

$3+4>5$ より，直角三角形ではない。

(5) $2^2=4$，$3^2=9$，$(\sqrt{5})^2=5$

$4+5=9$ より，$2^2+(\sqrt{5})^2=3^2$ だから，直角三角形である。

(6) $7^2=49$，$(4\sqrt{2})^2=32$，$(\sqrt{17})^2=17$

$32+17=49$ より，$(4\sqrt{2})^2+(\sqrt{17})^2=7^2$ だから，直角三角形である。

p.112〜113 ステージ2

❶ (1) $x=30$ (2) $x=10\sqrt{2}$ (3) $x=6$

(4) $x=3\sqrt{10}$ (5) $x=2\sqrt{3}$ (6) $x=1.5$

❷ (1) $x=3\sqrt{7}$，$y=6\sqrt{2}$ (2) $x=4$，$y=8$

❸ $P+Q=R$

❹ ㋑，㋓，㋕

❺ (1) 10 cm

(2) $\angle BAC=90^\circ$ の直角三角形

（理由）直角三角形 CBQ で，

$BQ^2+CQ^2=BC^2$

$17^2+6^2=BC^2$ $BC^2=325$

また，$AB^2=15^2=225$

$225+100=325$ なので，△ABC で，

$AB^2+AC^2=BC^2$ が成り立つから。

❻ 17 cm

❼ (1) $AH^2=8^2-x^2$

(2) $AH^2=12^2-(10-x)^2$

(3) $8^2-x^2=12^2-(10-x)^2$，$x=1$

(4) $AH=3\sqrt{7}$，△ABC の面積 $15\sqrt{7}$

● ● ● ● ●

① $15\sqrt{11}$ cm^3

② $2\sqrt{10}$ cm

解 説

❶ (1) $24^2+18^2=x^2$ $x^2=900$

(2) $x^2+23^2=27^2$ $x^2=200$

↑ $x^2=27^2-23^2=(27+23)\times(27-23)=200$ と計算してもよい。

(3) $4^2+(2\sqrt{5})^2=x^2$ $x^2=36$

(4) $x^2+(3\sqrt{15})^2=15^2$ $x^2=90$

(5) $(\sqrt{6})^2+x^2=(3\sqrt{2})^2$ $x^2=12$

(6) $x^2+0.8^2=1.7^2$ $x^2+0.64=2.89$

$x^2=2.25$ $x>0$ であるから，$x=1.5$

❷ (1) 直角三角形 ABD で，$AD^2+BD^2=AB^2$

$x^2+9^2=12^2$ $x^2=63$

$x>0$ であるから，$x=3\sqrt{7}$

直角三角形 ADC で，$AD^2+DC^2=AC^2$

$63+3^2=y^2$ $y^2=72$

$y>0$ であるから，$y=6\sqrt{2}$

(2) 四角形 AECD は長方形になるから，

↑ 4つの角がすべて直角で等しい。

$EC=AD=5$，$AE=DC=4\sqrt{3}$

$x=BC-EC=9-5=4$

直角三角形 ABE で，$AE^2+BE^2=AB^2$

$(4\sqrt{3})^2+4^2=y^2$ $y^2=64$

$y>0$ であるから，$y=8$

❸ $P=\frac{1}{4}\pi a^2$，$Q=\frac{1}{4}\pi b^2$，$R=\frac{1}{4}\pi c^2$

三平方の定理より，$a^2+b^2=c^2$ だから，

$P+Q=\frac{1}{4}\pi a^2+\frac{1}{4}\pi b^2=\frac{1}{4}\pi(a^2+b^2)=\frac{1}{4}\pi c^2$

$=R$

（$a^2+b^2=c^2$）

❹ ㋐ $15^2=225$，$18^2=324$，$24^2=576$

$225+324<576$ より，直角三角形ではない。

㋑ $21^2=441$，$29^2=841$，$20^2=400$

$441+400=841$ より，$21^2+20^2=29^2$

㋒ $(\sqrt{6})^2=6$，$4^2=16$，$3^2=9$

$6+9<16$ より，直角三角形ではない。

㋓ $(2\sqrt{3})^2=12$，$(\sqrt{15})^2=15$，$(3\sqrt{3})^2=27$

$12+15=27$ より，$(2\sqrt{3})^2+(\sqrt{15})^2=(3\sqrt{3})^2$

㋔ $1.5^2=2.25$，$0.9^2=0.81$，$0.8^2=0.64$

$0.81+0.64<2.25$ より，直角三角形ではない。

㋕ $1^2=1$，$\left(\frac{4}{3}\right)^2=\frac{16}{9}$，$\left(\frac{5}{3}\right)^2=\frac{25}{9}$

$1+\frac{16}{9}=\frac{25}{9}$ より，$1^2+\left(\frac{4}{3}\right)^2=\left(\frac{5}{3}\right)^2$

ポイント

右の図で，$a^2+b^2=c^2$ ならば，△ABC は $\angle C=90^\circ$ の直角三角形である。

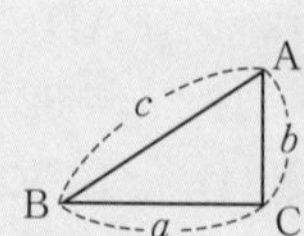

❺ (1) 直角三角形 ACP で，$CP^2+AP^2=AC^2$

$6^2+8^2=AC^2$ $AC^2=100$

$AC>0$ であるから，$AC=10$ cm

CA $= x$ cm とする。BC $= x+7$
AB $=$ BC$+2 = (x+7)+2 = x+9$
斜辺はもっとも長い辺だから AB である。
三平方の定理より，$\underline{(x+7)^2+x^2=(x+9)^2}$
↑
$BC^2+CA^2=AB^2$

$x^2+14x+49+x^2=x^2+18x+81$
$x^2-4x-32=0$ ⤸ $(x+4)(x-8)=0$
$x=-4,\ x=8$
$x>0$ であるから，$x=8$
斜辺 AB の長さは，$8+9=17$ (cm)

(1) 直角三角形 ABH で，$AH^2+BH^2=AB^2$
$AH^2+x^2=8^2$，$AH^2=8^2-x^2$
(2) 直角三角形 ACH で，$AH^2+HC^2=AC^2$
$AH^2+(10-x)^2=12^2$，$AH^2=12^2-(10-x)^2$
(3) (1)，(2)より，$8^2-x^2=12^2-(10-x)^2$
$64-x^2=144-(100-20x+x^2)$
$-20x=-20$　　$x=1$
(4) $AH^2=8^2-x^2=8^2-1^2=63$
$AH>0$ であるから，$AH=3\sqrt{7}$
$\triangle ABC=\frac{1}{2}\times10\times3\sqrt{7}=15\sqrt{7}$

1) 直角三角形 ABC で，$AB^2+BC^2=AC^2$
$5^2+BC^2=6^2$，$BC^2=11$
$BC>0$ より，$BC=\sqrt{11}$
△ABC の面積は，$\frac{1}{2}\times5\times\sqrt{11}=\frac{5\sqrt{11}}{2}$ (cm²)
三角柱の体積は，$\frac{5\sqrt{11}}{2}\times6=15\sqrt{11}$ (cm³)

2) 直角三角形 ABH で，$AH^2+BH^2=AB^2$
$AH^2+4^2=5^2$　　$AH^2=9$
$AH>0$ であるから，AH $=3$ cm
AC と BD の交点を O とすると，$\underline{\text{O は対角線 BD}}$
$\underline{\text{の中点}}$だから，
↑ 平行四辺形の対角線は中点で交わる。
$BO=\frac{1}{2}BD=\frac{1}{2}\times(4+6)=5$
$OH=BO-BH=5-4=1$
直角三角形 AHO で，$AO^2=1^2+3^2=10$
$AO>0$ であるから，$AO=\sqrt{10}$
AC $=2$AO $=2\sqrt{10}$ cm ←O は対角線 AC の中点

p.114〜115 ステージ1

❶ (1) $\sqrt{89}$　(2) $\sqrt{a^2+b^2}$　(3) $12\sqrt{2}$
❷ (1) **AH $=3$，面積 12**
(2) **AH $=5\sqrt{3}$，面積 $25\sqrt{3}$**
❸ (1) $x=7\sqrt{2}$　(2) $x=4\sqrt{2}$
(3) $x=10,\ y=5\sqrt{3}$
(4) $x=3,\ y=3\sqrt{3}$
(5) $x=3\sqrt{2},\ y=2\sqrt{6}$
(6) $x=3\sqrt{3},\ y=3\sqrt{3}+3$
❹ (1) **10**　(2) $\sqrt{41}$

解説

❶ (1) 対角線の長さを x とすると，
$5^2+8^2=x^2$　　$x^2=89$
$x>0$ であるから，$x=\sqrt{89}$
(2) 対角線の長さを x とすると，$a^2+b^2=x^2$
$x>0$ であるから，$x=\sqrt{a^2+b^2}$
(3) 対角線の長さを x とすると，45°，45°，90° の直角三角形の辺の比から，
$12:x=1:\sqrt{2}$　　$x=12\sqrt{2}$
別解 $x^2=12^2+12^2=288$
$x>0$ であるから，$x=12\sqrt{2}$

❷ (1) △ABC は二等辺三角形で，AH は頂点 A から辺 BC にひいた垂線だから，H は辺 BC の中点になる。よって，BH $=4$
直角三角形 ABH で，$AH^2+BH^2=AB^2$
$AH^2+4^2=5^2$　　$AH^2=9$
$AH>0$ であるから，AH $=3$
面積は，$\frac{1}{2}\times8\times3=12$
(2) △ABH は 30°，60°，90° の直角三角形だから，
$AB:AH=2:\sqrt{3}$　　$10:AH=2:\sqrt{3}$
$2AH=10\sqrt{3}$　　$AH=5\sqrt{3}$
面積は，$\frac{1}{2}\times10\times5\sqrt{3}=25\sqrt{3}$
別解 H は BC の中点だから，BH $=5$
直角三角形 ABH で，$5^2+AH^2=10^2$　$AH^2=75$
$AH>0$ であるから，$AH=5\sqrt{3}$

❸ (1) 45°，45°，90° の直角三角形の辺の比から，
$7:x=1:\sqrt{2}$　　$x=7\sqrt{2}$
(2) $x:8=1:\sqrt{2}$　　$\sqrt{2}x=8$
$x=4\sqrt{2}$ ←$x=\frac{8}{\sqrt{2}}=\frac{8\sqrt{2}}{2}=4\sqrt{2}$
(3) 30°，60°，90° の直角三角形の辺の比から，
$5:x=1:2$　　$x=10$
$5:y=1:\sqrt{3}$　　$y=5\sqrt{3}$
(4) $6:x=2:1$　　$2x=6$　　$x=3$
$6:y=2:\sqrt{3}$　　$2y=6\sqrt{3}$　　$y=3\sqrt{3}$

(5) △ABC で，$3:x=1:\sqrt{2}$　　$x=3\sqrt{2}$

↑ 45°，45°，90°の直角三角形の辺の比

△ACD で，$3\sqrt{2}:y=\sqrt{3}:2$

↑ 30°，60°，90°の直角三角形の辺の比

$\sqrt{3}\,y=6\sqrt{2}$

$y=2\sqrt{6}$　　$y=\frac{6\sqrt{2}}{\sqrt{3}}=\frac{6\sqrt{6}}{3}=2\sqrt{6}$

(6) △ADC で，$6:x=2:\sqrt{3}$

↑ 30°，60°，90°の直角三角形の辺の比

$2x=6\sqrt{3}$　　$x=3\sqrt{3}$

$\mathrm{CD}:6=1:2$　　$\mathrm{CD}=3$

△ABD で，$\mathrm{BD}=\mathrm{AD}=3\sqrt{3}$ ←△ABDは直角二等辺三角形

$y=\mathrm{BD}+\mathrm{CD}=3\sqrt{3}+3$

4 (1) 右の図のように，直角三角形 ABC をつくる。

$\mathrm{AC}=2-(-4)=6$

$\mathrm{BC}=5-(-3)=8$

$\mathrm{AB}^2=6^2+8^2=100$

$\mathrm{AB}>0$ であるから，$\mathrm{AB}=10$

(2) 右の図で，

$\mathrm{BC}=5-1=4$　$\mathrm{AC}=3-(-2)=5$

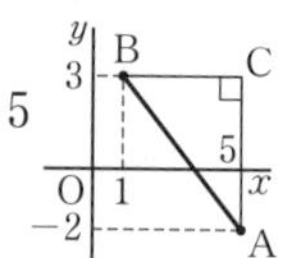

$\mathrm{AB}^2=4^2+5^2=41$

$\mathrm{AB}>0$ であるから，$\mathrm{AB}=\sqrt{41}$

p.116～117 ステージ1

1 (1) $2\sqrt{7}$ cm　　(2) $2\sqrt{10}$ cm

2 直角三角形 FGH で，$\mathrm{FH}^2=\mathrm{FG}^2+\mathrm{GH}^2$

$\mathrm{FH}^2=a^2+a^2=2a^2$

直角三角形 BFH で，$\mathrm{BH}^2=\mathrm{BF}^2+\mathrm{FH}^2$

$\mathrm{BH}^2=a^2+2a^2=3a^2$

$\mathrm{BH}>0$ より，$\mathrm{BH}=\sqrt{3}\,a$

したがって，縦，横，高さがどれも a の立方体では，対角線の長さは $\sqrt{3}\,a$ になる。

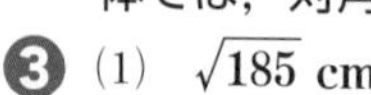

3 (1) $\sqrt{185}$ cm　　(2) $4\sqrt{3}$ cm

4 56π cm^3

5 (1) $2\sqrt{2}$ cm

(2) OH…$2\sqrt{14}$ cm，体積…$\frac{32\sqrt{14}}{3}$ cm^3

解説

1 (1) 中心 O から弦 AB に垂線 OH をひくと，$\mathrm{AH}=6$

↑ HはABの中点

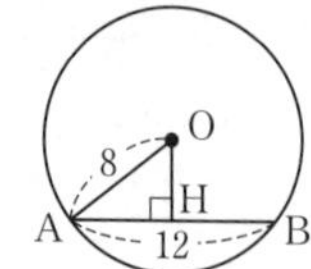

直角三角形 OAH で，

$\mathrm{OH}^2+6^2=8^2$　　$\mathrm{OH}^2=28$

$\mathrm{OH}>0$ であるから，$\mathrm{OH}=2\sqrt{7}$

(2) 接点を P とする。接線の長さは AP。

直角三角形 AOP で，$\mathrm{AO}=7$，$\mathrm{OP}=3$ より，

$\mathrm{AP}^2+3^2=7^2$　　$\mathrm{AP}^2=40$

$\mathrm{AP}>0$ であるから，$\mathrm{AP}=2\sqrt{10}$

2 直角三角形 FGH で三平方の定理を利用して FH^2 を求め，直角三角形 BFH で FH^2 の値を使って三平方の定理を利用して BH^2 の値を求める。

3 (1) 直角三角形 FGH で，$\mathrm{FH}^2=7^2+10^2$

直角三角形 BFH で，$\mathrm{BH}^2=\mathrm{FH}^2+6^2$

$=7^2+10^2+6^2=18$

$\mathrm{BH}>0$ であるから，$\mathrm{BH}=\sqrt{185}$

別解 直方体の対角線の公式 $\sqrt{a^2+b^2+c^2}$ にあてはめて，$\sqrt{7^2+10^2+6^2}=\sqrt{185}$

(2) $\sqrt{a^2+b^2+c^2}$ で，$a=b=c=4$ だから，

$\sqrt{4^2+4^2+4^2}=\sqrt{4^2\times3}=4\sqrt{3}$

ポイント

縦 a，横 b，高さ c の直方体の対角線の長さは，$\sqrt{a^2+b^2+c^2}$

4 底面の円の半径を r cm とする。

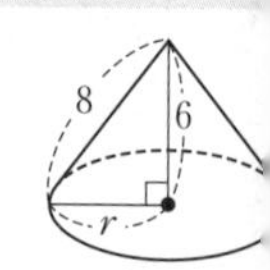

$r^2+6^2=8^2$　　$r^2=28$

$r>0$ であるから，$r=2\sqrt{7}$

体積は，

$\frac{1}{3}\times\pi\times(2\sqrt{7})^2\times6=56\pi\,(\mathrm{cm}^3)$ ←$\frac{1}{3}$×(底面積)×

5 (1) AC は底面の正方形の対角線だから，

$\mathrm{AC}=4\sqrt{2}$ ←45°，45°，90°の直角三角形の辺の比

$\mathrm{AH}=\frac{1}{2}\mathrm{AC}=2\sqrt{2}$ ←HはACの中点

(2) 直角三角形 OAH で，$\mathrm{OH}^2+\mathrm{AH}^2=\mathrm{OA}^2$

$\mathrm{OH}^2+(2\sqrt{2})^2=8^2$　　$\mathrm{OH}^2=56$

$\mathrm{OH}>0$ であるから，$\mathrm{OH}=2\sqrt{14}$

体積は，$\frac{1}{3}\times4^2\times2\sqrt{14}=\frac{32\sqrt{14}}{3}$ (cm^3)

p.118～119 ステージ1

1 (1) ① $3\sqrt{13}$ cm　　② $\sqrt{137}$ cm

③ $5\sqrt{5}$ cm

(2) $3\sqrt{13}$ cm

2 (1) $(9-x)$ cm　　(2) $\frac{5}{2}$ cm

3 (1) 接線の長さは等しいから，
$CP=CA=4$，$DP=DB=9$
$CD=CP+DP=4+9=13$
四角形 ABEC は長方形だから，
$BE=AC=4$　　$AB=CE$
$DE=DB-BE=9-4=5$
直角三角形 CED で，$CE^2=13^2-5^2$
$CE^2=144$
$CE>0$ であるから，$CE=12$
よって，$AB=CE=12$　　　　答　12 cm

(2) $\angle A=\angle B=90°$，$\angle COA=90°-\angle DOB$
$=\angle ODB$ より，$\triangle CAO \backsim \triangle OBD$
よって，$CA:OB=OA:DB$
$OB=OA=r$ cm とすると，
$4:r=r:9$　　$r^2=36$
$r>0$ であるから，$r=6$
$AB=2r=2\times6=12$　　　　答　12 cm

解説

1 (1) ① 糸がもっとも短くなるのは，展開図の一部を抜き出した右の図で，糸が線分 BH になるとき。

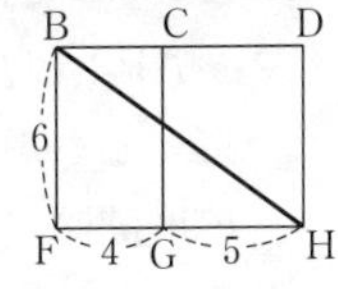

直角三角形 BFH で，
$BH^2=\underline{6^2+(4+5)^2}=117$
↑ BF^2+FH^2

$BH>0$ であるから，$BH=3\sqrt{13}$

② 右の図で，BH が求める長さになる。

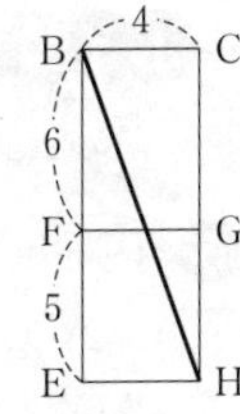

直角三角形 BEH で，
$BH^2=\underline{(6+5)^2+4^2}=137$
↑ BE^2+EH^2
$BH>0$ であるから，$BH=\sqrt{137}$

③ 右の図で，BH が求める長さになる。
直角三角形 BGH で，
$BH^2=\underline{(4+6)^2+5^2}=125$
↑ BG^2+GH^2
$BH>0$ より，$BH=5\sqrt{5}$

(2) $117<125<137$ より，$3\sqrt{13}<5\sqrt{5}<\sqrt{137}$

2 (1) 折り返したから，$ME=DE$
$DE=DC-CE=9-x$

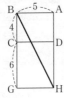

(2) M は BC の中点だから，$MC=6$
直角三角形 EMC で，$\underline{6^2+x^2=(9-x)^2}$
↑ $MC^2+CE^2=ME^2$
$36+x^2=81-18x+x^2$
$18x=45$　　$x=\dfrac{5}{2}$

ポイント
折り返した図形の対応する辺の長さや角の大きさは等しい。

3 (1) 四角形 ABEC は 4 つの角が直角になるので，長方形である。

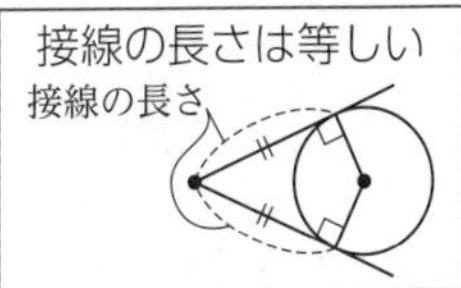

(2) $\underline{\angle COA=\angle COP}$，$\underline{\angle DOP=\angle DOB}$ より，
↑ $\triangle OCA\equiv\triangle OCP$　　↑ $\triangle ODP\equiv\triangle ODB$
$\angle COD=\angle COP+\angle DOP$
$=\dfrac{1}{2}\angle AOP+\dfrac{1}{2}\angle BOP=\dfrac{1}{2}\times180°=90°$
$\angle COA=\underline{180°-90°-\angle DOB}=90°-\angle DOB$
↑ $\angle AOB-\angle COD-\angle DOB$
$\triangle DOB$ の内角の和より，
$\angle ODB=180°-(90°+\angle DOB)=90°-\angle DOB$

p.120〜121 ステージ2

1 (1) $x=12$　(2) $x=3\sqrt{6}$　(3) $x=4\sqrt{3}$
2 (1) $6\sqrt{3}$ cm　(2) $6\sqrt{7}$ cm
3 (1) $5\sqrt{2}$
(2) ($\angle C=90°$ の) 直角二等辺三角形
4 $(2\sqrt{5},\ 4\sqrt{5})$
5 (1) $\sqrt{42}$ cm　(2) $5\sqrt{5}$ cm
6 $3\sqrt{7}$ cm
7 (1) 6 cm
(2) 高さ…$6\sqrt{3}$ cm，体積…$72\sqrt{3}\pi$ cm³
8 (1) 6 cm　(2) 3 cm
9 24 cm

① (1) $2\sqrt{11}$ cm　(2) $\dfrac{8\sqrt{2}}{3}$ cm　(3) $\dfrac{32}{9}$ cm³

解説

1 (1) $\triangle ABD$ は 30°，60°，90° の直角三角形だから，$8:AD=2:\sqrt{3}$　　$AD=4\sqrt{3}$

7章

△ADC は 30°，60°，90° の直角三角形だから，
$4\sqrt{3}:x=1:\sqrt{3}$　　$x=12$

別解　$8:BC=1:2$ より，$BC=16$
$8:BD=2:1$ より，$BD=4$
$x=BC-BD=16-4=12$

(2)　△DBC は 30°，60°，90° の直角三角形だから，
$6:BC=1:\sqrt{3}$　　$BC=6\sqrt{3}$
△ABC は 45°，45°，90° の直角三角形だから，
$x:6\sqrt{3}=1:\sqrt{2}$　　$\sqrt{2}x=6\sqrt{3}$
$x=\dfrac{6\sqrt{3}}{\sqrt{2}}=\dfrac{6\sqrt{6}}{2}=3\sqrt{6}$

(3)　O から AB に垂線 OH をひくと，H は AB の中点だから，$x=2AH$
△OAH は 30°，60°，90° の直角三角形だから，
$4:AH=2:\sqrt{3}$　　$AH=2\sqrt{3}$
$x=2\times2\sqrt{3}=4\sqrt{3}$

2 (1)　$\angle ACH=180°-120°=60°$ より，△ACH は 30°，60°，90° の直角三角形だから，
$12:AH=2:\sqrt{3}$　　$AH=6\sqrt{3}$

(2)　△ACH で，$12:CH=2:1$，　$CH=6$，
$BH=6+6=12$
直角三角形 ABH で，$AB^2=(6\sqrt{3})^2+12^2=252$
↑ AH^2+BH^2
$AB>0$ であるから，$AB=\sqrt{252}=6\sqrt{7}$

3 (1)　右の図で，
$AP=4-(-3)=7$
$BP=-1-(-2)=1$
直角三角形 APB で，
$AB^2=7^2+1^2=50$
$AB>0$ より，$AB=5\sqrt{2}$

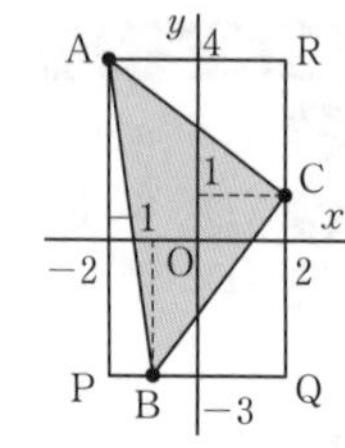

(2)　(1)と同様にして，AC の長さを求めると，
$AR=2-(-2)=4$，$RC=4-1=3$
$AC^2=4^2+3^2=25$
$AC>0$ であるから，$AC=5$
同様に，$BC=5$ ←$BQ=2-(-1)=3$，$QC=1-(-3)=4$，$BC^2=3^2+4^2=25$
$AC=BC$ より，△ABC は二等辺三角形。
また，$AB^2=50$，$AC^2=25$，$BC^2=25$ より，
$AC^2+BC^2=AB^2$ だから，△ABC は AB を斜辺とする直角三角形。
したがって，△ABC は，$\angle C=90°$ の直角二等辺三角形である。

4　A の x 座標が 10 だから，$OA=10$
P の x 座標を p $(p>0)$ とする。P は $y=2x$ のグラフ上の点だから，y 座標は $2p$
P から x 軸に垂線 PH をひくと，
$OH=p$，$PH=2p$
↑ $y=2x$ に $x=p$ を代入
直角三角形 OHP で，
$OP^2=p^2+(2p)^2=5p^2$
$OP>0$，$p>0$ であるから，
$OP=\sqrt{5p^2}=\sqrt{5}p$
$OA=OP$ だから，$10=\sqrt{5}p$
$p=\dfrac{10}{\sqrt{5}}=\dfrac{10\sqrt{5}}{5}=2\sqrt{5}$
よって，$P(2\sqrt{5},\ 4\sqrt{5})$ ←P(p, 2p) に $p=2\sqrt{5}$ を代入

5 (1)　直角三角形 EFM で，$EM^2=4^2+1^2$
直角三角形 AEM で，
$AM^2=EM^2+5^2=4^2+1^2+5^2=42$
$AM>0$ であるから，$AM=\sqrt{42}$

(2)　$AP+PQ+QH$ の長さがもっとも短くなるのは，右の展開図（一部）で，A，P，Q，H が一直線上にあるときで，その長さは線分 AH の長さに等しい。$EH=4+2+4=10$
直角三角形 AEH で，$AH^2=5^2+10^2=125$
$AH>0$ であるから，$AH=5\sqrt{5}$

ポイント
立体の表面上の最短距離は展開図で考える。

6　円 O′ の半径は AO′。直角三角形 AOO′ で，
$AO'^2+9^2=12^2$　　$AO'^2=63$
$AO'>0$ より，$AO'=3\sqrt{7}$

7 (1)　底面の円の半径を x cm とする。
展開図で側面となる半円の弧の長さと底面の円の周の長さは等しいから，
↑ 展開図を組み立てると重なる。
$2\pi\times12\times\dfrac{1}{2}=2\pi x$　　$x=6$
（$2\pi\times12$：半径12の円周，$2\pi x$：底面の円周）

(2)　母線の長さは 12 cm。←展開図の半円の半径
円錐の高さを h cm とすると，
$h^2+6^2=12^2$　　$h^2=108$

$h>0$ であるから，$h=6\sqrt{3}$

体積は，$\frac{1}{3}\times\pi\times6^2\times6\sqrt{3}=72\sqrt{3}\pi$ （cm³）

(1) 折り返したから，BP＝BC＝10

直角三角形ABPで，$AP^2+8^2=10^2$

$AP^2=36$　　AP＞0であるから，AP＝6

(2) DQ＝x cmとする。CQ＝$8-x$

PQ＝CQ＝$8-x$ ←折り返したから。

DP＝AD－AP＝10－6＝4

直角三角形DPQで，$\underset{DQ^2+DP^2}{\underline{x^2+4^2}}=\underset{PQ^2}{\underline{(8-x)^2}}$

$x^2+16=64-16x+x^2$

$16x=48$　　$x=3$

別解 △ABP∽△DPQより，

↑ ∠A＝∠D＝90°，∠APB＝90°－∠DPQ＝∠DQP

AB：DP＝AP：DQ

8：4＝6：DQ　　DQ＝3

DからABに垂線DHをひく。四角形HBCDは長方形だから，BC＝HD，HB＝DC＝9

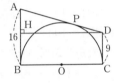

よって，AH＝16－9＝7

接線の長さは等しいから，

AP＝AB＝16，DP＝DC＝9

よって，AD＝16＋9＝25

直角三角形AHDで，$HD^2+7^2=25^2$

$HD^2=576$　　HD＞0であるから，HD＝24

別解 △ABO∽△OCDより，

↑ ∠B＝∠C＝90°，∠AOB＝90°－∠DOC＝∠ODC

AB：OC＝OB：DC

OC＝OB＝r cmとすると，

16：r＝r：9　　$r^2=144$

$r>0$ であるから，$r=12$

BC＝$2r$＝24

1 (1) 右の図で，

EG＝$\sqrt{2}$EF＝$4\sqrt{2}$ cm

EJ＝$\frac{1}{2}$EG＝$2\sqrt{2}$ cm

直角三角形OEJで，

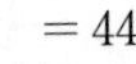

$OE^2=(4+2)^2+(2\sqrt{2})^2$

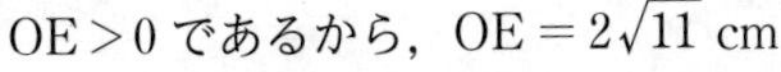

$=44$

OE＞0であるから，OE＝$2\sqrt{11}$ cm

(2) PQ∥EGであるから，PQ：EG＝OI：OJ

(1)よりEG＝$4\sqrt{2}$だから，PQ：$4\sqrt{2}$＝4：6

$6PQ=16\sqrt{2}$　　$PQ=\frac{8\sqrt{2}}{3}$

(3) 面BPQ⊥BFであるから，求める体積は，

$\frac{1}{3}\times\left(\frac{1}{2}\times PQ\times BI\right)\times BF$

↑ PQ⊥BI

$=\frac{1}{3}\times\left(\frac{1}{2}\times\frac{8\sqrt{2}}{3}\times2\sqrt{2}\right)\times2=\frac{32}{9}$ （cm³）

↑ BI＝FJ＝EJ

p.122〜123 ステージ3

❶ (1) $x=\sqrt{65}$　(2) $x=3$

❷ ㋑，㋒，㋔

❸ (1) $x=8\sqrt{2}$　(2) $x=6$

(3) $x=6-2\sqrt{3}$

❹ (1) $4\sqrt{2}$ cm　(2) $4\sqrt{3}$ cm²　(3) $8\sqrt{5}$ cm²

❺ $4\sqrt{5}$

❻ (1) $8\sqrt{2}$ cm　(2) $x=2\sqrt{21}$

(3) $6\sqrt{5}$ cm

❼ (1) $18\sqrt{2}\pi$ cm³　(2) $9\sqrt{3}$ cm

❽ 13 cm

❾ (1) $3\sqrt{2}$ cm　(2) $36\sqrt{2}$ cm³

解説

❶ (1) $4^2+7^2=x^2$ ←斜辺はx

$x^2=65$　　$x>0$ であるから，$x=\sqrt{65}$

(2) $x^2+5^2=(\sqrt{34})^2$ ←斜辺は$\sqrt{34}$

$x^2=9$　　$x>0$ であるから，$x=3$

❷ もっとも長い辺の長さの2乗と他の2辺の長さの2乗の和とを比べる。

㋐ $6^2=36$，$7^2=49$，$9^2=81$　36＋49＞81

㋑ $24^2=576$，$25^2=625$，$7^2=49$

576＋49＝625

㋒ $2.4^2=5.76$，$1.8^2=3.24$，$3^2=9$

5.76＋3.24＝9

㋓ $\left(\frac{1}{3}\right)^2=\frac{1}{9}$，$\left(\frac{1}{4}\right)^2=\frac{1}{16}$，$\left(\frac{1}{5}\right)^2=\frac{1}{25}$，$\frac{1}{16}+\frac{1}{25}<\frac{1}{9}$

㋔ $(\sqrt{15})^2=15$，$2^2=4$，$(\sqrt{11})^2=11$，4＋11＝15

❸ (1) x：8＝$\sqrt{2}$：1 ←45°，45°，90°の直角三角形

$x=8\sqrt{2}$

(2) x：12＝1：2 ←30°，60°，90°の直角三角形

$2x=12$　　$x=6$

(3) △ABC で，$\underline{BC = AC = 6}$
↑
45°，45°，90°の直角三角形だから，BC:AC=1:1

△ADC で，$DC : 6 = 1 : \sqrt{3}$ ←30°, 60°, 90°の直角三角形

$\sqrt{3}\,DC = 6 \qquad DC = \dfrac{6}{\sqrt{3}} = \dfrac{6\sqrt{3}}{3} = 2\sqrt{3}$

$x = BC - DC = 6 - 2\sqrt{3}$

4 (1) 正方形の 1 辺の長さを x cm とすると，

$x : 8 = 1 : \sqrt{2}$ ←45°，45°，90°の直角三角形

$\sqrt{2}\,x = 8 \qquad x = \dfrac{8}{\sqrt{2}} = 4\sqrt{2}$ ←$\dfrac{8\sqrt{2}}{2}$

(2) 正三角形の高さを h とすると，

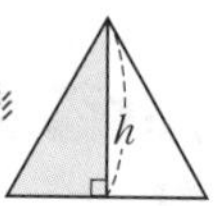

$4 : h = 2 : \sqrt{3}$ ←30°, 60°, 90°の直角三角形

$2h = 4\sqrt{3} \qquad h = 2\sqrt{3}$

面積は，$\dfrac{1}{2} \times 4 \times 2\sqrt{3} = 4\sqrt{3}$ (cm^2)

(3) A から辺 BC に垂線 AH をひく。$BH = 4$ ←H は BC の中点

直角三角形 ABH で，

$AH^2 + 4^2 = 6^2 \qquad AH^2 = 20$

$AH > 0$ であるから，$AH = 2\sqrt{5}$

面積は，$\dfrac{1}{2} \times 8 \times 2\sqrt{5} = 8\sqrt{5}$ (cm^2)

5 A(−1, $\underline{1}$), B(3, $\underline{9}$)

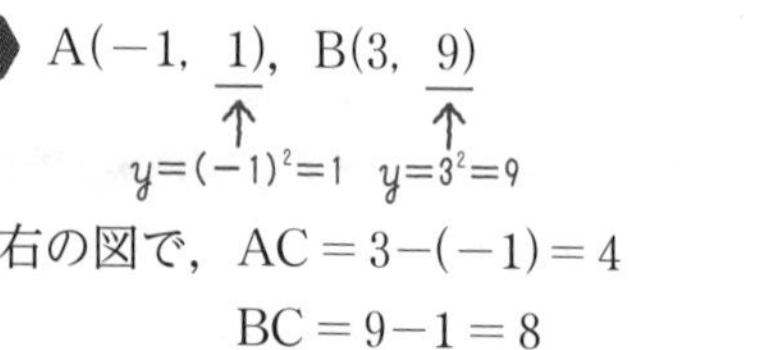

↑ $y = (-1)^2 = 1$ ↑ $y = 3^2 = 9$

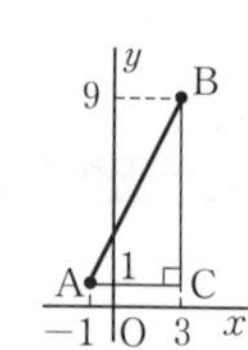

右の図で，$AC = 3 - (-1) = 4$

$BC = 9 - 1 = 8$

$AB^2 = 4^2 + 8^2 = 80$ ←$AB^2 = AC^2 + BC^2$

$AB > 0$ であるから，$AB = 4\sqrt{5}$

6 (1) O から弦 AB に垂線 OH をひくと，

$OH = 2$ で，H は弦 AB の中点になる。

直角三角形 OAH で，$AH^2 + \underset{OH^2}{\underline{2^2}} = \underset{OA^2}{\underline{6^2}}$

$AH^2 = 32 \qquad AH > 0$ であるから，$AH = 4\sqrt{2}$

$AB = 2AH = 2 \times 4\sqrt{2} = 8\sqrt{2}$

(2) $OP = 4$，$OA = 4 + 6 = 10$

直角三角形 OAP で，$x^2 + 4^2 = 10^2$

$x^2 = 84 \qquad x > 0$ であるから，$x = 2\sqrt{21}$

(3) $\sqrt{8^2 + 10^2 + 4^2} = \sqrt{180} = 6\sqrt{5}$

7 (1) 直角三角形 PAO で，$PO^2 + \underset{OA^2}{\underline{3^2}} = \underset{PA^2}{\underline{9^2}}$

$PO^2 = 72 \qquad PO > 0$ であるから，$PO = 6\sqrt{2}$

体積は，$\dfrac{1}{3} \times \pi \times 3^2 \times 6\sqrt{2} = 18\sqrt{2}\,\pi$ (cm^3)

(2) 側面の展開図のおうぎ形の中心角を $x°$ とす

と，$\underset{側面のおうぎ形の弧の長さ}{\underline{2\pi \times 9 \times \dfrac{x}{360}}} = \underset{底面の円周}{\underline{2\pi \times 3}} \qquad x = 120$

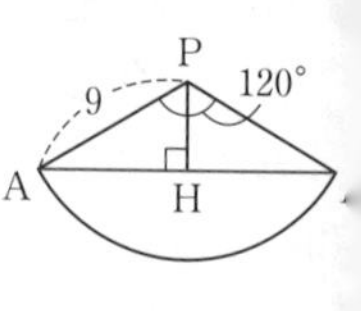

よって，側面の展開図のおうぎ形は右の図のようになり，糸の長さがもっとも短くなるときの糸は線分 AA′ になる。

P から AA′ に垂線 PH をひくと，H は AA′ の中点で，△PAH は 30°，60°，90° の直角三角形になるから，　$9 : AH = 2 : \sqrt{3}$

$2AH = 9\sqrt{3} \qquad AH = \dfrac{9\sqrt{3}}{2}$

$AA' = 2AH = 9\sqrt{3}$

8 折り返したから，$\angle DBC = \angle FBD$

AD // BC より，$\angle DBC = \angle FDB$ ←平行線の錯角

よって，$\angle FBD = \angle FDB$ だから，△FBD は FB = FD の二等辺三角形

$FB = FD = x$ cm とすると，$AF = 18 - x$

直角三角形 ABF で，$12^2 + (18 - x)^2 = x^2$

$144 + (324 - 36x + x^2) = x^2$

$-36x = -468 \qquad x = 13$

9 (1) AC は底面の正方形 ABCD の対角線だから

$AC = \sqrt{2}\,AB = 6\sqrt{2}$ ←45°，45°，90°の直角三角形

$AH = \dfrac{1}{2}AC = 3\sqrt{2}$

直角三角形 OAH で，$OH^2 + AH^2 = OA^2$

$OH^2 + (3\sqrt{2})^2 = 6^2$

$OH^2 + 18 = 36 \qquad OH^2 = 18$

$OH > 0$ であるから，$OH = 3\sqrt{2}$

別解 直角三角形 OAH で，

$AH : OA = 3\sqrt{2} : 6 = \sqrt{2} : 2 = 1 : \sqrt{2}$

両方の数を $\sqrt{2}$ でわる

よって，直角三角形 OAH は AH = OH の直角二等辺三角形であるから，

$OH = AH = 3\sqrt{2}$

(2) $\dfrac{1}{3} \times 6^2 \times \underset{OH}{\underline{3\sqrt{2}}} = \dfrac{1}{3} \times 36 \times 3\sqrt{2}$

$= 36\sqrt{2}$ (cm^3)

8章 集団全体の傾向を推測しよう

p.124〜125 ステージ1

❶ (1) 標本調査
(2) 全数調査
(3) 標本調査
(4) 標本調査

❷ 母集団…製品 10 万個
標本…抽出した 800 個の製品
標本の大きさ…800

❸ できない。
(理由) 図書館に本を借りにくる生徒は読書好きの傾向があると考えられるから，本を借りにきた生徒を標本として，町全体の中学生の傾向を推測することはできない。

❹ およそ 180 個

❺ (1) 母集団…池の中にいる鯉全体
標本…1 週間後にとらえた 200 匹の鯉
(2) 印のついた鯉が池の中の鯉と十分に混じるようにするため。
(3) およそ 1900 匹

解説

❶ 調査の対象となっている集団全部について調査するのが全数調査で，集団の一部分を調査して全体を推測するのが標本調査である。

❷ 母集団は調査の対象全体だから，工場で作った製品 10 万個。標本は実際に調べたものだから，無作為に抽出した 800 個の製品である。標本の大きさは取り出した個数のことなので，800。

❸ 標本を選ぶときは，かたよりがないように選ばなければいけないことに注意する。

❹ 袋の中から無作為に抽出された球の数は 40 個で，その中にふくまれる赤球の割合は，$\dfrac{24}{40}=\dfrac{3}{5}$
したがって，袋の中全体の球のうち，赤球の総数は，およそ，$300\times\dfrac{3}{5}=180$（個）

別解 赤球の総数を x 個とすると，
$24:40=x:300$
$40x=24\times300$　　$x=180$

❺ (3) 池にいる鯉の総数を x 匹とする。
印をつけた鯉の割合が，標本と母集団でほぼ等しいと考えて，

$\dfrac{16}{200}=\dfrac{150}{x}$　　$16x=30000$

$x=1\overset{900}{875}$ ←十の位の 7 を四捨五入

別解 $16:200=150:x$

$16x=200\times150$　　$x=1\overset{900}{875}$

p.126〜127 ステージ2

❶ ① 標本調査　② 母集団
③ 標本　④ 標本の大きさ
⑤ 無作為

❷ (1) ○　(2) ×
(3) ×　(4) ×

❸ 女性の有権者が標本に選ばれず，標本の選び方にかたよりがあるので，有権者全体のおおよその傾向を推測することはできない。

❹ およそ 2000 粒

❺ およそ 90 人

❻ およそ 180 個

❼ 赤球…およそ 200 個，白球…およそ 600 個

❽ およそ 460 個

① およそ 3000 個

解説

❷ (2) かたよりのないように標本を選ぶ（無作為に抽出する）と，おおよその推測が得られる。
(3) 標本を選ぶには，無作為に選ばなければ，適切な推測は得られない。
(4) 標本調査では，おおよその結果が出るだけで，母集団と全く同じ結果が出るわけではない。

❹ 袋の中の小豆の数を x 粒とする。
印のついた小豆の割合が，2 回目に取り出した小豆と袋の中の小豆全体とでほぼ等しいと考えて，

$\dfrac{8}{162}=\dfrac{100}{x}$　　$8x=16200$

$x=20\overset{00}{25}$ ←十の位の 2 を四捨五入

別解 $8:162=100:x$

$8x=162\times100$　　$x=20\overset{00}{25}$

ポイント
標本を無作為に抽出した場合，
標本の割合と母集団の割合はほぼ等しいと考える。

5 選んだ 30 人の中で，メガネをかけている生徒の割合は，$\frac{11}{30}$

中学校全体でメガネをかけている生徒の数は，

$256\times\frac{11}{30}=93.8\cdots$ ←一の位を四捨五入

別解 中学校全体でメガネをかけている生徒の数を x 人とする。

$11:30=x:256$

$30x=11\times256$　　$x=93.8\cdots$

6 取り出した 21 個の碁石の中で，黒い碁石の割合は，$\frac{7}{21}=\frac{1}{3}$

（21 ↑ 14+7）

袋の中の黒い碁石の数は，およそ

$540\times\frac{1}{3}=180$（個）

別解 袋の中の黒い碁石の数を x 個とする。

$7:21=x:540$

$21x=7\times540$　　$x=180$

7 5 回の実験で取り出した赤球の平均値は，

$(12+9+10+11+8)\div5=10$（個）

したがって，取り出した 40 個の球にふくまれる赤球の個数の割合は，$\frac{10}{40}=\frac{1}{4}$

袋の中の赤球の数は，およそ，$800\times\frac{1}{4}=200$（個）

白球の数は，およそ，$800-200=600$（個）

8 袋の中の赤球の個数を x 個とする。

青球と赤球の個数の比を考えて，

$4:(50-4)=40:x$

（$4:(50-4)$ ↑ 取り出した球の青球と赤球の個数の比　$40:x$ ↑ 袋の中の青球と赤球の個数の比）

$4x=46\times40$　　$x=460$

別解 取り出した 50 個の中の赤球の個数は，

$50-4=46$（個）

青球を入れた後の袋の中の球の総数は $x+40$（個）であるから，

$46:50=x:(x+40)$ ←赤球の個数と全体の個数の比は等しい。

$50x=46(x+40)$

$x=460$

1 抽出した空き缶の中のアルミ缶の割合は，

$\frac{75}{120}=\frac{5}{8}$

回収した空き缶の中のアルミ缶の個数は，およそ

$4800\times\frac{5}{8}=3000$（個）

別解 $75:120=x:4800$

$120x=75\times4800$　　$x=3000$

p.128 ステージ3

1 ㋐，㋑

2 およそ 1000 個

3 およそ 300 粒

4 およそ 300 個

5 (1) およそ 26 語　　(2) およそ 31000 語

解説

2 抽出した 300 個の製品の中にふくまれる不良品の割合は，$\frac{5}{300}=\frac{1}{60}$

6 万個の製品の中にふくまれている不良品の数は，

およそ，$60000\times\frac{1}{60}=1000$（個）

別解 $5:300=x:60000$

$300x=5\times60000$　　$x=1000$

3 袋の中の大豆の数を x 粒とする。

印のついた大豆の割合が，2 回目に取り出した 25 粒と袋の中の大豆全体とでほぼ等しいと考えて，

$\frac{6}{25}=\frac{80}{x}$　　$6x=2000$

$x=333.3\cdots$ ←十の位を四捨五入

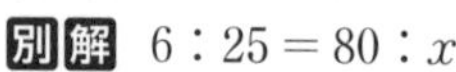

別解 $6:25=80:x$

$6x=25\times80$　　$x=333.3\cdots$

4 5 回の実験で取り出した白い碁石の平均値は，

$(12+14+11+12+11)\div5=12$（個）

したがって，取り出した 20 個の碁石にふくまれる白い碁石の個数の割合は，$\frac{12}{20}=\frac{3}{5}$

袋の中の白い碁石の数は，およそ

$500\times\frac{3}{5}=300$（個）

5 (1) $(26+18+35+27+19+23+31+29)\div8$

$=208\div8=26$

(2) $26\times1200=31200$ ←百の位を四捨五入

定期テスト対策 得点アップ! 予想問題

p.130〜131 第1回

1 (1) $3x^2-15xy$ (2) $2ab+3b^2-1$

(3) $-10x+5y$

2 (1) $2x^2+x-3$

(2) $a^2+2ab-7a-8b+12$

(3) $x^2-9x+14$ (4) x^2+x-12

(5) $y^2-y+\frac{1}{4}$ (6) $4x^2-20xy+25y^2$

(7) $25x^2-81$ (8) $16x^2+8x-15$

(9) $a^2+4ab+4b^2-10a-20b+25$

(10) $x^2-y^2+8y-16$

3 (1) $-a^2+9a$ (2) x^2+16

(3) $-4a+20$

4 (1) $2y(2x-1)$

(2) $5a(a-2b+3)$

5 (1) $(x-2)(x-5)$ (2) $(x+3)(x-4)$

(3) $(m+4)^2$ (4) $(6+y)(6-y)$

6 (1) $6(x+2)(x-4)$

(2) $2b(2a+1)(2a-1)$

(3) $(2x+3y)^2$ (4) $(a+b-8)^2$

(5) $(x-4)(x-9)$

(6) $(x+y+1)(x-y-1)$

7 (1) 2304 (2) 2800

8 3つの続いた整数は，整数 n を使って $n-1$，n，$n+1$ と表される。

もっとも大きい数の平方からもっとも小さい数の平方をひいた差は，

$(n+1)^2-(n-1)^2$

$=n^2+2n+1-(n^2-2n+1)$

$=n^2+2n+1-n^2+2n-1$

$=4n$

となり，中央の数の4倍になる。

9 2

10 $(20\pi a+100\pi)\text{cm}^2$

解説

2 (2) $(a-4)(a+2b-3)$

$=a(a+2b-3)-4(a+2b-3)$

$=a^2+2ab-3a-4a-8b+12$

$=a^2+2ab-7a-8b+12$

(9) $(a+2b-5)^2$

$=(a+2b)^2-10(a+2b)+25$

$=a^2+4ab+4b^2-10a-20b+25$

(10) $(x+y-4)(x-y+4)$

$=\{x+(y-4)\}\{x-(y-4)\}$

$=x^2-(y-4)^2$ ←$x^2-(y^2-8y+16)$

$=x^2-y^2+8y-16$

3 (1) $4a(a+2)-a(5a-1)$

$=4a^2+8a-5a^2+a=-a^2+9a$

(2) $2x(x-3)-(x+2)(x-8)$

$=2x^2-6x-(x^2-6x-16)=x^2+16$

(3) $(a-2)^2-(a+4)(a-4)$

$=a^2-4a+4-(a^2-16)=-4a+20$

6 (1) $6x^2-12x-48=6(x^2-2x-8)$

$=6(x+2)(x-4)$

(2) $8a^2b-2b=2b(4a^2-1)=2b(2a+1)(2a-1)$

(3) $4x^2+12xy+9y^2$

$=(2x)^2+2\times3y\times2x+(3y)^2$

$=(2x+3y)^2$

(4) $(a+b)^2-16(a+b)+64$ ）$a+b=M$ とおく。

$=M^2-16M+64$

$=(M-8)^2$ ）M を $a+b$ にもどす。

$=(a+b-8)^2$

(5) $(x-3)^2-7(x-3)+6$ ）$x-3=M$ とおく。

$=\{(x-3)-1\}\{(x-3)-6\}$ ）$M^2-7M+6=(M-1)(M-6)$

$=(x-4)(x-9)$

(6) $x^2-y^2-2y-1=x^2-(y^2+2y+1)$

$=x^2-(y+1)^2$

$=\{x+(y+1)\}\{x-(y+1)\}$

$=(x+y+1)(x-y-1)$

7 (1) $48^2=(50-2)^2=50^2-2\times2\times50+2^2=2304$

(2) $7\times29^2-7\times21^2=7\times(29^2-21^2)$

$=7\times(29+21)\times(29-21)=7\times50\times8=2800$

9 2つの続いた奇数を $2n-1$，$2n+1$（n は整数）とすると，2つの続いた奇数の2乗の和は，

$(2n-1)^2+(2n+1)^2$

$=4n^2-4n+1+4n^2+4n+1=8n^2+2$

よって，8でわった商は n^2，余りは2である。

10 $\pi(a+10)^2-\pi a^2=\pi(a^2+20a+100)-\pi a^2$

$=20\pi a+100\pi$

p.132〜133 第2回

1 (1) ± 7 (2) 5 (3) 9 (4) 6

2 (1) $6>\sqrt{30}$ (2) $-4<-\sqrt{10}<-3$
(3) $\sqrt{15}<4<3\sqrt{2}$

3 $\sqrt{15}$，$\sqrt{50}$

4 (1) $4\sqrt{7}$ (2) $\dfrac{\sqrt{7}}{8}$

5 (1) 244.9 (2) 0.2449

6 (1) $\dfrac{\sqrt{6}}{3}$ (2) $\sqrt{5}$

7 (1) $4\sqrt{3}$ (2) 30 (3) $\dfrac{4\sqrt{3}}{3}$
(4) $-3\sqrt{3}$

8 (1) $-\sqrt{6}$ (2) $\sqrt{5}+7\sqrt{3}$ (3) $3\sqrt{2}$
(4) $9\sqrt{7}$ (5) $3\sqrt{3}$ (6) $\dfrac{5\sqrt{6}}{2}$

9 (1) $9+3\sqrt{2}$ (2) $1+\sqrt{7}$
(3) $21-6\sqrt{10}$ (4) $-9\sqrt{2}$
(5) 13 (6) $13-5\sqrt{3}$

10 (1) 7 (2) $4\sqrt{10}$

11 (1) 32，33，34，35 (2) 2，6，7 (3) 7
(4) 20，45，80 (5) 7 (6) $5-2\sqrt{5}$

解説

2 (2) $3^2=9$，$4^2=16$，$(\sqrt{10})^2=10$ より，
$3<\sqrt{10}<4$ 負の数は絶対値が大きいほど小さい。
(3) $(3\sqrt{2})^2=18$，$(\sqrt{15})^2=15$，$4^2=16$ より，
$\sqrt{15}<4<3\sqrt{2}$

5 (1) $\sqrt{60000}=\sqrt{6}\times 100=2.449\times 100=244.9$
(2) $\sqrt{0.06}=\sqrt{\dfrac{6}{100}}=\dfrac{\sqrt{6}}{10}=\dfrac{2.449}{10}=0.2449$

6 (2) $\dfrac{5\sqrt{3}}{\sqrt{15}}=\dfrac{5\sqrt{3}\times\sqrt{15}}{\sqrt{15}\times\sqrt{15}}=\dfrac{5\times 3\times\sqrt{5}}{15}=\sqrt{5}$

別解 $\dfrac{5\sqrt{3}}{\sqrt{15}}=\dfrac{5}{\sqrt{5}}$ と先に $\sqrt{3}$ で約分してもよい。

7 (3) $8\div\sqrt{12}=\dfrac{8}{\sqrt{12}}=\dfrac{8}{2\sqrt{3}}=\dfrac{4}{\sqrt{3}}=\dfrac{4\sqrt{3}}{3}$
(4) $3\sqrt{6}\div(-\sqrt{10})\times\sqrt{5}=-\dfrac{3\sqrt{6}\times\sqrt{5}}{\sqrt{10}}=-3\sqrt{3}$

8 (4) $\sqrt{63}+3\sqrt{28}=3\sqrt{7}+3\times 2\sqrt{7}=9\sqrt{7}$
(5) $\sqrt{48}-\dfrac{3}{\sqrt{3}}=4\sqrt{3}-\dfrac{3\sqrt{3}}{3}=4\sqrt{3}-\sqrt{3}=3\sqrt{3}$
(6) $\dfrac{18}{\sqrt{6}}-\dfrac{\sqrt{24}}{4}=\dfrac{18\sqrt{6}}{6}-\dfrac{2\sqrt{6}}{4}=\dfrac{5\sqrt{6}}{2}$ ← $3\sqrt{6}-\dfrac{\sqrt{6}}{2}$

9 (1) $\sqrt{3}(3\sqrt{3}+\sqrt{6})=\sqrt{3}\times 3\sqrt{3}+\sqrt{3}\times\sqrt{}$
$=9+3\sqrt{2}$
(2) $(\sqrt{7}+3)(\sqrt{7}-2)$
$=(\sqrt{7})^2+(3-2)\sqrt{7}+3\times(-2)=1+\sqrt{7}$ ← $7+\sqrt{7}$
(3) $(\sqrt{6}-\sqrt{15})^2=(\sqrt{6})^2-2\times\sqrt{15}\times\sqrt{6}+(\sqrt{15}$
$=21-6\sqrt{10}$ ← $6-6\sqrt{10}+15$
(4) $\dfrac{10}{\sqrt{2}}-2\sqrt{7}\times\sqrt{14}=5\sqrt{2}-14\sqrt{2}=-9\sqrt{}$
(5) $(2\sqrt{3}+1)^2-\sqrt{48}=12+4\sqrt{3}+1-4\sqrt{3}=$
(6) $\sqrt{5}(\sqrt{45}-\sqrt{15})-(\sqrt{5}-\sqrt{3})(\sqrt{5}+\sqrt{3})$
$=15-5\sqrt{3}-(5-3)=13-5\sqrt{3}$

10 (1) $x^2-2x+5=(1-\sqrt{3})^2-2(1-\sqrt{3})+5$
$=1-2\sqrt{3}+3-2+2\sqrt{3}+5=7$
別解 $x^2-2x+5=(x-1)^2+4=(-\sqrt{3})^2+4$
(2) $a+b=2\sqrt{5}$，$a-b=2\sqrt{2}$
$a^2-b^2=(a+b)(a-b)=2\sqrt{5}\times 2\sqrt{2}=4\sqrt{10}$

11 (1) $5.6^2=31.36$，$(\sqrt{a})^2=a$，$6^2=36$ だから
$31.36<a<36$
a は 32，33，34，35
(2) n は自然数だから，$22-3n<22$
よって，$\sqrt{22-3n}$ は $\sqrt{22}$ より小さいから，整
数になるのは，$\sqrt{0}$，$\sqrt{1}$，$\sqrt{4}$，$\sqrt{9}$，$\sqrt{16}$
なるとき。
$22-3n=0$ のとき，n は自然数にならない。
$22-3n=1$ のとき，$n=7$
$22-3n=4$ のとき，$n=6$
$22-3n=9$ のとき，n は自然数にならない。
$22-3n=16$ のとき，$n=2$
(3) $28=2^2\times 7$ だから，$n=7$ とすると，
$\sqrt{28n}=\sqrt{2^2\times 7\times 7}=\sqrt{2^2\times 7^2}=2\times 7=14$
(4) $45=3^2\times 5$ だから，$n=5$，5×2^2，5×3^2，
5×4^2，…であれば，$\sqrt{\ }$ の中の数が自然数の
2 乗になるので，$\sqrt{45n}$ は自然数になる。
$5\times 2^2=20$，$5\times 3^2=45$，$5\times 4^2=80$，
$5\times 5^2=125$…だから，2 けたの n は 20，45，80。
(5) $49<58<64$ より，$7<\sqrt{58}<8$
よって，$\sqrt{58}$ の整数部分は 7
(6) $4<5<9$ より，$2<\sqrt{5}<3$ だから，$\sqrt{5}$ の
整数部分は 2 となる。よって，$a=\sqrt{5}-2$
$a(a+2)=(\sqrt{5}-2)\{(\sqrt{5}-2)+2\}$
$=5-2\sqrt{5}$ ← $(\sqrt{5}-2)\times\sqrt{5}$

.134〜135 第3回

(1) ㋒　(2) ①…36，②…6

(1) $x=\pm 8$　(2) $x=\pm\frac{\sqrt{6}}{5}$

(3) $x=10,\ x=-2$　(4) $x=\frac{-5\pm\sqrt{73}}{6}$

(5) $x=4\pm\sqrt{13}$　(6) $x=1,\ x=\frac{1}{2}$

(7) $x=-4,\ x=5$　(8) $x=1,\ x=14$

(9) $x=-5$　(10) $x=0,\ x=14$

(1) $x=2,\ x=-8$　(2) $x=\frac{-3\pm\sqrt{41}}{4}$

(3) $x=4$　(4) $x=2\pm 2\sqrt{3}$

(5) $x=3,\ x=-5$　(6) $x=2,\ x=-3$

(1) $a=-2,\ b=-15$　(2) $a=-2$

方程式…$x^2+(x+1)^2=85$

答え…-7 と -6，6 と 7

10 cm

5 m

$(4+\sqrt{10})$ cm，$(4-\sqrt{10})$ cm

(4，7)

解説

(2) ① -12 の半分 -6 の 2 乗を加える。

(1)〜(3) 平方根の考えを使って解く。

(2) $25x^2=6$　$x^2=\frac{6}{25}$　$x=\pm\sqrt{\frac{6}{25}}=\pm\frac{\sqrt{6}}{5}$

(4)〜(6) 解の公式に代入して解く。

(5) **別解** $(x-4)^2=13$ と変形して解く。

(7) $(x+4)(x-5)=0$

$x+4=0$ または $x-5=0$

(8)〜(10) 左辺を因数分解して解く。

3 (1) $x^2+6x=16$

$(x-2)(x+8)=0$　（$x^2+6x-16=0$）

(2) $4x^2+6x-8=0$

$2x^2+3x-4=0$　（両辺を2でわる。）

$$x=\frac{-3\pm\sqrt{3^2-4\times2\times(-4)}}{2\times2}=\frac{-3\pm\sqrt{41}}{4}$$

(3) $\frac{1}{2}x^2=4x-8$

$x^2=8x-16$　（両辺に2をかける。）

$(x-4)^2=0$　（$x^2-8x+16=0$）

(4) $x^2-4(x+2)=0$

$x^2-4x-8=0$

$$x=\frac{-(-4)\pm\sqrt{(-4)^2-4\times1\times(-8)}}{2\times1}$$

（$\frac{4\pm\sqrt{48}}{2}$）

$$=\frac{4\pm4\sqrt{3}}{2}=2\pm2\sqrt{3}$$

(5) $(x-2)(x+4)=7$

$x^2+2x-15=0$　（$x^2+2x-8=7$）

$(x-3)(x+5)=0$

(6) $(x+3)^2=5(x+3)$

$x^2+x-6=0$　（$x^2+6x+9=5x+15$　$x+3=M$ とおいて因数分解してもよい。）

$(x-2)(x+3)=0$

得点アップのコツ

方程式の解をもとの方程式に代入して検算する。

4 (1) 解が -3 だから，$9-3a+b=0$　……①

解が 5 だから，$25+5a+b=0$　……②

①，②を連立方程式にして解くと，

$a=-2,\ b=-15$

(2) $x^2+x-12=0$ を解くと，$x=3,\ x=-4$

小さいほうの解 $x=-4$ を $x^2+ax-24=0$ に代入して，$16-4a-24=0$　$a=-2$

5 大きいほうの数は $x+1$

$x^2+(x+1)^2=85$

これを解いて，$x=6,\ x=-7$　（$x^2+x-42=0$）

6 もとの紙の縦の長さを x cm とすると，紙の横の長さは $2x$ cm

$2(x-4)(2x-4)=192$

これを解いて，$x=-4,\ x=10$　（$x^2-6x-40=0$）

$x>4$ より，$x=10$

7 道の幅を x m とすると，

$(30-2x)(40-2x)=30\times40\times\frac{1}{2}$

これを解いて，$x=5,\ x=30$　（$x^2-35x+150=0$）

$30-2x>0$ より，$x=5$

8 BP $=x$ cm のとき，面積が 3 cm² になるとする。$\frac{1}{2}x(8-x)=3$

これを解いて，$x=4\pm\sqrt{10}$　（$x^2-8x+6=0$）

9 P の x 座標を p とする。P の y 座標は $p+3$。

A$(2p,\ 0)$ より，OA $=2p$

OA を底辺としたときの △POA の高さは P の y 座標に等しいから，$\frac{2p(p+3)}{2}=28$　（$p^2+3p-28=0$）

これを解いて，$p=4,\ p=-7$

$p>0$ より，$p=4$　P の y 座標は $4+3=7$

p.136〜137 第4回

1 (1) $y=-2x^2$ (2) $y=-18$
(3) $x=\pm5$

2 右の図

3 (1) ㋑，㋔，㋕
(2) ㋒
(3) ㋐，㋒，㋓
(4) ㋑

4 (1) -2 (2) -12
(3) 6

5 (1) $-2\leqq y\leqq6$
(2) $0\leqq y\leqq27$ (3) $-18\leqq y\leqq0$

6 (1) $a=3$ (2) $a=-\frac{1}{2}$
(3) $a=-1$ (4) $a=3,\ b=0$

7 (1) $y=x^2$ (2) $y=36$
(3) $0\leqq y\leqq100$ (4) 5 cm

8 (1) $a=16$ (2) $y=x+8$
(3) $(6,\ 9)$

解説

1 (1) $y=ax^2$ に $x=2$，$y=-8$ を代入して，
$-8=a\times2^2$ $a=-2$
(2) $y=-2\times(-3)^2=-18$
(3) $-50=-2x^2$ $x^2=25$ $x=\pm5$

3 (1) $y=ax^2$ で，$a<0$ となるもの。
(2) $y=ax^2$ で，a の絶対値が最大なもの。
(3) $y=ax^2$ で，$a>0$ となるもの。
(4) $y=ax^2$ のグラフと $y=-ax^2$ のグラフは x 軸について対称である。

4 (1) $y=ax+b$ の変化の割合は一定で，a。
(2) $\dfrac{2\times(-2)^2-2\times(-4)^2}{(-2)-(-4)}=\dfrac{-24}{2}=-12$
(3) $\dfrac{-(-2)^2-\{-(-4)^2\}}{(-2)-(-4)}=\dfrac{12}{2}=6$ ←$\dfrac{y\text{の増加量}}{x\text{の増加量}}$

5 (1) $x=-3$ のとき，$y=2\times(-3)+4=-2$
$x=1$ のとき，$y=2\times1+4=6$
(2) x の変域に 0 をふくむから，y の最小値は，$x=0$ のときの $y=0$。
-3 と 1 では -3 のほうが絶対値が大きいから，最大値は $x=-3$ のときの $y=3\times(-3)^2=27$
(3) y の最大値は $x=0$ のときの $y=0$。
最小値は $x=-3$ のときの $y=-2\times(-3)^2=-18$

6 (1) $\dfrac{a\times3^2-a\times1^2}{3-1}=12$ $4a=12$ $a=3$
(2) $y=-4x+2$ の変化の割合は一定で，-4
$\dfrac{a\times6^2-a\times2^2}{6-2}=-4$ $8a=-4$ $a=-$
(3) x の変域に 0 をふくむから，$x=0$ のと $y=0$ で最大値をとる $(a<0)$。-1 と 2 では のほうが絶対値が大きいから，$x=2$ のと $y=-4$。
これを $y=ax^2$ に代入して，$-4=a\times2^2$
$4a=-4$ $a=-1$
(4) $x=-2$ のとき $y=8$ で $y=18$ にならない ら，$x=a$ のとき $y=18$
これを $y=2x^2$ に代入して，$18=2a^2$
$-2\leqq a$ より，$a=3$。よって，$-2\leqq x\leqq3$
x の変域に 0 をふくむから，$b=0$。

7 (1) QはPの2倍の速さだから，$BQ=2x$
$y=\dfrac{1}{2}\times2x\times x=x^2$ ←$y=\frac{1}{2}\times BQ\times BP$
(2) $y=6^2=36$
(3) x の変域は，$0\leqq x\leqq10$
$x=0$ のとき $y=0$，$x=10$ のとき $y=100$
(4) $25=x^2$ $x=\pm5$ $x>0$ より，$x=5$

8 (1) $y=\dfrac{1}{4}x^2$ に $x=8$，$y=a$ を代入して，
$a=\dfrac{1}{4}\times8^2$ $a=16$
(2) 直線②の式のグラフの傾きは，
$\dfrac{16-4}{8-(-4)}=1$
直線②の式を $y=x+b$ として
$x=8$，$y=16$ を代入すると，$b=8$
(3) $C(0,\ 8)$ より，$OC=8$
$\triangle OAB=\underbrace{\dfrac{1}{2}\times8\times8}_{\triangle OAC}+\underbrace{\dfrac{1}{2}\times8\times4}_{\triangle OBC}=48$
$\triangle OBC=16$ で，$\triangle OAB$ の面積の半分より小さいから，点Pは①のグラフのOからAまでの部分にある。点Pの x 座標を t とすると，
$\triangle OCP=\dfrac{1}{2}\triangle OAB$ より，$\dfrac{1}{2}\times8\times t=48\times\dfrac{1}{2}$
$t=6$

得点アップのコツ
グラフがある点を通るときは，その点の x 座標と y 座標をグラフの式に代入してみる。

.138〜139 第5回

(1) 2：3　(2) 9 cm　(3) 115°

(1) △ABC∽△DBA
2組の角がそれぞれ等しい。
$x=5$

(2) △ABC∽△EBD
2組の辺の比とその間の角がそれぞれ等しい。
$x=15$

△ABCと△CBHにおいて，
仮定から，∠ACB＝∠CHB＝90°　……①
また，∠Bは共通　……②
①，②より，2組の角がそれぞれ等しいから，
△ABC∽△CBH

(1) △PCQ　(2) $\frac{8}{3}$ cm

(1) $x=\frac{24}{5}$　(2) $x=6$　(3) $x=\frac{18}{5}$

(1) 1：1　(2) 3倍

(1) $x=9$　(2) $x=2$　(3) $x=10$

(1) 6　(2) 25：9

(1) 3.70×10^3 m
(2) 相似比…3：4，体積比…27：64

解説

(1) 対応する辺はABとPQだから，相似比は，
AB：PQ＝8：12＝2：3
↑対応する部分の長さの比

(2) BC：QR＝AB：PQより，6：QR＝2：3
2QR＝18　QR＝9

(3) 相似な図形の対応する角は等しいから，
∠A＝∠P＝70°，∠B＝∠Q＝100°
四角形の内角の和は360°だから，
∠C＝360°−(70°＋100°＋75°)＝115°

2 (1) ∠BCA＝∠BAD，∠Bは共通。
よって，△ABC∽△DBA
AB：DB＝BC：BAより，
6：4＝(4＋x)：6
4(4＋x)＝36　$x=5$

(2) BA：BE＝(18＋17)：21＝5：3　……①
BC：BD＝(21＋9)：18＝5：3　……②
①，②より，BA：BE＝BC：BD
また，∠Bは共通。
したがって，△ABC∽△EBD
AC：ED＝BA：BEより，
25：x＝5：3　5x＝25×3　x＝15

4 (1) ∠B＝∠C＝60°　……①
∠APC＝∠B＋∠BAP　←∠APCは△ABPの外角
＝60°＋∠BAP
また，∠APC＝∠APQ＋∠CPQ
＝60°＋∠CPQ
よって，∠BAP＝∠CPQ　……②
①，②より，2組の角がそれぞれ等しいから，
△ABP∽△PCQ

(2) PC＝BC−BP＝12−4＝8
△ABP∽△PCQだから，←(1)の答から
BP：CQ＝AB：PC
4：CQ＝12：8　4：CQ＝3：2
3CQ＝8　CQ＝$\frac{8}{3}$

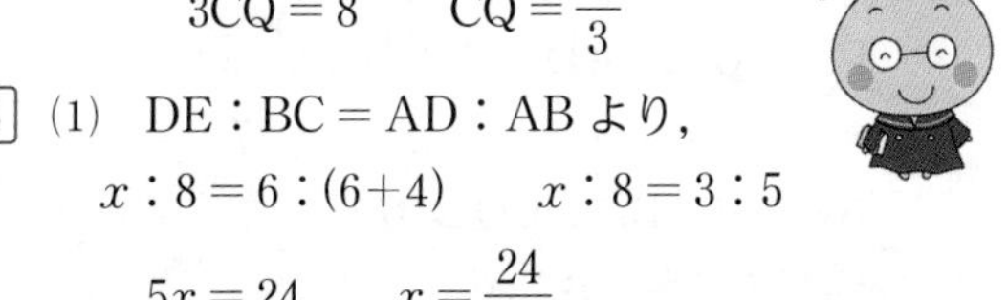

5 (1) DE：BC＝AD：ABより，
x：8＝6：(6＋4)　x：8＝3：5
5x＝24　$x=\frac{24}{5}$

(2) AD：DB＝AE：ECより，
12：x＝10：(15−10)　12：x＝2：1
2x＝12　x＝6

別解 AD：AB＝AE：ACより，
12：(12＋x)＝10：15　10(12＋x)＝180

(3) AE：AC＝DE：BCより，
x：6＝6：10　x：6＝3：5
5x＝18　$x=\frac{18}{5}$

得点アップのコツ
相似な三角形に注目したり，三角形と比の定理や中点連結定理など，利用できるものを考えたりするとよい。

6 (1) △CFBで，中点連結定理より，
DG // BF　↑GはCFの中点，DはCBの中点
△ADGで，EF // DGより，
AF：FG＝AE：ED＝1：1

(2) △ADGで，中点連結定理より，
EF＝$\frac{1}{2}$DG　よって，DG＝2EF
△CFBで，中点連結定理より，
DG＝$\frac{1}{2}$BF　よって，BF＝2DG
したがって，BF＝2×2EF＝4EF
↑DG

$BE = BF - EF$
$= 4EF - EF$
$= 3EF$

7 (1) $15 : x = 20 : 12$　　$15 : x = 5 : 3$
$5x = 45$　　$x = 9$

(2) $x : 4 = 3 : (9-3)$　　$x : 4 = 1 : 2$
$2x = 4$　　$x = 2$

(3) 右の図のように点A～Fを定め，Aを通りDFに平行な直線をひいて，BE，CFとの交点をそれぞれP，Qとする。四角形APEDとAQFDはどちらも平行四辺形になるから，
$PE = QF = AD = 7$ ←平行四辺形の対辺
よって，$BP = x - 7$，$CQ = 12 - 7 = 5$
△ACQで，BP∥CQより，
$BP : CQ = AB : AC$
$(x-7) : 5 = 6 : (6+4)$　　$(x-7) : 5 = 3 : 5$
$5(x-7) = 15$　　$x = 10$

別解 AFとBEの交点をRとすると，

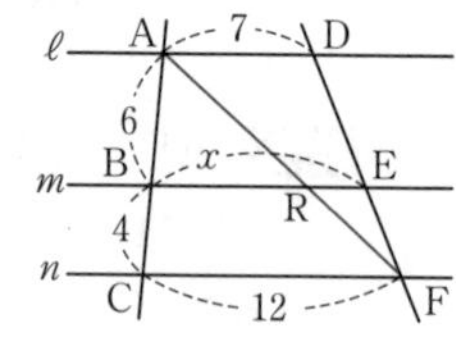

$BR : 12 = 6 : (6+4)$
より，$BR = \frac{36}{5}$
$RE : 7 = 4 : (4+6)$
より，$RE = \frac{14}{5}$
$x = BR + RE = \frac{36}{5} + \frac{14}{5} = 10$

8 (1) $EF = x$とする。AB∥CDだから，
$AE : DE = AB : DC = 10 : 15 = 2 : 3$
△ABDで，$EF : AB = DE : DA$
$x : 10 = 3 : (3+2)$
$5x = 30$　　$x = 6$

(2) △ABD∽△EFDで相似比は
$10 : 6 = 5 : 3$だから，面積比は，
$5^2 : 3^2 = 25 : 9$

9 (2) $9 : 16 = 3^2 : 4^2$だから，相似比は$3 : 4$
PとQの体積比は，$3^3 : 4^3 = 27 : 64$
↑相似な立体の体積比は相似比の3乗に等しい。

p.140～141 第6回

1 (1) $\angle x = 54°$ (2) $\angle x = 52°$ (3) $\angle x = 11$
(4) $\angle x = 48°$ (5) $\angle x = 37°$ (6) $\angle x = 35$

2 (1) $\angle x = 70°$ (2) $\angle x = 47°$ (3) $\angle x = 60$
(4) $\angle x = 76°$ (5) $\angle x = 32°$ (6) $\angle x = 13$

3 ∠BOCは△ABOの外角だから，
$\angle BAC + 45° = 110°$，$\angle BAC = 65°$
よって，$\angle BAC = \angle BDC$
点A，Dが直線BCの同じ側にあって，
$\angle BAC = \angle BDC$であるから，4点A，B，C，Dは1つの円周上にある。

4

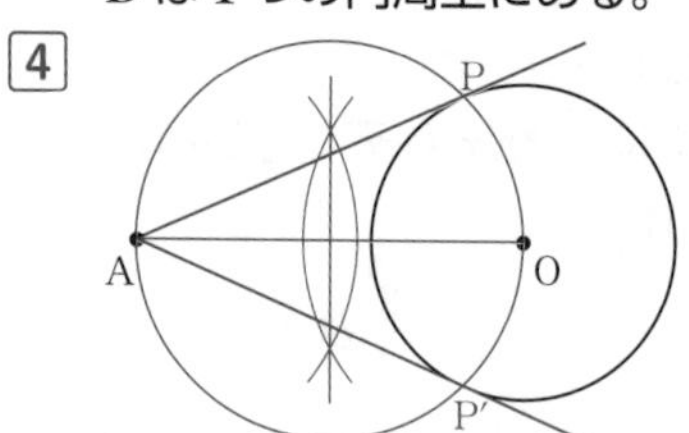

5 △ABDと△PCDにおいて，
$\overset{\frown}{AB} = \overset{\frown}{BC}$より，等しい弧に対する円周角は等しいから，$\angle ADB = \angle PDC$　……①
$\overset{\frown}{AD}$に対する円周角は等しいから，
$\angle ABD = \angle PCD$　……②
①，②より，2組の角がそれぞれ等しいから，
△ABD∽△PCD

6 (1) $x = \frac{24}{5}$　(2) $x = 5$　(3) $x = 3$

解説

1 (1) $\angle x = \frac{1}{2}\angle AOB = \frac{1}{2} \times 108° = 54°$
(2) $\angle x = 2\angle BAC = 2 \times 26° = 52°$
(3) $360° - 122° = 238°$　$\angle x = \frac{1}{2} \times 238° = 119°$
(4) $\angle x = 180° - (90° + 42°) = 48°$ ←$\angle BAC = 90°$
(5) $\overset{\frown}{CD}$に対する円周角だから，
$\angle CAD = \angle CBD$
よって，$\angle x = 37°$
(6) $\overset{\frown}{BC} = \overset{\frown}{CD}$より，$\angle BAC = \angle CAD$
よって，$\angle x = 35°$

2 (1) OとAを結ぶ。
$\angle OAB = \angle OBA = 16°$ ←OA＝OBより
$\angle OAC = \angle OCA = 19°$ ←OA＝OCより
$\angle BAC = 16° + 19° = 35°$
$\angle x = 2\angle BAC = 2 \times 35° = 70°$
(2) $\angle OBC = \angle OCB = 43°$

$\angle BOC = 180° - 43° \times 2 = 94°$

$\angle x = \frac{1}{2}\angle BOC = \frac{1}{2} \times 94° = 47°$

(3) $\angle BOC + 10° = 110°$ ←∠BPCは△OBPの外角

$\angle BOC = 100°$

$\angle BAC = \frac{1}{2}\angle BOC = \frac{1}{2} \times 100° = 50°$

$\angle x + 50° = 110°$ ←∠BPCは△APCの外角

$\angle x = 60°$

(4) $\overset{\frown}{BC}$ に対する円周角だから，

$\angle BAC = \angle BDC = 55°$

$\angle x = 21° + 55° = 76°$ ←∠xは△ABPの外角

(5) ABは直径だから，$\angle ACB = 90°$

$\angle BAC = 180° - (90° + 58°) = 32°$ ←△ABCの内角の和

$\overset{\frown}{BC}$ に対する円周角だから，$\angle x = \angle BAC = 32°$

(6) $\angle ABC = \angle x + 44°$ ←∠ABCは△BPCの外角

$\overset{\frown}{BD}$ に対する円周角だから，

$\angle BAD = \angle BCD = \angle x$

$\angle ABC + \angle BAD = \angle AQC$ より，←∠AQCは△ABQの外角

$(\angle x + 44°) + \angle x = 70°$

$2\angle x = 26° \quad \angle x = 13°$

] $\angle ACD = 45°$ より，$\angle ABD = \angle ACD$ であることから証明してもよい。

] まず，AOを直径とする円を作図する。

] (1) $\angle A = \angle C$（$\overset{\frown}{BD}$の円周角），$\angle D = \angle B$（$\overset{\frown}{AC}$の円周角）より，

$\triangle ADP \backsim \triangle CBP$

よって，$PD : PB = DA : BC$

$x : 4 = 6 : 5 \quad 5x = 24 \quad x = \frac{24}{5}$

(2) $\angle A = \angle C$（$\overset{\frown}{BD}$の円周角），$\angle P$ は共通より，

$\triangle PAD \backsim \triangle PCB$

よって，$PA : PC = PD : PB$

$(x+13) : (9+6) = 6 : x$

$x(x+13) = 90$

$(x-5)(x+18) = 0$ （$x^2 + 13x - 90 = 0$）

$x = 5,\ x = -18$

$x > 0$ であるから，$x = 5$

(3) $\angle DCE = \angle ABD$（$\overset{\frown}{AD}$の円周角）$= \angle DBC$，$\angle D$ は共通より，

$\triangle DCE \backsim \triangle DBC$

よって，$DE : DC = DC : DB$

$1 : 2 = 2 : (x+1) \quad x + 1 = 4 \quad x = 3$

p.142〜143 第7回

1 (1) $x = \sqrt{34}$ (2) $x = 7$
(3) $x = 5\sqrt{2}$ (4) $x = 4\sqrt{3}$

2 (1) ○ (2) × (3) ○ (4) ○

3 (1) $5\sqrt{2}$ cm (2) $9\sqrt{3}$ cm^2
(3) $h = 2\sqrt{15}$

4 (1) $\sqrt{58}$ (2) $6\sqrt{5}$ cm
(3) $4\sqrt{3}$ cm (4) $6\sqrt{10}\pi$ cm^3

5 (1) $x = 5$ (2) $x = 2\sqrt{3} + 2$
(3) $x = 30$

6 (1) $9^2 - x^2 = 7^2 - (8-x)^2$ (2) $3\sqrt{5}$

7 3 cm

8 表面積…$(32\sqrt{2} + 16)$ cm^2
体積…$\frac{32\sqrt{7}}{3}$ cm^3

9 (1) 6 cm (2) $2\sqrt{13}$ cm
(3) 18 cm^2

解説

3 (2) 正三角形の高さは $3\sqrt{3}$ cm

(3) $BH = 2, \quad h^2 + 2^2 = 8^2$

4 (1) $AB^2 = \{-2-(-5)\}^2 + \{4-(-3)\}^2 = 58$

(2) OからABに垂線OHをひく。

$AH^2 + 6^2 = 9^2$ より，$AH = 3\sqrt{5}$ ←$AH^2 = 45$，$AH > 0$

$AB = 2AH = 6\sqrt{5}$

(3) 接線の長さを x cmとする。$x^2 + 4^2 = 8^2$

(4) 円錐の高さを h cmとする。$h^2 + 3^2 = 7^2$

$h = 2\sqrt{10}$ ←$h^2 = 40$，$h > 0$

体積は，$\frac{1}{3} \times \pi \times 3^2 \times 2\sqrt{10} = 6\sqrt{10}\pi$ (cm^3)

5 (1) 右の図で，DからBCに垂線DHをひく。

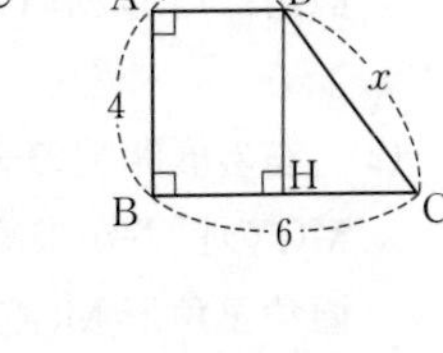

$DH = 4,\ BH = 3$

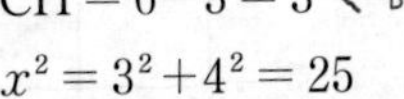

$CH = 6 - 3 = 3$ ←BC−BH

$x^2 = 3^2 + 4^2 = 25$

(2) △ADCで，$4 : DC = 2 : 1 \quad DC = 2$

$4 : AD = 2 : \sqrt{3} \quad AD = 2\sqrt{3}$

△ABDで，$BD = AD = 2\sqrt{3}$

$x = BD + DC = 2\sqrt{3} + 2$

(3) CからDBに垂線CHをひく。$HB = CA = 9$

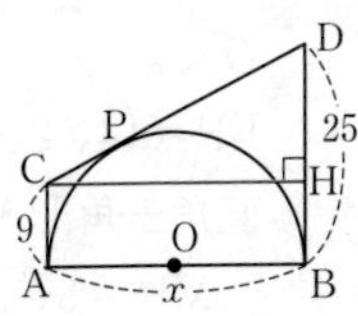

$DH = 25 - 9 = 16$

接線の長さは等しいから，

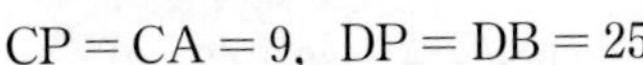

$CP = CA = 9,\ DP = DB = 25$

$CD = CP + DP = 9 + 25 = 34$

直角三角形 DCH で，$CH^2 + 16^2 = 34^2$

$CH = 30$ ←$CH^2 = 900$，$CH > 0$

$x = CH = 30$

6 (1) 直角三角形 ABH と直角三角形 AHC でそれぞれ AH^2 を x の式で表す。

(2) (1)の方程式を解くと，$x = 6$

↑ $81 - x^2 = 49 - 64 + 16x - x^2$，$-16x = -96$

$AH^2 = 9^2 - x^2 = 9^2 - 6^2 = 45$

$AH > 0$ であるから，$AH = 3\sqrt{5}$

7 $CE = x$ cm とする。$BE = 8 - x$

折り返したから，$DE = BE = 8 - x$

直角三角形 DEC で，$x^2 + 4^2 = (8 - x)^2$

$x = 3$ ←$x^2 + 16 = 64 - 16x + x^2$，$16x = 48$

8 △ABC で，A から BC に垂線 AP をひく。

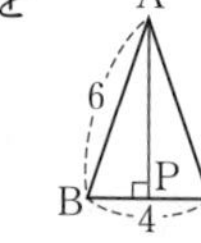

$BP = 2$，　$AP^2 + 2^2 = 6^2$ より，

$AP = 4\sqrt{2}$ ←$AP^2 = 32$，$AP > 0$

△ABC の面積は，$\frac{1}{2} \times 4 \times 4\sqrt{2} = 8\sqrt{2}$ (cm^2)

正四角錐の表面積は，

$8\sqrt{2} \times 4 + 4^2 = 32\sqrt{2} + 16$ (cm^2)

BD と EC の交点を H とする。$BH = 2\sqrt{2}$

直角三角形 ABH で，$AH^2 + (2\sqrt{2})^2 = 6^2$

$AH = 2\sqrt{7}$ ←$AH^2 = 28$，$AH > 0$

体積は，$\frac{1}{3} \times 4^2 \times 2\sqrt{7} = \frac{32\sqrt{7}}{3}$ (cm^3)

9 (1) 直角三角形 MBF で，$MF^2 = 2^2 + 4^2 = 20$

$MF > 0$ であるから，$MF = 2\sqrt{5}$

直角三角形 MFG で，$MG^2 = MF^2 + 4^2$

$= 20 + 16 = 36$

(2) 右の展開図の一部で，MG の長さが求める長さ。

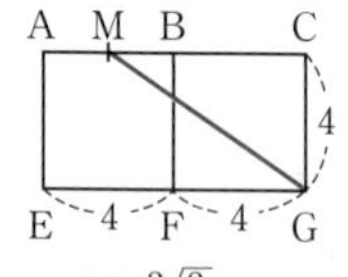

直角三角形 MGC で，

$MG^2 = (4 + 2)^2 + 4^2 = 52$

(3) $FH = \sqrt{2}\,FG = 4\sqrt{2}$

$MN = \sqrt{2}\,AM = 2\sqrt{2}$

M から FH に垂線 MP をひく。

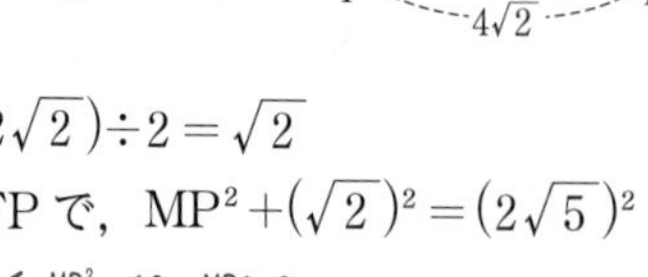

$FP = (4\sqrt{2} - 2\sqrt{2}) \div 2 = \sqrt{2}$

直角三角形 MFP で，$MP^2 + (\sqrt{2})^2 = (2\sqrt{5})^2$

$MP = 3\sqrt{2}$ ←$MP^2 = 18$，$MP > 0$

求める面積は，$\frac{(2\sqrt{2} + 4\sqrt{2}) \times 3\sqrt{2}}{2} = 18$

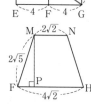

p.144 第8回

1 (1) ×　(2) ×　(3) ○　(4) ×

2 (1) ある工場で昨日作った5万個の製品

(2) 300　(3) およそ 1000 個

3 およそ 700 個

4 およそ 210 個

5 (1) およそ 15.7 語（または，16 語）

(2) およそ 14000 語

解説

1 調査の対象となる集団全部について調査するが全数調査で，集団の一部分を調査するのが標本調査である。

2 (1) 傾向を知りたい集団全体が母集団

(2) 取り出したデータの個数が標本の大きさ

(3) 無作為に抽出した 300 個の製品の中にふくまれている不良品の割合は，$\frac{6}{300} = \frac{1}{50}$

したがって，5 万個の製品の中にある不良品の数は，およそ，$50000 \times \frac{1}{50} = 1000$（個）

3 袋の中の球の総数を x 個とする。

印をつけた球の割合が，袋の中の球全体と 2 回目に取り出した $4 + 23 = 27$（個）の球でほぼ等しいと考えて，$\frac{100}{x} = \frac{4}{23 + 4}$　　$4x = 2700$

$x = \overset{700}{675}$ ←十の位を四捨五入

別解 $4 : 27 = 100 : x$　　$x = \overset{700}{675}$

得点アップのコツ

・「$\frac{b}{a} = \frac{y}{x}$ ならば，$bx = ay$」を利用する。

・割合で考えづらいときは，比で考えてもよい。

4 6 回の実験で取り出した白い碁石の個数の平均値は，$(7 + 8 + 6 + 6 + 7 + 8) \div 6 = 7$（個）

したがって，取り出した 20 個の碁石の中の白い碁石の割合は，$\frac{7}{20}$

袋の中の白い碁石の数は，およそ，

$600 \times \frac{7}{20} = 210$（個）

5 (1) $(18 + 21 + 15 + 16 + 9 + 17 + 20 + 11 + 14 + 16)$

$\div 10 = 157 \div 10 = 15.7$

(2) $15.7 \times 900 = 14\overset{000}{130}$（語）←百の位を四捨五入

6 5 4 3 2
D C B A

教科書ワーク 数学 特別ふろく②

無料ダウンロード 定期テスト対策問題

こちらにアクセスして，表紙カバーについているアクセスコードを入力してご利用ください。
https://www.kyokashowork.jp/ma11.html

1 実力テスト

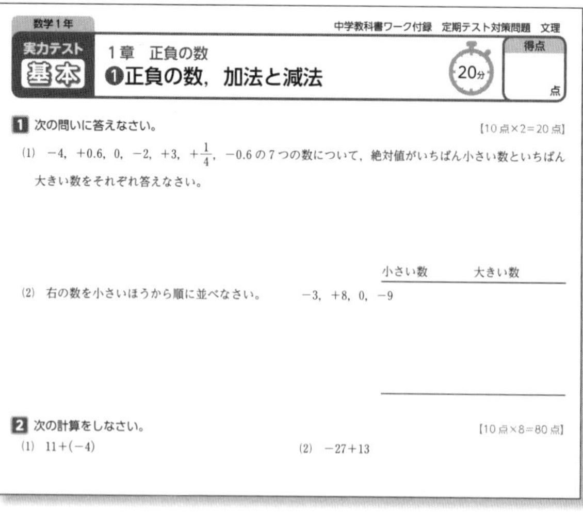

数学1年　中学教科書ワーク付録　定期テスト対策問題　文理

実力テスト 基本　1章　正負の数　❶正負の数，加法と減法　20分　得点　点

1 次の問いに答えなさい。【10点×2＝20点】

(1) -4，$+0.6$，0，-2，$+3$，$+\frac{1}{4}$，-0.6 の7つの数について，絶対値がいちばん小さい数といちばん大きい数をそれぞれ答えなさい。

小さい数　大きい数

(2) 右の数を小さいほうから順に並べなさい。　-3，$+8$，0，-9

2 次の計算をしなさい。【10点×8＝80点】

(1) $11+(-4)$　(2) $-27+13$

数学1年　中学教科書ワーク付録　定期テスト対策問題　文理

実力テスト 発展　1章　正負の数　❶正負の数，加法と減法　30分　得点　点

1 次の問いに答えなさい。【20点×3＝60点】

(1) 右の数の大小を，不等号を使って表しなさい。　$-\frac{1}{2}$，$-\frac{1}{3}$，$-\frac{1}{5}$

数学1年　中学教科書ワーク付録　定期テスト対策問題　文理

実力テスト 標準　1章　正負の数　❶正負の数，加法と減法　25分　得点　点

1 次の問いに答えなさい。【10点×2＝20点】

(1) 絶対値が3より小さい整数をすべて求めなさい。

(2) 数直線上で，-2 からの距離が5である数を求めなさい。

2 次の計算をしなさい。【10点×8＝80点】

(1) $-6+(-15)$　(2) $-\frac{2}{5}-\left(-\frac{1}{2}\right)$

2 観点別評価テスト

観点別評価にも対応。苦手なところを克服しよう！

解答用紙が別だから，テストの練習になるよ。

数学1年　中学教科書ワーク付録　定期テスト対策問題　文理

第1回 観点別評価テスト　●答えは，別紙の解答用紙に書きなさい。　40分

主体的に学習に取り組む態度

1 次の問いに答えなさい。

(1) 交換法則や結合法則を使って正負の数の計算の順序を変えることに関して，正しいものを次から1つ選んで記号で答えなさい。

ア　正負の数の計算をするときは，計算の順序をくふうして計算しやすくできる。

イ　正負の数の加法の計算をするときだけ，計算の順序を変えてもよい。

ウ　正負の数の乗法の計算をするときだけ，計算の順序を変えてもよい。

エ　正負の数の計算をするときは，計算の順序を変えるようなことをしてはいけない。

(2) 電卓の使用に関して，正しいものを次から1つ選んで記号で答えなさい。

ア　数学や理科などの計算問題は電卓をどんどん使ったほうがよい。

イ　電卓は会社や家庭で使うものなので，学校で使ってはいけない。

ウ　電卓の利用が有効な問題のときは，先生の指示にしたがって使ってもよい。

思考力・判断力・表現力等

3 次の問いに答えなさい。

(1) 次の各組の数の大小を，不等号を使って表しなさい。

①　$-\frac{3}{4}$，$-\frac{2}{3}$　②　$-\frac{2}{3}$，$\frac{1}{4}$，$-\frac{1}{2}$

(2) 絶対値が4より小さい整数を，小さいほうから順に答えなさい。

(3) 次の数について，下の問いに答えなさい。

$-\frac{1}{4}$，0，$\frac{1}{5}$，1.70，$-\frac{13}{5}$，$\frac{7}{4}$

①　小さいほうから3番目の数を答えなさい。

②　絶対値の大きいほうから3番目の数を答えなさい。

思考力・判断力・表現力等

4 次の問いに答えなさい。

(1) 次の数量を，文字を使った式で表しなさい。

数学1年　第1回 観点別評価テスト　解答用紙